Hans-Ulrich Krause

Controlling-Kennzahlen für ein nachhaltiges Management

Hans-Ulrich Krause

Controlling-Kennzahlen für ein nachhaltiges Management

Ein umfassendes Kompendium kompakt erklärter Key Performance Indicators

DE GRUYTER
OLDENBOURG

ISBN 978-3-11-044705-7
e-ISBN (PDF) 978-3-11-046063-6
e-ISBN (EPUB) 978-3-11-046916-5

Library of Congress Cataloging-in-Publication Data
A CIP catalog record for this book has been applied for at the Library of Congress.

Bibliografische Information der Deutschen Nationalbibliothek
Die Deutsche Nationalbibliothek verzeichnet diese Publikation in der Deutschen Nationalbibliografie; detaillierte bibliografische Daten sind im Internet über http://dnb.dnb.de abrufbar.

Coverabbildung: Hans-Ulrich Krause/Marcus Hildebrandt/gl0ck/iStock/Thinkstock
Satz: PTP-Berlin, Protago-TEX-Production GmbH, Berlin
Druck und Bindung: Hubert & Co. GmbH & Co. KG, Göttingen
♾ Gedruckt auf säurefreiem Papier
Printed in Germany

www.degruyter.com

Vorwort

Ein besonderer Reiz, sich dauerhaft mit Fragestellungen der Betriebswirtschaftslehre zu beschäftigen, leitet sich bei vielen Beteiligten – und so auch bei mir – unter anderem aus der Tatsache ab, dass diese angewandte Wissenschaft „lebt" und die Veränderungen keine langweilige Routine aufkommen lassen.

Aus der kreativen Kombination verschiedener Denkrichtungen und innovativer Methodiken sowie bewährter Vorgehensweisen mit wechselnden (inter-)nationalen Umfeldanforderungen sind immer wieder neue betriebswirtschaftliche Lösungsansätze für das Management konzeptionell und praktisch zu entwickeln.

Das betrifft gleichermaßen sowohl bereits etablierte Bereiche der Betriebswirtschaftslehre – wie das Controlling und sein Instrumentarium der Kennzahlen – als auch sich wandelnde Erwartungshaltungen der Stakeholder, die z. B. im Sinne eines nachhaltigen Managements zu berücksichtigen sind.

Zu dieser Herausforderung, unternehmerische Nachhaltigkeit durch bekannte und neuere Kenngrößen zu konkretisieren sowie für den betrieblichen Arbeitsalltag zu operationalisieren, soll dieses Fachbuch einen anschaulich-systematischen Beitrag leisten. Nachhaltigkeit kann dabei als Drei-Klang aus wirtschaftlicher Vorteilhaftigkeit, sozialer Akzeptanz und ökologischer Tragfähigkeit prägnant umschrieben werden.

Das vorliegende Kennzahlen-Kompendium ist eine – mit signifikanten Modifikationen versehene – Fortführung des zuletzt im Jahr 2010 in zweiter Auflage erschienenen bilingualen Handbuchs „Controlling-Kennzahlen – Key Performance Indicators" (Krause/Arora).

Neben der nunmehr auf die deutsche Sprache konzentrierten Ausgabe erstrecken sich die Änderungen überblicksartig vor allem auf vier Aspekte, auf die in der nachfolgenden Einleitung noch detaillierter eingegangen wird:

- Mehr als 20 Kenngrößen mit besonderem Bezug zu neueren Entwicklungen in Wissenschaft und Praxis wurden zusätzlich aufgenommen.
- Die strukturelle Zuordnung der Kennzahlen wurde an mehreren Stellen deutlich verändert, insb. um den Ansatz der Nachhaltigkeit auch gliederungstechnisch zu verankern.
- Als wichtige ergänzende Orientierung zum konkreten Einsatz von Kenngrößen wurden die 3 Anhänge inhaltlich im Verbund neu konzipiert und Anhang II (zum ROI-Kennzahlensystem und Balanced Scorecard-Konzept) sowie Anhang III (zur Sustainability Value Chain in Unternehmensnetzwerken) völlig neu erstellt.
- Alle bisherigen Kenngrößen wurden in ihren Profilen inhaltlich bearbeitet und ggf. auch aktualisierend erweitert.

Im Zusammenhang mit der technischen Umsetzung der graphischen Darstellungen sei meinem studentischen Mitarbeiter, Herrn Marcus Hildebrandt, für das Einbringen seiner Kenntnisse gedankt.

Mit diesem Kennzahlen-Kompendium soll vor allem interessierten

- Studierenden ein kompakter fachlicher Begleiter durch ein komplettes Management-Studium angeboten werden;
  Praktikern (z. B. mit nicht-ökonomischer Erstausbildung) ein Nachschlagewerk mit betriebswirtschaftlich fundierten Argumentationen zur Verfügung stehen;
- Dozenten der Betriebswirtschaftslehre eine sachlich geordnete, umfassende Sammlung von Kennzahlen-Profilen in prägnanter Sprache bei der Wahrnehmung ihrer Lehraufgaben eine systematische Unterstützung bieten.

Ein umfangreiches Buchprojekt neben den allgemeinen beruflichen Hochschulverpflichtungen bewältigen zu können, ist nur deutlich zu Lasten der privaten Freizeit realisierbar. Hier richtet sich mein herzlicher Dank an Birgit für ihr Verständnis, ihre Geduld und ihre emotionale Unterstützung.

Alle Leserinnen und Leser lade ich ein, aus ihrem Blickwinkel und ihrer Nutzung dieses Kompendiums entstehende Anregungen an mich zu übermitteln, sodass ich dann versuchen kann, ihre Ideen in der nächsten Auflage zu berücksichtigen (Stichwort: „Kennzahlen-Kompendium“ an meine Email-Adresse: hans-ulrich.krause@htw-berlin.de).

Dem Verlag De Gruyter Oldenbourg, insbesondere Frau Dipl.-Kffr. Anja Cheong und Herrn Dr. Stefan Giesen, gilt mein Dank für die wohlwollende und umsichtige Betreuung dieses Buchprojekts.

Prof. Dr. Hans-Ulrich Krause

Inhalt

Einleitung

Obwohl die Betriebswirtschaftslehre als angewandte Wissenschaft durch vielfältige Wandlungen nicht zuletzt im Zusammenhang mit ökonomischen, gesellschaftlichen, ökologischen und technischen Veränderungen ihres Umfelds geprägt ist, bleiben dennoch einige informatorische Grundbedürfnisse der unternehmerisch Verantwortlichen weiter bestehen.

Dazu zählt unter anderem, mit Kenngrößen in einem scheinbar zunehmend unübersichtlich werdenden täglichen Aktionsfeld wesentliche Zustände und Entwicklungen des Unternehmens beschreiben, erklären und gestalten zu können. Kennzahlen (bzw. synonym: Kenngrößen) können dabei in einer sprachlichen Kurzform als ‚komprimierte Aussagen über komplexe Zusammenhänge' bezeichnet werden.

Die Verlagerung von umfassenden Entscheidungskompetenzen auf dezentrale Organisationseinheiten und die dort typischer Weise in Mehr-Personen-Gremien erfolgenden Abstimmungsprozesse bedingen, dass nicht nur betriebswirtschaftlich Vorgebildete, sondern auch Naturwissenschaftler, Ingenieure, Juristen und Geisteswissenschaftler anderer Fachrichtungen an entsprechenden Management-Aufgaben planend, steuernd und kontrollierend mitwirken.

Das Instrumentarium der Kennzahlen ist damit nicht mehr ein Monopol des Controllings, sondern die kompakte Informationsversorgung auf datentechnisch solider und methodisch nachvollziehbarer Basis wird zum gemeinsamen Tätigkeitsfeld der Controlling-Spezialisten und der Fachverantwortlichen auf den verschiedenen Management-Ebenen.

Bei der Nutzung von Kennzahlen ist es dementsprechend wichtig, dass die Kenntnis über die Inhalte möglichst bei allen Beteiligten ausgeprägt vorhanden ist. Zur Erreichung dieses Ziels sind bei der Auswahl geeigneter Kenngrößen, ihrer Ermittlung und ihres sinnvollen Einsatzes stets folgende Fragen zu beantworten:

- Welches Problem soll gelöst werden? – Welcher betriebswirtschaftliche Sachverhalt bzw. welcher Zusammenhang soll daher in einer absoluten oder relativen Kennzahl abgebildet werden?
- Welche Daten als Mengen-, Wert- oder Zeitangaben sind hierzu aussagekräftig und relevant?
- Wo können die erforderlichen Informationen – heute bereits meist computergestützt – im Unternehmen gewonnen werden?
- Welche Größenordnung des Kennzahlenwerts ist erstrebenswert oder wird von anderen erzielt?
- Welche Maßnahmen bieten sich an, um den Kenngrößenwert ggf. zu verbessern – und damit das eigentliche (Ausgangs-)Problem zu lösen bzw. zumindest einer Lösung näher zu bringen?

Zu diesem Zweck besitzen in diesem Kompendium alle Kennzahlen-Profile einen durchgehend einheitlichen Aufbau:

? Fragestellung, auf die sich die Kenngrößen bezieht,

* Definition einschl. der Berechnungsformel, stets explizit ergänzt um die Dimension, in der die Kenngröße ausgedrückt wird,

» Ermittlung / Herleitung mit den Quellen, aus denen die Informationen entnommen werden können,

Betriebswirtschaftlicher Aussagewert und Größenordnung,

! Handlungsanregungen zur Verbesserung des Kenngrößenwertes,

& Verwandte Kennzahlen / Zusätzliche Anmerkungen.

Die Nennung von häufig verwendeten Synonymen für jede Kenngröße trägt zu mehr begrifflicher Transparenz bei. Erweitert um den Bezug zu verwandten Kennzahlen wird den Lesern die Möglichkeit eröffnet, ergänzende Zusammenhänge zwischen den Kennzahlen herstellen zu können.

Der strukturelle Aufbau dieses Kompendiums orientiert sich an der Ursprungsform des Vier-Perspektiven-Ansatzes der Balanced Scorecard-Gliederung, wenn auch mit zum Teil leicht modifizierten Kapitel-Bezeichnungen, die dem heutigen Stand in Wissenschaft und Praxis angemessener entsprechen (Finanz-, Kunden-, Geschäftsprozess- und Potenzial-Perspektive). Jeweils weitere Untergliederungen sorgen für eine übersichtliche Zuordnung der einzelnen Kenngrößen-Profile, die sowohl monetär als auch nicht-monetär abzubildende betriebswirtschaftliche Sachverhalte für ein nachhaltiges Management darstellen.

Um die Verwendung des Kompendiums zum Einstieg in die Kenngrößen-Thematik noch effizienter zu gestalten, sind 20 SMART-Kennzahlen (Specific, Measurable, Achievable, Relevant und Time-bound) mit einer zusätzlichen Markierung in Form eines „S“ versehen. Je 5 Kennzahlen stammen aus den 4 verschiedenen Perspektiven der Balanced Scorecard und sollen einen ersten sinnvollen Einblick in die nachhaltige Performance wesentlicher unternehmerischer Teilbereiche gewähren.

Die Anhänge I, II, und III dienen als wichtige ergänzende Orientierung zur Handhabung des konkreten Einsatzes von Kennzahlen und greifen drei grundsätzliche Aufgabenstellungen mit hohem Aktualitätsgrad anhand von anschaulichen Beispielen auf:

- **Anhang I:** Systematische Analyse der Veränderungsmöglichkeiten relativer Kennzahlen
- **Anhang II:** ROI-Kennzahlensystem und Balanced Scorecard-Konzept als kennzahlenbasierte Führungsinstrumente – ein Exkurs
- **Anhang III:** Sustainability Value Chain: Kenngrößengestützte Operationalisierung von nachhaltigem Management in Unternehmensnetzwerken.

In zunehmendem Maße wird im Ausbildungsbereich an Hochschulen ausdrücklich Wert gelegt auf fundierte Kenntnisse moderner Management-Instrumente, die im Allgemeinen mit dem Einsatz ausgewählter Kenngrößen verbunden sind.

Das Kennzahlen-Kompendium liefert sowohl grundlegende als auch weiterführende Informationen für Studierende in Präsenz- und Fernstudiengängen mit wirtschaftswissenschaftlicher Ausrichtung auf Bachelor- und Master-Ebene. Auch in interdisziplinären Studiengängen (z. B. für Wirtschaftsinformatiker und -ingenieure oder Wirtschaftsjuristen) ist es gleichermaßen als systematisch kommentierender Kompakt-Einstieg sinnvoll einsetzbar.

Vor diesem Hintergrund soll dieses Kompendium

- ein umfassendes Angebot unterbreiten, viele der heute verwendeten Kenngrößen betriebswirtschaftlich sinnvoll geordnet darzustellen und
- die einzelnen Kennzahlen-Profile klar strukturiert, inhaltlich aussagekräftig und kompakt formuliert – mit Handlungsanregungen – den Management-Interessierten (Studierenden, Lehrenden und Praktikern) zur Verfügung stellen.

Ein besonderes Anliegen ist es, Denkanstöße zu liefern, um die stets unternehmensindividuell zu gestaltenden Steuerungsinstrumente – wie Kennzahlensysteme, Balanced Scorecards, Sustainability Value Chains – leistungsfähiger zu konzipieren und effizienter nutzen zu können.

Es wird von Ihnen, liebe Leserinnen und Leser, nicht erwartet, dass Sie bereits Rechnungswesen- oder Controlling-Fachleute sind, um die Inhalte der Kennzahlen-Profile zu den drei Nachhaltigkeits-Komponenten verstehen zu können.

Sobald Sie sich jedoch mit den Darstellungen fundiert auseinandersetzen, begeben Sie sich aber auf den Weg, eine Expertin bzw. ein Experte für den Umgang mit den Nachhaltigkeits-Kenngrößen der wirtschaftlichen Vorteilhaftigkeit, der sozialen Akzeptanz und der ökologischen Tragfähigkeit zu werden.

Ich wünsche Ihnen einen erfolgreichen Kenntniserwerb!

Prof. Dr. Hans-Ulrich Krause

1 Basis-Kenngrößen

1.1 Technische Produktivität

Fragestellung

Wie groß ist die technische Ergiebigkeit einer Inputgröße (gemessen in Mengeneinheiten) bezüglich einer bestimmten Outputgröße (gemessen in Mengeneinheiten)?

Definition

$$\frac{\text{Outputgröße (gemessen in Mengeneinheiten)}}{\text{Inputgröße (gemessen in Mengeneinheiten)}}$$

oder

$$\frac{\text{Ergebnis der Faktorkombination (gemessen in Mengeneinheiten)}}{\text{Faktoreinsatz (gemessen in Mengeneinheiten)}}$$

Beispiele: Material-, Arbeits-, Kapital-, Betriebsmittel-, Energie-, Flächenproduktivität.

Als Mengeneinheiten kommen grundsätzlich in Frage: Stückzahl, Längen-, Flächen- und Volumeneinheiten, Gewichts-/Masse-, sonstige physikalische Leistungs- und Zeitraumangaben.

Daraus ergibt sich die jeweilige Dimension u. a. als „Stck./Std." (z. B. produzierte Stückmenge in 60 Minuten), „Std./Kunde" (z. B. Zeitverbrauch pro Kundenberatung); „m^2/Stck." (z. B. benötigte Verpackungsmaterialmenge pro Maschine); „kg/Std." (z. B. erzeugte chemische Substanzmenge, gemessen nach Gewicht, in 60 Minuten).

Ermittlung / Herleitung

Die erforderlichen Informationen sind im Wesentlichen von der Kosten- und Leistungsrechnung – mit Hilfe der vorgelagerten Betriebsdatenerfassungssysteme (BDE) – auf der Grundlage von Plan- bzw. Ist-Daten zu erheben sowie über die Aufbereitung in der Kostenarten-, -stellen- und -trägerrechnung den Entscheidern zur Verfügung zu stellen.

Betriebswirtschaftlicher Aussagewert und Größenordnung

Mit der Kennzahl der „technischen Produktivität" wird eine Maßgröße für die mengenmäßige Ergiebigkeit von sog. betrieblichen Produktionsfaktoren ermittelt.

Da für den unternehmerischen Leistungsprozess jedoch gerade die Kombination unterschiedlicher Produktionsfaktoren typisch ist, die zudem noch in differierenden Dimensionen gemessen werden, und in der Regel mehr als eine Produkt- und/oder

Dienstleistungsart erstellt wird, können stets nur Einzel- bzw. Partialproduktivitäten erhoben werden.

Daher ist eine generalisierende Vorgabe zur Größenordnung dieser Kennzahl nicht einfach bestimmbar. Eine sinnvolle Interpretation ist jedoch im Zeitablauf möglich, wenn unternehmensinterne oder -externe Vergleiche über mehrere Perioden vorgenommen werden. Auf internationaler Ebene sind zudem sorgfältig auch andere Werttreiber zu beachten, wie z. B. Änderungen des Wechselkurses.

Die Quotientenbildung bei diesem Kennzahlentyp unterstellt ferner einen Wirkungszusammenhang, der – vereinfachend – als proportional angenommen wird, es aber keinesfalls stets sein muss. Da die Einsatzfaktoren in der Regel knapp sind, wird eine möglichst hohe Ergiebigkeit, d. h. Produktivität, angestrebt.

! Handlungsanregungen

Die Forderungen nach gezielten Produktivitätserhöhungen in Unternehmen werden meist mit der Begründung erhoben, eine Verbesserung der zukünftigen Wettbewerbsposition zu erlangen. Über ein gesteigertes mengenmäßiges Output-Input-Verhältnis sollen die eingesetzten Produktionsfaktoren wegen ihrer Knappheit maximal genutzt werden. Produktivitätssteigerungen konzentrieren sich auf eine Erhöhung des monetären Ergebnisses der einbezogenen Input-Ressourcen. Somit ist die systematische Produktivitätsmessung im Zeitablauf ein wichtiger Schritt der Prozessoptimierung. Das kann u. a. durch das gezielte Vermeiden von Leerlaufzeiten und Energieverschwendung erreicht werden.

Zusätzlich ist zu beachten: Falls die Produktionsfaktoren substituierbar sind, kann aus der Steigerung einer Teilproduktivität nicht zwingend auf eine Verbesserung der Gesamtproduktivität geschlossen werden, zumal eine Produktivitätserhöhung eines Faktors auch auf den verstärkten Einsatz eines anderen Produktionsfaktors zurückführbar sein kann.

Veränderungen dieser relativen Kennzahl können durch über- bzw. unterproportionale Entwicklung der in Beziehung gesetzten Größe im Zähler und der Größe im Nenner erreicht werden – siehe dazu im Grundsätzlichen die weiter systematisierenden, ausführlichen Erläuterungen zu Kennzahlen als Quotienten im Anhang I.

& Verwandte Kennzahlen / Zusätzliche Anmerkungen

Als Synonyme für die Kennzahl „technische Produktivität“ sind gebräuchlich: „Technizität“ und „technische Ergiebigkeit“. In manchen Fällen werden die als Produktivität beschriebenen Sachverhalte mit dem Begriff „Effizienz“ bezeichnet (also z. B. Materialeffizienz).

Der Kehrwert der „technischen Produktivität“, also der gleiche Sachverhalt dargestellt mit getauschtem Zähler und Nenner (Inputmenge/Outputmenge), wird auch mit dem Namen „Produktionskoeffizient“ versehen.

In enger Beziehung zum hier beschriebenen Kennzahlentyp der „technischen Produktivität“ steht der Kennzahlentyp der „wirtschaftlichen Produktivität“, bei der im

Zähler die Outputgröße als Wertangabe, im Nenner die Inputgröße als Mengenangabe verwendet wird.

Um verschiedene Leistungsprozesse angemessen beurteilen zu können, ist es sinnvoll, die Outputgröße in Geldeinheiten zu bewerten: Das führt dann zu den Kennzahlen der sog. „wirtschaftlichen Produktivität". Werden zusätzlich auch die in heterogenen Dimensionen zu messenden Einsatzmengen der Produktionsfaktoren durch die Bewertung in Geldeinheiten vergleichbar gemacht, so nähert man sich der Kennzahl „Wirtschaftlichkeit".

1.2 Wirtschaftliche Produktivität

Fragestellung

?

Wie groß ist die wirtschaftliche Ergiebigkeit einer Inputgröße (gemessen in Mengeneinheiten) bezüglich einer bestimmten Outputgröße (gemessen in Geldeinheiten)?

Definition

*

$$\frac{\text{Ökonomische Outputgröße (gemessen in Geldeinheiten)}}{\text{Ökonomische Inputgröße (gemessen in Mengeneinheiten)}}$$

Beispiele: Umsatz je m^2 Verkaufsfläche; Deckungsbeitrag je Kunde; Materialkosten pro Erzeugniseinheit; Energiekosten pro Maschinenstunde.

Als Mengeneinheiten kommen grundsätzlich in Frage: (Stück-)Zahl, Längen-, Flächen- und Volumeneinheiten, Gewichts-/Masse-, sonstige physikalische Leistungs- bzw. Zeitraumangaben.

Daraus ergibt sich die jeweilige Dimension z. B. als „€/m^2", „€/Kunde"; „€/Stck."; „€/Std.".

Ermittlung / Herleitung

»

Die erforderlichen Informationen sind im Wesentlichen von der Kosten- und Leistungsrechnung – mit Hilfe der vorgelagerten Betriebsdatenerfassungssysteme (BDE) – auf der Grundlage von Plan- bzw. Ist-Daten zu erheben sowie über die Aufbereitung in der Kostenarten-, -stellen- und -trägerrechnung den Entscheidern zur Verfügung zu stellen.

Betriebswirtschaftlicher Aussagewert und Größenordnung

#

Mit der Kennzahl der wirtschaftlichen Produktivität wird eine Maßgröße für die wertmäßige Ergiebigkeit von sog. betrieblichen Produktionsfaktoren ermittelt.

Da für den unternehmerischen Leistungsprozess jedoch gerade die Kombination unterschiedlicher Produktionsfaktoren typisch ist, die zudem noch in differierenden Dimensionen gemessen werden, und in der Regel mehr als eine Produkt- und/oder

Dienstleistungsart erstellt wird, können stets nur Einzel- bzw. Partialproduktivitäten erhoben werden.

Daher ist eine generalisierende Vorgabe zur Größenordnung dieser Kennzahl nicht einfach bestimmbar. Eine sinnvolle Interpretation ist jedoch im Zeitablauf möglich, wenn unternehmensinterne oder -externe Vergleiche über mehrere Perioden vorgenommen werden. Auf internationaler Ebene sind zudem sorgfältig auch andere Werttreiber zu beachten, wie z. B. Änderungen des Wechselkurses.

Die Quotientenbildung bei diesem Kennzahlentyp unterstellt einen Wirkungszusammenhang, der – vereinfachend – als proportional angenommen wird, es aber keinesfalls stets sein muss. Da die Einsatzfaktoren in der Regel knapp sind, wird eine möglichst hohe Ergiebigkeit, d. h. Produktivität, angestrebt.

! Handlungsanregungen

Die Forderungen nach gezielten Produktivitätserhöhungen in Unternehmen werden meist mit der Begründung erhoben, eine Verbesserung der zukünftigen Wettbewerbsposition zu erlangen. Über ein gesteigertes wertmäßiges Output-Input-Verhältnis sollen die eingesetzten Produktionsfaktoren wegen ihrer Knappheit maximal genutzt werden. Produktivitätssteigerungen konzentrieren sich auf eine Erhöhung des monetären Ergebnisses der einbezogenen Input-Ressourcen. Somit ist die systematische Produktivitätsmessung im Zeitablauf ein wichtiger Schritt der Prozessoptimierung. Das kann u. a. durch das gezielte Vermeiden von Leerlaufzeiten und Energieverschwendung erreicht werden.

Zusätzlich ist zu beachten: Falls die Produktionsfaktoren substituierbar sind, kann aus der Steigerung einer Teilproduktivität nicht zwingend auf eine Verbesserung der Gesamtproduktivität geschlossen werden, zumal eine Produktivitätserhöhung eines Faktors auch auf den verstärkten Einsatz eines anderen Produktionsfaktors zurückführbar sein kann.

Veränderungen dieser relativen Kennzahl können durch über- bzw. unterproportionale Entwicklung der in Beziehung gesetzten Größe im Zähler und der Größe im Nenner erreicht werden – siehe dazu im Grundsätzlichen die weiter systematisierenden, ausführlichen Erläuterungen zu Kennzahlen als Quotienten im Anhang I.

& Verwandte Kennzahlen / Zusätzliche Anmerkungen

In manchen Fällen werden die als wirtschaftliche Produktivität beschriebenen Sachverhalte auch mit dem Begriff „Effizienz“ bezeichnet (also z. B. Energieeffizienz).

In enger Beziehung zum hier beschriebenen Kennzahlentyp der „wirtschaftlichen Produktivität“ steht der Kennzahlentyp der „technischen Produktivität“, bei der sowohl im Zähler als auch im Nenner die Größe als Mengenangabe verwendet wird.

Werden dagegen sowohl die Zählergröße als auch die im Nenner in heterogenen Dimensionen zu messenden Einsatzmengen der Produktionsfaktoren durch die Bewertung in Geldeinheiten vergleichbar gemacht, so nähert man sich der Kennzahl „Wirtschaftlichkeit“.

1.3 Effizienz

Fragestellung

?

Wie groß ist die Ergiebigkeit einer Inputgröße bezüglich einer bestimmten Outputgröße?

Definition

*

Der Begriff der „Effizienz“ und daraus abgeleiteter Kenngrößen wird in Wissenschaft und Praxis uneinheitlich verwandt, zum Teil synonym zum Sachverhalt einer „technischen Produktivität“, zum Teil synonym zum Sachverhalt einer „wirtschaftlichen Produktivität“. Meist wird eine Namensgebung in Anlehnung an den Inputfaktor gewählt, also z. B. Material- oder Rohstoffeffizienz, Arbeits- oder Personaleffizienz, Energieeffizienz.

$$\frac{\text{Ökonomische Outputgröße (gemessen in Mengen- oder Geldeinheiten)}}{\text{Ökonomische Inputgröße (gemessen in Mengeneinheiten)}}$$

Beispiele: Ausbringungsmenge pro Mitarbeiter; Energiekosten pro Maschinenstunde; Umsatz je m^2 Verkaufsfläche; Deckungsbeitrag je Kunde.

Als Mengeneinheiten kommen grundsätzlich in Frage: (Stück-)Zahl, Längen-, Flächen- und Volumeneinheiten, Gewichts-/Masse-, sonstige physikalische Leistungs- sowie Zeitraumangaben.

Daraus ergibt sich die jeweilige Dimension der Kennzahl bei technischer/mengenmäßiger Effizienz und identischem Output- wie Inputfaktor mit dem Sonderfall eines %-Wertes, der sog. Ausbeute bzw. dem Ausbeutegrad oder z. B. als „€/m^2“, „€/Kunde“; „€/Stck.“; „€/Std.“ (bei wirtschaftlicher/wertmäßiger Effizienz).

Ermittlung / Herleitung

»

Die erforderlichen Informationen sind im Wesentlichen von der Kosten- und Leistungsrechnung – mit Hilfe der vorgelagerten Betriebsdatenerfassungssysteme (BDE) – auf der Grundlage von Plan- bzw. Ist-Daten zu erheben sowie über die Aufbereitung in der Kostenarten-, -stellen- und -trägerrechnung den Entscheidern zur Verfügung zu stellen.

Betriebswirtschaftlicher Aussagewert und Größenordnung

#

Mit dem Kennzahlentyp im Sinne einer „technischen“ Effizienz wird analog zur Produktivität eine Maßgröße für die mengenmäßige Ergiebigkeit von sog. betrieblichen Produktionsfaktoren ermittelt. Da für den unternehmerischen Leistungsprozess jedoch gerade die Kombination unterschiedlicher Produktionsfaktoren typisch ist, die zudem noch in differierenden Dimensionen gemessen werden, und in der Regel mehr als eine Produkt- und/oder Dienstleistungsart erstellt wird, können stets nur Einzel- bzw. Partialeffizienzen erhoben und bewertet werden.

Eine ökonomisch sinnvolle Aussage – auch zur erstrebenswerten Größenordnung – lässt sich daher erst durch einen mehrperiodischen Zeitvergleich (unter Einbindung weiterer Teileffizienzen) inner- und/oder überbetrieblich erreichen. Bei international ausgerichteten Vergleichen sind bei Einbindung von Wertgrößen zusätzlich ggf. aufgetretene zwischenzeitliche Veränderungen der Währungskursverhältnisse zu berücksichtigen.

Die Quotientenbildung bei diesem Kennzahlentyp unterstellt einen Wirkungszusammenhang, der – vereinfachend – meist als proportional angenommen wird, es aber keinesfalls stets sein muss.

! Handlungsanregungen

Jede Effizienzmaßgröße stellt letztlich darauf ab, die Ergiebigkeit (den Output) der eingesetzten knappen Ressourcen zu erhöhen. Somit ist die systematische Effizienzmessung im Zeitablauf ein wichtiger Schritt der Prozessoptimierung. Das kann vielfach u. a. durch das gezielte Vermeiden von Leerlaufzeiten und Energieverschwendung erreicht werden.

Falls die Produktionsfaktoren substituierbar sind, kann aus der (angestrebten) Steigerung einer Teileffizienz nicht zwingend auf eine Verbesserung der Gesamteffizienz geschlossen werden, zumal eine Effizienzerhöhung eines Faktors auch auf den verstärkten Einsatz eines anderen Produktionsfaktors zurückführbar sein kann.

Als Beispiele für Effizienzsteigerungen sind zu nennen: Fertigung zu geringeren Kosten als Wettbewerber, Verminderung der Stückkosten im Zeitablauf, Verkürzung der Zeit zur Erledigung einer Aufgabe oder Absenkung des Lagerbestandswertes.

Generell gilt: Veränderungen dieser relativen Kennzahl im Sinne der Unternehmensziele können durch über- bzw. unterproportionale Entwicklung der in Beziehung gesetzten Größe im Zähler und der Größe im Nenner erreicht werden – siehe dazu im Grundsätzlichen die weiter systematisierenden, ausführlichen Erläuterungen zu Kennzahlen als Quotienten im Anhang I.

& Verwandte Kennzahlen / Zusätzliche Anmerkungen

„Technische“ und „wirtschaftliche“ Effizienz können als die beiden wesentlichen Varianten der Effizienz bezeichnet werden. Als Synonyme für den Kennzahlentyp einer „technischen“ Effizienz sind gebräuchlich: (technische) Produktivität; Ausbeute; Ergiebigkeitsquote; Einsatzgrad; „Technizität“ und „technische Ergiebigkeit“ – meist sprachlich kombiniert mit dem Inputfaktor „Material“-, „Energie“- usw.

Der Kehrwert der „technischen“ Effizienz, also der gleiche Sachverhalt dargestellt mit getauschtem Zähler und Nenner, wird auch als Produktionskoeffizient bezeichnet.

In enger Beziehung zum beschriebenen Kennzahlentyp der „technischen“ Effizienz steht der Kennzahlentyp der „wirtschaftlichen“ Effizienz (analog zur wirtschaftlichen Produktivität). Werden zusätzlich auch die in heterogenen Dimensionen zu messenden Einsatzmengen der Produktionsfaktoren durch die Bewertung in Geldeinheiten vergleichbar gemacht, so nähert man sich der Kennzahl „Wirtschaftlichkeit“.

1.4 Wirtschaftlichkeit

Fragestellung

?

Inwieweit genügt ein rechnerisch erfasstes betriebswirtschaftliches Output-Input-Verhältnis der Einhaltung des ökonomischen Prinzips?

Definition

*

Die als Quotient abgebildete Relation von Output zu Input wird in Erweiterung der Betrachtungen zur technischen und wirtschaftlichen Produktivität sowohl im Zähler wie im Nenner in Geldeinheiten dargestellt.

Variante A: $\frac{\text{Ertrag}}{\text{Aufwand}}$ Variante B: $\frac{\text{Leistung}}{\text{Kosten}}$ Variante C: $\frac{\text{Sollkosten}}{\text{Istkosten}}$

Die Kennzahl „Wirtschaftlichkeit“ wird dimensionslos als Dezimalzahl angegeben (Ziel: möglichst größer als 1, also z. B. 1,2) oder bei Einsatz des Prozent-Multiplikators im Zähler ($\cdot$ 100) in der Dimension „%“ (analoges Ziel: möglichst größer als 100 %, z. B. 120 %).

Ermittlung / Herleitung

»

Die erforderlichen Informationen sind im Wesentlichen aus den verschiedenen Teilen des – externen und internen – Rechnungswesens (ggf. unter Einbeziehung einer Kosten- und Leistungsrechnung auf Teilkostenbasis) auf der Grundlage von Plan- und Ist-Daten zu erheben.

Betriebswirtschaftlicher Aussagewert und Größenordnung

#

„Wirtschaftlichkeit“ stellt eines der zentralen Kriterien für Investitionsentscheidungen dar. Mit Hilfe der errechneten Wirtschaftlichkeit wird ein monetäres Ergebnismaß für die Projektannahme oder -ablehnung eingesetzt.

In allen Varianten der Wirtschaftlichkeit gilt: Je größer der Wert, umso besser. Auch Werte unterhalb von 1 oder 100 % sind als Ziel denkbar, wenn bei Non-Profit-Organisationen (sog. NPOs), z. B. bei kulturellen Institutionen, keine Gewinnerzielung realistisch ist, stattdessen aber eine möglichst hohe Kostendeckung angestrebt wird.

Handlungsanregungen

!

Neben der direkten Beeinflussung der ökonomischen Ergebnisgröße durch preis- und/oder mengenpolitische Maßnahmen auf der Umsatz- bzw. Leistungsseite wird in entsprechender Weise auch bei den betrieblichen Einsatzfaktoren preis- und/oder mengenorientiert eine kontinuierliche Optimierung angestrebt werden.

Bei Veränderungen der Zähler- und Nennerwerte im Zeitablauf ist u. a. zu bedenken, dass sie sich in der Regel aus variablen und fixen Bestandteilen zusammensetzen und bei Erhöhung bzw. Verminderung der Ausbringungsmenge sich die Wirtschaftlichkeit entsprechend über- oder unterproportional entwickeln kann (Kapazitätsauslastungseffekt).

Zu beachten ist ferner – wie auch bei ähnlichen anderen Kennzahlen, dass z. B. die Senkung des Overheads oder anderer Kostenpositionen auf die Leistungskraft höchstens unterdurchschnittlich wirken darf, da ansonsten die angestrebte Verbesserung der Wirtschaftlichkeit verfehlt wird – Sparmaßnahmen dürfen nicht kontraproduktive Folgen verursachen.

Generell gilt: Veränderungen dieser relativen Kennzahl können im Sinne der Unternehmensziele durch über- bzw. unterproportionale Entwicklung der in Beziehung gesetzten Erfolgs- bzw. Sollgröße (im Zähler) und der Aufwands-/Kosten- bzw. Istgröße (im Nenner) erreicht werden – siehe dazu im Grundsätzlichen die weiter systematisierenden, ausführlichen Erläuterungen zu Kennzahlen als Quotienten im Anhang I.

& **Verwandte Kennzahlen / Zusätzliche Anmerkungen**

In enger Beziehung zum hier beschriebenen Kennzahlentyp der „Wirtschaftlichkeit" stehen die Rentabilitätsgrößen, die als spezielle Messlatten der Wirtschaftlichkeit des Inputfaktors (meist Kapital oder Umsatz) dienen.

In Unternehmen der Kreditwirtschaft wird beispielsweise als Wirtschaftlichkeits-Kennzahl die sog. „Aufwandsrentabilität" erhoben, als Kehrwert rechnerisch gleichbedeutend mit der „Cost Income Ratio". Sie dient als Maßgröße im Ist-Ist- sowie im Plan-Ist-Vergleich unternehmensintern zwischen selbstständig abrechenbaren Bereichen oder extern im nationalen und internationalen Bankenvergleich.

1.5 Rentabilität

? **Fragestellung**

Wie hoch ist die relative Profitabilität – ermittelt aus der Gegenüberstellung einer Periodenerfolgs-Größe und als Bezugsbasis einer Kapital- bzw. Umsatz-Größe?

***** **Definition**

Es ergeben sich 4 denkbare Grundformen, die jede für sich noch in weitere Varianten aufgliederbar sind:

Variante A:	Variante B:	Variante C:	Variante D:
$\frac{\text{Gewinn-Größe}}{\text{Kapital-Größe}}$	$\frac{\text{Gewinn-Größe}}{\text{Umsatz-Größe}}$	$\frac{\text{Cash Flow-Größe}}{\text{Kapital-Größe}}$	$\frac{\text{Cash Flow-Größe}}{\text{Umsatz-Größe}}$

Durch die Hinzufügung des Prozent-Multiplikators im Zähler (· 100) werden alle Rentabilitäten in der Dimension „%" angegeben.

Für die Bestandsgröße „Kapital" im Nenner wird statt des Endbestandwertes vielfach auch der Durchschnittswert von Anfangs- und Endbestand angesetzt.

Ermittlung / Herleitung

»

Die erforderlichen Daten sind – in Abhängigkeit der ausgewählten Rentabilitäts-Variante – dem Informationssystem des (externen und internen) Rechnungswesens sowie der unternehmerischen (ggf. projektbezogenen) Investitions- und Finanzrechnung) zu entnehmen.

Betriebswirtschaftlicher Aussagewert und Größenordnung

#

„Rentabilität" ist die zentrale Maßgröße für die Leistungsmessung unternehmerischer Entscheidungen. Sie verdeutlicht die Fähigkeit eines Geschäftes, einen Überschuss der Erträge (bzw. Einzahlungen) über die Aufwendungen (bzw. Auszahlungen) zu erzielen, und weist sie in Form einer relativen Kennzahl aus.

Für alle kapital- oder umsatzbezogenen Rentabilitätskennzahlen gilt: Je höher ihr Wert, desto besser ist die entsprechende relative Ertrags- bzw. Selbstfinanzierungskraft des Unternehmens zu beurteilen.

Im Gegensatz zur „klassischen" Umsatzrendite (als „eine Gewinngröße"/Umsatz) wird bei der Cashflow-Umsatzrentabilität jedoch der Finanzzufluss dem Umsatz gegenübergestellt, der durch bilanzpolitische Maßnahmen weniger beeinflussbar ist als die Gewinngröße und deshalb oft als aussagefähiger angesehen wird.

Im Vergleich zur „klassischen" Brutto- oder Netto-Umsatzrentabilität hat die Cashflow-Umsatzrentabilität den Vorteil, dass die durch international divergierende Bilanzierungsrichtlinien entstehenden Unterschiede (durch die Bereinigungen des Jahresüberschusses/Gewinns) weitgehend neutralisiert werden können. Deshalb sollten internationale Vergleiche sinnvoller Weise auf dieser Kennzahl basieren.

Grundsätzlich können bei der Ermittlung der Rentabilitätskennzahlen für die jeweils gewählte Gewinngröße entweder ein Vor-Steuer- bzw. Nach-Steuer-Wert eingesetzt werden. Meist wird zur Berechnung eine Nach-Steuer-Ergebnisgröße verwendet. Sind jedoch z. B. Personengesellschaften und körperschaftsteuerpflichtige Unternehmen zu vergleichen, so ist es sinnvoll, die Vor-Steuer-Gewinngröße heranzuziehen, um zu tragfähigen Aussagen zu kommen.

Eine generelle Vorgabe zur Größenordnung kann nicht gegeben werden. Im Allgemeinen sollte der Rentabilitäts-Prozentwert über dem Kapitalkostensatz liegen. Als Orientierung können neben den üblichen unternehmensinternen Vergleichsmöglichkeiten (zwischen organisatorischen Teilbereichen als Ist-Ist- und Plan-Ist-Relation) unternehmensextern – soweit verfügbar – entsprechende Angaben von Wettbewerbern, Branchendurchschnittswerte oder „Best-Practice-Werte" herangezogen werden.

Unter der Prämisse, dass branchengleiche Unternehmen über ähnliche Ertrags- und Kostenstrukturen verfügen, liefern Kennzahlenwerte, die (spürbar) von den entsprechenden Durchschnittswerten abweichen, deutliche Impulse, diesen positiven bzw. negativen Entwicklungen stärkere Beachtung zu schenken und sie im Sinne der jeweiligen Unternehmenszielsetzung zu gestalten.

! Handlungsanregungen

Zum einen bestehen die Möglichkeiten der direkten Beeinflussung der ökonomischen Ergebnisgröße (im Zähler) durch preis- und/oder mengenpolitische Maßnahmen auf der Umsatzseite oder in entsprechender Weise bei den betrieblichen Einsatzfaktoren. Die Förderung ergebnisstarker (bzw. der Verzicht auf -schwache) Produkte und Dienstleistungen im Sortiment trägt grundsätzlich zu einer Steigerung der Rentabilität bei. Im Einzelnen sind jedoch auch zeitraumübergreifende Effekte zu berücksichtigen, z. B. unterschiedliche Lebenszyklusphasen der Produkte und Dienstleistungen mit entsprechend differierender Ertragsstärke, sowie Sortimentsverbundeffekte, die ggf. auch eine Weiterführung vergleichsweise niedrig rentierlicher Absatzobjekte erforderlich machen.

Zum anderen kann beispielsweise (im Nenner) durch einen geminderten Kapitaleinsatz mit Hilfe des Verkaufs nicht betriebsnotwendiger Vermögensteile (mindestens zum Buchwert), durch Anlagen-Leasing oder eine angemessene, aber geringere Lagerhaltung das Anlagevermögen und/oder das Umlaufvermögen verringert werden, sodass bei Konstanz oder nur unterdurchschnittlichem Sinken der Ergebnisgröße, die Rentabilität insgesamt ansteigt.

Generell gilt aber auch hier wieder: Veränderungen dieser relativen Kennzahl im Sinne der angestrebten Unternehmensziele können durch über- bzw. unterproportionale Entwicklung der in Beziehung gesetzten Erfolgsgröße (im Zähler) und der Bezugsgröße (im Nenner) erreicht werden – siehe dazu im Grundsätzlichen die weiter systematisierenden, ausführlichen Erläuterungen zu Kennzahlen als Quotienten im Anhang I.

& Verwandte Kennzahlen / Zusätzliche Anmerkungen

Die Begriffe „Rentabilität“ und „Rendite“ werden in der deutschen Sprache synonym verwendet. Neben den oben angeführten „klassischen“ (Eigen- und Gesamt-)Kapitalrentabilitäten sowie der analogen Umsatzrentabilität gewinnen in der jüngeren Vergangenheit die Cashflow-basierten (Eigen- und Gesamt-)Kapitalrenditen sowie die entsprechende Umsatzrendite in Wissenschaft und Praxis zunehmend an Bedeutung. Für diese wie auch für weitere Rentabilitätskennzahlen – wie ROI oder CFROI – sei auf die ausführlichere Profildarstellung unter dem jeweiligen eigenen Stichwort verwiesen.

Sind unternehmerische Entscheidungsbereiche, die derartige Rentabilitätsgrößen als Plan- und Kontrollinstrumente verwenden (müssen), nicht für die Finanzierungsseite ihres Geschäfts und eine eigenständige Gestaltung der Besteuerungsgrundlage verantwortlich (z. B. Vertriebsabteilungen, Profit Center), so werden im

Allgemeinen die Erfolgsgrößen in der Version „vor Zinsen“ und „vor Steuern“ verwandt.

1.6 Umschlagshäufigkeit

Fragestellung

?

Wie oft wird – rechnerisch – der durchschnittliche Bestand (meist Vermögensgegenstände) im Betrachtungszeitraum erneuert?

Gegenstand der Betrachtung sind sog. betriebswirtschaftliche Erneuerungsmassen, z. B. Lager für verschiedene Objekte.

Definition

*

$$\frac{\text{Perioden-Umsatz bzw. Perioden-Bedarf}}{\text{Durchschnittlicher Perioden-Bestand}}$$

Die Kennzahl „Umschlagshäufigkeit“ wird dimensionslos als Dezimalzahl angegeben oder mit dem 100 %-Multiplikator verknüpft als Prozentwert.

Statt der Bezeichnung „Bedarf“ wird synonym vielfach auch von „Verbrauch“ oder „Abgang“ gesprochen.

Neben der mengenmäßigen Definition von Zähler- und Nennergröße (bei Sachgütern) ist auch eine wertmäßige Variante dieser Kennzahl möglich (z. B. bei allen Umsatzumschlagskenngrößen) und in der Praxis gebräuchlich. Im wertmäßigen Fall ist im Zeit- und Unternehmensvergleich besonders auf die (einheitliche) Wahl der Preiskomponente zu achten (z. B. Bewertung der jeweiligen Menge zu Einstands- bzw. Verkaufspreisen, Tages- bzw. Durchschnittspreisen oder entsprechenden Herstellkosten).

Ermittlung / Herleitung

»

Die erforderlichen Daten sind – in Abhängigkeit der ausgewählten Umschlagshäufigkeits-Variante – dem Informationssystem des (externen und internen) Rechnungswesens zu entnehmen, beispielsweise auf der Basis eines ERP-Systems (Abkürzung für Enterprise Resource Planning; integrierte betriebswirtschaftliche Software mit modularem Aufbau; bekanntestes Beispiel für ein derartiges Software-Paket ist SAP R/3). Die Daten können ggf. auch aus der unternehmerischen (ggf. projektbezogenen) Investitions- und Finanzrechnung gewonnen werden, z. B. aus entsprechenden Bestands- und Flussrechnungen.

Betriebswirtschaftlicher Aussagewert und Größenordnung

#

Die Kennzahlen des Typs „Umschlagshäufigkeit“ vermitteln rechnerisch die Intensität, mit der eine Bestandsgröße (z. B. Sach- oder Nominalgüter) im betrieblichen Leistungsprozess eingesetzt („umgeschlagen“) wird.

Eine generalisierende Vorgabe zur anzustrebenden Höhe ist nicht bestimmbar. Als Orientierungen zur Größenordnung dieser Kennzahlenwerte können neben den üblichen unternehmensinternen Vergleichsmöglichkeiten (zwischen organisatorischen Teilbereichen als Ist-Ist- und Plan-Ist-Relation) unternehmensextern – soweit verfügbar – entsprechende Angaben von Wettbewerbern, Branchendurchschnittswerte oder „Best-Practice-Werte" herangezogen werden.

! Handlungsanregungen

Unter der Prämisse, dass branchengleiche Unternehmen über ähnliche Produktions- und Vermögensstrukturen verfügen, liefern Kennzahlenwerte, die (spürbar) von den entsprechenden Durchschnittswerten abweichen, deutliche Impulse, diesen positiven bzw. negativen Entwicklungen stärkere Beachtung zu schenken und sie im Sinne der jeweiligen Unternehmenszielsetzung zu beeinflussen.

In Handelsunternehmen gehört beispielsweise mangels einer eigenständigen „mehrstufigen Produktion" die „Umschlagshäufigkeit" zu den zentralen Kennzahlen der warenwirtschaftlichen Steuerung.

Der ökonomische Stellenwert der „Umschlagshäufigkeit" wird in Bezug auf die Bestandsgröße „Kapital" besonders anschaulich im Rahmen des ROI-Ansatzes erkennbar. Die Rentabilität als Spitzenkennzahl (Gewinn/Kapital) wird durch multiplikative Erweiterung mit (Umsatz/Umsatz) sowie eine Umordnung von Zähler und Nenner auf der nächsten Ebene dieser Kennzahlenpyramide zu Umsatzrentabilität (Gewinn/Umsatz) · Kapitalumschlagshäufigkeit (Umsatz/Kapital) – siehe die weiteren Erläuterungen zu mehrstufigen Kennzahlensystemen am Beispiel des sog. ROI-Systems im Anhang II.

Die beschriebene multiplikative Verknüpfung von Umsatzrentabilität und Kapitalumschlag im ROI-Konzept zeigt, dass eine Beibehaltung der Rentabilitätshöhe trotz sinkender Umsatzrentabilität möglich ist, sofern der Kapitalumschlag entsprechend erhöht werden kann. Hierzu sind dann alle Maßnahmen auf ihre kurz-, mittel- und langfristige Wirkung zu untersuchen, die das gebundene Vermögen (das Kapital) vermindern, ohne den Leistungsprozess zur Umsatzgenerierung zu gefährden.

In analoger Weise kann auch eine Rentabilitätsminderung oder -erhöhung auf ihre Ursachen hinsichtlich einer veränderten Umsatzrentabilität und/oder eines veränderten Kapitalumschlags untersucht werden, um anschließend Verbesserungsmaßnahmen zu ergreifen. Diese analytische Betrachtung sowie die aus ihr abzuleitenden Schlussfolgerungen können analog auch auf andere betriebswirtschaftliche Anwendungen der Kennzahl „Umschlagshäufigkeit" übertragen werden.

Generell gilt aber auch hier wieder: Veränderungen dieser relativen Kennzahl im Sinne der angestrebten Unternehmensziele können durch über- bzw. unterproportionale Entwicklung der in Beziehung gesetzten Bewegungsgröße (im Zähler) und der Bestandsgröße (im Nenner) erreicht werden – siehe dazu im Grundsätzlichen die weiter systematisierenden, ausführlichen Erläuterungen zu Kennzahlen als Quotienten im Anhang I.

Verwandte Kennzahlen / Zusätzliche Anmerkungen

&

Für den Kennzahlen-Begriffsteil „Umschlagshäufigkeit“ wird vielfach auch synonym von „Umschlagsgeschwindigkeit“, „Umschlagskoeffizient“ oder kurz „Umschlag“ gesprochen.

Der mathematische Kehrwert (also Zähler und Nenner getauscht) wird als „Umschlagszeit“, „Umschlagsdauer“ oder als (güter- und finanzwirtschaftliche) „Reichweite“ bezeichnet.

1.7 Elastizität

Fragestellung

?

Wie stark reagiert der Wert einer abhängigen ökonomischen Größe (als Veränderung gemessen in %) auf die Variation einer unabhängigen Größe (ebenfalls in %)?

Definition

*

$$\frac{\text{Relative Änderung der abhängigen Größe}}{\text{Relative Änderung der unabhängigen Größe}}$$

Da sowohl Zähler als auch Nenner in Prozentwerten ausgedrückt werden, handelt es sich bei der Elastizität um eine dimensionslose, in der Regel nicht ganzzahlige Kenngröße. In Abhängigkeit vom unterstellten Zusammenhang zwischen den beiden Variablen kann sie sowohl positive als auch negative Werte annehmen (also z. B. –1,3).

Ermittlung / Herleitung

»

Da in der Unternehmenspraxis in vielen Fällen die Voraussetzungen zu einer festen, rechnerisch gestützten, funktionalen Beziehung oder zur Anwendung einer statistisch valide Ergebnisse erzeugenden Regressionsanalyse fehlen, wird meist nur die Beobachtung kurzer Reaktionsmuster für die Ableitung von Elastizitätsannahmen zugrunde gelegt bzw. es werden mehr oder wenige einfache Schätzungen zur Reagibilität auf der Basis von Erfahrungen vorgenommen.

Betriebswirtschaftlicher Aussagewert und Größenordnung

#

Trotz der meist unbefriedigenden analytischen Datenlage ist die Bestimmung von aussagekräftigen und belastbaren Ursache-Wirkungs-Zusammenhängen bzw. Zweck-Mittel-Beziehungen in den Unternehmen ein zentrales und zwingendes Anliegen bei der gezielten Unternehmenssteuerung.

Falls die Relation zwischen zwei Größen nicht unmittelbar auf einer rechnerischen Verknüpfung beruht (z. B. Brutto-Preis abzüglich Rabatt ergibt Netto-Preis), besteht in der Praxis mangels besserer Fakten- und Prognoselage in der Regel nur die Möglichkeit, entsprechend (gut) begründete Annahmen und Vermutungen anzustellen.

Im Falle von Entscheidungen, an denen mehrere Personen beteiligt – oder als Untergebene bzw. Vorgesetzte einzubinden – sind, müssen diese Prämissen intersubjektiv offen gelegt werden, um eine rationale Unternehmensführung zu ermöglichen sowie das Verständnis für das jeweilige Entscheiden und Handeln gegenseitig zu fördern.

Vor allem beim Einsatz von Kenngrößen und ggf. ihrer Verbindung in mehrstufigen Kennzahlensystemen ist diese betriebswirtschaftlich-fachliche Grundlegung der Sachverhalte und ihre intensitätsmäßige Verknüpfung von essentieller Bedeutung. So wird die Aussagekraft des Instrumentariums der Balanced Scorecard maßgeblich von der Güte dieser objektivierten Abhängigkeits-Relationen geprägt (z. B. in Form sog. Strategie-Landkarten mit Kosten- und Werttreibern) – siehe die weiteren prinzipiellen Erläuterungen zu dieser Methodik und die beispielhafte Darstellung eines kennzahlenbasierten Balanced Scorecard-Tableaus im Anhang II.

Angesichts der Vielzahl unternehmerisch gestaltbarer Zusammenhänge innerhalb einzelner Funktionsbereiche und zwischen unterschiedlichen Organisationsebenen ist eine generalisierende Vorgabe für die Höhe der jeweiligen Elastizität selbstverständlich nicht bestimmbar.

Als Orientierungen zur Größenordnung der Elastizitäten können neben den üblichen unternehmensinternen Vergleichsmöglichkeiten (zwischen organisatorischen Teilbereichen sowie als Ist-Ist- und Plan-Ist-Relation) auch unternehmensextern – soweit verfügbar – entsprechende Angaben von einzelnen Wettbewerbern, Branchendurchschnittswerte oder „Best-Practice-Werte" herangezogen werden.

! Handlungsanregungen

Aus Vereinfachungsgründen wird für die Implementierung von Maßnahmen vielfach zunächst – als gedankliche Basis-Variante – die Grundform der Beziehung zwischen zwei Variablen unterstellt (sog. Mono-Kausalität).

In wirtschaftlichen Problemkonstellationen treten jedoch meist mehrere Größen zueinander in Zweck-Mittel-Beziehungen auf, nicht zuletzt wenn im Sinne der Nachhaltigkeit auch noch sozio-kulturelle und ökologische Größen in das unternehmerische Netz von Wirkungsmechanismen einfließen (sog. Multi-Kausalität).

Die Komplexität dieses Beziehungsgeflechts wird zudem in der Regel noch dadurch erhöht, dass es nicht nur ein Ziel, sondern mehrere Ziele, ggf. ein unternehmerisches Zielsystem mit entsprechenden über- und untergeordneten Einzelzielen, gibt – siehe ergänzend in diesem Zusammenhang die Gestaltungs- und Implementierungsmöglichkeiten im Netzwerk-Konzept einer Sustainability Value Chain mit der beispielhaften Darstellung einer kenngrößengestützten Ausprägungsform im Anhang III.

Um zu wirkungsvollem Handeln im Unternehmen zu gelangen, sind generell bei der Ermittlung von Elastizitäten folgende weitere Konstellationen von Ursache-Wirkungs-Zusammenhängen zwischen unabhängigen und abhängigen Variablen in der jeweiligen unternehmerischen Situation zu beachten:

- komplementäre, konkurrierende und neutrale Relationen
- lineare (proportionale), ggf. aber auch in ihrem Steigungsmaß im Zeitablauf unterschiedlich steil verlaufende (sog. abknickende) Verknüpfungen
- überproportionale (progressive) versus unterproportionale (degressive) Verläufe
- stabile oder instabile, d. h. im Betrachtungszeitraum ggf. durch interne oder externe Störeinflüsse in ihrer durchgängigen Existenz gefährdete Beziehungen
- unmittelbare oder (ggf. wie stark) verzögerte Wirkung zwischen den Variablen.

Die Breite dieses grundsätzlichen Spektrums von unternehmerischen Analysefeldern bei der Ableitung von kausalen Ursache-Wirkungs-Zusammenhängen und die damit verbundene Ermittlung von Elastizitäten im Sinne von Wirkungsintensitäten soll verdeutlichen, wie anspruchsvoll die Wahl geeigneter Kenngrößen und ihre Integration in Performance Management-Systeme ist, die die Realität des unternehmerischen Alltags adäquat abbilden.

Verwandte Kennzahlen / Zusätzliche Anmerkungen

&

Konkrete Formen spezieller Anwendungen des Elastizitätskonzepts im Management, insb. im Marketing und der Preispolitik, sind die
- Preiselastizität der Nachfrage (siehe das eigenständige Kennzahl-Profil)
- Kreuzpreiselastizität der Nachfrage und
- Einkommenselastizität der Nachfrage.

1.8 Durchschnittliche Veränderungsrate

Fragestellung

?

In welchem relativen Umfang hat sich eine betriebswirtschaftlich relevante Größe in einem mehrperiodischen Vergleich durchschnittlich verändert? –

In welcher prozentualen Höhe hat z. B. die Mitarbeiterzahl im Mittel pro Periode zugenommen (Wachstumsrate) bzw. der Umsatz abgenommen (Rückgangsrate)?

Definition

*

$$(1+v) = ((1+v_1)\cdot(1+v_2)\cdot(1+v_3)\cdot\ldots\cdot(1+v_n))^{\frac{1}{n}}$$

Wobei gilt:

v durchschnittliche Veränderungsrate pro Periode
v_i Veränderungsrate in Periode i ($i = 1, 2, 3, \ldots, n$)
n maximal betrachtete Periodenzahl
$1 + v$ durchschnittlicher Veränderungsfaktor pro Periode

Die Angabe der Veränderungsrate erfolgt in Form einer absoluten Zahl. Ein Wert von z. B. 0,15 entspricht (durch Einsatz des Multiplikators „100“) einer Wachstumsrate von 15 %, ein Wert von z. B. −0,028 entspricht (durch Einsatz des Multiplikators „100") einer Rückgangsrate von 2,8 %. Die jeweiligen Veränderungsfaktoren (1 + v) in der Berechnungsformel betragen also 1,15 bzw. 0,972.

Sind – unter der Bedingung durchgehend nur positiver oder nur negativer Werte – im Praxisfall ggf. lediglich der erste und der letzte Beobachtungswert einer Zahlenreihe (mit n Perioden) verfügbar, so kann auch die einfachere Berechnungsformel angewendet werden:

$$(1 + v) = (\text{Endwert}/\text{Anfangswert})^{\frac{1}{n}}$$

Veränderungsraten werden häufig (nach Multiplikation mit „100") als Prozentzahlen interpretiert (d. h. „in Prozent", z. B. 1,8 % Rückgang). Ihre eigene Erhöhung bzw. Minderung wird dagegen „in Prozentpunkten" angegeben (der Anstieg der Reklamationsquote hat sich von 4,2 % beispielsweise um 1,5 Prozentpunkte auf 5,7 % erhöht bzw. um 2,1 Prozentpunkte auf 2,1 % halbiert).

» Ermittlung / Herleitung

Die erforderlichen, äquidistant zu erhebenden Zeitreihen-Daten sind in Abhängigkeit vom Analysegegenstand (z. B. hinsichtlich einer externen Größe mit globalem, nationalem oder Branchenbezug bzw. einer unternehmensinternen Größe) aus den jeweiligen Statistik-Quellen sowie den Informationssystemen des Rechnungswesens zu entnehmen.

Betriebswirtschaftlicher Aussagewert und Größenordnung

Mit der durchschnittlichen Veränderungsrate (v) wird die mittlere prozentuale Entwicklung einer unternehmerisch relevanten Größe pro Periode im Zeitablauf bestimmt. Dabei kann es sich um eine durchschnittliche Zunahme (Wert von $v > 0$; z. B. steigender Umsatz), um eine durchschnittliche Stagnation (Wert von $v = 0$; z. B. Preiskonstanz) oder um einen durchschnittlichen Rückgang (Wert von $v < 0$; z. B. rückläufige Kundenzahl) handeln.

Die Wahl der Perioden-Bezugsgröße hängt stark vom Untersuchungsgegenstand ab – meist sind Jahre, Quartale oder Monate die entsprechenden Vergleichszeiträume. Grundsätzlich können sowohl absolute Bestandsgrößen (z. B. Lagermengen) oder absolute Stromgrößen (z. B. Betriebsergebnisse) als auch relative Größen (z. B. Umsatzrenditen) als Analyseobjekt betrachtet werden.

Aus mathematischer Sicht bestimmt man bei der Ermittlung der Kenngröße „durchschnittliche Veränderungsrate" das sog. geometrische Mittel der Veränderungsfaktoren, die zu den einzelnen Perioden gehören. Der Analysegegenstand muss verhältnisskaliert beschreibbar sein (in Mengen-, Wert- oder Prozentangaben, also z. B. verkaufte Stückzahl; Fixkosten; Kapazitätsauslastung) und alle Merkmalsausprägungen müssen durchgehend einen positiven oder negativen Wert aufweisen (z. B. Mitarbeiterzahl bzw. Stückverluste). Für eine Wertereihe mit positiven und negativen Angaben (also z. B. Gewinnen und Verlusten) lässt sich eine durchschnittliche Veränderungsrate nicht aussagekräftig ermitteln. Das geometrische Mittel ist somit rechnerisch die n-te Wurzel aus dem mathematischen Produkt aller beobachteten Veränderungsfaktoren (d. h. aller jeweiligen Veränderungsraten plus 1).

Eine generalisierende Vorgabe für die Höhe der jeweiligen durchschnittlichen Veränderungsraten ist nicht bestimmbar. Bei unternehmerisch gestaltbaren Sachverhalten dienen vor allem die organisatorischen Ziele als eine wesentliche Messlatte.

Als Orientierungen zur Größenordnung der Veränderungsraten können neben den üblichen unternehmensinternen Vergleichsmöglichkeiten (zwischen organisatorischen Teilbereichen sowie als Ist-Ist- bzw. Plan-Ist-Relation) sowohl unternehmensextern entsprechende Angaben der Konkurrenz, Branchendurchschnittswerte oder „Best-Practice-Werte" als auch Vergleiche zur Entwicklung sinnvoller sonstiger Gesamtheiten (z. B. Marktgrößen) herangezogen werden.

Handlungsanregungen

!

Da die durchschnittliche Veränderungsrate ein allgemeines rechnerisches Maß für die prozentuale Zunahme bzw. Abnahme darstellt, ist sie im Reporting sowie im Management universell in allen Funktionsbereichen und auf allen Organisationsebenen einsetzbar und entsprechend ein zentrales Instrument zur zahlenmäßigen Darstellung der Unternehmensentwicklung.

Soweit die jeweils als Zeitreihe betrachteten Analysegegenstände gestaltbare Sachverhalte durch das Unternehmen sind, also z. B. Deckungsbeiträge pro Produkt oder Fixkosten je Werksstandort, sind geeignete Managementmaßnahmen zu planen und zu implementieren, wenn die Entwicklung nicht den unternehmerischen Zielsetzungen entspricht. Dabei erfolgt in der Praxis zunehmend der Einsatz sog. relativer Ziele, also z. B. „schneller als der Markt wachsen zu wollen" oder „ertragsstärker als der größte Konkurrent zu sein".

Angesichts der weit verbreiteten Anwendung der Kenngröße „Durchschnittliche Veränderungsrate" ist es bedeutsam, sich der wesentlichen Möglichkeiten und Grenzen der Interpretation bewusst zu sein. Je kürzer der Beobachtungszeitraum ist, umso stärker können einzelne, besonders positive oder negative Ausschläge (Volatilitäten) in der Zeitreihe die durchschnittliche Wachstums- oder Rückgangsrate beeinflussen. Je länger dagegen der Betrachtungszeitraum ist, umso eher finden ein Angleichungsprozess und eine Nivellierung extremer Werte statt. Saisonale Schwankungen sind aus diesem Durchschnittswert nicht erkennbar. Ebenso ist der sog. Basiseffekt zu beachten. In absoluten Werten identische Zuwächse führen in Bezug zu einer kleinen Ausgangsbasis zu hohen Steigerungsraten, in Bezug zu einer bereits großen Grundgesamtheit zu entsprechend geringeren Wachstumsraten.

Auch die Problematik der Wahl des Referenzzeitpunktes oder -zeitraums (mit einem ggf. besonders niedrigen bzw. hohen Ausgangswert) als Basis für die zu ermittelnden Veränderungsraten ist vor allem bei überbetrieblichen Vergleichen zu beachten.

Aus der Angabe der durchschnittlichen Veränderungsrate allein lassen sich ferner keine Trends klar erkennen. Die denkbare Zeitreihe von Wachstumsraten „10 % – 8 % – 6 % – 4 %" bzw. „4 % – 6 % – 8 % – 10 %" führt zu einer identischen mittleren Veränderungsrate (v = 0,0697, also 6,97 %), obgleich völlig konträre Verläufe zugrunde liegen. Analog könnte beim Vorliegen dieser Zeitreihe mit negativen Prozentwerten (als Rückgangsraten) – z. B. für das jährliche betriebliche Abfallaufkommen – eine die reale Situation verzerrende Kommentierung entstehen. Erst aus dem Vergleich mit den früheren durchschnittlichen Veränderungsraten ließen sich dann belastbarere Erkenntnisse gewinnen. Auch die Fortschreibung auf künftige Zeiträume ist entsprechend problematisch.

& Verwandte Kennzahlen / Zusätzliche Anmerkungen

Der Begriff der Veränderungsrate ist ein Oberbegriff für Wachstumsrate bzw. Rückgangsrate. Vielfach sind auch entsprechende Kombinationen aus Synonymen der beiden Wortstämme gebräuchlich, z. B. Steigerungsquote oder Reduzierungsquote. Mitunter wird im Falle von schrumpfenden Märkten auch von „negativen Wachstumsraten" gesprochen.

Im Gegensatz zum geometrischen Mittel, bei dem die durchschnittlichen Zunahmen oder Abnahmen berechnet werden, ermittelt das arithmetische Mittel den Durchschnittswert der beobachteten absoluten Bestands- bzw. Bewegungsgrößen (also z. B. durchschnittliche Bilanzsumme bzw. Personalkosten) oder ebenso den von relativ ausgedrückten Kennzahlen (z. B. durchschnittliche Eigenkapitalquote).

2 Finanz-Perspektive

2.1 Ergebnis-Kenngrößen

2.1.1 Earnings Before Taxes (EBT)

Fragestellung ?

Wie hoch ist das Ergebnis vor Steuern?

Definition *

	Jahresüberschuss oder -fehlbetrag
+	Steuern vom Einkommen und Ertrag/(–Steuererstattung)
=	EBT (Earnings Before Taxes)

Die Kennzahl wird gemessen in der Dimension „Geldeinheiten“ (z. B. in €).

Ermittlung / Herleitung »

Die Daten können der Gewinn- und Verlustrechnung innerhalb der Jahres- oder Quartalsberichterstattung entnommen werden.

Betriebswirtschaftlicher Aussagewert und Größenordnung #

Die Kenngröße EBT gehört zu den sog. Pro-Forma-Kennzahlen („Earnings Before ...“-Familie), die im Zusammenhang mit der IFRS-Rechnungslegung entstanden sind.

Zur Ermittlung des bilanziellen Jahresergebnisses in Form des Jahresüberschusses bzw. -fehlbetrags werden grundsätzlich alle Erträge addiert und alle Aufwendungen subtrahiert. Für gezielte Auswertungs- und Informationszwecke kann es allerdings hilfreich sein, spezielle Bereinigungen des ausgewiesenen Ergebnisses vorzunehmen. Diese – mehr oder weniger umfangreichen – Anpassungen führen dann zu „Zwischen-“ bzw. den sog. „Pro-Forma-Ergebnissen“, die ein subjektiv bestimmtes Resultat (ein „Als-ob-Bild“) liefern. Die jeweiligen Earnings Before ...-Kennzahlen präsentieren somit eine Ergebnisgröße, als ob die speziell bereinigten Aufwendungen und/oder Erträge im Unternehmen nicht entstanden wären. Das kann die Vergleichbarkeit im Zeitablauf und zwischen verschiedenen Unternehmen erhöhen, kann jedoch bei (zwischenzeitlichen und nicht explizit gemachten) einseitigen terminologischen Änderungen auch zu Verzerrungen und Intransparenz führen.

Im (namentlichen) Kern wird bei der Kenngröße EBT das Jahres- (oder Quartals-) ergebnis, das laut Gewinn- und Verlustrechnung eine Nach-Steuer-Größe ist, nun wieder um die Steuerzahlungen „neutralisiert“. Als Konsequenz ist das EBT eine Vor-Steuer-Größe, eben „Earnings Before Taxes“.

Für die absolute Höhe der Kennzahl EBT gibt es keine generalisierbare Vorgabe. Beim Zeitvergleich – z. B. als Ist-Ist- oder Plan-Ist-Relation – für ein Unternehmen (als Ganzes oder für einzelne Bereiche) besitzt die Form der Entwicklung (kontinuierlich zunehmend oder sinkend, stark schwankend usw.) eine bedeutsame Aussagekraft. Sie kann noch gesteigert werden, wenn die EBT einer Umsatz- und/oder Kapitalgröße gegenübergestellt werden, sodass sich Rentabilitäten ergeben, die auch einen Vergleich unterschiedlich großer Unternehmenseinheiten ermöglichen.

! Handlungsanregungen

Die Kenngröße EBT repräsentiert als Leistungsmaß die operative Ertragskraft eines Unternehmens und bietet sich als ein Ergebnis vor der Berücksichtigung von Ertragsteuern vor allem für rechtsform- und/oder steuersystemübergreifende Vergleiche – nicht zuletzt im internationalen Umfeld – an.

Zur direkten Beeinflussung dieser typischen ökonomischen Ergebnisgröße können alle preis- und/oder mengenpolitischen Maßnahmen auf der Umsatzseite oder in entsprechender Weise auf der Seite der betrieblichen Einsatzfaktoren beitragen. Exemplarisch seien genannt: Forcierung der ertragsstarken Bestandteile des Produkt- und Dienstleistungsangebots, selektive Nutzung von Preisspielräumen, gezielte Beeinflussung der Entwicklung der variablen und fixen Kosten.

& Verwandte Kennzahlen / Zusätzliche Anmerkungen

Als verwandte Kennzahlen sind vor allem zu nennen: EBIT, EBITA und EBITDA.

Im Allgemeinen erstrecken sich die Anpassungen im Rahmen der Pro-Forma-Kennzahlen auf einmalige, meist als ungewöhnlich und nicht dauerhaft eingestufte Sachverhalte. Sie werden im Sinne von Störeinflüssen interpretiert, die den „fair view" auf die Vermögens-, Finanz- und Ertragslage des Unternehmens bei alleiniger Bezugnahme auf das bilanziell ausgewiesene Jahresergebnis (Jahresüberschuss oder -fehlbetrag) beeinträchtigen könnten.

Bei der Gegenrechnung der Steuern ist auf die alleinige Berücksichtigung der „Steuern vom Einkommen und Ertrag" zu achten. Die sonstigen (Kosten-)Steuern sollten nicht hinzugenommen werden.

2.1.2 Earnings Before Interest and Taxes (EBIT)

Fragestellung ?

Wie hoch ist das Ergebnis vor Zinsen und Steuern?

Definition *

	Jahresüberschuss oder -fehlbetrag
+	Steuern vom Einkommen und Ertrag/(–Steuererstattung)
=	EBT (Ergebnis vor Steuern)
+	Zinsaufwand
=	EBIT (Ergebnis vor Zinsen und Steuern)

Die Kennzahl wird gemessen in der Dimension „Geldeinheiten" (z. B. in €).

Ermittlung / Herleitung »

Die Daten können der Gewinn- und Verlustrechnung innerhalb der Jahres- oder Quartalsberichterstattung entnommen werden.

Betriebswirtschaftlicher Aussagewert und Größenordnung #

Die Kenngröße EBIT gehört zu den sog. Pro-Forma-Kennzahlen („Earnings Before ..."-Familie), die im Zusammenhang mit der IFRS-Rechnungslegung entstanden sind. Die Kenngröße EBIT repräsentiert als Leistungsmaß die operative Ertragskraft eines Unternehmens – unabhängig von der Kapitalstruktur und Ertragsteuerbelastungen. Sie eignet sich insbesondere für Ergebnisvergleiche von Unternehmen (als Ganzes oder für einzelne Geschäftsbereiche, Profit Center, Segmente usw.). Das gleiche gilt für entsprechende Rentabilitätsvergleiche – unter Einbezug des Umsatzes oder einer Kapitalgröße.

Im (namentlichen) Kern wird bei der Kenngröße EBIT das Jahres- oder Quartalsergebnis, das laut Gewinn- und Verlustrechnung eine Nach-Steuer-Größe ist, nun wieder um die Steuerzahlungen sowie die Zinsaufwendungen „neutralisiert". Als Konsequenz ist das EBIT eine Vor-Steuer-Größe, die zudem Finanzierungseffekte (in Form der Fremdkapitalzinsen) eliminiert.

Zur Ermittlung des bilanziellen Jahresergebnisses in Form des Jahresüberschusses bzw. -fehlbetrags werden grundsätzlich alle Erträge addiert und alle Aufwendungen subtrahiert. Für gezielte Auswertungs- und Informationszwecke kann es allerdings hilfreich sein, spezielle Bereinigungen des ausgewiesenen Ergebnisses vorzunehmen. Diese – mehr oder weniger umfangreichen – Anpassungen führen dann zu „Zwischen-" bzw. den sog. „Pro-Forma-Ergebnissen", die ein subjektiv bestimmtes Resultat (ein „Als-ob-Bild") liefern. Die jeweiligen Earnings Before ...-Kennzahlen präsentieren somit eine Ergebnisgröße, als ob die speziell bereinigten Aufwendungen und/oder Erträge im Unternehmen nicht entstanden wären. Das kann die Vergleichbarkeit im Zeitablauf und zwischen verschiedenen Unternehmen erhöhen, kann jedoch bei (zwischenzeitlichen und nicht explizit gemachten) einseitigen terminologischen Änderungen auch zu Verzerrungen und Intransparenz führen.

Für die absolute Höhe der Kennzahl EBIT gibt es keine generalisierbare Vorgabe. Beim Zeitvergleich – z. B. als Ist-Ist- oder Plan-Ist-Relation – besitzt die Form der Entwicklung (kontinuierlich zunehmend oder sinkend, stark schwankend usw.) eine bedeutsame Aussagekraft. Sie kann noch gesteigert werden, wenn die Erfolgsgröße EBIT typischerweise einer Umsatz- und/oder Kapitalgröße gegenübergestellt wird, sodass sich Rentabilitäten ergeben, die auch einen Vergleich unterschiedlich großer Unternehmenseinheiten ermöglichen.

! Handlungsanregungen

Die Kenngröße EBIT bietet sich als Vergleichsmaß der operativen Ertragskraft von Unternehmen mit unterschiedlichen steuerlichen Rahmenbedingungen oder differierenden Kapitalstrukturen an. Eine ausdrückliche Berechnung eines Ergebnisses vor der Berücksichtigung von Ertragsteuern ist besonders aussagefähig für rechtsform- und/oder steuersystemübergreifende Vergleiche – nicht zuletzt im internationalen Umfeld.

Zur direkten Beeinflussung dieser typischen ökonomischen Ergebnisgröße können alle preis- und/oder mengenpolitischen Maßnahmen auf der Umsatzseite oder in entsprechender Weise bei den betrieblichen Einsatzfaktoren auf der Aufwands- bzw. Kostenseite beitragen.

Exemplarisch seien genannt: Forcierung der ertragsstarken Bestandteile des Produkt- und Dienstleistungsangebots, selektive Nutzung von Preisspielräumen, gezielte Beeinflussung der Entwicklung der variablen und fixen Kosten.

& Verwandte Kennzahlen / Zusätzliche Anmerkungen

Als verwandte Kennzahlen sind vor allem zu nennen: EBT, EBITA und EBITDA. Im Verbund der Pro-Forma-Kennzahlen stellt neben den drei genannten die Größe EBIT den heute am weitesten verbreiteten Ergebnisbegriff dar.

Im Allgemeinen erstrecken sich die Anpassungen im Rahmen der Pro-Forma-Kennzahlen auf einmalige, meist als ungewöhnlich und nicht dauerhaft eingestufte Sachverhalte. Sie werden im Sinne von Störeinflüssen interpretiert, die den „fair view“ auf die Vermögens-, Finanz- und Ertragslage des Unternehmens bei alleiniger Bezugnahme auf das bilanziell ausgewiesene Jahresergebnis (Jahresüberschuss oder -fehlbetrag) beeinträchtigen könnten.

Bei der Gegenrechnung der Steuern ist auf die alleinige Berücksichtigung der „Steuern vom Einkommen und Ertrag“ zu achten. Die sonstigen (Kosten-)Steuern sollten nicht hinzugenommen werden.

Werden inhaltlich korrespondierend sowohl die Aufwendungen wie auch die Erträge einer bestimmten betriebswirtschaftlichen Sachverhaltsposition der Gewinn- und Verlustrechnung (z. B. Zinsaufwendungen und Zinserträge) in die „Neutralisierung“ bei den Pro-Forma-Kennzahlen einbezogen, so bezeichnet man dies als paritätische Vorgehensweise.

Bei nur einseitiger Berücksichtigung einer Erfolgskomponente (z. B. nur die Zinsaufwendungen werden zum Jahresergebnis addiert) spricht man von imparitätischem Vorgehen.

Letzterer Ansatz ist in der Regel bei der EBIT-Berechnung gegeben, wenn nur die Zinsaufwendungen wieder addiert werden.

Im Zeit- und Unternehmensvergleich ist also auch hier wieder stets auf eine klare begriffliche Grundlage (und auf deren offengelegte Transparenz) zu achten. Anderenfalls ist die Aussagekraft erheblich eingeschränkt.

An die beiden führenden Buchstaben „EB..." wird inzwischen eine kaum noch zu übersehende Vielzahl von weiteren Buchstaben einzeln oder in Kombination angehängt.

Sie stehen für (eine Auswahl):

A = Amortization
D = Depreciation
DT = Deferred Taxes
I = Interest
R = Rents
SO = Stock Options
X = Exploration Expense.

Entsprechend vielfältig sind die in der Unternehmenskommunikation verbreiteten Aussagen, so dass inzwischen diese im Einzelnen dann häufig auch nicht mehr von externer Seite nachvollziehbaren Größen einer zunehmenden Kritik ausgesetzt sind.

2.1.3 Earnings Before Interest, Taxes and Amortization (EBITA)

Fragestellung ?

Wie hoch ist das Ergebnis der Geschäftstätigkeit (vor Zinsen und Steuern sowie Abschreibungen auf immaterielle Vermögenswerte)?

Definition *

	Jahresüberschuss oder -fehlbetrag
+	Steuern vom Einkommen und Ertrag/(–Steuererstattung)
=	EBT (Ergebnis vor Steuern)
+	Zinsaufwand
=	EBIT (Ergebnis vor Zinsen und Steuern)
+	Abschreibungen auf immaterielle Vermögenswerte einschl. der Geschäfts- und Firmenwerte
=	EBITA (Earnings Before Interest, Taxes and Amortization)

Die Kennzahl wird gemessen in der Dimension „Geldeinheiten" (z. B. in €).

» Ermittlung / Herleitung

Die Daten können der Gewinn- und Verlustrechnung innerhalb der Jahres- oder Quartalsberichterstattung entnommen werden.

Betriebswirtschaftlicher Aussagewert und Größenordnung

Die Kenngröße EBITA gehört zu den sog. Pro-Forma-Kennzahlen („Earnings Before ...“-Familie), die im Zusammenhang mit der IFRS-Rechnungslegung entstanden sind.

Sie repräsentiert die operative Ertragskraft eines Unternehmens unabhängig von der Kapitalstruktur und zusätzlich „neutralisiert“ um Abschreibungen auf immaterielle Vermögenswerte einschl. der Geschäfts- und Firmenwerte. Die letztgenannte Adjustierung, die das „A“ im Akronym verursacht, wird vor allem von Unternehmen in die Berichterstattung eingebunden, wenn entsprechend hohe Abschreibungen das „einfache“ EBIT schmälern.

Zur Ermittlung des bilanziellen Jahresergebnisses in Form des Jahresüberschusses bzw. -fehlbetrags werden grundsätzlich alle Erträge addiert und alle Aufwendungen subtrahiert. Für gezielte Auswertungs- und Informationszwecke kann es allerdings hilfreich sein, spezielle Bereinigungen des ausgewiesenen Ergebnisses vorzunehmen. Diese – mehr oder weniger umfangreichen – Anpassungen führen dann zu „Zwischen-“ bzw. den sog. „Pro-Forma-Ergebnissen“, die ein subjektiv bestimmtes Resultat (ein „Als-ob-Bild“) liefern. Die jeweiligen Earnings Before ...-Kennzahlen präsentieren somit eine Ergebnisgröße, als ob die speziell bereinigten Aufwendungen und/oder Erträge im Unternehmen nicht entstanden wären. Das kann die Vergleichbarkeit im Zeitablauf und zwischen verschiedenen Unternehmen erhöhen, kann jedoch bei (zwischenzeitlichen und nicht explizit gemachten) einseitigen terminologischen Änderungen auch zu Verzerrungen und Intransparenz führen.

Im (namentlichen) Kern wird bei der Kenngröße EBITA das Jahres- (oder Quartals-)ergebnis, das laut Gewinn- und Verlustrechnung eine Nach-Steuer-Größe ist, nun wieder um die Steuerzahlungen, die Zinsaufwendungen und um den Abschreibungsbetrag „neutralisiert“. Als Konsequenz ist das EBITA eine Vor-Steuer-Größe, die Effekte der Finanzierung (in Form der Fremdkapitalzinsen) und der jeweiligen Abschreibungspolitik eliminiert.

Die zusätzliche Bereinigung um „Abschreibungen auf immaterielle Vermögenswerte einschl. der Geschäfts- und Firmenwerte“ (A – Amortization) soll Ergebnis-Unterschiede neutralisieren:

- zwischen intern und extern gewachsenen Unternehmen: Bei letzteren sind die Akquisitionen nicht selten verbunden mit hohen Good-Will-Beträgen im Kaufpreis, die später ggf. abzuschreiben sind und in diesen Perioden das ausgewiesene Ergebnis, z. B. das EBIT, deutlich schmälern.
- zwischen Unternehmen ohne und mit Erwerb teurer Lizenzgebühren (z. B. für UMTS-Rechte). Bei letzteren erscheint mit dem EBITA das Ergebnis von diesen (ggf. notwendigen Abschreibungs-)Belastungen „befreit“.

Die scheinbar nur wenige und vereinzelte Branchen betreffenden Sachverhalte können jedoch in ihrer betriebswirtschaftlichen Aussagekraft eine umfassende Bedeutung vor dem Hintergrund erlangen, dass als Konsequenz aus der Neuregelung der Good-Will-Abschreibungen, die keine planmäßigen, sondern nur noch außerplanmäßige Abschreibungen auf der Grundlage jährlicher impairments tests (Werthaltigkeitsprüfungen) vorschreiben, auf Dauer die „unbereinigten" EBIT-Werte von einer stark schwankenden „Amortization"-Komponente beeinflusst werden.

Für die absolute Höhe der Kennzahl EBITA gibt es keine generalisierbare Vorgabe. Beim Zeitvergleich – z. B. als Ist-Ist- oder Plan-Ist-Relation – besitzt die Form der Entwicklung (kontinuierlich zunehmend oder sinkend, stark schwankend usw.) eine bedeutsame Aussagekraft. Sie kann noch gesteigert werden, wenn die Erfolgsgröße EBITA typischerweise einer Umsatz- und/oder Kapitalgröße gegenübergestellt wird, sodass sich Rentabilitäten ergeben, die auch einen Vergleich unterschiedlich großer Unternehmenseinheiten ermöglichen.

Handlungsanregungen

!

Die Kenngröße EBITA bietet sich als ein Ergebnismaß vor der Berücksichtigung von Ertragsteuern, Effekten der Finanzierung und Abschreibungspolitik vor allem für rechtsform- und/oder steuersystemübergreifende Vergleiche – nicht zuletzt im internationalen Umfeld – an.

Zur direkten Beeinflussung dieser typischen ökonomischen Ergebnisgröße können alle preis- und/oder mengenpolitischen Maßnahmen auf der Umsatzseite oder in entsprechender Weise bei den betrieblichen Einsatzfaktoren auf der Aufwands- bzw. Kostenseite beitragen.

Verwandte Kennzahlen / Zusätzliche Anmerkungen

&

Als verwandte Kennzahlen sind vor allem zu nennen: EBT, EBIT und EBITDA.

Im Allgemeinen erstrecken sich die Anpassungen im Rahmen der Pro-Forma-Kennzahlen auf einmalige, meist als ungewöhnlich und nicht dauerhaft eingestufte Sachverhalte. Sie werden im Sinne von Störeinflüssen interpretiert, die den „fair view" auf die Vermögens-, Finanz- und Ertragslage des Unternehmens bei alleiniger Bezugnahme auf das bilanziell ausgewiesene Jahresergebnis (Jahresüberschuss oder -fehlbetrag) beeinträchtigen könnten.

Bei der Gegenrechnung der Steuern ist auf die alleinige Berücksichtigung der „Steuern vom Einkommen und Ertrag" zu achten. Die sonstigen (Kosten-)Steuern sollten nicht hinzugenommen werden.

Werden inhaltlich korrespondierend sowohl die Aufwendungen wie auch die Erträge einer bestimmten betriebswirtschaftlichen Sachverhaltsposition der Gewinn- und Verlustrechnung (z. B. Zinsaufwendungen und Zinserträge) in die „Neutralisierung" bei den Pro-Forma-Kennzahlen einbezogen, so bezeichnet man dies als paritätische Vorgehensweise. Bei nur einseitiger Berücksichtigung einer Erfolgskomponente (z. B. nur die Zinsaufwendungen werden zum Jahresergebnis addiert) spricht man von imparitätischem Vorgehen. Letzterer Ansatz ist in der Regel bei der EBITA-Berechnung gegeben, wenn nur die Zinsaufwendungen wieder addiert werden.

Im Zeit- und Unternehmensvergleich ist also auch hier wieder stets auf eine klare begriffliche Grundlage (und auf deren offengelegte Transparenz) zu achten. Anderenfalls ist die Aussagekraft erheblich eingeschränkt.

2.1.4 Ergebnis aus fortgeführten Geschäftsbereichen

? **Fragestellung**

Wie hoch ist der (vermutlich) regelmäßig mit den Tätigkeiten des Unternehmens erzielbare Erfolg? – nach IFRS-Rechnungslegung

***** **Definition**

Betriebsergebnis + Finanzergebnis

Im „Betriebsergebnis" sollen sich in erster Linie alle Erträge und Aufwendungen widerspiegeln, die auf den operativen Geschäftszweck zurückzuführen und dauerhaft erreichbar sind. Das „Finanzergebnis" fasst alle Finanz-Erträge und Finanz-Aufwendungen zusammen, die nicht zuletzt bei zunehmenden Konzernverflechtungen der Unternehmen eine wachsende Relevanz besitzen. Beide Ergebnis-Komponenten können nach IFRS-Rechnungslegung auch außerordentliche Erträge und Aufwendungen enthalten.

Die Kennzahl wird gemessen in der Dimension „Geldeinheiten" (z.B. in €).

» **Ermittlung / Herleitung**[1]

Unter Bezugnahme auf Angabepflichten gemäß IFRS-Rechnungslegung ergibt sich das sog. Betriebsergebnis:

– nach dem Gesamtkostenverfahren

	Umsatzerlöse
+	Erhöhung/(– Verminderung) des Bestands an unfertigen und fertigen Erzeugnissen
–	Andere aktivierte Eigenleistungen
–	Aufwendungen für Roh-, Hilfs- und Betriebsstoffe
–	Leistungen an Arbeitnehmer und Sozialabgaben
–	Aufwendungen für Altersvorsorge
–	Planmäßige Abschreibungen (auf Sachanlagen und immaterielle assets mit begrenzter Nutzungsdauer)
+	Sonstige Erträge*
–	Andere Aufwendungen*
=	Betriebsergebnis (nach IFRS)

1 In Anlehnung an die Übersicht bei Coenenberg/Haller/Schultze (2014), S. 1132 u. 1136.

* Soweit nicht einem aperiodischen Ergebnis zuzuordnen (z. B. Abschreibungen auf Goodwill).

– nach dem Umsatzkostenverfahren

	Umsatzerlöse
–	Herstellungskosten der zur Erzielung der Umsatzerlöse erstellten Güter und Dienstleistungen
–	Vertriebskosten
–	Allgemeine Verwaltungskosten
–	Forschungskosten
+	Sonstige Erträge*
–	Andere Aufwendungen*
=	Betriebsergebnis (nach IFRS)

Unter Bezugnahme auf Angabepflichten gemäß IFRS-Rechnungslegung ergibt sich das sog. Finanzergebnis:

	Zinsen und ähnliche Erträge
–	Zinsen und ähnliche Aufwendungen
+	Dividendenerträge
+	Erträge/(– Aufwendungen) aus investment property
+	Erträge/(– Aufwendungen) aus assoziierten Unternehmen
+	Erträge/(– Aufwendungen) aus Lizenzgebühren und Tantiemen
+	Erträge/(– Aufwendungen) aus Treuhandtätigkeit
=	Finanzergebnis (nach IFRS)

Betriebswirtschaftlicher Aussagewert und Größenordnung

#

Die in einer wachsenden Zahl von Unternehmen neben der operativen (geschäftszwecktypischen) Tätigkeit an Bedeutung gewinnenden Finanzaktivitäten als Erfolgsträger (z. B. auch in Form produktbegleitender Services) machen eine trennscharfe Abgrenzung zwischen „Betriebs-“ und „Finanz-“Ergebnis allerdings zunehmend problematisch (beispielsweise Kreditgeschäfte über eine konzerneigene Bank als Zusatzangebot zum klassischen Produktprogramm langfristiger Gebrauchsgüter).

Für die absolute Höhe des „Ergebnisses aus fortgeführten Geschäftsbereichen“ und seine beiden Teil-Kennzahlen gibt es keine generalisierbare Vorgabe. Beim Zeitvergleich als Ist-Ist- oder Plan-Ist-Relation besitzt die Form der Entwicklung (kontinuierlich zunehmend oder sinkend, stark schwankend usw.) eine gewichtige Aussagekraft. Sie kann noch gesteigert werden, wenn diese Erfolgsgrößen regelmäßig in Beziehung zu sinnvollen Umsatz- und Kapitalgrößen gesetzt wird.

Handlungsanregungen

!

Zur direkten Beeinflussung des sog. Betriebsergebnisses können alle preis- und/oder mengenpolitischen Maßnahmen auf der Umsatzseite und in entsprechender Weise bei

* Soweit nicht einem aperiodischen Ergebnis zuzuordnen (z. B. Abschreibungen auf Goodwill).

den betrieblichen Einsatzfaktoren beitragen. Exemplarisch seien genannt: Forcierung der ertragsstarken Bestandteile des Produkt- und Dienstleistungsangebots, selektive Nutzung von Preisspielräumen, gezielte Beeinflussung der Entwicklung der variablen und fixen Kosten.

Das Spektrum der Beeinflussungsmöglichkeiten für das sog. Finanzergebnis ist vielfältig und jeweils abhängig von den unternehmensspezifischen Gegebenheiten. Soweit es z. B. den Bereich der Beteiligungen betrifft, sind vor allem strategische Aspekte von Bedeutung. Auch ein deutlich negatives Ergebnis (beispielsweise durch erhebliche Zinsaufwendungen für Fremdkapital) kann unternehmerisch gewollt sein, wenn mit Hilfe des Leverage-Effekts die Eigenkapitalrentabilität gesteigert werden soll.

& Verwandte Kennzahlen / Zusätzliche Anmerkungen

Die überwiegende Vergangenheitsbezogenheit des Jahresabschlusses (dem Lagebericht sind jedoch einige Informationen über die künftige Entwicklung zu entnehmen) lassen für Externe unter Hinzunahme weiterer (Branchen-)Kenntnisse für die Prognose der zukünftigen Ertragskraft in der Regel nur grobe Hochrechnungen zu.

Bei der IFRS-Rechnungslegung kann im Grundsatz eine weiterführende Erfolgsspaltung in folgender Form vorgenommen werden:

- Betriebsergebnis und Finanzergebnis (hier zusammengeführt zum „Ergebnis aus fortgeführten Geschäftsbereichen“)
- Aperiodisches Ergebnis
- Ergebnis aus nicht fortgeführten Geschäftsbereichen.

Ergänzende Aufgliederungen sind insbesondere für interne Auswertungszwecke denkbar und sinnvoll.

2.1.5 Ergebnis aus nicht fortgeführten Geschäftsbereichen

? Fragestellung

In welchem Umfang wird der ausgewiesene Erfolg des Unternehmens zukünftig durch nicht fortgeführte Geschäftsbereiche verändert?

* Definition

Dieser Erfolgsbegriff (sprachlich verkürzt auch als „Nicht fortgeführtes Ergebnis“ bezeichnet) entstammt der Konzeption der IFRS-Rechnungslegung. Er ist abzugrenzen von den weiteren Erfolgsbestandteilen nach IFRS, dem Betriebsergebnis, dem Finanzergebnis sowie dem aperiodischen (ggf. betrieblichen und betriebsfremden) Ergebnis.

Mit dieser Kenngröße werden ausdrücklich alle Erfolgskomponenten abgebildet, von denen sich das Unternehmen auf Geschäftsbereichsebene in der laufenden Berichtsperiode getrennt hat oder sich künftig trennen will.

Die Kennzahl wird gemessen in der Dimension „Geldeinheiten“ (z. B. in €).

Ermittlung / Herleitung[2]

»

Unter Bezugnahme auf Angabepflichten gemäß IFRS-Rechnungslegung ergibt sich als Berechnungsschema:

+	Erträge/(–Aufwendungen) sowie + Ertragsteuer-Erstattung (–Zahlung); jeweils bezogen auf den/die aufgegebenen Geschäftsbereich/e
+	Gewinne/(–Verluste) aus der Zeitbewertung auf aufgegebene Geschäftsbereiche entfallender Vermögenswerte oder Veräußerungsgruppen
+	Gewinne/(–Verluste) aus der Veräußerung aufgegebener Geschäftsbereiche
=	Ergebnis aus nicht fortgeführten Geschäftsbereichen (nach IFRS)

Betriebswirtschaftlicher Aussagewert und Größenordnung

#

Mit dem Ergebnis aus nicht fortgeführten Geschäftsbereichen soll zur Transparenz des Jahresabschlusses beigetragen werden, insbesondere zur Aussagefähigkeit hinsichtlich der Prognostizierbarkeit zukünftiger Ertragskraft.

Die Größenordnung dieser einzelnen Kennzahl ist in starkem Maße abhängig von der Strategie des betrachteten Unternehmens, hier insbesondere von seiner Des-Investitionspolitik (auf der Ebene getrennt geführter, größerer Geschäftsbereiche – z. B. in Form von Regional- oder Produktbereichen – sog. cash-generating units).

Handlungsanregungen

!

Die Möglichkeiten der Beeinflussbarkeit dieser Erfolgskomponente durch das Management des Unternehmens hängt in starkem Maße von der strategischen und operativen Geschäftsfeldpolitik ab.

Verwandte Kennzahlen / Zusätzliche Anmerkungen

&

Allerdings ist besonders zu beachten, dass nicht alle auf aufgegebene Geschäfte entfallenden Ergebnisbestandteile in dieser Kennzahl nach IFRS-Rechnungslegung enthalten sind. Sofern es sich bei den bereits veräußerten oder zur Veräußerung vorgesehenen Vermögensteilen nicht um größere Gruppen von assets handelt, so dürfen sie nicht in diesem gesonderten Erfolgsbestandteil abgebildet werden, sondern sind im Betriebsergebnis mit zu erfassen.

2.1.6 Aperiodisches Ergebnis

Fragestellung

?

Welche Höhe weist das aperiodische Ergebnis auf? – In welchem Umfang sind in der Betrachtungsperiode unregelmäßige, nicht planbare Erfolgsbestandteile zu berücksichtigen?

---

2 In Anlehnung an die Übersicht bei Coenenberg/Haller/Schultze (2014), S. 1138.

Im Rahmen des allgemeinen Konzepts der betriebswirtschaftlichen Erfolgsspaltung dominieren die beiden Kriterien der Betriebsbezogenheit und der Regelmäßigkeit. Den aperiodischen Sachverhalten wird die hier behandelte Kennzahl gewidmet, ggf. unterteilt in eine betriebliche und eine betriebsfremde Variante.

Dieser Erfolgsbegriff ist der Konzeption der IFRS-Rechnungslegung zuzuordnen. Er ist abzugrenzen von den weiteren Erfolgsbestandteilen nach IFRS, dem Betriebsergebnis, dem Finanzergebnis sowie dem Ergebnis aus nicht fortgeführten Geschäftsbereichen.

Die Kennzahl wird gemessen in der Dimension „Geldeinheiten" (z. B. in €).

» Ermittlung / Herleitung[3]

Unter Bezugnahme auf Angabepflichten gemäß IFRS-Rechnungslegung ergibt sich für das aperiodische betriebliche Ergebnis folgendes Berechnungsschema:

	Sonstige Erträge[4]
+	Wertminderungsaufwendungen von immateriellen assets mit unbestimmter Nutzungsdauer einschl. Goodwill
+	Erträge aus Badwill-Verrechnung
–	Außerplanmäßige Abschreibungen von Sachanlagevermögen
+	Wertaufholung/(–Abwertung) des Sachanlagevermögens
+	Versicherungsmathematische Gewinne/(–Verluste) aus Pensionsverpflichtungen
+	Erträge/(–Aufwendungen) aus Währungsumrechungsdifferenzen
+	Inflationsbedingte Erträge/(–Aufwendungen) aus Währungsverfall
+	Erträge/(–Aufwendungen) aus der Änderung von Schätzungen
–	Andere Aufwendungen[4]
=	Aperiodisches betriebliches Ergebnis

Unter Bezugnahme auf Angabepflichten gemäß IFRS-Rechnungslegung ergibt sich für das aperiodische betriebsfremde Ergebnis folgendes Berechnungsschema:

	Sonstige Erträge[5]
+	Bewertungsgewinne/(–Verluste) von at fair value through profit or loss-Finanzinstrumenten
+	Erträge/(–Aufwendungen) aus der Ausbuchung von available-for-sale- und held-to-maturity-Finanzinstrumenten
+	Neubewertungsgewinne/(–Verluste) bei investment property
–	Andere Aufwendungen[5]
=	Aperiodisches betriebsfremdes Ergebnis

3 In Anlehnung an die Übersicht bei Coenenberg/Haller/Schultze (2014), S. 1134 u. 1137.
4 soweit nicht dem aperiodischen betriebsfremden Ergebnis bzw. dem Betriebsergebnis zuzuordnen
5 soweit nicht dem aperiodischen betrieblichen Ergebnis bzw. dem Betriebsergebnis zuzuordnen

Betriebswirtschaftlicher Aussagewert und Größenordnung

#

Mit der gesonderten Aufstellung eines aperiodischen Ergebnisses soll in erster Linie der Transparenz des Jahresabschlusses gedient werden, vor allem zur Aussagefähigkeit hinsichtlich der Dauerhaftigkeit des Ergebnisses, um die Prognostizierbarkeit der zukünftigen Ertragskraft zu verbessern.

Für die Größenordnung dieser einzelnen Kennzahl lässt sich keine allgemeine Vorgabe betriebswirtschaftlich sinnvoll ableiten. Bedeutsamer ist ihre Entwicklung, insbesondere auf der Ebene der Teilkomponenten, im Zeitablauf. Bei diesem Zeitvergleich – z. B. als Ist-Ist- oder Plan-Ist-Relation – besitzt die Form der Entwicklung (kontinuierlich zunehmend oder sinkend, stark schwankend usw.) eine gewichtige Aussagekraft.

Handlungsanregungen

!

Die Möglichkeiten der Beeinflussbarkeit dieser Erfolgskomponente durch das Management des Unternehmens (insb. hinsichtlich der ausgewiesenen und begründeten Aperiodizität) sind nicht unerheblich. Grundsätzlich ist zu bedenken, dass es sich bei dem aperiodischen Ergebnis um eine Teilgröße des Periodenerfolgs nach IFRS-Rechnungslegung handelt, sodass hier im Vordergrund steht, wie weit die Zwecksetzung der Transparenzsteigerung verfolgt wird.

Verwandte Kennzahlen / Zusätzliche Anmerkungen

&

Beide Fußnoten verweisen bereits auf wesentliche Aspekte, die vor allem in der Problematik liegen, dass eine trennscharfe Zuordnung einzelner betriebswirtschaftlicher Sachverhalte zu den einzelnen IFRS-Erfolgskomponenten in vielen Fällen nicht zweifelsfrei bestimmbar ist – und darunter letztlich auch die Aussagefähigkeit der ermittelten Kennzahlen leidet.

2.1.7 Net Operating Profit After Taxes (NOPAT)

Fragestellung

?

Wie hoch ist der operative Nettogewinn nach Steuern (und vor Zinsen) des betrachteten Unternehmens?

Definition

*

Für viele der in jüngerer Zeit entstandenen Kennzahlen bestehen bislang keine exakten Terminologien zur Zusammensetzung aus einzelnen Komponenten. Es wird daher im Folgenden für die Kennzahl NOPAT eine Basis-Version dargestellt, die in der Fachliteratur und Wirtschaftspraxis auch mit einer Reihe von zusätzlichen Adjustierungen Anwendung findet.

	EBIT (Ergebnis vor Zinsen und Steuern)
–	Steuern vom Einkommen und Ertrag/(+Steuererstattung)
=	NOPAT

Die Kennzahl NOPAT wird in der Dimension „Geldeinheiten“ (z. B. in €) angegeben.

» Ermittlung / Herleitung

Die Daten können den Angaben zum Jahresabschluss entnommen werden.

In der Fachliteratur und Wirtschaftspraxis sind zur Berechnung des NOPAT eine Reihe von – weiteren – unterschiedlichen Adjustierungen feststellbar: Beispielhaft seien genannt

+ Abschreibungen auf immaterielle Vermögensgegenstände
± Veränderungen der Rückstellungen („+“: Zunahme; „–“: Abnahme)
+ Zinsen für Leasingaufwendungen
± Veränderungen der kapitalisierten FuE-Aufwendungen („+“: Zunahme; „–“: Abnahme)

Für überbetriebliche Vergleiche ist also bei diesem bereinigten Periodengewinn stets auf die Konsistenz der Definition sowie der einbezogenen Aufwands- und Ertragspositionen zu achten.

Betriebswirtschaftlicher Aussagewert und Größenordnung

Der NOPAT (Net Operating Profit After Taxes) repräsentiert den Gewinn, als ob das Unternehmen ausschließlich eigenkapitalfinanziert sei – und daher auch keinen Steuervorteil durch die Absetzbarkeit von Fremdkapitalzinsen hätte. Mitunter wird NOPAT auch als das Betriebsergebnis vor Zinsen bezeichnet.

Eine generalisierende Vorgabe für die Größenordnung kann nicht gegeben werden. Die konkreten Kennzahlenwerte in den einzelnen Unternehmen schwanken in ihrer Niveauhöhe im Allgemeinen deutlich, zum Teil sowohl branchenabhängig als auch zwischen Klein-, Mittel- und Großunternehmen.

Zu Vergleichszwecken ist daher als Orientierung auf Angaben von Wettbewerbern, spezifische Durchschnitts- oder Best-Practice-Werte zurückzugreifen sowie die Entwicklung im Zeitablauf über mehrere Jahre – z. B. als Ist-Ist- oder Plan-Ist-Relation – einzubeziehen.

! Handlungsanregungen

Alle preis- und mengenorientierten Beeinflussungsmöglichkeiten auf der Einzahlungs-(Umsatz-)seite, ebenso alle preis- und mengenorientierten Beeinflussungsmöglichkeiten auf der (auszahlungsgleichen) Kostenseite bilden das Spektrum denkbarer Aktionen zur Steigerung des NOPAT.

Durch den Rückgriff auf Daten der externen Rechnungslegung sind entsprechende Einflüsse durch die Nutzung der bilanziellen Ansatz- und Bewertungsregeln möglich.

Verwandte Kennzahlen / Zusätzliche Anmerkungen

&

Der NOPAT wird in der Regel als Erfolgsgröße für die Berechnung des ROIC (Return On Invested Capital) herangezogen, der eine Vorstufe des wertorientierten Performance-Maßes EVA (Economic Value Added) bildet.

Alternativ ist der NOPAT auch folgendermaßen ermittelbar, sofern der Operating Profit näherungsweise als Bemessungsgrundlage für die Ertragsbesteuerung herangezogen werden kann:

$$\text{NOPAT} = \text{Operating Profit} \cdot (1 - \text{Ertragsteuersatz})$$

2.2 Rentabilitäts-Kenngrößen

2.2.1 EBIT-Marge

Fragestellung

?

Wie viel Prozent vom Umsatz verbleiben dem Unternehmen als „Gewinn" (genauer: als Ergebnis vor Zinsen und Steuern)?

Definition

*

$$\frac{\text{EBIT} \cdot 100}{\text{Umsatz}}$$

Wobei gilt:

	Jahresüberschuss oder -fehlbetrag
+	Steuern vom Einkommen und Ertrag/(–Steuererstattung)
=	EBT (Ergebnis vor Steuern)
+	Zinsaufwand
=	EBIT (Ergebnis vor Zinsen und Steuern)

Die EBIT-Marge wird in der Dimension „%" angegeben.

Ermittlung / Herleitung

»

Die Daten können von externen Informationsinteressenten der Gewinn- und Verlustrechnung innerhalb der Jahres- oder Quartalsberichterstattung entnommen werden. Zu internen Planungs- und Kontrollzwecken kann diese Kennzahl ggf. auch in kürzeren Zeitabständen bestimmt werden.

Betriebswirtschaftlicher Aussagewert und Größenordnung

Die EBIT-Marge zählt zu den umsatzbasierten Rentabilitätskennzahlen. Sie gibt an, welchen Anteil vom Umsatz das Unternehmen als Ergebnis (vor Steuern und Zinsen) erzielt. Die Kennzahl ist somit ein relatives Maß für die operative Ertrags- und Selbstfinanzierungskraft des Unternehmens. Im Vergleich zur eigentlichen Umsatzrentabilität handelt es sich bei der EBIT-Marge also um eine Vor-Steuer-Größe, in die darüber hinaus auch die Fremdkapitalzinsen nicht einbezogen werden. Unter der Annahme, dass die Differenz zwischen „Brutto-“ und „Netto-“ in den Ertragsteuern besteht, handelt es sich bei der EBIT-Marge um eine besondere Form der Brutto-Umsatzrentabilität.

Die Kenngröße EBIT-Marge als Vor-Steuer-Größe repräsentiert die operative Ertragskraft – in Relation gesetzt zum Umsatz – unabhängig von der Kapitalstruktur (Finanzierungseffekte in Form der Fremdkapitalzinsen werden durch die Gegenrechnung „neutralisiert“). Sie eignet sich daher auch für Rentabilitätsvergleiche von Unternehmen (als Ganzes oder für einzelne Bereiche/Profit Center/Segmente) und dient nicht selten als ein Beurteilungskriterium der Kreditwürdigkeit.

Die EBIT-Marge ist stark branchenabhängig. Je höher ihr Wert, desto besser ist die auf den Umsatzprozess zurückzuführende Ergebnissituation zu beurteilen. Für die absolute Höhe der Kennzahl EBIT-Marge gibt es keine generalisierbare Vorgabe. Beim regelmäßigen Zeitvergleich – z. B. als Ist-Ist- oder Plan-Ist-Relation – besitzt die Form der Entwicklung (kontinuierlich steigend oder sinkend, stark schwankend usw.) eine bedeutsame Aussagekraft.

! Handlungsanregungen

Veränderungen dieser relativen Kennzahl können durch über- bzw. unterproportionale Entwicklung des in Beziehung gesetzten EBIT (im Zähler) und des Umsatzes (im Nenner) erreicht werden – siehe dazu im Grundsätzlichen die weiter systematisierenden, ausführlichen Erläuterungen zu Kennzahlen als Quotienten im Anhang I.

Alle preis- und mengenorientierten Beeinflussungsmöglichkeiten auf der Einzahlungs-(Umsatz-)seite, ebenso alle preis- und mengenorientierten Beeinflussungsmöglichkeiten auf der (auszahlungsgleichen) Kostenseite bilden das Spektrum denkbarer Aktionen zur Steigerung des EBIT.

& Verwandte Kennzahlen / Zusätzliche Anmerkungen

Eine starke Ähnlichkeit besteht zur Umsatzrentabilität.

Weitere verwandte Kennzahlen sind: EBITDA-Marge; Netto-Umsatzrentabilität; Cash Flow-Umsatzrentabilität.

Mitunter wird im Nenner als Bezugsgröße nicht der Umsatz, sondern die Gesamtleistung verwendet. Die grundsätzlichen Aussagen dieser Kennzahl ändern sich dadurch aber nicht. Nur bei überbetrieblichen Vergleichen muss entsprechend jeweils auf die Konsistenz der herangezogenen Daten geachtet werden.

Eine ausdrückliche Ermittlung eines Ergebnisses vor der Berücksichtigung von Ertragsteuern bietet sich vor allem für rechtsform- und/oder steuersystemübergreifende Vergleiche – nicht zuletzt im internationalen Umfeld – an.

Bei der Gegenrechnung der Steuern ist auf die alleinige Berücksichtigung der „Steuern vom Einkommen und Ertrag“ zu achten. Die sonstigen (Kosten-)Steuern sollten nicht hinzugenommen werden.

Hat ein Unternehmen in der Betrachtungsperiode einen Verlust (ein negatives EBIT) auszuweisen, so trägt der entsprechende Quotient die Bezeichnung „Burn Rate“, also den Verlust bezogen auf eine Geldeinheit Umsatz (z. B. 2 Cent pro 1 € Umsatz, d. h. 2 %).

2.2.2 Umsatzrentabilität

Fragestellung

Wie viel Gewinn pro (Geld-)Einheit Umsatz wird erwirtschaftet?

Definition

Die in der Fachliteratur und Wirtschaftspraxis verwendete Terminologie ist vielfältig: So wird die „Gewinngröße“ im Zähler von Fall zu Fall sehr unterschiedlich abgegrenzt. Typische Varianten sind:

- „Bilanzielles Jahresergebnis“ (als Jahresüberschuss oder -fehlbetrag)
- „Bilanzielles Jahresergebnis + Fremdkapitalzinsen“ oder
- „internes (Betriebs-)Ergebnis“ – d. h. also ggf. ohne neutrale und außerordentliche bzw. außergewöhnliche Ergebniskomponenten oder
- Pro-Forma-Größe „EBIT“.

Während die beiden erstgenannten Varianten eine Nach-Steuer-Größe repräsentieren, besitzen die beiden letztgenannten Vor-Steuer-Charakter.

Allgemein:

$$\frac{\text{„Gewinngröße“} \cdot 100}{\text{Umsatz}}$$

Hier im Weiteren (als Nach-Steuer-Variante):

$$\frac{\text{Jahresüberschuss bzw. -fehlbetrag} \cdot 100}{\text{Umsatz}}$$

Die Umsatzrentabilität wird in der Dimension „%“ angegeben.

Ermittlung / Herleitung

Die Daten können den Informationssystemen des Rechnungswesens entnommen werden.

Betriebswirtschaftlicher Aussagewert und Größenordnung

Die Umsatzrentabilität gibt an, welchen Anteil vom Umsatz das Unternehmen als ökonomisches Ergebnis erzielt. Als Nach-Steuer-Größe ist die Umsatzrentabilität (mit dem Jahresüberschuss als Gewinngröße) aus den Daten des Jahresabschlusses unmittelbar zu errechnen – allerdings auf einem sehr hohen Aggregationsniveau. Im Rahmen von Kennzahlensystemen auf der Basis der Gesamtkapitalrendite erfolgt zusätzlich die explizite Berücksichtigung der Fremdkapitalzinsen, sodass die Vergleichbarkeit – im Falle nicht transparent gemachter Definitionen – eingeschränkt sein kann.

Als Vor-Steuer-Größe (z. B. mit EBIT als Zähler, dann auch als EBIT-Marge bezeichnet) repräsentiert sie die operative Ertragskraft – in Relation gesetzt zum Umsatz – unabhängig von der Kapitalstruktur (Finanzierungseffekte in Form der Fremdkapitalzinsen werden durch die Gegenrechnung „neutralisiert“). Sie eignet sich in dieser definitorischen Form daher auch in besonderem Maße für Rentabilitätsvergleiche von Unternehmen (als Ganzes oder für einzelne ihrer Teil-Bereiche/Profit Center/Segmente usw.).

Die Umsatzrentabilität dient auch als ein Beurteilungskriterium zur Kreditwürdigkeit. Allerdings ist die Höhe in den jeweiligen Unternehmen u. a. stark branchenabhängig. Je größer ihr Wert, desto besser ist die auf den Umsatzprozess zurückzuführende Ergebnissituation zu beurteilen.

Für die absolute Höhe der Kennzahl gibt es keine generalisierbare Vorgabe. Beim Zeitvergleich besitzt die Form der Entwicklung (kontinuierlich steigend oder sinkend, stark schwankend usw.) eine besondere Aussagekraft hinsichtlich der Leistungsstärke des operativen Geschäfts des Unternehmens.

Als Orientierungen zur Größenordnung dieser Kennzahlenwerte können neben den üblichen unternehmensinternen Vergleichsmöglichkeiten (zwischen organisatorischen Teilbereichen z. B. als Ist-Ist- und Plan-Ist-Relation) – soweit zugänglich – auch unternehmensextern Angaben von Wettbewerbern, Branchendurchschnittswerte oder „Best-Practice-Werte“ herangezogen werden.

! Handlungsanregungen

Veränderungen dieser relativen Kennzahlo können durch über- bzw. unterproportionale Entwicklung der in Beziehung gesetzten Gewinngröße (im Zähler) und des Umsatzes (im Nenner) erreicht werden – siehe dazu im Grundsätzlichen die weiter systematisierenden, ausführlichen Erläuterungen zu Kennzahlen als Quotienten im Anhang I.

Alle preis- und mengenorientierten Beeinflussungsmöglichkeiten auf der Einzahlungs-(Umsatz-)seite, ebenso alle preis- und mengenorientierten Beeinflussungsmöglichkeiten auf der (auszahlungsgleichen) Kostenseite bilden das Spektrum denkbarer Aktionen zur Steigerung der Gewinngröße.

Verwandte Kennzahlen / Zusätzliche Anmerkungen

&

Als (teilweise) synonyme Begriffe sind die EBIT-Marge und die Netto-Umsatzrentabilität anzusehen.

Verwandte Kennzahlen sind: EBITDA-Marge; Cash Flow-Umsatzrentabilität.

Mitunter wird im Nenner als Bezugsgröße nicht der Umsatz, sondern die Gesamtleistung verwendet – also: Umsatzerlöse ± Bestandsveränderungen + andere aktivierte Eigenleistungen. Die grundsätzlichen Aussagen dieser Kennzahl ändern sich dadurch aber nicht. Nur bei überbetrieblichen Vergleichen muss entsprechend jeweils auf die Konsistenz der herangezogenen Daten geachtet werden.

Eine ausdrückliche Ermittlung eines Ergebnisses vor der Berücksichtigung von Ertragsteuern bietet sich vor allem für rechtsform- und/oder steuersystemübergreifende Vergleiche an – nicht zuletzt im internationalen Umfeld.

Bei der Gegenrechnung der Steuern ist auf die alleinige Berücksichtigung der „Steuern vom Einkommen und Ertrag“ zu achten. Die sonstigen (Kosten-)Steuern sollten nicht hinzugenommen werden.

Im Falle eines Fehlbetrages als Zähler gibt die Kennzahl „Burn Rate“ an, wie viel Verlust pro (Geld-)Einheit Umsatz erwirtschaftet wurde.

2.2.3 Eigenkapitalrentabilität

Fragestellung

?

Wie gut wurden die Eigenkapital-Mittel von der Unternehmensführung in der Betrachtungsperiode verwendet?

Definition

*

$$\frac{\text{Jahresüberschuss bzw. -fehlbetrag} \cdot 100}{\text{Durchschnittliches Eigenkapital}}$$

Die Kennzahl „Eigenkapitalrentabilität“ wird in der Dimension „%“ angegeben.

Ermittlung / Herleitung

»

Der Jahresüberschuss (oder -fehlbetrag) ist der Gewinn- und Verlustrechnung zu entnehmen. Die Höhe des durchschnittlichen Eigenkapitals ergibt sich aus der Bilanz als Mittelwert von Anfangs- und Endbestand.

Betriebswirtschaftlicher Aussagewert und Größenordnung

#

Bisherige Anteilseigner wie potentielle Eigenkapitalgeber sind im Besonderen an der vergangenheitsbezogenen, aber vor allem auch an der zukünftig zu erwartenden Verzinsung des eingesetzten haftenden Kapitals interessiert. Unternehmen müssen daher die erwartete Mindestverzinsung dieser Investoren in ihr Zielsystem integrieren.

Durch die Herkunft der Daten aus dem bilanziellen Rechnungswesen wird jedoch nur ein Teil der tatsächlichen Unternehmensrentabilität abgebildet (z. B. fehlen Kurssteigerungen oder -minderungen). Die Kennzahl „Aktienrendite" ist für Anteilseigner hier deutlich umfassender.

Grundsätzlich können bei der Ermittlung der Rentabilitätskennzahlen für die jeweils eingesetzte Gewinngröße entweder ein Vor-Steuer- bzw. Nach-Steuer-Wert verwendet werden. Die Berechnung mit einer Nach-Steuer-Gewinngröße (z. B. dem Jahresüberschuss) ist weit verbreitet bei externen Informationsinteressenten (Aktionären, Analysten usw.), die Vor-Steuer-Betrachtung eher bei internen Entscheidungsträgern.

Sind beispielsweise Personengesellschaften und körperschaftsteuerpflichtige Unternehmen zu vergleichen, so ist es sinnvoll, die Vor-Steuer-Gewinngröße heranzuziehen, um zu tragfähigen Aussagen zu kommen.

Die Eigenkapitalrentabilität sollte im mittleren und langfristigen Bereich deutlich über dem Kapitalmarktzinssatz für festverzinsliche Wertpapiere liegen (sog. Risikoprämie). Es ist erstrebenswert, dass die eigene Eigenkapitalrentabilität über dem Marktdurchschnittswert liegt.

! Handlungsanregungen

Veränderungen dieser relativen Kennzahl können durch über- bzw. unterproportionale Entwicklung des in Beziehung gesetzten Jahresüberschusses/-fehlbetrags (im Zähler) und des Eigenkapitals (im Nenner) erreicht werden – siehe dazu im Grundsätzlichen die weiter systematisierenden, ausführlichen Erläuterungen zu Kennzahlen als Quotienten im Anhang I.

Neben der direkten Beeinflussung der ökonomischen Ergebnisgröße durch preis- und/oder mengenpolitische Maßnahmen auf der Umsatzseite oder in entsprechender Weise bei den betrieblichen Einsatzfaktoren kann eine Steigerung der Eigenkapitalrentabilität auch unter bestimmten Bedingungen durch einen verstärkten Einsatz von Fremdkapital erzielt werden (Leverage-Effekt).

& Verwandte Kennzahlen / Zusätzliche Anmerkungen

Als Synonyme sind gebräuchlich: Eigenkapitalrendite, Unternehmerrendite.

Verwandte Kennzahlen sind: Gesamtkapitalrentabilität; Cash Flow-Eigenkapitalrentabilität; Umsatzrentabilität; Aktienrendite.

Eine aussagefähige Analyse der Eigenkapitalrentabilität eines Unternehmens erfordert auch das Verständnis für die Ursachen der Schwankungen im Zeitablauf – als eigene Ist-Ist- oder Plan-Ist-Relation – und im Verhältnis zu denen der Wettbewerber. Eine Analyse der entsprechenden Rentabilitäts-Treiber kann in Verbindung mit dem pyramidal aufgebauten ROI-Schema mit den Faktoren „Umsatzrentabilität", „Kapitalumschlag" vorgenommen werden.

Diese Kenngrößen verdeutlichen die Wirkungen der operativen Geschäfts-, der Investitions- und der Finanzierungsaktivitäten des Unternehmens – siehe die weiteren Erläuterungen zu mehrstufigen Kennzahlensystemen am Beispiel des sog. ROI-Systems im Anhang II.

Statt des Durchschnittswertes aus Anfangs- und Endbestand für die ökonomische Größe im Nenner wird mitunter auch der Endbestandswert angesetzt.

Bei Personengesellschaften ist im Zähler ein angemessener Unternehmerlohn in Abzug zu bringen, um die Vergleichbarkeit mit Kapitalgesellschaften herzustellen.

2.2.4 Gesamtkapitalrentabilität

Fragestellung

?

Wie hoch ist die Verzinsung des Gesamtkapitals?

Definition

*

$$\frac{\text{(Jahresüberschuss bzw. -fehlbetrag + Fremdkapitalzinsen)} \cdot 100}{\text{Durchschnittliches Gesamtkapital}}$$

Die Kennzahl „Gesamtkapitalrentabilität“ wird in der Dimension „%“ angegeben.

Ermittlung / Herleitung

»

Der Jahresüberschuss (oder -fehlbetrag) sowie die Fremdkapitalzinsen sind der Gewinn- und Verlustrechnung zu entnehmen. Bei expliziter Berücksichtigung des Steuereffekts für den Ansatz der Fremdkapitalzinsen gilt: Soweit der Zinsaufwand steuerlich abzugsfähig ist, ergibt sich für die „Fremdkapitalzinsen“ dann z. B. die Position „Zinsaufwand · (1 – s)“, wobei „s“ dem Steuersatz auf Einkommen und Ertrag entspricht. Die Höhe des durchschnittlichen Gesamtkapitals ist ableitbar aus der Bilanz als Mittelwert von Anfangs- und Endbestand.

Betriebswirtschaftlicher Aussagewert und Größenordnung

#

Die Gesamtkapitalrentabilität gibt prozentual an, welcher Erfolg mit dem Gesamtkapital erzielt wurde oder werden wird (je nach zeitlicher Blickrichtung).

Durch die Herkunft der Daten aus dem bilanziellen Rechnungswesen wird jedoch nur ein Teil der tatsächlichen unternehmerischen Gesamtkapitalrentabilität abgebildet (z. B. fehlen Kurssteigerungen oder -minderungen). Die Kennzahl „Aktienrendite“ ist hier für Aktionäre deutlich umfassender.

Grundsätzlich können bei der Ermittlung der Rentabilitätskennzahlen für die jeweils eingesetzte Gewinngröße entweder ein Vor-Steuer- bzw. Nach-Steuer-Wert verwendet werden. Die Berechnung mit einer Nach-Steuer-Gewinngröße (z. B. dem Jahresüberschuss) ist weit verbreitet bei externen Informationsinteressenten (Aktionären, Analysten usw.), die Vor-Steuer-Betrachtung eher bei internen Entscheidungsträgern.

Sind z. B. Personengesellschaften und körperschaftsteuerpflichtige Unternehmen zu vergleichen, so ist es sinnvoll, die Vor-Steuer-Gewinngröße heranzuziehen, um zu tragfähigen Aussagen zu kommen.

Eine generelle Vorgabe zur Höhe kann nicht gegeben werden. Als Orientierung zur Beurteilung der eigenen Gesamtkapitalrentabilität sind – neben internen Ist-Ist- oder Plan-Ist-Relationen – relevante Wettbewerber sowie die Performance der an nationalen und internationalen Börsen gelisteten anderen Unternehmen heranzuziehen.

! Handlungsanregungen

Veränderungen dieser relativen Kennzahl können durch über- bzw. unterproportionale Entwicklung der in Beziehung gesetzten Ergebnisgröße (im Zähler) und der Kapitalgröße (im Nenner) erreicht werden – siehe dazu im Grundsätzlichen die weiter systematisierenden, ausführlichen Erläuterungen zu Kennzahlen als Quotienten im Anhang I.

Zum einen (im Zähler) bestehen die Möglichkeiten der direkten Beeinflussung der ökonomischen Ergebnisgröße durch preis- und/oder mengenpolitische Maßnahmen auf der Umsatzseite oder in entsprechender Weise bei den betrieblichen Einsatzfaktoren. Die Förderung ergebnisstarker (bzw. der Verzicht auf -schwache) Produkte und Dienstleistungen im Sortiment trägt zu einer Steigerung der Gesamtkapitalrentabilität bei – siehe die weiteren Erläuterungen zu mehrstufigen Kennzahlensystemen am Beispiel des ROI-Systems im Anhang II.

Zum anderen (im Nenner) kann beispielsweise durch einen geminderten Gesamtkapitaleinsatz mit Hilfe des Verkaufs nicht betriebsnotwendiger Vermögensteile (mindestens zum Buchwert) das Anlagevermögen und/oder durch eine angemessene, aber geringere Lagerhaltung das Umlaufvermögen verringert werden.

& Verwandte Kennzahlen / Zusätzliche Anmerkungen

Als Synonyme sind gebräuchlich: Gesamtkapitalrendite, Unternehmensrendite.

Verwandte Kennzahlen sind: Return On Investment (ROI); Eigenkapitalrentabilität; Cash Flow-Gesamtkapitalrentabilität; Umsatzrentabilität.

Statt des Durchschnittswertes aus Anfangs- und Endbestand für die ökonomische Größe im Nenner wird mitunter auch der Anfangs- oder Endbestandswert selbst angesetzt.

Bei Personengesellschaften ist im Zähler ein angemessener Unternehmerlohn in Abzug zu bringen, um die Vergleichbarkeit mit Kapitalgesellschaften herzustellen.

2.2.5 Ergebnis je Aktie

Fragestellung ?

Wie groß ist die Ertragskraft eines Unternehmens pro Aktie? – Wie profitabel arbeitet ein Unternehmen in Relation zu den ausstehenden Aktien?

Definition *

$$\frac{\text{Jahresergebnis (Jahresüberschuss bzw. -fehlbetrag)}}{\text{Durchschnittliche Anzahl ausstehender Aktien}}$$

Die Kennzahl „Ergebnis je Aktie" wird in der Dimension „Geldeinheiten je Aktie" (z. B. in € pro Stück) angegeben.

In Abhängigkeit vom verwendeten Rechnungslegungsstandard (HGB, IAS/IFRS, US-GAAP) sind eine Reihe weiterer Differenzierungen vorgesehen – z. B. nach verschiedenen Aktiengattungen oder nach Ergebnissen aus (nicht) fortgeführten Geschäftsbereichen, sodass bei unternehmensübergreifenden Vergleichen stets die Entsprechung der Daten beachtet werden muss. Hat ein Unternehmen verschiedene Arten von Aktien ausgegeben (z. B. Stamm- und Vorzugsaktien), so ist der Zähler entsprechend zu modifizieren (hier durch Subtraktion der anteiligen Jahresüberschüsse auf Vorzugsaktien).

Ermittlung / Herleitung »

Die Daten zum Jahresergebnis (als Jahresüberschuss bzw. -fehlbetrag) sind der Gewinn- und Verlustrechnung entnehmbar. In der Regel ist die Angabe zur Dividendenhöhe der Vorzugsaktien in der Erklärung über die Entwicklung des Eigenkapitals verfügbar. Dort ist ebenso die durchschnittliche Anzahl ausstehender Stammaktien als Mittelwert aus Periodenanfangs- und -endbestand errechenbar. Exakter ist es jedoch, den gewichteten Mittelwert für den Berichtszeitraum zu verwenden, da die Zahl ausstehender Aktien sich im Zeitablauf (u. U. mehrfach) ändern kann. So ergibt sich z. B. für ein Unternehmen, das in den ersten 3 Monaten des Jahres 10 Millionen und in den restlichen 9 Monaten 15 Millionen Aktien ausgegeben hat, ein gewichteter Durchschnittswert von 13,75 Millionen Aktien $(\frac{3}{12} \cdot 10) + (\frac{9}{12} \cdot 15)$. Neu ausgegebene Aktien steigern also die Aktienanzahl durch Multiplikation mit dem zeitlichen Gewichtungsfaktor, während entsprechend Aktienrückkäufe durch das Unternehmen nach analoger Rechnung eine Minderung der durchschnittlichen Aktienanzahl zur Folge haben.

Die vielfältigen Möglichkeiten der (legalen) Gestaltbarkeit der einzelnen Jahresabschlüsse machen es in der Regel erforderlich, dass zur Gewährleistung einer annähernden Vergleichbarkeit der verwendeten Maßzahl „Ergebnis je Aktie" zwischen verschiedenen Unternehmen eine Reihe von Modifikationen nach bestimmten Regeln vorgenommen werden müssen – z. B. in Deutschland denkbar nach der DVFA-Methode/Deutsche Vereinigung für Finanzanalyse und Asset Management.

Betriebswirtschaftlicher Aussagewert und Größenordnung

Das „Ergebnis je Aktie" liefert eine aussagefähige Maßgröße für die (eigenkapitalorientierte) Profitabilität und wird vielfach zur Einschätzung der Ertragskraft eines Unternehmens verwendet. Sie zeigt den Anteil am Gesamtgewinn, der auf jede ausstehende Aktie entfällt.

Die Kennzahl stellt eine Rentabilitätsgröße dar. Denn der alleinige Vergleich der absoluten Gewinne zwischen Unternehmen ist betriebswirtschaftlich nicht immer sinnvoll, da dabei im Allgemeinen unberücksichtigt bleibt, dass die (beiden) verglichenen Unternehmen über eine unterschiedliche Zahl ausstehender Aktien verfügen. Das „Ergebnis je Aktie" ist jedoch gut geeignet, die Performance eines Unternehmens im Zeitablauf zu vergleichen.

Eine generelle Vorgabe zur wünschenswerten Größenordnung kann nicht gegeben werden. Als Orientierung können die entsprechenden Kennzahlenwerte brancheninterner Wettbewerber oder (inter-)nationale „Best-Practice-Werte" herangezogen werden.

! Handlungsanregungen

Die Kennzahl „Ergebnis je Aktie" ist die wichtigste Bestimmungsgröße zur Herleitung des Preises einer Aktie aus Zahlen des Jahresabschlusses. Sie ist ebenso eine prägende Komponente, um das Kurs-Gewinn-Verhältnis (KGV) – Kurswert je Aktie dividiert durch Gewinn je Aktie – zu ermitteln. Ein Anstieg des Ergebnisses je Aktie eines Unternehmens im Zeitablauf führt in der Regel zu positiven Reaktionen der Investoren, vielfach auch einen höheren Aktienkurs verursachend.

Veränderungen dieser relativen Kennzahl können durch über- bzw. unterproportionale Entwicklung des in Beziehung gesetzten bilanziellen Jahresergebnisses (im Zähler) und der durchschnittlichen Anzahl ausstehender Aktien (im Nenner) erreicht werden – siehe dazu im Grundsätzlichen die weiter systematisierenden, ausführlichen Erläuterungen zu Kennzahlen als Quotienten im Anhang I.

Obwohl das „Ergebnis je Aktie" eine aussagefähige Maßgröße ist, kann es zu verzerrten Interpretationen kommen, wenn deutliche Unterschiede im Marktpreis der verglichenen Aktien vorliegen. Haben z. B. zwei Unternehmen ein „Ergebnis je Aktie" von 1,50 €/Aktie, so scheinen sie vergleichbar „gut" zu sein. Unter der Annahme, die Aktien des einen Unternehmens hätten jedoch einen Börsenkurs von 10 € und die des anderen Unternehmens von 175 €, zeigt sich, dass ihre (eigenkapitalorientierte) Profitabilität sehr unterschiedlich ist.

Um die Kennzahl „Ergebnis je Aktie" konkret zu verbessern, stehen für die Unternehmensführung jenseits der finanzierungstechnischen Gestaltungsmöglichkeiten der Eigenkapitalposition (im Nenner) alle Maßnahmen im Vordergrund, die zur Generierung eines angemessenen Gewinns beitragen, z. B. durch preis- und/oder mengenpolitische Aktionen auf der Umsatzseite oder in entsprechender Weise bei den betrieblichen Einsatzfaktoren.

Verwandte Kennzahlen / Zusätzliche Anmerkungen

&

Als Synonym ist gebräuchlich: „Gewinn je Aktie".

Eine sehr ähnliche Variante zur Kennzahl „Ergebnis je Aktie" stellt das sog. „Verwässerte Ergebnis je Aktie" dar. Es umfasst zusätzlich Wandelschuldverschreibungen, Aktienoptionen (vornehmlich für Mitarbeiter) und künftige Bezugsrechte für neue Aktien. Bei einem unveränderten Wert im Zähler (bilanzielles Jahresergebnis) und einem vergrößerten Wert im Nenner ist das verwässerte Ergebnis je Aktie immer geringer als die Bezugsbasis des unverwässerten Ergebnisses. Insofern ist das verwässerte Ergebnis je Aktie als eine konservative Maßzahl anzusehen – im Sinne eines worst-case-Szenarios, da es im Allgemeinen unwahrscheinlich ist, dass alle Wandelschuldverschreibungen, Aktienoptionen (vornehmlich für Mitarbeiter) und künftigen Bezugsrechte für neue Aktien auf einmal in Stammaktien umgetauscht werden.

Eine verwandte Kennzahl ist der „Cash Flow pro Aktie". Er stellt eine Maßgröße zur Selbstfinanzierungskraft dar, indem die durch die Unternehmenstätigkeit generierten Cash Flows der Anzahl der Aktien gegenübergestellt werden.

Anstatt mit der durchschnittlichen Anzahl kann die Kennzahl „Ergebnis je Aktie" auch mit dem Perioden-Endbestand berechnet werden.

2.2.6 Return On Investment (ROI)

Ⓢ

Fragestellung

?

Wie gut hat das Management das eingesetzte Vermögen zur Gewinnerzielung genutzt?

Definition

*

Die Terminologie ist in der Fachliteratur wie in der Wirtschaftspraxis nicht einheitlich, die im Einzelnen verwendete Definition liegt auf oder zwischen den beiden nachfolgend skizzierten Abgrenzungen:

Variante A: „Weite Fassung"

Der „Return On Investment" wird praktisch identisch zur Gesamtkapitalrentabilität (im Zähler wie im Nenner) weit definiert:

$$\frac{(\text{Bilanzielles Jahresergebnis} + \text{Fremdkapitalzinsen}) \cdot 100}{\text{Durchschnittliches Gesamtvermögen bzw. -kapital}}$$

Bei expliziter Berücksichtigung des Steuereffekts für den Ansatz der Fremdkapitalzinsen gilt: Soweit der Zinsaufwand steuerlich abzugsfähig ist, ergibt sich für die „Fremdkapitalzinsen" dann z. B. die Position „Zinsaufwand·(1−s)", wobei „s" dem Steuersatz auf Einkommen und Ertrag entspricht.

Variante B: „Enge Fassung“

Der „Return On Investment“ verwendet im Zähler das operative Ergebnis vor Steuern und Zinsen (also u. a. von der Form der Finanzierung abstrahierend ohne die explizite Addition der Fremdkapitalzinsen) und im Nenner das (betriebsnotwendig) investierte Vermögen:

$$\frac{(\text{Operatives Ergebnis vor Steuern und Zinsen}) \cdot 100}{\text{Durchschnittlich investiertes Vermögen}}$$

In beiden dargestellten Fällen gilt das „Entsprechungsprinzip“ von Zähler und Nenner, gleichwohl stellen sie unterschiedliche Sachverhalte dar. Variante A repräsentiert eine Nach-Steuer-Größe auf Gesamtunternehmensbasis (auch mit außerordentlichen, betriebs- und periodenfremden Ergebniskomponenten); Variante B repräsentiert eine Vor-Steuer-Größe und konzentriert sich auf das Ergebnis der operativen Geschäftstätigkeit.

Beide Ansätze haben ihre betriebswirtschaftlich gut begründbare Berechtigung; in der Praxis wird mitunter – aus Vereinfachungsgründen – auch eine Mischform verwendet, sodass auch hier wieder gilt: Es ist in jedem Praxisfall in besonderem Maße – nicht zuletzt bei überbetrieblichen Vergleichen – auf die Daten-Konsistenz der herangezogenen Kennzahlen zu achten.

Die Kennzahl ROI wird in der Dimension „%“ angegeben.

» Ermittlung / Herleitung

Die Angaben zum Jahresergebnis bzw. zum Operativen Ergebnis vor Steuern und Zinsen (EBIT) sind der Gewinn- und Verlustrechnung zu entnehmen. Unterscheidet sich die Höhe des durchschnittlich investierten Vermögens vom durchschnittlichen Gesamtvermögen/-kapital, das ansonsten aus der Bilanz zu gewinnen wäre, muss auf entsprechende Informationen des internen Rechnungswesen zurückgegriffen werden, die Außenstehenden in der Regel jedoch nicht unmittelbar zugänglich sind.

Im Rahmen der internen Berichterstattung sind auch unterjährige (z. B. halb- bzw. vierteljährliche oder monatliche) Berechnungen für abgrenzbare Teilbereiche des gesamten (Konzern-)Unternehmens denkbar und sinnvoll.

Betriebswirtschaftlicher Aussagewert und Größenordnung

Die Kennzahl „Return On Investment (ROI)“ gibt – prozentual – den Gewinn an, der mit dem investierten Kapital erzielt wurde oder werden wird (je nach zeitlicher Blickrichtung). Sie ist eine der in der Praxis am häufigsten verwendeten, einperiodenbezogenen Kapitalrentabilitäts-Größen.

Im Rahmen der weit verbreiteten rentabilitätsorientierten Kennzahlenpyramiden als zentralem Element entsprechend mehrstufig aufgebauter Planungs-, Steuerungs- und Kontrollsysteme wird die Spitzen-Kennzahl „Return On Investment“ in vertikaler und horizontaler Form aufgegliedert. Diese schrittweise Zerlegung der komplexen

Zielgröße über verschiedene Ebenen in einzelne Komponenten ermöglicht die systematische Betrachtung der Zusammenhänge zwischen den abgebildeten relevanten Renditetreibern. Vielfach wird diese Vorgehensweise auch unter Anlehnung an das amerikanische Unternehmen, das diese Methodik das erste Mal einsetzte, als DuPont-Schema bezeichnet – siehe die weiteren Erläuterungen zu mehrstufigen Kennzahlensystemen am Beispiel des ROI-Systems im Anhang II.

Der ROI wird – vereinfacht dargestellt – als Spitzenkennzahl (Gewinn/Kapital) durch multiplikative Erweiterung mit (Umsatz/Umsatz) sowie eine Umordnung von Zähler und Nenner auf der nächsten Ebene dieser Kennzahlenpyramide zu Umsatzrentabilität (Gewinn/Umsatz) · Kapitalumschlag (Umsatz/Kapital).

Grundsätzlich können bei der Ermittlung der Rentabilitätskennzahlen für die jeweils eingesetzte Gewinngröße entweder ein Vor-Steuer- bzw. ein Nach-Steuer-Wert verwendet werden. Die Berechnung mit einer Nach-Steuer-Gewinngröße (z. B. dem Jahresüberschuss) ist weit verbreitet bei externen Informationsinteressenten (Aktionären, Analysten usw.), die Vor-Steuer-Betrachtung eher bei internen Entscheidungsträgern. Sind beispielsweise Personengesellschaften und körperschaftsteuerpflichtige Unternehmen zu vergleichen, so ist es sinnvoll, die Vor-Steuer-Gewinngröße heranzuziehen, um zu tragfähigen Aussagen zu kommen. Bei Personengesellschaften ist im Zähler ein angemessener Unternehmerlohn in Abzug zu bringen, um die Vergleichbarkeit mit Kapitalgesellschaften herzustellen.

Eine generelle Vorgabe zur anzustrebenden Größenordnung kann nicht gegeben werden. Als Orientierung zur Beurteilung des eigenen ROI-Wertes – neben internen Ist-Ist- sowie Plan-Ist-Vergleichen – sind relevante Wettbewerber sowie die Performance der an nationalen und internationalen Börsen gelisteten anderen Unternehmen heranzuziehen.

Durch die (überwiegende) Herkunft der Daten aus dem (bilanziellen) Rechnungswesen wird jedoch nur ein Teil der tatsächlichen unternehmerischen Rentabilität abgebildet (z. B. fehlen Kurssteigerungen oder -minderungen). Die Kennzahl „Aktienrendite“ kann hier für Aktionäre einen deutlich umfassenderen Einblick vermitteln, wobei dann allerdings der Einfluss externer Börsenfaktoren, z. B. eine allgemeine Hausse oder Baisse, zu beachten ist und auch der Bezug auf unternehmerische Teilbereiche nicht mehr realisierbar ist.

Wird – wie in der Definitionsvariante B – auf den betrieblichen Gewinn Bezug genommen und die Schwerpunktsetzung auf unternehmens-/konzerninterne Rentabilitätsvergleiche im Zeitablauf sowie der Teilbereiche untereinander gelegt, so können ggf. betriebs- und periodenfremde Ergebniskomponenten sowie Fragen der unternehmerischen Steuerpolitik, die meist nicht im Verantwortungsbereich einzelner Sparten liegen, abgegrenzt werden. Der Fokus richtet sich dann primär auf die eigentliche (betriebliche) Leistung der betrachteten Organisationseinheit.

! Handlungsanregungen

Veränderungen dieser relativen Kennzahl können durch über- bzw. unterproportionale Entwicklung der in Beziehung gesetzten Gewinngröße (im Zähler) und der Kapitalgröße (im Nenner) erreicht werden – siehe dazu im Grundsätzlichen die weiter systematisierenden, ausführlichen Erläuterungen zu Kennzahlen als Quotienten im Anhang I.

Zum einen (im Zähler) bestehen umfassende Möglichkeiten der direkten Beeinflussung der ökonomischen Ergebnisgröße durch preis- und/oder mengenpolitische Maßnahmen auf der Umsatzseite oder in entsprechender Weise auf der Seite der betrieblichen Einsatzfaktoren. Die Förderung ergebnisstarker (bzw. der Verzicht auf -schwache) Produkte und Dienstleistungen im Sortiment trägt z. B. zu einer Steigerung der Rentabilität bei.

Zum anderen (im Nenner) kann durch eine Minderung des Anlagevermögens (z. B. durch den Verkauf nicht betriebsnotwendiger Vermögensteile mindestens zum Buchwert) und/oder durch eine angemessene, aber geringere Lagerhaltung das Umlaufvermögen gesenkt werden, sodass der Kapitaleinsatz abnimmt.

Die beschriebene multiplikative Verknüpfung von Umsatzrentabilität und Kapitalumschlag im ROI-Konzept lässt ferner z. B. erkennbar werden, dass eine Beibehaltung der Rentabilitätshöhe trotz sinkender Umsatzrendite möglich ist, sofern der Kapitalumschlag entsprechend erhöht werden kann. Hierzu sind dann alle Maßnahmen auf ihre kurz-, mittel- und langfristige Wirkung zu untersuchen, die das gebundene Vermögen (das Kapital) vermindern, ohne den Leistungsprozess zur Umsatzgenerierung zu gefährden. In analoger Weise kann auch eine Rentabilitätsminderung oder -erhöhung auf ihre Ursachen hinsichtlich einer veränderten Umsatzrentabilität und/oder eines veränderten Kapitalumschlags untersucht werden, um anschließend Verbesserungsmaßnahmen zu ergreifen.

& Verwandte Kennzahlen / Zusätzliche Anmerkungen

Als Synonym ist gebräuchlich: Unternehmensrendite.

Verwandte Kennzahlen sind: Gesamtkapitalrentabilität; Eigenkapitalrentabilität; Cash Flow-Gesamtkapitalrentabilität; Umsatzrentabilität.

Statt des Durchschnittswertes aus Anfangs- und Endbestand für die ökonomische Größe im Nenner wird mitunter auch der Endbestandswert angesetzt.

2.2.7 Return On Invested Capital (ROIC)

? Fragestellung

Wie hoch ist die Verzinsung des „investierten" Kapitals? – Wie hoch ist die Verzinsung des betriebsnotwendigen Vermögens? – Wie gut hat das Management das betriebsnotwendige Vermögen zur Gewinnerzielung genutzt?

Definition

*

$$\frac{\text{NOPAT} \cdot 100}{\text{Average Invested Capital}}$$

Wobei gilt:

	EBIT (Ergebnis vor Zinsen und Steuern)
–	Steuern vom Einkommen und Ertrag/(+Steuererstattung)
=	NOPAT (Net Operating Profit After Taxes)

und als „Invested Capital" im Sinne von „in das betriebsnotwendige Vermögen investierte verzinsliche Kapital" (hinsichtlich der „Betriebsnotwendigkeit" ggf. mit Adjustierungen der bilanziellen Posten – jeweils in Form von Durchschnittswerten):

	Umlaufvermögen
–	Unverzinsliches kurzfristiges Fremdkapital
	Netto-Umlaufvermögen
+	Anlagevermögen
=	Invested Capital

Die Kennzahl ROIC wird in der Dimension „in %" angegeben.

Ermittlung / Herleitung

»

Die Daten lassen sich aus den Angaben des Jahresabschlusses, ggf. mit mehr oder weniger umfangreichen Anpassungen, ableiten. Zum unverzinslichen kurzfristigen Fremdkapital zählen neben den Kundenanzahlungen im Wesentlichen die Verbindlichkeiten aus Lieferungen und Leistungen. Die Höhe des durchschnittlich „investierten" Kapitals bzw. betriebsnotwendigen Vermögens ergibt sich jeweils als Mittelwert aus Periodenanfangs- und -endwert.

Betriebswirtschaftlicher Aussagewert und Größenordnung

#

Die Kennzahl ROIC zeigt, wie rentabel das durchschnittlich „investierte" Kapital bzw. betriebsnotwendige Vermögen eingesetzt wurde.

Die Basisvarianten der Umsatz- wie auch der Gesamtkapital-Rentabilität, aus den Daten des Jahresabschlusses in der Regel unproblematisch ermittelbar, zeigen die wirtschaftliche Leistungsfähigkeit. Sie sind aber für bestimmte speziellere Fragestellungen zu allgemein strukturiert, sodass sich weitere Versionen der Kapitalrentabilitäten entwickelt haben. Im Mittelpunkt der Kennzahl ROIC steht der unmittelbare Bezug der Rentabilität auf das Ergebnis der operativen Geschäftstätigkeit im Verhältnis zum dafür erforderlichen betriebsnotwendigen Vermögen.

Eine generalisierende Vorgabe zur wünschenswerten Höhe des ROIC ist nicht bestimmbar. Als Orientierungen zur Größenordnung dieses Kennzahlenwertes können neben den üblichen unternehmensinternen Vergleichsmöglichkeiten (zwischen organisatorischen Teilbereichen als Ist-Ist- und Plan-Ist-Relation) – soweit zugänglich –

auch unternehmensextern Branchendurchschnittswerte oder (inter-)nationale „Best-Practice-Werte“ als Benchmark herangezogen werden.

! Handlungsanregungen

Veränderungen dieser relativen Kennzahl können durch über- bzw. unterproportionale Entwicklung des in Beziehung gesetzten NOPAT (im Zähler) und des Average Capital Invested (im Nenner) erreicht werden – siehe dazu im Grundsätzlichen die weiter systematisierenden, ausführlichen Erläuterungen zu Kennzahlen als Quotienten im Anhang I.

Neben der direkten Beeinflussung der ökonomischen Ergebnisgröße durch preis- und/oder mengenpolitische Maßnahmen auf der Umsatzseite oder in entsprechender Weise bei den betrieblichen Einsatzfaktoren kann eine Steigerung des Return On Invested Capital auch durch einen besonders „schlanken“ Einsatz der als Invested Capital definierten Vermögensteile erlangt werden. Die Förderung ergebnisstarker (bzw. der Verzicht auf -schwache) Produkte und Dienstleistungen im Sortiment trägt beispielsweise zu einer Steigerung der Rentabilitätsgröße ROIC bei.

Eine ausdrückliche Ermittlung eines Ergebnisses ohne die Berücksichtigung von Ertragsteuern bietet sich vor allem für Vergleiche einzelner Unternehmensteile an sowie für rechtsform- und/oder steuersystemübergreifende Vergleiche – nicht zuletzt im internationalen Umfeld.

Ein Vergleichen des Unternehmens-ROIC mit seinen Kapitalkosten (im Sinne der WACC/Weighted Average Cost of Capital) liefert Hinweise, ob das „investierte“ Kapital bzw. betriebsnotwendige Vermögen effizient eingesetzt wurde.

& Verwandte Kennzahlen / Zusätzliche Anmerkungen

Als verwandte Kennzahlen sind gebräuchlich: Return On Capital Employed (ROCE), Return On Capital (ROC), Return On Net Assets (RONA) sowie Return On Net Operating Assets (RONOA oder ROOA), aber vor allem die Gesamtkapitalrentabilität, die – ihrem Namen gerecht werdend – allen Kapitalkomponenten (also Eigen- und Fremdkapital) alle mit ihnen erwirtschafteten Ergebniskomponenten (einschließlich der Fremdkapitalzinsen) gegenüber stellt.

Statt des Durchschnittswertes aus Anfangs- und Endbestand für die ökonomische Größe im Nenner wird mitunter auch der Endbestandswert des „investierten“ Kapitals bzw. betriebsnotwendigen Vermögens angesetzt.

2.2.8 Return On Capital Employed (ROCE)

Fragestellung

Wie hoch ist die Verzinsung des gebundenen Kapitals?

Definition

$$\frac{\text{EBIT} \cdot 100}{\text{Average Capital Employed}}$$

Wobei gilt:

	Jahresüberschuss oder -fehlbetrag
+	Steuern vom Einkommen und Ertrag/(–Steuererstattung)
=	EBT (Ergebnis vor Steuern)
+	Zinsaufwand
=	EBIT (Ergebnis vor Zinsen und Steuern)

und (jeweils als Durchschnittswerte):

	Eigenkapital
+	Pensionsrückstellungen
+	Finanzschulden
=	Capital Employed

Die Kennzahl ROCE wird in der Dimension „in %“ angegeben.

Ermittlung / Herleitung

Die Daten lassen sich aus den Angaben des Jahresabschlusses gewinnen. Die Höhe der jeweiligen Durchschnittswerte für das „Capital Employed“ ergibt sich aus der Bilanz als Mittelwert von Anfangs- und Endbestand. Mitunter werden nur die (externen) langfristigen Finanzschulden in die Berechnung der Größe „Capital Employed“ einbezogen.

Betriebswirtschaftlicher Aussagewert und Größenordnung

Die zentralen Rentabilitätsmaße, wie z. B. die Umsatz- oder Gesamtkapital-Rentabilität, sind vielfach für bestimmte speziellere Fragestellungen zu allgemein strukturiert. Daher ist eine Reihe von weiteren Versionen dieser relativen Kenngrößen entwickelt worden. Im Mittelpunkt der Kennzahl ROCE steht der unmittelbare Bezug des operativen Ergebnisses im Verhältnis zum dafür erforderlichen Kapital.

Bei der gewählten Kenngröße EBIT wird das Jahresergebnis, das laut Gewinn- und Verlustrechnung eine Nach-Steuer-Größe ist, wieder um die Steuerzahlungen sowie die Zinsaufwendungen „neutralisiert“. Als Konsequenz entsteht eine Vor-Steuer-Größe, die Finanzierungseffekte (in Form der Fremdkapitalzinsen) eliminiert. ROCE repräsentiert somit die operative Ertragskraft unabhängig von der Kapitalstruktur und eignet sich daher besonders auch für den Einsatz in Rentabilitätsvergleichen von Unternehmen (als Ganzes oder für einzelne Bereiche wie z. B. Geschäftsfelder, Divisions bzw. Investment/Profit Center).

Die Verwendung der Kenngröße ROCE bietet sich ferner vor allem für rechtsform- und/oder steuersystemübergreifende Vergleiche – nicht zuletzt im internationalen Umfeld – an.

Eine generalisierende Vorgabe für die Höhe von ROCE ist nicht bestimmbar. Als Orientierungen zur Größenordnung dieser Kennzahlenwerte können neben den üblichen unternehmensinternen Vergleichsmöglichkeiten (zwischen organisatorischen Teilbereichen als Ist-Ist- und Plan-Ist-Relation) auch unternehmensextern – soweit zugänglich – Branchendurchschnittswerte oder „Best-Practice-Werte“ als Benchmark herangezogen werden.

! Handlungsanregungen

Veränderungen dieser relativen Kennzahl können durch über- bzw. unterproportionale Entwicklung des in Beziehung gesetzten EBIT (im Zähler) und des Average Capital Employed (im Nenner) erreicht werden – siehe dazu im Grundsätzlichen die weiter systematisierenden, ausführlichen Erläuterungen zu Kennzahlen als Quotienten im Anhang I.

Zum einen kann (im Zähler des Quotienten) die direkte Beeinflussung der ökonomischen Ergebnisgröße auf der Umsatzseite durch preis- und/oder mengenpolitische Maßnahmen erfolgen. Auf der Kostenseite ist in entsprechender Weise bei den betrieblichen Einsatzfaktoren mit einem stärkeren Kostenmanagement eine Steigerung des Return On Capital Employed erreichbar. Die Förderung ergebnisstarker (bzw. der Verzicht auf -schwache) Produkte und Dienstleistungen im Sortiment wirkt in die gleiche Richtung.

Zum anderen bestehen (im Nenner) verschiedene Möglichkeiten, den Vermögenseinsatz – und damit auch den Kapitaleinsatz – zu mindern: Beispielsweise im Bereich des Anlagevermögens mit Hilfe des Verkaufs nicht betriebsnotwendiger Vermögensteile (mindestens zum Buchwert) und/oder im Bereich des Umlaufvermögens durch eine angemessene, aber geringere Lagerhaltung.

& Verwandte Kennzahlen / Zusätzliche Anmerkungen

Als faktisch synonym verwendete Bezeichnungen sind gebräuchlich: Return On Net Assets (RONA) sowie Return On Net Operating Assets (RONOA/ROOA).

Verwandte Kennzahlen sind: Return On Investment (ROI) – in der erweiterten Version – und vor allem die Gesamtkapitalrentabilität. Sie stellt – ihrem Namen gerecht werdend – allen Kapitalkomponenten (also Eigen- und Fremdkapital) alle mit ihnen erwirtschafteten Ergebniskomponenten (einschließlich der Fremdkapitalzinsen) gegenüber.

Statt des Durchschnittswertes aus Anfangs- und Endbestand für die ökonomische Größe im Nenner wird mitunter auch der Anfangs- oder Endbestandswert selbst angesetzt.

2.2.9 Return On Net Assets (RONA)

Fragestellung

Wie gut hat das Management das betriebsnotwendige Vermögen zur Gewinnerzielung genutzt?

Definition

$$\frac{\text{EBIT} \cdot 100}{\text{Average Net Assets}}$$

Wobei für den Zähler gilt:

	Jahresüberschuss oder -fehlbetrag
+	Steuern vom Einkommen und Ertrag/(–Steuererstattung)
=	EBT (Ergebnis vor Steuern)
+	Zinsaufwand
=	EBIT (Ergebnis vor Zinsen und Steuern)

Für den Nenner gilt (jeweils als Durchschnittswerte):

	Umlaufvermögen
–	Unverzinsliches kurzfristiges Fremdkapital
=	Netto-Umlaufvermögen
+	Anlagevermögen
=	Net Assets

Die Kennzahl RONA wird in der Dimension „in %" angegeben.

Ermittlung / Herleitung

Die Daten lassen sich aus den Angaben des Jahresabschlusses (Bilanz sowie Gewinn- und Verlustrechnung) gewinnen. Zum unverzinslichen kurzfristigen Fremdkapital zählen neben den Kundenanzahlungen im Wesentlichen die Verbindlichkeiten aus Lieferungen und Leistungen. Die Höhe der Durchschnittswerte für die Vermögens- und Kapitalpositionen ergibt sich aus der Bilanz als Mittelwert von Anfangs- und Endbestand.

Betriebswirtschaftlicher Aussagewert und Größenordnung

Die Kennzahl Return On Net Assets (RONA) zeigt die relative Ertragskraft des betriebsnotwendigen Vermögens.

Die Basisvariante der Umsatz- wie auch der Gesamtkapital-Rentabilität, aus den Daten des Jahresabschlusses in der Regel unproblematisch ermittelbar, sind aber für bestimmte speziellere Fragestellungen zu allgemein strukturiert, sodass eine Reihe von weiteren Versionen der Kapitalrentabilitäten entwickelt wurden. Im Mittelpunkt der Kennzahl RONA steht der unmittelbare Bezug des operativen Ergebnisses im Verhältnis zum dafür erforderlichen betriebsnotwendigen Vermögen.

Bei der Kenngröße RONA wird mit dem gewählten EBIT das Jahresergebnis, das laut Gewinn- und Verlustrechnung eine Nach-Steuer-Größe ist, wieder um die Steuerzahlungen sowie die Zinsaufwendungen „neutralisiert". Als Konsequenz entsteht eine Vor-Steuer-Größe, die Finanzierungseffekte (in Form der Fremdkapitalzinsen) eliminiert. Sie repräsentiert die operative Ertragskraft unabhängig von der Kapitalstruktur und eignet sich daher besonders auch für den Einsatz in Rentabilitätsvergleichen von Unternehmen (als Ganzes oder für einzelne Bereiche wie z. B. Geschäftsfelder, Divisions bzw. Investment/Profit Center).

Die Verwendung von RONA bietet sich ferner vor allem für rechtsform- und/oder steuersystemübergreifende Vergleiche – nicht zuletzt im internationalen Umfeld – an.

Eine generalisierende Vorgabe für die Höhe von RONA ist nicht bestimmbar. Als Orientierungen zur Größenordnung dieser Kennzahlenwerte können neben den üblichen unternehmensinternen Vergleichsmöglichkeiten (zwischen organisatorischen Teilbereichen als Ist-Ist- und Plan-Ist-Relation) auch unternehmensextern – soweit zugänglich – Branchendurchschnittswerte oder „Best-Practice-Werte" als Benchmark herangezogen werden.

! Handlungsanregungen

Veränderungen dieser relativen Kennzahl können durch über- bzw. unterproportionale Entwicklung des in Beziehung gesetzten EBIT (im Zähler) und der Average Net Assets (im Nenner) erreicht werden – siehe dazu im Grundsätzlichen die weiter systematisierenden, ausführlichen Erläuterungen zu Kennzahlen als Quotienten im Anhang I.

Zum einen (im Zähler) bestehen vielfältige Möglichkeiten der direkten Beeinflussung der ökonomischen Ergebnisgröße durch preis- und/oder mengenpolitische Maßnahmen auf der Umsatzseite oder in entsprechender Weise bei den betrieblichen Einsatzfaktoren. Die Förderung ergebnisstarker (bzw. der Verzicht auf -schwache) Produkte und Dienstleistungen im Sortiment trägt beispielsweise zu einer Steigerung der Rentabilitätsgröße RONA bei.

Zum anderen (im Nenner) kann beispielsweise durch einen geminderten Vermögenseinsatz mit Hilfe des Verkaufs nicht betriebsnotwendiger Vermögensteile (mindestens zum Buchwert) das Anlagevermögen und/oder durch eine angemessene, aber geringere Lagerhaltung das Umlaufvermögen verringert werden. Eine Steigerung des Return On Net Assets kann auch durch eine besonders effiziente Nutzung der als Net Assets definierten Vermögensteile erlangt werden.

& Verwandte Kennzahlen / Zusätzliche Anmerkungen

Als faktisch synonym verwendete Bezeichnungen sind gebräuchlich: Return On Capital Employed (ROCE), Return On Capital (ROC) sowie Return On Net Operating Assets (ROOA oder RONOA).

Als verwandte Kennzahl gilt vor allem die Gesamtkapitalrentabilität, die – ihrem Namen gerecht werdend – allen Kapitalkomponenten (also Eigen- und Fremdkapital) alle mit ihnen erwirtschafteten Ergebniskomponenten (einschließlich der Fremdkapitalzinsen) gegen überstellt.

Statt des Durchschnittswertes aus Anfangs- und Endbestand für die ökonomische Größe im Nenner wird mitunter auch der Endbestandswert angesetzt.

2.2.10 Risk Adjusted Return On Capital (RAROC)

Fragestellung

?

Welche Güte weist im Bereich von Bankgeschäften und anderen Finanzdienstleistungen die risikoadjustierte Performance auf? – Wie hoch ist die relative Ergebnisqualität von Einzelpositionen und/oder Geschäftsgebieten bezogen auf eine erwartete Mindestrendite (sog. Hurdle Rate)?

Definition

*

$$\frac{\text{Economic Profit} \cdot 100}{\text{Economic Capital}}$$

Wobei gilt:

Economic Profit = Ergebnis eines Geschäftsfeldes nach Abzug der Risikokapital- bzw. Eigenkapitalkosten

Economic Capital = Risikoadjustierte Kapitalhöhe, die einem Geschäftsfeld zugeordnet ist (d. h. unter Berücksichtigung der Markt-, Kredit- und operativen Risiken)

Da im Zähler wie im Nenner eine Risikoadjustierung erfolgt, wäre die Bezeichnung „RARORAC (Risk Adjusted Return On Risk Adjusted Capital)" eigentlich präziser, in der Praxis hat sich jedoch inzwischen der Begriff RAROC mehrheitlich etabliert.

Die Kennzahl „RAROC" wird in der Dimension „in %" angegeben.

Ermittlung / Herleitung

»

Die erforderlichen Daten lassen sich in Banken unternehmensintern aus einem entsprechend aufgebauten, das sog. RAPM- Konzept (Risk Adjusted Performance Measures) integrierenden Rechnungswesen ermitteln.

Betriebswirtschaftlicher Aussagewert und Größenordnung

#

Die Kennzahl „RAROC" dient der risiko- und wertorientierten Steuerung von Banken und leitet sich ab aus dem RAPM-Konzept, einem wesentlichen Element der modernen Kapitalmarkttheorie. Ziel ist es, durch eine methodische Verknüpfung von Risikomanagement und Wertmanagement die Übertragung der Verzinsungsansprüche der

Aktionäre in bankinterne Steuerungsgrößen zur Maximierung der Kapitalrentabilität unter Bewahrung der Risikorestriktionen zu erreichen.

Eine generalisierende Vorgabe zur anzustrebenden Größenordnung ist nicht bestimmbar. Die Bewertung ist u. a. abhängig vom individuellen Anspruchsniveau der jeweiligen Eigenkapitalgeber. Denkbare Orientierungspunkte für die Mindestverzinsungserwartung bilden z. B. Branchendurchschnittswerte oder „Best-Practice-Werte".

! **Handlungsanregungen**

Veränderungen dieser relativen Kennzahl können durch über- bzw. unterproportionale Entwicklung der in Beziehung gesetzten Ergebnisgröße (im Zähler) und dem Risikokapital (im Nenner) erreicht werden – siehe dazu im Grundsätzlichen die weiter systematisierenden, ausführlichen Erläuterungen zu Kennzahlen als Quotienten im Anhang I.

Die konkreten Beeinflussungsmöglichkeiten der Komponenten des Zählers sowie des Risikokapitals im Nenner bilden den zentralen Gegenstand des Bankmanagements, zu entscheiden, ob und in welchem Umfang Risiken, die von dem Kreditinstitut übernommen werden könnten, lohnend sind bzw. in welchen Geschäftsgebieten das ökonomische Kapital eingesetzt werden sollte, um die Performance zu optimieren.

& **Verwandte Kennzahlen / Zusätzliche Anmerkungen**

Eine enge rechnerische Verbindung besteht zwischen den Kennzahlen RAROC und RORAC (Return On Risk Adjusted Capital).

2.2.11 Cost-Income Ratio (CIR)

? **Fragestellung**

Wie hoch sind die (Bank-)Betriebskosten im Verhältnis zum Bruttoertrag? bzw. Wie viel Cent müssen durchschnittlich aufgewendet werden, um 1 € als Ertrag zu erzielen?

***** **Definition**

$$\frac{\text{Betriebskosten} \cdot 100}{\text{Bruttoertrag}}$$

Auf ein Kreditinstitut bezogen lautet die Gegenüberstellung:

$$\frac{\text{Verwaltungsaufwand (bzw. Zinsunabhängiger Aufwand)} \cdot 100}{\text{Bruttoertrag (aus Zins- und Nichtzins-Geschäften)}}$$

Die Kennzahl „Cost-Income Ratio" wird in der Dimension „%" angegeben.

Ermittlung / Herleitung

»

Die notwendigen Daten lassen sich (unter der Voraussetzung Kosten = Aufwand) den Angaben der Gewinn- und Verlustrechnung entnehmen, wobei sich die Betriebskosten dann als Betriebsaufwendungen aus den Personal- und Sachaufwendungen ergeben sowie der Bruttoertrag den Gesamterträgen aus normaler Geschäftstätigkeit (Summe aus Zins-, Provisions- und Handelsergebnis sowie sonstiges und außerordentliches entspricht.

Betriebswirtschaftlicher Aussagewert und Größenordnung

#

Die Cost-Income Ratio zählt zu den zentralen Kennzahlen bei der vergleichenden internen und externen Effizienz-Analyse von Kreditinstituten. Beim unternehmensübergreifenden, nationalen bzw. internationalen Vergleich ist zudem auf eine (weitgehend) vergleichbare Struktur der herangezogenen Kreditinstitute zu achten.

Je niedriger die Cost-Income Ratio ist, umso wirtschaftlicher arbeiten die untersuchten Teileinheiten bzw. die Gesamtbank. Da jedoch die Betriebsaufwendungen bei einperiodischer Betrachtung ganz überwiegend fixen Charakter haben, sind entsprechende Schwankungen zwischen „guten" und „schlechten" Bankenjahren nicht ungewöhnlich.

Handlungsanregungen

!

Veränderungen dieser relativen Kennzahl können durch über- bzw. unterproportionale Entwicklung der in Beziehung gesetzten Betriebskosten (im Zähler) und des Bruttoertrags (im Nenner) erreicht werden – siehe dazu im Grundsätzlichen die weiter systematisierenden, ausführlichen Erläuterungen zu Kennzahlen als Quotienten im Anhang I.

Neben der direkten Beeinflussung der ökonomischen Ergebnisgröße durch preis- und/oder mengenpolitische Maßnahmen auf der Geschäftsvolumenseite wird in entsprechender Weise auch bei den betrieblichen Einsatzfaktoren eine kontinuierliche Optimierung angestrebt werden.

Zu bedenken ist jedoch beispielsweise – wie auch bei ähnlichen anderen Kennzahlen, dass die Senkung des Overheads oder anderer Kostenpositionen auf die Ertragskraft (in ihren oben genannten Komponenten) nur unterdurchschnittlich wirken darf. Die Reduktion der genannten Kosten darf nicht zu einer überdurchschnittlichen Minderung der Erträge führen, da ansonsten die angestrebte Verbesserung der Wirtschaftlichkeit verfehlt wird.

Verwandte Kennzahlen / Zusätzliche Anmerkungen

&

Der Kehrwert wird als „Aufwandsrentabilität" bezeichnet.

Mit der Kennzahl „Cost-Income Ratio" kann ein Unternehmen oder eine Bank ein noch recht allgemeines, aber quantitatives Maß für die eigene Effizienz liefern.

2.3 Liquiditäts-Kenngrößen

2.3.1 Liquidität 1. Grades

? **Fragestellung**
Wie hoch ist die sog. Barliquidität?

***** **Definition**

$$\frac{\text{Zahlungsmittel} \cdot 100}{\text{Kurzfristige Verbindlichkeiten}}$$

Die Kennzahl „Liquidität 1. Grades“ wird in der Dimension „%“ angegeben. Sie kann auch ohne den „Prozent-Multiplikator: 100“ als dimensionslose Dezimalzahl (sog. Multiple) ausgewiesen werden.

» **Ermittlung / Herleitung**
Die Zahlungsmittel im Zähler ergeben sich aus der Addition der bilanziellen Aktiv-Positionen zum Kassenbestand, zu den Bankguthaben und Schecks. Die Höhe der kurzfristigen Verbindlichkeiten ist der bilanziellen Passivseite zu entnehmen.

**Betriebswirtschaftlicher Aussagewert und Größenordnung**
Die Kennzahl „Liquidität 1. Grades“ zählt zu den sog. kurzfristigen Deckungsgraden und entstammt der bestandsorientierten Liquiditätsanalyse. Sie nimmt (bilanz-)stichtagsbezogen eine Gegenüberstellung von flüssigen Mitteln und kurzfristigen Zahlungsverpflichtungen vor. Insbesondere bei einer Analyse durch Außenstehende auf der Basis von Jahresabschlussdaten ist die Kennzahl nur sehr begrenzt aussagefähig, da der Bilanzstichtag in der Regel schon längere Zeit zurückliegt und sich inzwischen die entsprechenden Kapital- und Vermögenspositionen bereits deutlich verändert haben können.

Je größer der Prozentsatz, desto stabiler erscheint die Liquidität gesichert. Neben der besonderen Problematik dieser statischen, allein stichtagsbezogenen Betrachtung ist der Wert der Kennzahl „Liquidität 1. Grades“ in der Regel nur sinnvoll interpretierbar im direkten Zusammenhang mit den Kennzahlen „Liquidität 2. Grades“ und „Liquidität 3. Grades“. Im Allgemeinen sollte der Wert 100 % übersteigen. Er kann jedoch auch unterhalb dieser Schwelle liegen, wobei dann davon ausgegangen wird, dass kurzfristig auf weitere Bankkredite zurückgegriffen werden kann.

! **Handlungsanregungen**
Neben die unabdingbare Notwendigkeit der jederzeitigen Zahlungsfähigkeit tritt das Kriterium der Wirtschaftlichkeit in dem Sinne, dass hohe Zahlungsmittelbestände jedoch nur gering verzinslich sind. Unternehmensintern ist durch eine detaillierte Finanz- und Liquiditätsplanung sicherzustellen – u. a. durch regelmäßige Ist-Ist-

sowie Plan-Ist-Vergleiche, dass die Zahlungsfähigkeit tagesgenau je nach Ein- und Auszahlungen gewährleistet ist. Alle überschüssigen Beträge sollten vorzugsweise in höherverzinslichen kurzfristigen Alternativen innerhalb oder außerhalb des Unternehmens Anlage finden. Der Prozentwert der Kennzahl „Liquidität 1. Grades“ besitzt insofern nur untergeordnete Bedeutung.

Verwandte Kennzahlen / Zusätzliche Anmerkungen

Als Synonyme sind gebräuchlich: Kassaliquidität; absolute liquidity ratio.

Die Abstufung in mehrere Liquiditätsgrade erfolgt sowohl in der Literatur als auch in der unternehmerischen Praxis nicht einheitlich. In der Regel werden drei Deckungsgrade unterschieden (1. – 2. – 3.), es gibt jedoch auch gröbere bzw. feinere Abstufungen.

Während die mittlere Fassung („Liquidität 2. Grades“) den kurzfristigen Verbindlichkeiten im Sinne einer sog. horizontalen Bilanzkennzahl neben den Zahlungsmitteln und kurzfristigen Finanzanlagen zusätzlich auch die Forderungen aus Lieferungen und Leistungen gegenüber stellt, wird bei der weiten Fassung („Liquidität 3. Grades“) das gesamte kurzfristige Umlaufvermögen als Deckungspotenzial herangezogen.

2.3.2 Liquidität 2. Grades

Fragestellung

Inwieweit übersteigen die geldnahen Vermögensteile des Unternehmens die kurzfristig fällig werdenden Verbindlichkeiten?

Definition

$$\frac{\text{Monetäres Umlaufvermögen} \cdot 100}{\text{Kurzfristige Verbindlichkeiten}}$$

Die Kennzahl „Liquidität 2. Grades“ wird in der Dimension „%“ angegeben. Sie kann auch ohne den „Prozent-Multiplikator: 100“ als dimensionslose Dezimalzahl (sog. Multiple) ausgewiesen werden.

Ermittlung / Herleitung

Das monetäre Umlaufvermögen im Zähler ergibt sich aus der Addition der bilanziellen Aktiv-Positionen zu den Zahlungsmitteln sowie den Forderungen aus Lieferungen und Leistungen (netto nach Wertberichtigungen) oder als Summe aller kurzfristigen Vermögensgegenstände abzüglich des Lagerbestands. Die Höhe der kurzfristigen Verbindlichkeiten ist der bilanziellen Passivseite zu entnehmen.

Betriebswirtschaftlicher Aussagewert und Größenordnung

Die Kennzahl „Liquidität 2. Grades“ zählt zu den sog. kurzfristigen Deckungsgraden und entstammt der bestandsorientierten Liquiditätsanalyse. Sie nimmt (bilanz-) stichtagsbezogen eine Gegenüberstellung von monetärem Umlaufvermögen und kurzfristigen Zahlungsverpflichtungen vor. Insbesondere bei einer Analyse durch Außenstehende auf der Basis von Jahresabschlussdaten ist die Kennzahl nur sehr begrenzt aussagefähig, da der Bilanzstichtag in der Regel schon längere Zeit zurückliegt und sich inzwischen die entsprechenden Kapital- und Vermögenspositionen bereits deutlich verändert haben können.

Je größer der Prozentsatz, desto stabiler erscheint die Liquidität gesichert. Neben der besonderen Problematik dieser statischen, allein stichtagsbezogenen Betrachtung ist der Wert der Kennzahl „Liquidität 2. Grades“ in der Regel nur sinnvoll interpretierbar im direkten Zusammenhang mit der Kennzahl „Liquidität 3. Grades“. Im Allgemeinen wird für die Kennzahl „Liquidität 2. Grades“ ein Wert von etwa 100 % gefordert (die sog. 1 : 1-Ratio im acid test).

! Handlungsanregungen

Neben die unabdingbare Notwendigkeit der jederzeitigen Zahlungsfähigkeit tritt das Kriterium der Wirtschaftlichkeit in dem Sinne, dass hohe Zahlungsmittelbestände jedoch nur gering verzinslich sind. Unternehmensintern ist durch eine detaillierte Finanz- und Liquiditätsplanung sicherzustellen – u. a. durch regelmäßige Ist-Ist- sowie Plan-Ist-Vergleiche, dass die Zahlungsfähigkeit tagesgenau je nach Ein- und Auszahlungen gewährleistet ist. Alle überschüssigen Beträge sollten vorzugsweise in höherverzinslichen kurzfristigen Alternativen innerhalb oder außerhalb des Unternehmens Anlage finden.

& Verwandte Kennzahlen / Zusätzliche Anmerkungen

Als Synonyme sind gebräuchlich: Kassa- oder Bar-Liquidität 2. Grades; Quick ratio, Acid test ratio.

Der Begriff „Acid test“ ist der Tätigkeit der Goldsucher entlehnt, die ihre Fundstücke auf ihre tatsächliche Goldhaltigkeit prüfen mussten. Im Gegensatz zu anderen Metallen zeigt Gold in Säuren keine Korrosionserscheinungen, sodass das entscheidende Prüfverfahren zum sog. Säure-Test wurde. Im übertragenen – betriebswirtschaftlichen – Sinn heißt das: Wenn die Finanzdaten eines Unternehmens diesen symbolischen „Kennzahlen-Säuretest“ überstehen, dann ist davon auszugehen, dass keine unsauberen Tricks verborgen sind und das Unternehmen „Gold wert ist“.

Die Abstufung in mehrere Liquiditätsgrade erfolgt sowohl in der Literatur als auch in der unternehmerischen Praxis nicht einheitlich. In der Regel werden drei Deckungsgrade unterschieden (1. – 2. – 3.), es gibt jedoch auch gröbere bzw. feinere Abstufungen. Während die engere Fassung („Liquidität 1. Grades“) den kurzfristigen Verbindlichkeiten im Sinne einer sog. horizontalen Bilanzkennzahl lediglich die Zahlungsmittel gegenüberstellt, wird bei der weiten Fassung („Liquidität 3. Grades“) das gesamte kurzfristige Umlaufvermögen (einschl. der Vorräte) als Deckungspotenzial herangezogen.

2.3.3 Liquidität 3. Grades

Fragestellung ?

In welchem Umfang sind die kurzfristigen Verbindlichkeiten in ihrer Höhe durch das kurzfristige Umlaufvermögen gedeckt?

Definition *

$$\frac{\text{Kurzfristiges Umlaufvermögen} \cdot 100}{\text{Kurzfristige Verbindlichkeiten}}$$

Die Kennzahl „Liquidität 3. Grades" wird in der Dimension „%" angegeben. Sie kann auch ohne den „Prozent-Multiplikator: 100" als dimensionslose Dezimalzahl (sog. Multiple) ausgewiesen werden.

Ermittlung / Herleitung »

Das kurzfristige Umlaufvermögen im Zähler ergibt sich aus der Addition der bilanziellen Aktiv-Positionen zu den Zahlungsmitteln, den Forderungen aus Lieferungen und Leistungen (netto nach Wertberichtigungen) sowie den Vorräten an Roh-, Hilfs- und Betriebsstoffen, unfertigen und fertigen Erzeugnissen. Vermögensteile, die durch Kundenanzahlungen finanziell abgedeckt sind oder die voraussichtlich nicht innerhalb eines Jahres veräußert werden können, sind ggf. in Abzug zu bringen. Die Höhe der kurzfristigen Verbindlichkeiten ist der bilanziellen Passivseite zu entnehmen.

Betriebswirtschaftlicher Aussagewert und Größenordnung #

Die Kennzahl „Liquidität 3. Grades" zählt zu den sog. kurzfristigen Deckungsgraden und entstammt der bestandsorientierten Liquiditätsanalyse. Sie nimmt (bilanz-) stichtagsbezogen im Sinne der Fristenkongruenz eine Gegenüberstellung von kurzfristigem Umlaufvermögen und kurzfristigen Zahlungsverpflichtungen vor. Insbesondere bei einer Analyse durch Außenstehende auf der Basis von Jahresabschlussdaten ist die Kennzahl nur sehr begrenzt aussagefähig, da der Bilanzstichtag in der Regel schon längere Zeit zurückliegt und sich inzwischen die entsprechenden Kapital- und Vermögenspositionen bereits deutlich verändert haben können.

Je größer der Prozentsatz, desto stabiler erscheint die Liquidität gesichert. Im Allgemeinen wird für die Kennzahl „Liquidität 3. Grades" ein Wert von etwa 200 % gefordert (eine 2 : 1-Relation für die sog. „Current Ratio" oder „Banker's Rule"). Im Umkehrschluss bedeutet dieses Zahlenverhältnis, dass das kurzfristige Umlaufvermögen zu 50 % mit langfristigem Vermögen finanziert werden sollte.

! Handlungsanregungen

Neben die unabdingbare Notwendigkeit der jederzeitigen Zahlungsfähigkeit tritt das Kriterium der Wirtschaftlichkeit in dem Sinne, dass hohe Zahlungsmittelbestände jedoch nur gering verzinslich sind. Unternehmensintern ist durch eine detaillierte Finanz- und Liquiditätsplanung sicherzustellen – u. a. durch regelmäßige Ist-Ist- sowie Plan-Ist-Vergleiche, dass die Zahlungsfähigkeit tagesgenau je nach Ein- und Auszahlungen gewährleistet ist. Alle überschüssigen Beträge sollten vorzugsweise in höherverzinslichen kurzfristigen Alternativen innerhalb oder außerhalb des Unternehmens Anlage finden.

& Verwandte Kennzahlen / Zusätzliche Anmerkungen

Als Synonyme sind gebräuchlich: Current Ratio; Banker's Rule.

Die Abstufung in mehrere Liquiditätsgrade erfolgt sowohl in der Literatur als auch in der unternehmerischen Praxis nicht einheitlich. In der Regel werden drei Deckungsgrade unterschieden (1. – 2. – 3.), es gibt jedoch auch gröbere bzw. feinere Abstufungen. Während die engere Fassung („Liquidität 1. Grades") den kurzfristigen Verbindlichkeiten im Sinne einer sog. horizontalen Bilanzkennzahl lediglich die Zahlungsmittel (Kassenbestand, Bankguthaben und Schecks) gegenüberstellt, werden bei der mittleren Fassung („Liquidität 2. Grades") neben den Zahlungsmitteln zusätzlich auch die Forderungen aus Lieferungen und Leistungen als Deckungspotenzial in die Betrachtung einbezogen.

2.3.4 Working Capital

? Fragestellung

Wie hoch ist das im Umlaufvermögen (netto) gebundene verzinsliche Kapital?

*** Definition**

	Umlaufvermögen
–	erhaltene Anzahlungen
–	kurzfristige Verbindlichkeiten
=	Working Capital (oder Net Working Capital)

Die Kennzahl „Working Capital" wird in Geldeinheiten (z. B. in €) angegeben.

» Ermittlung / Herleitung

Die Daten können den Angaben des Jahresabschlusses entnommen werden. Im Rahmen der internen Berichterstattung sind auch unterjährige (z. B. halb- bzw. vierteljährliche oder monatliche) Berechnungen für abgrenzbare Teilbereiche des gesamten (Konzern-)Unternehmens denkbar und sinnvoll.

Betriebswirtschaftlicher Aussagewert und Größenordnung

#

Das Working Capital, auch Netto-Umlaufvermögen genannt, ist den bestandsorientierten horizontalen Liquiditätskennzahlen zuzuordnen. Es zeigt die Differenz zwischen verzinslichem Umlaufvermögen (deshalb abzüglich erhaltener Anzahlungen) und kurzfristigem Fremdkapital auf. Somit stellt das Working Capital den langfristig finanzierten Teil des Umlaufvermögens dar.

Bei einem anzustrebenden positiven Wert bedeutet dies eine Deckung der kurzfristigen Verbindlichkeiten durch das (ebenfalls kurzfristig) gebundene Vermögen. Vielfach wird ein Zielwert empfohlen, bei dem die kurzfristigen Verbindlichkeiten nur maximal bis zu 75 % des Umlaufvermögens umfassen sollen.

Im Einzelfall kann jedoch auch ein Working Capital in negativer Höhe als positives Zeichen bewertet werden, sofern weitere Analysen beispielsweise ergeben, dass Lieferanten bereit sind, die Umsätze des betrachteten Unternehmens vorzufinanzieren (denkbar als Folge besonderer Marktmacht des Unternehmens).

Handlungsanregungen

!

Im Rahmen der Optimierung des Kapitaleinsatzes in den Unternehmen im Sinne einer dauerhaften Verringerung der Kapitalbindung kommt dem Working Capital als Ansatzpunkt zur Ergebnissteigerung zunehmende Bedeutung bei. Neben der Renditesteigerung werden zusätzliche Finanzmittel für mögliche Expansionsvorhaben freigesetzt.

Im Mittelpunkt stehen die kunden- und wettbewerberorientierte Dimensionierung der Lagerbestände für Fertigprodukte sowie die geschäftsprozessbezogene Optimierung der Lagerbestände für Roh-, Hilfs- und Betriebsstoffe sowie unfertige Erzeugnisse. In analoger Weise (u. a. durch regelmäßige Ist-Ist- sowie Plan-Ist-Vergleiche) sind die Forderungspositionen zu prüfen und – falls noch nicht vorhanden – ein gezieltes Forderungsmanagement einzurichten.

Verwandte Kennzahlen / Zusätzliche Anmerkungen

&

Statt einer Subtraktion als rechnerische Beziehung zwischen verzinslichem Umlaufvermögen und kurzfristigem Fremdkapital wird dieser untersuchte Zusammenhang vielfach auch durch die mathematische Rechenoperation einer Division verdeutlicht: Diese Kennzahl trägt den Namen „Working Capital Ratio“.

2.3.5 Cash-burn Rate

? **Fragestellung**
Wie groß ist das Liquiditätsvolumen, das ein Unternehmen pro Periode benötigt? – In welchem Zeitraum muss mit einem Verbrauch der vorhandenen Liquidität gerechnet werden?

***** **Definition**

$$\frac{\text{Liquide Mittel (+ liquiditätsnahe Titel)}}{\text{Negativer Cash Flow (pro Periode)}}$$

Die Größe im Nenner ist als Absolutwert (ohne negatives Vorzeichen) anzusetzen. Die Kennzahl wird ohne Einsatz eines weiteren Multiplikators angegeben in der Dimension „in Jahren" (bzw. „in Monaten" beim Hinzufügen des Faktors „12" im Zähler).

» **Ermittlung / Herleitung**
Die Daten für externe Informationsinteressenten fußen im Prinzip auf den Angaben des Jahresabschlusses. Im Rahmen der internen Berichterstattung sind deutlich kürzere (z. B. halb- bzw. vierteljährliche oder monatliche) Zeitabstände für die Berechnungen hinsichtlich einzelner abgrenzbarer Teilbereiche oder des gesamten (Konzern-)Unternehmens denkbar und sinnvoll.

**Betriebswirtschaftlicher Aussagewert und Größenordnung**
Die Cash-burn Rate ist den Kennzahlen der Liquiditätsanalyse zuzuordnen. Sie stellt ab auf die Einschätzung, wann bei einem Unternehmen damit zu rechnen ist, dass die Liquidität aufgebraucht ist.

Diese vor allem für junge, stark wachsende Unternehmen vorgeschlagene Kennzahl dient als ein Indikator zur Insolvenzprognose. Er zeigt die Zeitspanne, in der ein Unternehmen sein Startkapital verbraucht, bevor es eigene positive Cash Flows aus den Geschäftsaktivitäten erzielt. Die Cash-burn Rate ist jedoch in ihrer praktischen Aussagekraft an sehr restriktive Annahmen gebunden (z. B.: Extrapolierbarkeit vergangener Entwicklungen auf die Zukunft, weitere liquide Mittel sind nicht beschaffbar). Gerade in einem dynamischen Umfeld wird der begrenzte Zukunftswert bilanzieller Angaben deutlich. Entscheidende qualitative Faktoren, wie zusätzlich erwartete Großaufträge, sind mit den Daten des klassischen Rechnungswesens (im engen Sinn beschränkt auf die Positionen der Bilanz sowie Gewinn- und Verlustrechnung) nicht abbildbar.

Je kürzer die Zeitspanne, je niedriger also die Cash-burn Rate, desto existenzgefährdeter ist das betrachtete Unternehmen – oder bei einem einzelnen Projekt eines größeren Unternehmens, ab welchem Zeitraum werden voraussichtlich in welcher Stärke weitere Finanzmittelzuschüsse erforderlich.

Handlungsanregungen

!

Zur Darstellung des eigenen Unternehmens bzw. zukünftiger Investitionsvorhaben stehen eine Reihe weiterer Möglichkeiten zur Verfügung, Interessenten (über die bilanziellen Vergangenheitsdaten hinaus) die vermutliche Entwicklung durch freiwillige Angaben (mit begründeten Schätzungen) zu verdeutlichen.

Verwandte Kennzahlen / Zusätzliche Anmerkungen

&

Aus den vielfältigen – hier nur beispielhaft anführbaren – Gründen, die die Prognostizierbarkeit bei jungen Wachstumsunternehmen einschränken, wird die Cash-burn Rate praktisch nur als Ausgangspunkt für weitere Analysen herangezogen. So kann mit Hilfe der Ermittlung eines sog. Liquiditätsrisikoindikators der Versuch unternommen werden, die finanzielle Anspannung zu bewerten. Im Einzelnen wird dabei das Working Capital zu den (in naher Zukunft periodisch) erwarteten operativen Ausgaben in Beziehung gesetzt.

2.4 Solvenz-Kenngrößen

2.4.1 Statischer Verschuldungsgrad

Fragestellung

?

Wie solide ist das Unternehmen finanziert? – In welchem Verhältnis ist das Unternehmen mit Fremd- und Eigenkapital finanziert?

Definition

*

$$\frac{\text{Fremdkapital} \cdot 100}{\text{Eigenkapital}}$$

Mitunter wird statt des gesamten Fremdkapitals auch nur das verzinsliche langfristige Fremdkapital angesetzt.

Der statische Verschuldungsgrad wird in der Dimension „%“ angegeben oder ohne den 100 %-Multiplikator als dimensionslose Zahl (z. B. das Fremdkapital entspricht dem 2,7-fachen des Eigenkapitals).

Ermittlung / Herleitung

»

Die Werte des Zählers und des Nenners können (ggf. jeweils um einige Sachverhalte bereinigt, z. B. Anzahlungen, Rechnungsabgrenzungsposten) der Bilanz entnommen werden.

Betriebswirtschaftlicher Aussagewert und Größenordnung

#

Dieser Typ eines Verschuldungsgrades ist den Kennzahlen der statischen Kapitalstrukturanalyse zuzuordnen, die sich – auch als Finanzierungsanalyse bezeichnet –

mit der Art und der Überlassungsdauer des zur Verfügung gestellten Kapitals beschäftigt. Ziel ist es, Aussagen über die Abschätzung von Finanzierungsrisiken und über die Kreditwürdigkeit zu gewinnen.

Die gesonderte Behandlung des statischen Verschuldungsgrades erfolgt vor allem, weil er eine wesentliche Komponente des Leverage-Effekts repräsentiert und diese Hebelwirkung anschaulich widerspiegelt. Er stellt wie die Eigenkapitalquote einen wesentlichen Baustein für die Bonitätsermittlung durch Banken oder Rating-Agenturen dar. Ein hoher Wert dieser Kennzahl deutet darauf hin, dass ein Unternehmen maßgeblich auf die Finanzierung durch Fremdkapitalgeber setzt. Je höher der statische Verschuldungsgrad ist, umso eher wird die Solidität der unternehmerischen Finanzierungslage kritisch bewertet werden. Das Unternehmen ist im Falle einer Krisensituation ggf. nicht in der Lage, seinen vertraglich fixierten Kreditvereinbarungen nachzukommen.

Der statische Verschuldungsgrad zählt betriebswirtschaftlich zur Kennzahlen-„Familie" der sog. Financial Covenants. Hierzu gehören im Kern ferner der dynamische Verschuldungsgrad, die Zins- und Schuldendienstdeckungsgrade und die Liquiditätsgrade. Bei den Financial Covenants handelt es sich typischer Weise um vertragliche Nebenabreden bei Kreditgeschäften im Sinne eines Instrumentariums zur präventiven Krisenfrühaufklärung. Für den Gläubiger geht es in erster Linie darum, mit der geforderten Einhaltung dieser Kenngrößen zu gewährleisten, dass die mit dem Schuldner vereinbarten Zins- und Tilgungszahlungen gesichert sind.

Für Unternehmen als jeweilige Schuldner gilt es, die vertraglich fixierten Kennzahlenwerte durch geeignete strategische und operative Managementmaßnahmen zu erreichen und darüber den Kreditgeber regelmäßig zu informieren, um die Kreditgewährung nicht zu gefährden und Zahlungsschwierigkeiten zu vermeiden. Mit dieser Verpflichtung zum Kenngrößen-Reporting ist aus Unternehmenssicht außerdem das Bestreben verbunden, die Kreditkosten zu senken.

Eine generalisierende, betriebswirtschaftlich begründete Normhöhe kann nicht vorgegeben werden. Gefordert werden – in Analogie zur Eigenkapitalquote – teilweise Werte von „≤ 300 %" oder auch „≤ 200 %". Die angemessene Höhe ist jedoch unter anderem abhängig von der Branche und der Rechtsform des Unternehmens.

! **Handlungsanregungen**

Veränderungen dieser relativen Kennzahl können durch über- bzw. unterproportionale Entwicklung des in Beziehung gesetzten Fremdkapitals (im Zähler) und des Eigenkapitals (im Nenner) erreicht werden – siehe dazu im Grundsätzlichen die weiter systematisierenden, ausführlichen Erläuterungen zu Kennzahlen als Quotienten im Anhang I.

Exemplarisch seien genannt: Eine Beeinflussung der Höhe des Eigenkapitals ist beispielsweise über Entnahme- bzw. Einlagemaßnahmen sowie Ausschüttungs- bzw. Thesaurierungsmaßnahmen möglich. Werden z. B. nicht betriebsnotwendige Teile des Anlagevermögens (mindestens zum Buchwert) veräußert und mit einem geringeren

Umlaufvermögen im Unternehmen gearbeitet, kann das Fremdkapital entsprechend gemindert in Anspruch genommen werden. Unter der Annahme konstanten Eigenkapitals und bei sinkender absoluter Höhe des Fremdkapitals ergibt sich als Konsequenz ein gesunkener statischer Verschuldungsgrad.

Für einen möglichst geringen statischen Verschuldungsgrad sprechen zunächst 4 Aspekte:

- Die akquisitorische Wirkung des Eigenkapitals, die zudem im Sinne ihrer unmittelbar bestandssichernden Eigenschaft insbesondere bei einem hohen Eigenkapital i. d. R. die Aufnahme von Krediten spürbar erleichtert
- Mit steigendem Eigenkapitalanteil vergrößert sich zugleich die Haftungssubstanz, sodass zumindest die Gefahr einer durch Überschuldung ausgelösten Insolvenz mit sinkendem statischem Verschuldungsgrad geringer wird.
- Im Gegensatz zur Aufnahme von fremden Mitteln werden durch die Finanzierung mit Eigenkapital keine zwingenden Zins- und Tilgungszahlungen ausgelöst.
- Unabhängigkeit von Fremdkapitalgebern, z. B. Banken.

Im Zusammenhang mit dem Einsatz des sog. Leverage-Effekts kann – in bestimmten Grenzen – ein erhöhter statischer Verschuldungsgrad wünschenswert sein, solange die Gesamtkapitalrentabilität des Unternehmens über dem zu zahlenden Zinssatz für Fremdkapital liegt und auf diese Weise die Eigenkapitalrentabilität „nach oben" gehebelt werden kann.

Verwandte Kennzahlen / Zusätzliche Anmerkungen

&

Der Kehrwert des statischen Verschuldungsgrades wird als Verschuldungskoeffizient bezeichnet. Die Schlussfolgerungen zur Aussagekraft sind entsprechend.

Da sich das Gesamtkapital aus der Summe von Eigenkapital und Fremdkapital zusammensetzt, sind die Kennzahlen der Eigenkapitalquote, des Fremdkapitalanteils und des hier behandelten statischen Verschuldungsgrades nur rechnerisch unterschiedlich dargestellte Formen des gleichen Sachverhalts und die zu ziehenden betriebswirtschaftlichen Schlussfolgerungen – z. B. auf der Grundlage von regelmäßigen Ist-Ist- sowie Plan-Ist-Vergleichen – entsprechen sich.

Die oben definierte Basis-Variante des statischen Verschuldungsgrades kann im Zähler wie im Nenner ggf. etwas modifiziert werden (z. B. durch die jeweilige Behandlung bestimmter Bilanzpositionen wie Anzahlungen, Rechnungsabgrenzungsposten u. ä.). Bilanzpolitische Maßnahmen und Sachverhaltsgestaltungen werden durch diese Bereinigungen weitgehend neutralisiert, so dass in der Regel eine bessere überbetriebliche und zeitliche Vergleichbarkeit ermöglicht wird.

Im Gegensatz zur statischen Betrachtungsweise werden beim sog. dynamischen Verschuldungsgrad nicht zwei Zeitpunktgrößen in Beziehung gesetzt, sondern nunmehr einer Zeitpunktgröße im Zähler (in der Regel der sog. Effektivverschuldung) eine Stromgröße (ein Cash Flow) im Nenner gegenübergestellt.

2.4.2 Dynamischer Verschuldungsgrad

Fragestellung

In welchem Zeitraum könnte die Effektiv-Verschuldung eines Unternehmens durch die periodischen Cash Flows zurückgezahlt werden?

Definition

$$\frac{\text{Effektivverschuldung}}{\text{Cash Flow}}$$

bzw.

$$\frac{\text{Netto-Finanzschulden}}{\text{Cash Flow}}$$

Wobei gilt:

	Kurz- und mittelfristige Fremdmittel
+	Verbindlichkeiten mit einer Restlaufzeit > 5 Jahre
–	Monetäres Umlaufvermögen (–Forderungen mit einer Restlaufzeit > 1 Jahr)
=	Effektivverschuldung (Level I)
+	Rückstellungen für Pensionen und ähnliche Verpflichtungen
=	Effektivverschuldung (Level II)

und

	Anleihen
+	Verbindlichkeiten gegenüber Banken
+	Akzeptverbindlichkeiten
+	in den restlichen Schulden enthaltene verzinsliche Anteile
–	liquide Mittel
–	Wertpapiere des Umlaufvermögens
=	Netto-Finanzschulden

Die Kennzahl „dynamischer Verschuldungsgrad“ wird in der Dimension „Zeiteinheiten“ angegeben (in der Regel gemessen in Jahren, im Allgemeinen als nicht ganzzahliger Wert, z. B. 2,4 Jahre).

Ermittlung / Herleitung

Der Wert des Zählers kann den entsprechenden Positionen der Bilanz-Aktiva und -Passiva entnommen werden. Der Cash Flow ergibt sich – unter den generell zu bedenkenden zahlreichen praktischen Varianten – aus dem Jahresüberschuss bzw. -fehlbetrag, bereinigt um die jeweils zahlungsunwirksamen Aufwendungen und Erträge.

Betriebswirtschaftlicher Aussagewert und Größenordnung

#

Der „dynamische Verschuldungsgrad“ setzt eine Bestandsgröße (Effektivverschuldung) und eine Stromgröße (Cash Flow) in Beziehung, um die Kreditwürdigkeit im Sinne der Zahlungsfähigkeit eines Unternehmens zu kennzeichnen. Er stellt ein weit verbreitetes finanzielles Risiko-Maß dar. Der Cash Flow nimmt dabei die Rolle eines Indikators der Verschuldungs- bzw. Entschuldungsfähigkeit ein und zeigt – unter bestimmten begrenzenden Annahmen – auf, in welchem Zeitraum voraussichtlich die Verbindlichkeiten aus selbst erwirtschafteten Finanzmitteln getilgt werden könnten. Zu den eingrenzenden Annahmen zählt beispielsweise, dass der Cash Flow nicht für Investitionen, Dividenden- und Zinszahlungen benötigt wird (oder sie werden vorher bereits vom Ausgangs-Cash Flow subtrahiert) und dass der Schuldenstand sich nicht durch andere Unternehmensaktivitäten erhöht.

Der dynamische Verschuldungsgrad zählt betriebswirtschaftlich zur Kennzahlen-„Familie“ der sog. Financial Covenants. Hierzu gehören im Kern ferner der statische Verschuldungsgrad, die Zins- und Schuldendienstdeckungsgrade und die Liquiditätsgrade. Bei den Financial Covenants handelt es sich typischer Weise um vertragliche Nebenabreden bei Kreditgeschäften im Sinne eines Instrumentariums zur präventiven Krisenfrühaufklärung. Für den Gläubiger geht es in erster Linie darum, mit der geforderten Einhaltung dieser Kenngrößen zu gewährleisten, dass die mit dem Schuldner vereinbarten Zins- und Tilgungszahlungen gesichert sind.

Für Unternehmen als jeweilige Schuldner gilt es, die vertraglich fixierten Kennzahlenwerte durch geeignete strategische und operative Managementmaßnahmen zu erreichen und darüber den Kreditgeber regelmäßig zu informieren, um die Kreditgewährung nicht zu gefährden und Zahlungsschwierigkeiten zu vermeiden. Mit dieser Verpflichtung zum Kenngrößen-Reporting ist aus Unternehmenssicht außerdem das Bestreben verbunden, die Kreditkosten zu senken.

Eine generalisierende, betriebswirtschaftlich begründete Normhöhe kann nicht allgemein vorbestimmt werden. Die angemessene Höhe ist unter anderem abhängig vom jeweiligen Geschäftsmodell, von der Branche und der Rechtsform des Unternehmens.

Handlungsanregungen

!

Veränderungen dieser relativen Kennzahl können durch über- bzw. unterproportionale Entwicklung der in Beziehung gesetzten Schuldengröße (im Zähler) und der Cash Flow-Größe (im Nenner) erreicht werden – siehe dazu im Grundsätzlichen die weiter systematisierenden, ausführlichen Erläuterungen zu Kennzahlen als Quotienten im Anhang I.

Neben den vielfältigen Möglichkeiten der direkten Beeinflussung des Cash Flows z. B. über die ökonomische Ergebnisgröße durch preis- und/oder mengenpolitische Maßnahmen auf der Umsatzseite oder in entsprechender Weise bei den betrieblichen Einsatzfaktoren kann eine Verbesserung des dynamischen Verschuldungsgrades auch durch eine Absenkung des Schuldenstandes durch die Veräußerung nicht betriebsnotwendiger Vermögensgegenstände (mindestens zum Buchwert) und/oder durch Reduzierung des Working Capital erzielt werden.

Verwandte Kennzahlen / Zusätzliche Anmerkungen

Als Synonyme sind gebräuchlich: Entschuldungsdauer, Tilgungsdauer.

Der Kehrwert des dynamischen Verschuldungsgrades trägt die Bezeichnung „Entschuldungsgrad". Alle oben erläuterten Zusammenhänge und Interpretationen – z. B. auf der Basis regelmäßiger Ist-Ist- sowie Plan-Ist-Vergleiche – gelten unter Beachtung der „getauschten" Zähler und Nenner entsprechend.

Im anglo-sächsischen Kontext umfasst die Effektivverschuldung häufig die Summe aller ausstehenden Verbindlichkeiten.

2.4.3 Zinsdeckungsgrad

Fragestellung

In welchem Umfang werden durch die operative Geschäftstätigkeit finanzielle Mittel zur Deckung der Zinszahlungen für Fremdkapital erwirtschaftet?

Definition

$$\frac{\text{EBIT} \cdot 100}{\text{Zinsaufwand}}$$

Wobei gilt:

	Jahresüberschuss oder -fehlbetrag
+	Steuern vom Einkommen und Ertrag/(–Steuererstattung)
=	EBT (Ergebnis vor Steuern)
+	Zinsaufwand
=	EBIT (Ergebnis vor Zinsen und Steuern)

Die Kennzahl „Zinsdeckungsgrad" wird in der Dimension „%" angegeben.

Ermittlung / Herleitung

Die Daten der beiden (bereits stark komprimierten) Positionen des Zählers und Nenners können den Angaben der Gewinn- und Verlustrechnung entnommen werden.

Betriebswirtschaftlicher Aussagewert und Größenordnung

Die Kennzahl Zinsdeckungsgrad verdeutlicht die Höhe des erwirtschafteten Gewinns pro € Zinsaufwand. Ein hoher Kennzahlenwert besitzt den Charakter einer Sicherheitsspanne für den Fall eines Gewinnrückgangs. Analysten sind vor allem an der Fähigkeit des Unternehmens interessiert, seine erforderlichen Fremdkapital-bezogenen

Zahlungen tätigen zu können, da andernfalls im Extrem die Existenz des Unternehmens gefährdet ist.

Der Zinsdeckungsgrad zählt betriebswirtschaftlich zur Kennzahlen-„Familie“ der sog. Financial Covenants. Hierzu gehören im Kern ferner der (statische und dynamische) Verschuldungsgrad, der Schuldendienstdeckungsgrad und die Liquiditätsgrade. Bei den Financial Covenants handelt es sich typischer Weise um vertragliche Nebenabreden bei Kreditgeschäften im Sinne eines Instrumentariums zur präventiven Krisenfrühaufklärung. Für den Gläubiger geht es in erster Linie darum, mit der geforderten Einhaltung dieser Kenngrößen zu gewährleisten, dass die mit dem Schuldner vereinbarten Zins- und Tilgungszahlungen gesichert sind.

Für Unternehmen als jeweilige Schuldner gilt es, die vertraglich fixierten Kennzahlenwerte durch geeignete strategische und operative Managementmaßnahmen zu erreichen und darüber den Kreditgeber regelmäßig zu informieren, um die Kreditgewährung nicht zu gefährden und Zahlungsschwierigkeiten zu vermeiden. Mit dieser Verpflichtung zum Kenngrößen-Reporting ist aus Unternehmenssicht außerdem das Bestreben verbunden, die Kreditkosten zu senken.

In diesem Sinne stellt der Zinsdeckungsgrad ein Risikomaß dar, dessen alleinige Betrachtung aber betriebswirtschaftlich nicht hinreichend ist. Eine generelle Vorgabe zur Größenordnung kann z. B. deshalb nicht gegeben werden, da die Belastung mit Fremdkapitalzinsen in starkem Maße von der Finanzierungsstrategie des Unternehmens beeinflusst wird. Bei gezielter Nutzung des Leverage-Effekts kann trotz steigender absoluter Zinslast (Nenner) der Zinsdeckungsgrad sogar steigen, solange eben das Ergebnis (Zähler) stärker zunimmt, d. h. die Gesamtkapitalrendite den durchschnittlichen Fremdkapitalzinssatz übersteigt.

Handlungsanregungen

!

Veränderungen dieser relativen Kennzahl können durch über- bzw. unterproportionale Entwicklung des in Beziehung gesetzten EBIT (im Zähler) und des Zinsaufwandes (im Nenner) erreicht werden – siehe dazu im Grundsätzlichen die weiter systematisierenden, ausführlichen Erläuterungen zu Kennzahlen als Quotienten im Anhang I.

Neben der direkten Beeinflussung der ökonomischen Ergebnisgröße durch preis- und/oder mengenpolitische Maßnahmen auf der Umsatzseite oder in entsprechender Weise bei den betrieblichen Einsatzfaktoren kann eine Minderung der Zinslast z. B. durch ein verbessertes Konditionenmanagement für das Fremdkapital erreicht werden, verstärkte Inanspruchnahme des von Lieferanten eingeräumten Skontos sowie verringerte Vermögensbindung (vor allem im Umlaufvermögen).

Bei der Betrachtung dieser Kennzahl – und entsprechender Ist-Ist- sowie Plan-Ist-Vergleiche – sollten Analysten die langfristige Unternehmensstrategie berücksichtigen. Ein stark wachsendes Unternehmen hat in seiner Startphase ggf. zunächst durch umfangreiche Zukunftsinvestitionen eine hohe Fremdkapital-Zinslast zu tragen, aber noch keine spürbaren Gewinne vorzuweisen.

Verwandte Kennzahlen / Zusätzliche Anmerkungen

Mitunter wird die Kennzahl „Zinsdeckungsgrad“ alternativ auch als Kehrwert der oben beschriebenen Version nunmehr nach folgender Definition bestimmt:

$$\frac{\text{Zinsaufwand} \cdot 100}{\text{EBIT}}$$

In diesem Fall lautet die Fragestellung entsprechend: Wie hoch ist die relative Belastung des Ergebnisses der operativen Geschäftstätigkeit (EBIT) durch die Zinszahlungen für Fremdkapital? Analog ergibt sich für den Aussagewert: Die Kennzahl „Zinsdeckungsgrad“ verdeutlicht, mit welchem Anteil das unternehmerische Ergebnis für die Abdeckung der Fremdkapitalzinsen benötigt wird – je niedriger der Prozentsatz, desto geringer das Risiko einer zusätzlichen Belastung des Ergebnisses im Falle steigender Kreditzinsen.

Einige Analysten bevorzugen zur Beurteilung des beschriebenen Sachverhalts der Fähigkeit zur Zinsdeckung die folgende Relation:

$$\frac{\text{Zinsaufwand} \cdot 100}{\text{Cash Flow}}$$

Durch die Verwendung des Cash Flows als Vergleichsgröße für die Fremdkapitalzinsen wird der unmittelbare Bezug zur Zahlungsebene im Unternehmen hergestellt.

2.4.4 Schuldendienstdeckungsgrad

Fragestellung

In welchem rechnerischen Größenverhältnis steht in einem Unternehmen der Zahlungsüberschuss einer Periode zu den Auszahlungen für Fremdkapital-Zinsen und -Tilgung?

Definition

$$\frac{\text{Cash Flow pro Periode} \cdot 100}{\text{Auszahlungen für Fremdkapital-Zinsen und -Tilgung pro Periode}}$$

Die Kennzahl „Schuldendienstdeckungsgrad“ wird in der Dimension „%“ angegeben.

Ermittlung / Herleitung

Die Daten der Positionen des Zählers und Nenners können den (Plan-)Angaben der Finanz- und Liquiditätsrechnungen des Unternehmens entnommen werden. Für den Cash Flow wird vielfach konkret auf den „operativen Cash Flow“, ggf. mit leichten Adjustierungen, zurückgegriffen. Mitunter wird approximativ auch auf die Größe EBITDA verwiesen, was jedoch betriebswirtschaftlich nicht unproblematisch ist – Details zu den terminologischen Besonderheiten und möglichen Abgrenzungen enthalten die jeweiligen eigenständigen Profile zu diesen Kenngrößen in diesem Kompendium. Zu den Fremdkapital-Zinsen zählen alle Zinsaufwendungen aus zinstragenden Verbindlichkeiten, jedoch nicht die Zinsen für Pensionsrückstellungen oder z. B. sonstige Bankgebühren.

Betriebswirtschaftlicher Aussagewert und Größenordnung

#

Die Kennzahl „Schuldendienstdeckungsgrad" verdeutlicht den Umfang, in dem das Unternehmen neben den Auszahlungen für Fremdkapital-Zinsen und -Tilgung noch die Fähigkeit besitzt, weitere Zahlungen zu tätigen. Diese Sichtweise ist vor allem für Kreditgeber wichtig, denn: Je höher der Prozentsatz, desto geringer ist das Risiko für den jeweiligen Geldgeber, dass das Unternehmen seinen Zahlungsverpflichtungen nicht nachkommen kann.

Somit ist diese Kenngröße von erheblicher Bedeutung bei der Aufnahme zusätzlichen Fremdkapitals, vor allem dann, wenn das betrachtete Unternehmen bereits relativ eigenkapitalschwach finanziert ist. Grundsätzlich sind eigenkapitalstarke Unternehmen eher in der Lage, den erforderlichen Schuldendienst zu leisten, was sich rechnerisch entsprechend in einem besseren Kennzahlenwert des Schuldendienstdeckungsgrades zeigt. Werden zusätzliche Schulden aufgenommen und/oder steigt das Zinsniveau bei konstantem Schuldenstand, verschlechtert sich der Kennzahlenwert.

Der Schuldendienstdeckungsgrad eines Unternehmens muss immer mindestens 100 % betragen, um stets periodengerecht die Zins- und Tilgungszahlungen auf das Fremdkapital sicher zu stellen. Eine weiterführende, generelle Vorgabe zur Größenordnung, um wieviel die 100 %-Grenze überschritten werden sollte, kann z. B. deshalb nicht gegeben werden, da die jeweilige Risiko-Einschätzung stark von der individuellen Unternehmenssituation und erwarteten -entwicklung, den Branchengegebenheiten und der allgemeinen Wirtschaftslage abhängig ist.

Handlungsanregungen

!

Veränderungen dieser relativen Kennzahl können durch über- bzw. unterproportionale Entwicklung des in Beziehung gesetzten Cash Flow-Typs (im Zähler) und der Auszahlungen für Fremdkapital-Zinsen und -Tilgung (im Nenner) erreicht werden – siehe dazu im Grundsätzlichen die weiter systematisierenden, ausführlichen Erläuterungen zu Kennzahlen als Quotienten im Anhang I.

Die Cash Flow-Größe kann insb. durch preis- und/oder mengenpolitische Maßnahmen auf der Umsatzseite oder in entsprechender Weise bei den betrieblichen Einsatzfaktoren beeinflusst werden. Der Schuldendienst pro Periode ist einerseits abhängig von einer Minderung oder Steigerung der Zinslast (z. B. durch ein effizientes Konditionenmanagement) sowie andererseits von der Höhe der vertraglich vereinbarten Tilgungen (und ggf. veränderter Rückzahlungsbeträge bzw. im Einzelfall deren gezielter Stundung).

Der Schuldendienstdeckungsgrad zählt betriebswirtschaftlich zur Kennzahlen-„Familie" der sog. Financial Covenants. Hierzu gehören im Kern ferner die (statischen und dynamischen) Verschuldungsgrade, der Zinsdeckungsgrad und die Liquiditätsgrade. Bei den Financial Covenants handelt es sich typischer Weise um vertragliche Nebenabreden bei Kreditgeschäften im Sinne eines Instrumentariums zur präventiven Krisenfrühaufklärung. Für den Gläubiger geht es in erster Linie darum, mit der geforderten Einhaltung dieser Kenngrößen zu gewährleisten, dass die mit dem Schuldner vereinbarten Zins- und Tilgungszahlungen gesichert sind.

Für Unternehmen als jeweilige Schuldner gilt es, die vertraglich fixierten Kennzahlenwerte durch geeignete strategische und operative Managementmaßnahmen zu erreichen und darüber den Kreditgeber regelmäßig zu informieren – u. a. durch Ist-Ist- sowie Plan-Ist-Vergleiche, um die Kreditgewährung nicht zu gefährden und Zahlungsschwierigkeiten zu vermeiden. Mit dieser Verpflichtung zum Kenngrößen-Reporting ist aus Unternehmenssicht außerdem das Bestreben verbunden, die Kreditkosten zu senken.

& **Verwandte Kennzahlen / Zusätzliche Anmerkungen**

Als Synonym für die Kennzahl „Schuldendienstdeckungsgrad" ist auch gebräuchlich: Kapitaldienstdeckungsgrad.

In Analogie zum Zinsdeckungsgrad wird der Schuldendienstdeckungsgrad mitunter alternativ auch als Kehrwert der oben beschriebenen Version nach folgender Definition bestimmt:

$$\frac{\text{Auszahlungen für Fremdkapital-Zinsen und -Tilgung pro Periode} \cdot 100}{\text{Cash Flow pro Periode}}$$

In diesem Fall lautet die Fragestellung entsprechend: Wie hoch ist die relative Belastung des Cash Flows durch die Zins- und Tilgungszahlungen pro Periode? Für die Interpretation des Aussagewerts gilt nunmehr: Je niedriger der Prozentsatz, desto geringer ist das Risiko, im Falle steigender Kreditzinsen oder eines sinkenden Cash Flows in Liquiditätsschwierigkeiten zu geraten.

2.5 Cash Flow-Kenngrößen

2.5.1 Cash Flow

? **Fragestellung**

Welche Höhe weist der vom Unternehmen erzielte Finanzüberschuss auf, um u. a. den Finanzbedarf zur Bedienung seiner Zahlungsverpflichtungen und zur Finanzierung notwendiger Investitionen zu decken?

***** **Definition**

Bei praktisch keiner anderen betriebswirtschaftlichen Kennzahl ist das Ausmaß unterschiedlicher Definitionen so groß wie beim Cash Flow. Aus Gründen der mit diesem Kompendium angestrebten Übersichtlichkeit erfolgt hier eine Beschränkung auf die „Basis-Varianten“ und folgende Elemente der „Cash Flow-Familie“: Cash Flow, Brutto-/Netto-Cash Flow; Free Cash Flow; Operating (Operativer) Cash Flow.

Die Vielfalt der verwendeten Begriffsabgrenzungen in der Wissenschaft und vor allem in der Praxis macht den grundlegenden Hinweis notwendig, im Einzelfall stets nach der exakten Definition zu fragen. Das gilt insbesondere, wenn in Kategorien wie Cash Flow I, II, III, IV usw. ohne weitere erklärende Zusätze unterschieden wird. Da es keine gesetzlichen bzw. allgemein verbindlichen Normen gibt, sondern sich im Zeitablauf auf freiwilliger Basis vereinbarte Begriffsstrukturen gebildet haben, sollte stets – auch wenn es im Einzelfall zunächst aufwendig erscheint – die inhaltliche Abgrenzung geklärt werden. Erst dann ist die eigentliche Zielsetzung zu erreichen, nämlich sinnvolle ökonomische Schlussfolgerungen zu ziehen.

Prinzipiell ist zwischen der direkten und indirekten Cash Flow-Ermittlung zu unterscheiden (beide führen bei entsprechendem Informationsstand zum selben Ergebnis).

Direkte Ermittlung:

	Einnahmewirksame Erträge
–	Ausgabewirksame Aufwendungen
=	Cash Flow

Indirekte Ermittlung:

	Jahresüberschuss bzw. -fehlbetrag
+	Ausgabeunwirksame Aufwendungen
–	Einnahmeunwirksame Erträge
=	Cash Flow

Zur inhaltlichen Abgrenzung sollen beispielhaft zwei unterschiedlich differenzierte Definitionen, die in Wissenschaft und Praxis eine besondere Verbreitung gefunden haben, skizziert werden:

Sog. „Vereinfachte Praktikerformel“:

	Jahresüberschuss bzw. -fehlbetrag
+	Abschreibungen (–Zuschreibungen) auf das Anlagevermögen
+	Erhöhungen (–Minderungen) von langfristigen Rückstellungen
=	Cash Flow

Sog. „DVFA/SG-Schema“ (Deutsche Vereinigung für Finanzanalyse und Asset Management/Schmalenbach-Gesellschaft für Betriebswirtschaft):

1.		Jahresüberschuss/-fehlbetrag
2.	+	Abschreibungen auf Gegenstände des Anlagevermögens
3.	–	Zuschreibungen auf Gegenstände des Anlagevermögens
4.	+	Erhöhungen (–Minderungen) der Rückstellungen für Pensionen bzw. anderer langfristiger Rückstellungen
5.	+	Erhöhungen (–Minderungen) der Sonderposten mit Rücklageanteil
6.	+	Latente Ertragsteuer-Aufwendungen (–Erträge)
7.	+	Andere nicht zahlungswirksame Aufwendungen (–Erträge) von wesentlicher Bedeutung
8.	=	Cash Earnings
9.	+	Bereinigung zahlungswirksamer Aufwendungen (–Erträge) aus Sondereinflüssen
10.	=	Cash Earnings nach DVFA/SG

Die Kennzahl „Cash Flow“ wird gemessen in der Dimension „Geldeinheiten“ (z. B. in €).

» Ermittlung / Herleitung

Die Werte können bei geringem Differenzierungsgrad der Cash Flow-Definition – auch von einem Externen mit hinreichender Genauigkeit – dem veröffentlichten Jahresabschluss, insb. der Gewinn- und Verlustrechnung und Bilanz (indirekte Ermittlung) entnommen werden. Für die direkte Herleitung ist jedoch der detailliertere Einblick in das Rechnungswesen des Unternehmens erforderlich.

Betriebswirtschaftlicher Aussagewert und Größenordnung

Die Kennzahl gibt an, welchen Mittelzufluss ein Unternehmen in einer Periode (meist 12 Monate) aus dem Umsatzprozess erwirtschaftet hat und was somit unterjährig für Investitionen (in das Anlage- und Umlaufvermögen), Tilgungszahlungen, Gewinnausschüttungen, Eigenkapital-Rückzahlungen und Aufstockung der Liquiditätsbestände verwendet werden kann. Dieser Finanzmittelüberschuss ist eine Stromgröße, das bedeutet: Er steht also nicht (bilanz-)stichtagsbezogen als konkrete Liquidität zur Verfügung.

Dem Cash Flow wird insbesondere auch aus externer Perspektive – und entsprechend indirekter Ermittlung – eine hohe Relevanz zur Beurteilung der Finanz- und Ertragskraft des betrachteten Unternehmens beigemessen. Die Höhe des in der Gewinn- und Verlustrechnung ausgewiesenen Jahresergebnisses kann unter Umständen stark von bilanzpolitischen Maßnahmen (z. B. Abschreibungen) geprägt sein. Durch die weiteren Positionen, die bis zur Cash Flow-Bestimmung addiert oder subtrahiert werden, erfolgt eine deutliche „Neutralisierung“, sodass wesentliche bilanzpolitische Gestaltungsmöglichkeiten in ihrer Wirkung „rückgängig gemacht“

werden. Hieraus leitet sich im Kern die extrem weite Verbreitung und Nutzung der Kennzahl „Cash Flow“ ab.

Eine generelle Vorgabe zur Größenordnung ist nicht bestimmbar. Es gilt jedoch der Grundsatz: Je größer, desto besser – allerdings unter besonderer Berücksichtigung der Höhe der Abschreibungen. Ein positiver Cash Flow, der sich z. B. aus einem Jahresfehlbetrag und hohen Abschreibungen ergibt, ist nicht unkritisch als „positiver“ Indikator für die unternehmerische Erfolgs-und Finanzstärke zu werten.

Handlungsanregungen

!

Der Cash Flow als umsatzbasierter Einzahlungsüberschuss zeigt, in welchem Umfang Finanzmittel aus der unternehmerischen Tätigkeit selbst generiert werden – ggf. auch zusätzlich im Ist-Ist- sowie Plan-Ist-Vergleich aufbereitet. Somit bilden alle preis- und mengenorientierten Beeinflussungsmöglichkeiten auf der Einzahlungs-(Umsatz-)seite, ebenso alle preis- und mengenorientierten Beeinflussungsmöglichkeiten auf der (auszahlungsgleichen) Kostenseite das Spektrum denkbarer Aktionen zur Steigerung des Cash Flow.

Um die unternehmens- bzw. konzerninterne Planung, Steuerung und Kontrolle zu stärken, kann diese Kennzahl auch ein wichtiger Baustein im Führungsinstrumentarium selbstständig agierender Unternehmensteile sein, also z. B. für Sparten, Divisions, Profit/Investment oder Value Center, Regionen, Kunden- und/oder Produktgruppen, Absatzwege, Produkte. Die jeweils gewählte, meist mehrdimensionale und mehrstufige Aufgliederung wird in ihrem strukturellen Aufbau und ihrem Detaillierungsgrad stark von unternehmensindividuellen Gegebenheiten geprägt. Im Rahmen derartiger Segmentinformationen kann der Cash Flow für weitere Zwecke, z. B. auch für die Bestimmung von liquiditätsorientierten Preisuntergrenzen eingesetzt werden.

Verwandte Kennzahlen / Zusätzliche Anmerkungen

&

Zum direkten Vergleich mit anderen Unternehmen eignet sich der Cash Flow als absoluter Wert nur bedingt. Aussagefähiger ist es, ihn mit anderen betriebswirtschaftlichen Größen, wie z. B. dem Umsatz, dem Eigenkapital oder Gesamtkapital, ins Verhältnis zu setzen. Diese nunmehr relativen Kennzahlen vermitteln einen Einblick, wie viel Prozent des Umsatzes, des Eigen- bzw. Gesamtkapitals in einer bestimmten Periode als Finanzmittelüberschuss zugeflossen sind.

Ergänzende Informationen, in welchem Umfang und wofür der Cash Flow im Einzelnen verwendet worden ist und woraus er resultiert, stellt die Kapitalflussrechnung zur Verfügung.

Weitere Hinweise zu Stärken und Schwächen der verschiedenen Cash Flow-Varianten können den Kennzahlen-Profilen zum Brutto-/Netto-Cash Flow, Free Cash Flow und Operating Cash Flow entnommen werden.

2.5.2 Brutto- oder Netto-Cash Flow

? **Fragestellung**

Welches Ausmaß hat die operative Innenfinanzierungskraft des Unternehmens?

***** **Definition**

Auch hier gilt analog die zur Kennzahl „Cash Flow" gemachte Aussage der besonderen Vielfalt eingesetzter Abgrenzungen in Theorie und Praxis – daher wieder die Anregung, stets die Zusammensetzung im Einzelfall zu hinterfragen.

In vielen Anwendungsfällen bezieht sich die „Brutto-" – „Netto-"Differenzierung auf die Berücksichtigung der Gewinnsteuern. Als Beispiel sei gezeigt:

	Jahresüberschuss oder -fehlbetrag (eine Größe „nach Steuern")
+	Abschreibungen (–Zuschreibungen)
+	Erhöhung der langfristigen Rückstellungen (–Verminderung der langfristigen Rückstellungen)
=	Cash Flow (= Netto-Cash Flow; Cash Flow „nach Steuern")
+	Steuern vom Einkommen und Ertrag (– Steuererstattung)
=	Brutto-Cash Flow (Cash Flow „vor Steuern")

Eine andere Unterscheidung (auf der Grundlage der direkten Ermittlung) ordnet dem „Brutto-Cash Flow" die Summe aller Einzahlungsüberschüsse zu, während sich nach Abzug aller Auszahlungen der „Netto-Cash Flow" ergibt. Die Bezeichnung „Netto-Cash Flow" ist stärker verbreitet im angelsächsischen Rechnungswesen, der „Brutto-Cash Flow" ist gebräuchlicher in der deutschen Rechnungslegung.

Alle Varianten der absoluten Kennzahl „Cash Flow" werden gemessen in der Dimension „Geldeinheiten" (z. B. in €).

» **Ermittlung / Herleitung**

Die Werte zur Berechnung des Cash Flow können bei indirekter Ermittlung mit hinreichender Genauigkeit – auch von einem Externen – dem veröffentlichten Jahresabschluss, insb. der Gewinn- und Verlustrechnung sowie der Bilanz entnommen werden. Für die direkte Herleitung ist jedoch der detailliertere Einblick in das Rechnungswesen des Unternehmens erforderlich.

**Betriebswirtschaftlicher Aussagewert und Größenordnung**

Eine ausdrückliche Ermittlung eines Erfolgsindikators vor der Berücksichtigung von Ertragsteuern bietet sich vor allem für rechtsform- und/oder steuersystemübergreifende Vergleiche – nicht zuletzt im internationalen Umfeld – an.

Dem Cash Flow als Kenngröße wird – mit einigen Einschränkungen – insbesondere auch aus externer Perspektive eine hohe Relevanz zur Beurteilung der Finanz- und Ertragskraft des betrachteten Unternehmens beigemessen. Die Höhe des in der Gewinn- und Verlustrechnung ausgewiesenen Jahresergebnisses kann unter Umständen stark von bilanzpolitischen Maßnahmen (z. B. Abschreibungen) geprägt sein. Durch die weiteren Positionen, die bis zur Cash Flow-Bestimmung addiert oder subtrahiert werden, erfolgt eine deutliche „Neutralisierung", sodass wesentliche bilanzpolitische Gestaltungsmöglichkeiten in ihrer Wirkung „rückgängig gemacht" werden. Hieraus leitet sich im Kern die extrem weite Verbreitung und Nutzung der Kennzahlenfamilie „Cash Flow" ab.

Eine generelle Vorgabe zur Größenordnung eines Brutto- oder Netto-Cash Flows ist nicht ableitbar. Es gilt jedoch der Grundsatz: Je größer, desto besser – allerdings unter besonderer Berücksichtigung der Höhe der Abschreibungen und Rückstellungsveränderungen. Ein positiver Cash Flow, der sich z. B. aus einem Jahresfehlbetrag und hohen Abschreibungen ergibt, ist nicht unkritisch als „positiver" Indikator für die unternehmerische Erfolgs- und Finanzstärke zu werten.

Handlungsanregungen !

Der Brutto- wie der Netto-Cash Flow als jeweils umsatzbasierter Einzahlungsüberschuss zeigt, in welchem Umfang Finanzmittel aus der unternehmerischen Tätigkeit selbst generiert werden – ggf. auch zusätzlich im Ist-Ist- sowie Plan-Ist-Vergleich aufbereitet. Somit bilden alle preis- und mengenorientierten Beeinflussungsmöglichkeiten auf der Einzahlungs-(Umsatz-)seite, ebenso alle preis- und mengenorientierten Beeinflussungsmöglichkeiten auf der (auszahlungsgleichen) Kostenseite das Spektrum denkbarer Aktionen zur Steigerung des Cash Flow.

Um die unternehmens- bzw. konzerninterne Planung, Steuerung und Kontrolle (unabhängig von der steuerlichen Seite) zu stärken, kann der Brutto-Cash Flow auch ein wichtiger Baustein im Führungsinstrumentarium selbstständig agierender Unternehmensteile sein, also z. B. für Sparten, Divisions, Profit Center – jeweils bezogen auf Regionen, Kunden- und/oder Produktgruppen, Absatzwege, Produkte. Die gewählte, meist mehrdimensionale und mehrstufige Aufgliederung wird in ihrem strukturellen Aufbau und ihrem Detaillierungsgrad stark von unternehmensindividuellen Gegebenheiten geprägt.

Verwandte Kennzahlen / Zusätzliche Anmerkungen &

Zum direkten Vorteilhaftigkeitsvergleich mit anderen Unternehmen(steilen) eignet sich der Cash Flow als absoluter Wert nur bedingt. Aussagefähiger ist es, ihn mit anderen betriebswirtschaftlichen Größen, wie z. B. dem Umsatz, dem Eigenkapital oder Gesamtkapital, ins Verhältnis zu setzen. Diese nunmehr relativen Kennzahlen vermitteln einen Einblick, wie viel Prozent des Umsatzes, des Eigen- bzw. Gesamtkapitals in einer bestimmten Periode als Finanzmittelüberschuss zugeflossen sind.

Ergänzende Informationen, in welchem Umfang und wofür der Cash Flow im Einzelnen verwendet worden ist und woraus er resultiert, stellt die Kapitalflussrechnung zur Verfügung.

Weitere Hinweise zu Stärken und Schwächen der verschiedenen Cash Flow-Varianten können den Kennzahlen-Profilen zum Cash Flow, Free Cash Flow und Operating Cash Flow entnommen werden.

2.5.3 Free Cash Flow (FCF)

? **Fragestellung**

Wie hoch sind die frei verfügbaren Finanzmittel, die in einer Betrachtungsperiode (z. B. einem Jahr) erwirtschaftet werden?

***** **Definition**

Der Free Cash Flow bringt zum Ausdruck, in welchem Umfang nach der Berücksichtigung der Fortführung des laufenden Geschäfts (in Form von notwendigen Re-Investitionen in das Anlagevermögen und Umlaufvermögen) noch weitere „freie" Finanzmittel verbleiben:

	Cash Flow aus laufender Geschäftstätigkeit
–	Cash Flow aus der Investitionstätigkeit
=	Free Cash Flow

Die Kennzahl „Free Cash Flow" wird gemessen in der Dimension „Geldeinheiten" (z. B. in €).

» **Ermittlung / Herleitung**

Die Werte zur Berechnung des Free Cash Flow können bei indirekter Ermittlung mit hinreichender Genauigkeit – auch von einem Externen – dem veröffentlichten Jahresabschluss, insb. der Gewinn- und Verlustrechnung sowie der Bilanz entnommen werden. Für die direkte Herleitung ist jedoch der detailliertere Einblick in das Rechnungswesen des Unternehmens erforderlich. Im Falle der Veröffentlichung einer Kapitalflussrechnung (z. B. bei Aktiengesellschaften) können die Informationen zur Höhe des Free Cash Flow auch aus ihr abgeleitet werden.

**Betriebswirtschaftlicher Aussagewert und Größenordnung**

Das grundsätzliche Interesse bei der Analyse des Free Cash Flow und seinem Einsatz als unternehmerische Planungs-, Steuerungs- und Kontrollkennzahl richtet sich darauf, inwieweit das betrachtete Unternehmen (oder einzelne Teilbereiche) in der Lage sind, Finanzmittelüberschüsse zu erzeugen, die zum einen über die zwingend erforderlichen Rationalisierungs-, Ersatz- oder Erweiterungsinvestitionen hinausgehen sowie zum anderen nicht für die Schuldentilgung und eine angemessene Gewinnausschüttung benötigt werden.

Diese „freien Mittel“ stellen unternehmerisches Handlungspotenzial dar, das einer neuen Verwendung zugeführt werden kann. Der Free Cash Flow ist vor allem im Rahmen der Unternehmensbewertung und der sog. wertorientierten Unternehmensführung von zentraler Bedeutung.

Bei normaler Geschäftstätigkeit sollte der Free Cash Flow auf Dauer im Durchschnitt mehrerer betrachteter Zeitperioden positiv sein. Nur dann generiert das Unternehmen einen finanziellen Mehrwert. Bei Neugründungen, sog. Start-ups, kann es zunächst zu einer längeren Phase negativer Free Cash Flows kommen. Das kann ggf. im Sinne eines Indikators gesehen werden, dass das junge Unternehmen umfangreiche Investitionen tätigt. Erbringen diese Vorhaben eine hohe Rendite, besitzt die Strategie in der Langfristbetrachtung das Potenzial, sich auszuzahlen. Ist in absehbarer Zeit jedoch nicht mit einer Entwicklung in den positiven Bereich zu rechnen, droht Insolvenzgefahr.

Handlungsanregungen

!

Der „Free Cash Flow“ als umsatzbasierter Einzahlungsüberschuss repräsentiert in entscheidendem Maße, wie stark die Eigen- bzw. Selbstfinanzierungskraft durch das Kerngeschäft des Unternehmens getragen wird – ggf. auch zusätzlich im Ist-Ist- sowie Plan-Ist-Vergleich aufbereitet.

Alle preis- und mengenorientierten Beeinflussungsmöglichkeiten auf der Einzahlungs-(Umsatz-)seite, ebenso alle preis- und mengenorientierten Beeinflussungsmöglichkeiten auf der (auszahlungsgleichen) Kostenseite bilden das Spektrum denkbarer Aktionen zur Steigerung des Free Cash Flow. So trägt z. B. einerseits die Förderung ergebnisstarker (bzw. der Verzicht auf -schwache) Produkte und Dienstleistungen im Sortiment zu einer Erhöhung des Free Cash Flows bei. Andererseits kann eine bewusst zurückhaltende Investitionspolitik kurzfristig den Free Cash Flow anwachsen lassen, mittel- und langfristig jedoch für das Unternehmen oder den betrachteten Teilbereich nachteilig sein.

Verwandte Kennzahlen / Zusätzliche Anmerkungen

&

Mit dem Einsatz zahlungsorientierter Kenngrößen zur Unternehmenssteuerung wird in erster Linie auf die Vorteile dieser Maßzahlen abgestellt, die von (durchaus berechtigten und legalen) bilanzpolitischen Einflüssen weitgehend befreit sind.

Andererseits ist die Begriffs-„Familie“ der Cash Flows inzwischen stark angewachsen, sodass stets geprüft werden sollte, welcher Cash Flow in welcher inhaltlichen Abgrenzung für die abzubildenden Geschäftsabläufe der geeignetste ist.

2.5.4 Operativer Cash Flow (OCF)

Fragestellung

In welcher Höhe wird aus der betriebsbedingten Geschäftstätigkeit ein Zahlungsüberschuss erzielt?

Definition

Vorangestellt werden muss erneut der Hinweis: Es gilt analog die zur Kennzahl „Cash Flow“ gemachte Aussage der besonderen Vielfalt verwendeter Abgrenzungen in Theorie und Praxis – daher wieder die Anregung, stets die Zusammensetzung im Einzelfall zu hinterfragen. Zudem sollte beachtet werden, dass der Definition des Geschäftszwecks entscheidende Bedeutung beikommt, denn von ihr hängt wesentlich ab, ob z. B. bei enger Fassung die „neutrale“ Komponente entsprechend groß ist oder im umgekehrten Fall nur ein geringes Ausmaß annimmt.

	Cash Flow
+	neutrale, aperiodische und außergewöhnliche Aufwendungen
–	neutrale, aperiodische und außergewöhnliche Erträge
=	Operativer Cash Flow

Eine andere methodische Vorgehensweise zur Berechnung des operativen Cash Flow besteht in der Summierung der kundenseitig erhaltenen Finanzmittelzuflüsse, von denen die Auszahlungen für die Beschaffung von Einsatzgütern und Dienstleistungen, für das Personal, für die Ertragsteuern und die Fremdkapitalzinsen abgezogen werden. Die Entwicklung eines direkten und indirekten Berechnungsweges für den Cash Flow ist ursprünglich primär im Hinblick auf die Herleitung des operativen Cash Flow vorgenommen worden.

Die Kennzahl „Operativer Cash Flow“ wird gemessen in der Dimension Geldeinheiten (z. B. in €).

Ermittlung / Herleitung

Die Werte zur Berechnung des Cash Flow können bei indirekter Ermittlung mit hinreichender Genauigkeit – auch von einem Externen – dem veröffentlichten Jahresabschluss, insb. der Gewinn- und Verlustrechnung sowie der Bilanz entnommen werden. Für die direkte Herleitung ist jedoch der detailliertere Einblick in das Rechnungswesen des Unternehmens erforderlich. Im Falle der Veröffentlichung einer Kapitalflussrechnung (z. B. bei Aktiengesellschaften) können die Informationen zur Höhe des operativen Cash Flow auch aus ihr abgeleitet werden.

Betriebswirtschaftlicher Aussagewert und Größenordnung

Der Operative Cash Flow beschreibt den Überschuss der laufenden operativen Einzahlungen über die laufenden operativen Auszahlungen des Unternehmens. Ermittelt wird eine finanzwirtschaftlich relevante Strömungsgröße, die dynamische Liquidität der Periode. Der OCF ist ein Maßstab für die Fähigkeit des Unternehmens, aus eigener Kraft durch die betriebsbedingte Tätigkeit Liquidität zu generieren und stellt damit den Innenfinanzierungsspielraum, das selbst erwirtschaftete Zahlungsmittelreservoir, dar.

Handlungsanregungen

!

Der Operative Cash Flow bildet als eine dynamische Liquiditäts-Maßgröße die auf den Geschäftszweck bezogene Innenfinanzierungskraft des Unternehmens ab.

Generell gilt, je höher dieser Cash Flow, umso positiver ist die Liquiditätslage zu beurteilen, denn ein umso höherer Betrag steht nach Abwicklung der Auszahlungen für Schuldentilgung, Investitionen und Dividendenzahlungen zur Verfügung. Allerdings sind bei dieser Aussage Branchenbesonderheiten zu beachten. So haben Unternehmen mit hoher Anlageintensität tendenziell einen höheren Cash Flow, da dem Jahresüberschuss mehr Abschreibungen hinzuaddiert werden. Obwohl diese Kennzahl vorzugsweise der finanziellen Beurteilung dient, ist sie auch zur Ergänzung der erfolgswirtschaftlichen Untersuchungen und zur Krisenprognose geeignet.

Der Operative Cash Flow kann auch zur „Qualitätsbeurteilung" der Unternehmensergebnisse herangezogen werden – ggf. zusätzlich als Ist-Ist- sowie Plan-Ist-Vergleich aufbereitet. Bei hohem bilanziellen Ergebnisausweis, aber negativem OCF kann beispielweise das Einräumen erheblich verlängerter Zahlungsziele vorliegen.

Wird der Operative Cash Flow in Relation zu den kurzfristigen Verbindlichkeiten gesetzt, so spricht man auch vom „Operativen Cash Flow-Quotienten". Er zeigt das relative Ausmaß, mit dem die kurzfristigen Verbindlichkeiten durch den Cash Flow aus der betriebszweckbezogenen Geschäftstätigkeit gedeckt werden.

Verwandte Kennzahlen / Zusätzliche Anmerkungen

&

In ähnlicher oder synonymer Form zum Begriff des operativen Cash Flows sind gebräuchlich: Operating Cash Flow; betriebsbedingter Cash Flow; ordentlicher Cash Flow.

Im Rahmen einer nationalen wie internationalen Standards entsprechenden Kapitalflussrechnung wird eine zahlungsorientierte Abbildung der Unternehmensaktivitäten angestrebt. Hierzu erfolgt eine Drei-Teilung des (Brutto-)Cash Flow in

- Cash Flow aus laufender Geschäftstätigkeit (sog. Operativer Cash Flow)
- Cash Flow aus der Investitionstätigkeit
- Cash Flow aus der Finanzierungstätigkeit.

Cash Flows aus der Investitionstätigkeit umfassen alle Geldzu- und -abflüsse im Zusammenhang mit dem Erwerb und Verkauf dauerhaft dem Unternehmen dienender Vermögensgegenstände des Anlagevermögens sowie der Beteiligung an anderen Unternehmen. Cash Flows aus der Finanzierungstätigkeit enthalten die Geldflüsse mit den Fremd- und Eigenkapitalgebern.

Diese Differenzierung ist je nach Detaillierungsgrad der Analyse ggf. um zwei weitere Cash Flow-Typen zu ergänzen:
- Außergewöhnlicher (und aperiodischer) Cash Flow
- Neutraler (bzw. betriebsfremder) Cash Flow.

Ziel ist es, die Transparenz des Zuflusses und Abflusses von liquiden Mitteln systematisch zu erhöhen.

Mit dem Einsatz zahlungsorientierter Kenngrößen zur Unternehmenssteuerung wird in erster Linie auf die Vorteile dieser Maßzahlen abgestellt, die von (durchaus berechtigten und legalen) bilanzpolitischen Einflüssen weitgehend befreit sind.

Andererseits ist die Begriffs-„Familie" der Cash Flows inzwischen stark angewachsen, sodass stets geprüft werden sollte, welcher Cash Flow in welcher inhaltlichen Abgrenzung für die abzubildenden Geschäftsabläufe und -ergebnisse der geeignetste ist.

Weitere Hinweise zu Stärken und Schwächen der verschiedenen Cash Flow-Varianten können den eigenständigen Profildarstellungen zum Cash Flow, Brutto- oder Netto-Cash Flow und Free Cash Flow entnommen werden.

2.5.5 Kapitalwert

? **Fragestellung**

In welchem finanziellen Ausmaß ist ein Investitionsvorhaben als vorteilhaft zu bewerten?

***** **Definition**

$$C_0 = \sum_{t=0}^{w} (e_t - a_t) \cdot (1 + i)^{-t}$$

Wobei gilt:

C_0 = Kapitalwert (zum Zeitpunkt t = 0)
t = laufender Periodenindex
w = Zahl der betrachteten zukünftigen Perioden (meist Jahre)
e_t = Einzahlung in Periode t
a_t = Auszahlung in Periode t
i = Kalkulationszinssatz

Die Kennzahl wird gemessen in der Dimension Geldeinheiten (z. B. in €).

Ermittlung / Herleitung »

Die Daten sind Zahlungsgrößen und der unternehmerischen Investitions- und Finanzplanung sowie ggf. einer gesondert eingerichteten Projektrechnung zu entnehmen.

Betriebswirtschaftlicher Aussagewert und Größenordnung #

Die Kennzahl „Kapitalwert" stellt die zentrale finanzielle Größe im Investitionscontrolling dar. Im Rahmen der Verfahren der dynamischen Investitionsrechnungen ist sie bei der sog. Kapitalwertmethode das maßgebliche Entscheidungskriterium und damit auch ursächlich für die Namensgebung.

Rechnerisch ergibt sich der Kapitalwert als Differenz aus dem Barwert der zu erwartenden zukünftigen Einzahlungsüberschüsse während der gesamten Laufzeit eines Investitionsvorhabens und (dem Barwert) der Investitionsauszahlung(en) zum Zeitpunkt des Projektstarts. Die ökonomische Vorteilhaftigkeit wird also bewusst unter Einbeziehung des Faktors Zeit durch Diskontierung der Zahlungsflüsse bewertet.

Ein Kapitalwert von Null bedeutet ökonomisch, dass auf der Grundlage der unterstellten Prämissen über die Höhe und den zeitlichen Anfall der Zahlungsströme (Cash Flows) einerseits und den Kalkulationszinssatz andererseits das investierende Unternehmen das eingesetzte Kapitel zuzüglich einer Verzinsung zum Kalkulationszinssatz zurück erhält. Ein positiver Kapitalwert bedeutet entsprechend, dass darüber hinaus ein Finanzmittelüberschuss in der berechneten Höhe zu erwarten ist.

Entspricht beispielsweise der gewählte Kalkulationszinssatz der Rentabilität einer vergleichbaren Kapitalanlage, so wäre der Betrag des positiven Kapitalwerts des betrachteten Investitionsprojekts als das absolute Ausmaß des geldwerten Vorteils dieser Alternative zu interpretieren.

Die Güte der betriebswirtschaftlichen Aussagekraft des Kapitalwerts wird wesentlich davon geprägt, inwieweit die methodischen Anforderungen (z. B. hinsichtlich vergleichbarer Laufzeiten, Zurechenbarkeit der Zahlungsströme) in der Praxis erfüllt werden und welche Ungenauigkeiten (Risiken und Chancen) hinsichtlich des Eintreffens der zukünftigen Ein- und Auszahlungen bestehen.

Eine konkrete generelle Vorgabe zur anzustrebenden Größenordnung für einen positiven Kapitalwert ist nicht sinnvoll bestimmbar. Grundsätzlich gilt jedoch bei der Alternativen-Evaluation bei ansonsten vergleichbaren Randbedingungen: Je höher, desto besser.

Der Kapitalwert ist letztlich jedoch stark vom Umfang des jeweiligen Projekts sowie vom Chancen-Risiko-Profil der erwarteten Cash Flows geprägt, vor allem aber von der Art des Investitionsprojekts abhängig: Bei Rationalisierungsinvestitionen ist bereits frühzeitig tendenziell von etwa gleichbleibenden Rückflüssen auszugehen, bei (innovativen) Produktinvestitionen ist erst nach der Einführungsphase bei entsprechend hohen Wachstumsraten mit den erhofften spürbaren Cash Flow-Rückflüssen zu rechnen.

! Handlungsanregungen

Neben der exakten Durchführung der Berechnungen ist der Fokus vor allem auf die Transparenz der eingehenden Zahlen (Daten-Input) sowie eine fundierte Interpretation der Ergebnisse (Daten-Output) zu legen. Dazu gehören die Plausibilitätsprüfungen der (z. B. in Investitionsanträgen unterstellten) Zahlungsströme in ihrer Höhe und in den Zeitpunkten ihres voraussichtlichen Anfalls sowie die Wahl des Wertes für den Kalkulationszinssatz.

Mögliche Abweichungen von den „sicheren", einwertigen Erwartungen („Normal-Werte" eines sog. Base Case) sind mit ihren positiven Formen als Chancen („Optimistische Werte" eines sog. Best Case) und ihren negativen Formen als Risiken („Pessimistische Werte" eines Worst Case") argumentativ fundiert – z. B. als Szenario-Analysen – zu berücksichtigen. Ebenso sind denkbare Varianten unterschiedlicher Kalkulationszinssätze und ihre Konsequenzen auf das Ergebnis zu prüfen. Entsprechende Auswertungen mit dem Einbezug sog. „kritischer Werte" für bestimmte wichtige Parameter, einzeln und/oder kombiniert angewandt, sowie der Einsatz von Sensitivitätsanalysen sind typische Maßnahmen, um zu aussagefähigen Ergebnissen zu gelangen. Ergänzend kann z. B. auch auf (dynamische) Amortisations-Kennzahlen zurückgegriffen werden.

& Verwandte Kennzahlen / Zusätzliche Anmerkungen

Als Synonyme sind gebräuchlich: Barwert; DCF (Discounted Cash Flow).

Im Rahmen des Instrumentariums der dynamischen Investitionsrechnung sind neben der zentralen Kenngröße „Kapitalwert" noch als Risikomaß die „Dynamische Amortisationszeit" von betriebswirtschaftlicher Bedeutung, die das Ende des Zeitraums ermittelt, der (voraussichtlich) benötigt wird, um einen Kapitalwert von Null zu erreichen (sog. Kapitalrückflusszeit) und die „Kapitalwertrate", die als ein spezieller Rentabilitätstyp den Kapitalwert zur Anschaffungsauszahlung in Beziehung setzt.

2.5.6 Cash Flow-at-Risk

? Fragestellung

Wie groß ist der Finanzmittelüberschuss, der mit einer vorgegebenen Wahrscheinlichkeit in einem festgelegten Betrachtungszeitraum nicht unterschritten wird? – bezogen z. B. auf ein Projekt, einen organisatorischen Teilbereich (Tochtergesellschaften, Geschäftsfelder usw.) oder ein Unternehmen als Ganzes

Definition[6]

*

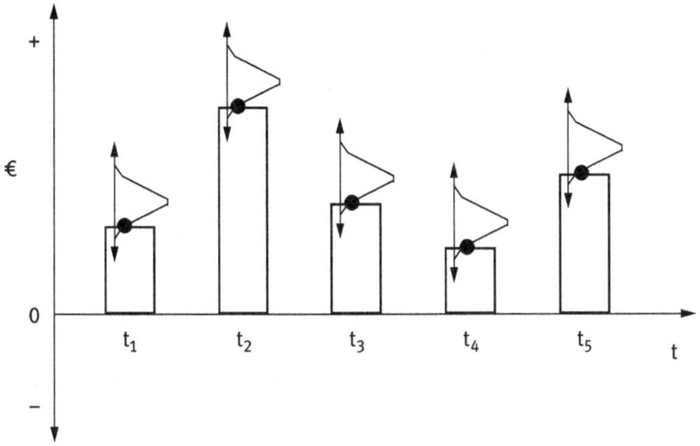

Wobei gilt:
Auf der Abszisse ist für die Beurteilung des Analyse-Objekts die „Zeit“ vermerkt mit den einzelnen Zwischenschritten t_1, t_2 usw. Auf der Ordinate werden die Geldeinheiten dargestellt (hier in €), unterhalb der Null-Linie im Falle negativer Periodenwerte und oberhalb für positive Cash Flows.

Ermittlung / Herleitung

»

Die Daten sind Zahlungsgrößen sowie Risiko-Einschätzungen, die der unternehmerischen Investitions- und Finanzplanung sowie ggf. einer gesondert eingerichteten Projektrechnung zu entnehmen sind.

Betriebswirtschaftlicher Aussagewert und Größenordnung

#

Die Kennzahl „Cash Flow-at-Risk“ als monetäres Risikomaß ist in ihrer Herleitung und ihrer Anwendung modifiziert entlehnt dem Ansatz des Value-at-Risk, jedoch nicht primär auf die Belange von Kreditinstituten ausgerichtet, sondern vielmehr auf Industrie- und Handelsunternehmen. Mit dem Cash Flow-at-Risk wird im Allgemeinen der niedrigste Cash Flow bezeichnet, der mit einer bestimmten vorgegebenen Wahrscheinlichkeit während des Betrachtungszeitraums mindestens erzielt wird (in der Abbildung durch einen Punkt markiert).

Im Prinzip ist für eine betriebswirtschaftliche, risikobehaftete Ergebnisgröße (hier der Cash Flow) eine Wahrscheinlichkeitsverteilung zu erheben und (unter Verwendung einer ausgewählten sicherheitsbezogenen Grenzziehung, z. B. einem Konfidenz-

6 Angesichts eines im Regelfall vielstufigen Verfahrens wird hier aus Gründen der Kompaktheit auf eine konkrete Wiedergabe der Schrittfolgen der Kennzahlen-Ermittlung verzichtet, ein zentraler Grundgedanke soll dagegen visualisiert dargestellt werden – ansonsten sei stattdessen stellvertretend verwiesen auf die Darstellungen bei Romeike/Hager (2013), S. 193 ff., insb. S. 482 ff.; Vanini (2012), S. 181 ff., insb. S. 192 ff.; Diederichs (2012), S. 117 ff. und die dort genannten weiterführenden Quellen.

niveau von 95 %) der sich dort ergebende Kennzahlenwert als sog. Cash Flow-at-Risk zu erfassen.

Allerdings benennt der Cash Flow-at-Risk als statistische Kennzahl nur einen – durch die Vorgabe des Konfidenzniveaus – (kritischen) Punkt der Wahrscheinlichkeitsverteilung. Dagegen ist z. B. im Falle von Investitionsprojekt-Vergleichen nicht erkennbar, wie hoch der größtmögliche Verlust ausfallen könnte (im Sinne ggf. einer in Kauf genommenen potentiellen Existenzgefährdung). Eine maximal kleine Überschreitung des Cash Flow-at-Risk im ungünstigsten Fall ist deutlich anders zu bewerten als ein u. U. erhebliches Überschreiten des zunächst scheinbar noch als erträglich bewerteten Cash Flow-at-Risk, sodass er als alleiniges Entscheidungskriterium zur Risiko-Beurteilung daher nicht geeignet ist.

Die Fokussierung dieser Kennzahl auf das Unterschreiten eines bestimmten Wertes der zu beobachtenden betriebswirtschaftlich Erfolgsgröße verleiht ihr zudem den Charakter eines sog asymmetrischen Downside-Risikomaßes, das das mögliche (positive) Überschreiten von bestimmten Obergrenzen (sog. Upside-Potenzial) nicht abbildet.

Eine konkrete generelle Vorgabe zur anzustrebenden Größenordnung des jeweiligen Cash Flow-at-Risk ist nicht sinnvoll bestimmbar. Es sind insbesondere die speziellen finanziellen Gegebenheiten und Erwartungen der betrachteten organisatorischen Einheit zu berücksichtigen.

! Handlungsanregungen

Im Rahmen eines leistungsfähigen, unternehmerischen Risikomanagements sind auf unterschiedlichen Aggregationsebenen und für real- wie finanzwirtschaftliche Sachverhalte (z. B. Absatzmengen, Rohstoffpreise oder Wechselkurse) Risikoanalysen, -bewertungen und -steuerungsmaßnahmen zu ergreifen.

Neben der Wahl einer geeignet erscheinenden Erfolgsgröße wie dem Cash Flow (oder periodenbezogener Gewinne mit entsprechend bezeichneter Kennzahl als Earnings-at-Risk) ist auf eine sinnvolle Weise das zukünftige Muster der Ausprägungswerte der Kennzahl z. B. über Wahrscheinlichkeitsverteilungen (mit Hilfe parametrischer bzw. Simulations-Verfahren) oder Benchmark-Szenarien und die Verwendung von Sensitivitätsanalysen auf der Basis von Business Risk-Modellen zu prognostizieren.

& Verwandte Kennzahlen / Zusätzliche Anmerkungen

Im Rahmen des Instrumentariums der dynamischen Investitionsrechnung ist jenseits der zentralen Kenngröße „Kapitalwert“ noch als ein weiteres, jedoch deutlich einfacheres Risikomaß die „Dynamische Amortisationszeit“ von betriebswirtschaftlicher Bedeutung, die das Ende des Zeitraums ermittelt, der (voraussichtlich) benötigt wird, um einen Kapitalwert von Null zu erreichen (sog. Kapitalrückflusszeit).

2.5.7 Earnings Before Interest, Taxes, Depreciation and Amortization (EBITDA)

Fragestellung ?

Wie hoch ist das wirtschaftliche Ergebnis vor Berücksichtigung folgender 4 Positionen: Zinsen (I), Steuern (T), Abschreibungen (D) auf Sachanlagen sowie Abschreibungen (A) auf immaterielle Vermögenswerte einschl. der Geschäfts- und Firmenwerte?

Definition *

	Jahresüberschuss oder -fehlbetrag
+	Steuern vom Einkommen und Ertrag/(–Steuererstattung)
=	EBT (Ergebnis vor Steuern)
+	Zinsaufwand
=	EBIT (Ergebnis vor Zinsen und Steuern)
+	Abschreibungen auf immaterielle Vermögenswerte einschl. der Geschäfts- und Firmenwerte
=	EBITA
+	Abschreibungen auf Sachanlagen
=	EBITDA

Die Kennzahl wird gemessen in der Dimension Geldeinheiten (z. B. in €).

Ermittlung / Herleitung »

Die Daten können den Angaben der Jahres- oder Quartalsberichterstattung entnommen werden.

Betriebswirtschaftlicher Aussagewert und Größenordnung #

Die Kenngröße EBITDA repräsentiert die operative Selbstfinanzierungskraft eines Unternehmens – unabhängig von der Kapitalstruktur und der Abschreibungspolitik auf materielle und immaterielle Vermögensgegenstände. Sie gilt daher auch als eine der wichtigsten Maßgrößen für die eigentliche Profitabilität – also für Rentabilitätsvergleiche – unter Einbezug des Umsatzes (sog. EBITDA-Marge) oder einer Kapitalgröße – für Unternehmen (als Ganzes oder für einzelne Geschäftsbereiche, Profit Center, Segmente usw.). Das gleiche gilt für rechtsform- und/oder steuersystemübergreifende Vergleiche – nicht zuletzt im internationalen Umfeld.

Im Vergleich zur sog. Praktikerformel für den Cash Flow (bilanzielles Jahresergebnis + Abschreibungen – Zuschreibungen + Rückstellungsveränderungen) ergibt sich eine gewisse Ähnlichkeit, sodass die Kennzahl EBITDA in Wissenschaft und Praxis auch als Approximation des Cash Flows angesehen wird, da sie im Ergebnis nur auf zahlungswirksame Erträge und Aufwendungen abstellt. Zu den (jedoch nicht immer vernachlässigbaren) Abweichungen – insbesondere hinsichtlich der anderen Behandlung der Ertragsteuern und Rückstellungsveränderungen – sei ausdrücklich auf Punkt „Zusätzliche Anmerkungen" verwiesen.

Die Kenngröße EBITDA gehört zu den sog. Pro-Forma-Kennzahlen („Earnings Before ..."-Familie), die im Zusammenhang mit der IFRS-Rechnungslegung entstanden sind.

Zur Ermittlung des bilanziellen Jahresergebnisses in Form des Jahresüberschusses bzw. -fehlbetrags werden grundsätzlich alle Erträge addiert und alle Aufwendungen subtrahiert. Für gezielte Auswertungs- und Informationszwecke kann es allerdings hilfreich sein, spezielle Bereinigungen des ausgewiesenen Ergebnisses vorzunehmen. Diese – mehr oder weniger umfangreichen – Anpassungen führen dann zu „Zwischen-" bzw. den sog. „Pro-Forma-Ergebnissen", die ein subjektiv bestimmtes Resultat (ein „Als-ob-Bild") liefern. Die jeweiligen Earnings Before ...-Kennzahlen präsentieren somit eine Ergebnisgröße, als ob die speziell bereinigten Aufwendungen und/oder Erträge im Unternehmen nicht entstanden wären. Das kann die Vergleichbarkeit im Zeitablauf und zwischen verschiedenen Unternehmen erhöhen, kann jedoch bei (zwischenzeitlichen und nicht explizit gemachten) einseitigen terminologischen Änderungen auch zu Verzerrungen und Intransparenz führen.

Im (namentlichen) Kern wird bei der Kenngröße EBITDA das Jahres- (bzw. Quartals-)ergebnis, das laut Gewinn- und Verlustrechnung eine Nach-Steuer-Größe ist, durch die Hinzufügung der Steuerzahlungen nun zu einer Vor-Steuer-Größe, die zudem Finanzierungseffekte (durch die Addition der Fremdkapitalzinsen) eliminiert. Durch die ergänzende Addition der Abschreibungen (D – Depreciation) auf Sachanlagen sowie Abschreibungen (A – Amortization) auf immaterielle Vermögenswerte einschl. der Geschäfts- und Firmenwerte werden wesentliche bilanzpolitische Beeinflussbarkeiten des Jahresergebnisses „neutralisiert".

Der Quotient aus Unternehmenswert (Marktwert des Eigenkapitals) und EBITDA liefert eine Maßgröße für die Gefährdung des Unternehmens durch Übernahmen. Die Relation (Marktwert/EBITDA) verdeutlicht in Form einer Schätzung die Zahl der Jahre, die ein Käufer zur Amortisation seiner Investition benötigt. Je kleiner der Wert, desto geringer ist die voraussichtliche Rückflusszeit und umso attraktiver die Geschäftstransaktion für den potentiellen Käufer – gleichbleibende Rahmenbedingungen unterstellt.

Für die absolute Höhe der Kennzahl EBITDA gibt es keine generalisierbare Vorgabe. Beim Zeitvergleich – z. B. als Ist-Ist- bzw. Plan-Ist-Relation – besitzt die Form der Entwicklung (kontinuierlich steigend oder sinkend, stark schwankend usw.) eine bedeutsame Aussagekraft. Sie kann noch gesteigert werden, wenn die Größe EBITDA typischerweise einer Umsatz- und/oder Kapitalgröße gegenübergestellt wird, sodass sich Rentabilitäten ergeben, die auch einen Vergleich unterschiedlich großer Unternehmenseinheiten ermöglichen.

Handlungsanregungen !

Je mehr Faktoren aus dem bilanziellen Jahresergebnis herausgenommen werden, umso stärker konzentriert sich das Spektrum der Aktionsmöglichkeiten auf die produkt- und dienstleistungsnahen Prozesse im Unternehmen. Zur direkten Beeinflussung der Kennzahl EBITDA können daher primär alle preis- und/oder mengenpolitische Maßnahmen auf der Umsatzseite und in entsprechender Weise bei den betrieblichen Einsatzfaktoren auf der Aufwands- bzw. Kostenseite beitragen.

Verwandte Kennzahlen / Zusätzliche Anmerkungen &

Als verwandte Kennzahlen sind vor allem zu nennen: EBT, EBIT und EBITA. Im Verbund der Pro-Forma-Kennzahlen stellt die Größe EBITDA neben EBT und EBIT eine der drei heute am weitesten verbreiteten Ergebnisbegriffe dar.

Im Allgemeinen erstrecken sich die Anpassungen im Rahmen der Pro-Forma-Kennzahlen auf einmalige, meist als ungewöhnlich und nicht dauerhaft eingestufte Sachverhalte. Sie werden im Sinne von Störeinflüssen interpretiert, die den „fair view“ auf die Vermögens-, Finanz- und Ertragslage des Unternehmens bei alleiniger Bezugnahme auf das bilanziell ausgewiesene Jahresergebnis (Jahresüberschuss oder -fehlbetrag) beeinträchtigen könnten.

Bei der Gegenrechnung der Steuern ist auf die alleinige Berücksichtigung der „Steuern vom Einkommen und Ertrag“ zu achten. Die sonstigen (Kosten-)Steuern sollten nicht hinzugenommen werden.

Werden inhaltlich korrespondierend sowohl die Aufwendungen wie auch die Erträge einer bestimmten betriebswirtschaftlichen Sachverhaltsposition der Gewinn- und Verlustrechnung (z. B. Zinsaufwendungen und Zinserträge) in die „Neutralisierung“ bei den Pro-Forma-Kennzahlen einbezogen, so bezeichnet man dies als paritätische Vorgehensweise – andernfalls bei nur einseitiger Berücksichtigung (z. B. nur der Zinsaufwendungen) als imparitätisch.

Im Zeit- und Unternehmensvergleich ist also auch hier wieder stets auf eine klare begriffliche Grundlage (und auf deren offengelegte Transparenz) zu achten. Anderenfalls ist die Aussagekraft erheblich eingeschränkt.

Die zentralen Unterschiede der Kennzahl EBITDA zu einer Cash Flow-Größe erstrecken sich insbesondere auf:

- Zuschreibungen werden nicht einbezogen
- Rückstellungsveränderungen werden nicht einbezogen
- Good-Will-Abschreibungen werden einbezogen
- Ertragsteuern werden einbezogen
- Zinsaufwendungen (und bei paritätischem Vorgehen ggf. auch Zinserträge) werden einbezogen.

Die beiden letzten Positionen sind aber keine zahlungsunwirksamen Aufwendungen bzw. Erträge, die für die Ermittlung des Cash Flow betriebswirtschaftlich typisch sind.

2.6 Cash Flow-Rentabilitätskenngrößen

2.6.1 Cash Flow-Umsatzrentabilität

? **Fragestellung**

Wie groß ist der Anteil des Einnahmenüberschusses am Umsatz aus operativer Geschäftstätigkeit?

***** **Definition**

$$\frac{\text{Operativer Cash Flow} \cdot 100}{\text{Netto-Umsatz}}$$

Wobei gilt:

	Brutto-Umsatz
–	Wert der Retouren
–	Erlösschmälerungen (Skonto u. ä.)
=	Netto-Umsatz

Die Cash Flow-Umsatzrentabilität wird in der Dimension „%“ angegeben.

» **Ermittlung / Herleitung**

Der Wert für den Zähler kann der Kapitalflussrechnung entnommen oder aus der Gewinn- und Verlustrechnung ermittelt werden. Der Netto-Umsatz im Nenner ist aus den Größen der Gewinn- und Verlustrechnung sowie weiteren Angaben der Jahres- oder Quartalsberichterstattung zu gewinnen.

**Betriebswirtschaftlicher Aussagewert und Größenordnung**

Die Cash Flow-Umsatzrentabilität gehört zu den umsatzbasierten Rentabilitätskennzahlen. Sie gibt an, wie viel Prozent des Umsatzes das Unternehmen als Einnahmenüberschuss aus seiner operativen Tätigkeit erzielt hat. Die Kennzahl ist somit ein Maß für die operative Ertrags- und Selbstfinanzierungskraft des Unternehmens.

Für die konkrete Höhe der Cash Flow-Umsatzrentabilität gibt es keine generalisierbare Vorgabe. Sie ist stark branchenabhängig. Je größer ihr Wert, desto besser ist die auf den Umsatzprozess zurückzuführende Liquiditätssituation zu beurteilen. Beim regelmäßigen Zeitvergleich dieser Kennzahl – z. B. als Ist-Ist- bzw. als Plan-Ist-Relation – besitzt die Form der Entwicklung (kontinuierlich steigend oder sinkend, stark schwankend usw.) eine bedeutsame Aussagekraft für die operative Leistungskraft des Unternehmens.

! **Handlungsanregungen**

Im Gegensatz zur „klassischen“ Umsatzrendite (als „eine Gewinngröße“/Umsatz) wird bei der Cash Flow-Umsatzrentabilität jedoch der Finanzzufluss dem Umsatz gegenübergestellt, der durch bilanzpolitische Maßnahmen weniger beeinflussbar ist als die Gewinngröße und deshalb oft als aussagefähiger angesehen wird.

Veränderungen dieser relativen Kennzahl können durch über- bzw. unterproportionale Entwicklung des in Beziehung gesetzten Operativen Cash Flows (im Zähler) und des Netto-Umsatzes (im Nenner) erreicht werden – siehe dazu im Grundsätzlichen die weiter systematisierenden, ausführlichen Erläuterungen zu Kennzahlen als Quotienten im Anhang I.

Der Operative Cash Flow als umsatzbasierter Einzahlungsüberschuss repräsentiert in entscheidendem Maße, wie stark die Eigen- bzw. Selbstfinanzierungskraft durch das Kerngeschäft des Unternehmens getragen wird. Alle preis- und mengenorientierten Beeinflussungsmöglichkeiten auf der Einzahlungs-(Umsatz-)seite, ebenso alle preis- und mengenorientierten Beeinflussungsmöglichkeiten auf der (auszahlungsgleichen) Kostenseite bilden das Spektrum denkbarer Aktionen zur Steigerung des Cash Flow.

Verwandte Kennzahlen / Zusätzliche Anmerkungen

Als Synonyme sind gebräuchlich: Cash Flow-Marge; Cash Flow-Umsatzrate; Cash Flow-Rate; Cash Flow-Umsatzverdienstrate; jedoch wegen des eingebundenen Wortes „Gewinn" eher missverständlich: Cash Flow-Gewinnspanne.

Eine weitere Variante dieser Kennzahl im Sinne „Gesamt-Cash Flow/Gesamt-Umsatz" ist wegen der einfacheren Datenverfügbarkeit für Zähler und Nenner in der Praxis nicht selten im Einsatz.

Die Aussagekraft kann noch verbessert werden, indem für den Zähler der sog. „Free Cash Flow" ermittelt wird, der bereits um notwendige Investitionen in das Anlage- und Umlaufvermögen korrigiert ist.

Im Vergleich zur „klassischen" Brutto- oder Netto-Umsatzrentabilität hat die Cash Flow-Umsatzrentabilität den Vorteil, dass die durch international divergierende Bilanzierungsrichtlinien entstehenden Unterschiede (durch die Bereinigungen des Jahresüberschusses oder -fehlbetrages) weitgehend neutralisiert werden können. Sie eignet sich daher auch für rechtsform- und/oder steuersystemübergreifende Vergleiche – nicht zuletzt im internationalen Umfeld.

Die Cash Flow-Umsatzrentabilität dient auch als Beurteilungskriterium der Kreditwürdigkeit. Besondere Relevanz besteht für Gläubiger und Eigenkapitalgeber, da sie aufzeigt, in wie weit das Unternehmen/Segment Investitionen tätigen, Kredite tilgen, Kapitalrückzahlungen (an Eigner) und Dividendenzahlungen vorzunehmen vermag.

2.6.2 Cash Flow Return On Investment (CFROI)

Fragestellung
Wie hoch ist die zahlungsrelevante Verzinsung des eingesetzten Kapitals?

Definition

$$\frac{\text{Cash Flow} \cdot 100}{\text{Marktwert des eingesetzten Kapitals}}$$

Dieser Quotient zeigt den statischen Ansatz zur Berechnung des CFROI – für weitere CFROI-Herleitungen sei auf die ergänzenden Hinweise unter „Zusätzliche Anmerkungen" verwiesen.

Die Kennzahl „CFROI" wird in der Dimension „in %" angegeben.

Ermittlung / Herleitung
Der Cash Flow ergibt sich – unter den generell zu bedenkenden zahlreichen praktischen Abgrenzungsversionen – aus dem Jahresüberschuss bzw. -fehlbetrag, bereinigt um die jeweils zahlungsunwirksamen Aufwendungen und Erträge. Der Marktwert des eingesetzten Kapitals kann aus der Multiplikation der Aktienanzahl mit dem Marktpreis je Aktie berechnet werden.

Betriebswirtschaftlicher Aussagewert und Größenordnung
Im Rahmen von wertorientierten Systemen der Unternehmenssteuerung finden zunehmend Cash Flow-orientierte Rentabilitäts-Kennzahlen Verwendung.

Der Cash Flow mit seinem bewertungstechnischen Vorteil, wesentliche bilanzpolitische Maßnahmen zu neutralisieren und damit einen transparenteren Einblick in die finanzielle Ertragskraft des Unternehmens zu gewähren, wird bei dieser Kennzahl in Relation zum Marktwert des eingesetzten Kapitals betrachtet. Die Betonung liegt also auf der Berücksichtigung von Cash Flow-Größen und nicht von bilanziellen Ergebnisgrößen.

Handlungsanregungen
Veränderungen dieser relativen Kennzahl können durch über- bzw. unterproportionale Entwicklung des in Beziehung Cash Flows (im Zähler) und der Kapitalgröße (im Nenner) erreicht werden – siehe dazu im Grundsätzlichen die weiter systematisierenden, ausführlichen Erläuterungen zu Kennzahlen als Quotienten im Anhang I.

Der Cash Flow als umsatzbasierter Einzahlungsüberschuss repräsentiert in entscheidendem Maße die Stärke der Selbstfinanzierungskraft des Unternehmens. Entsprechend bilden zum einen alle preis- und mengenorientierten Beeinflussungsmöglichkeiten auf der Einzahlungs-(Umsatz-)seite, ebenso alle preis- und mengenorientierten Beeinflussungsmöglichkeiten auf der (auszahlungsgleichen) Kostenseite das überaus breite Spektrum denkbarer Aktionen zur Steigerung des Cash Flow. So trägt z. B. die Förderung ergebnisstarker (bzw. der Verzicht auf -schwache) Produkte und Dienstleistungen im Sortiment zu einer Erhöhung des Cash Flows bei.

Verwandte Kennzahlen / Zusätzliche Anmerkungen &

Eine andere Variante des CFROI, die im deutschsprachigen Raum auch als Cash Flow-Gesamtkapitalrentabilität bezeichnet wird, ergibt sich aus:

$$\frac{(\text{Cash Flow} + \text{Fremdkapitalzinsen}) \cdot 100}{\text{Gesamtkapital}}$$

Dabei sind die Fremdkapitalzinsen der Gewinn- und Verlustrechnung zu entnehmen und als Gesamtkapital wird üblicherweise die Bilanzsumme angesetzt.

Für die Kennzahl „CFROI“ sind in den letzten Jahren mehrere rechnerische Ansätze entwickelt worden, z. B. als dynamisches Verfahren von der Boston Consulting Group. Daher sollte bei internen, aber vor allem externen Vergleichen stets auf die Konsistenz der herangezogenen Daten und des gewählten Berechnungsweges geachtet werden.

Analog zum Verhältnis von jeweils „klassisch“ definierter Eigen- bzw. Gesamtkapitalrentabilität st auch die Ermittlung einer Cash Flow-Eigenkapitalrentabilität von ökonomischer Aussagekraft. Bei ihr wird im Zähler auf die Position der Fremdkapitalzinsen verzichtet und als Nenner das bilanzielle Eigenkapital zum Jahresendwert angesetzt. Wie bei der „klassisch“ definierten Eigenkapitalrentabilität wird die Finanzierungsseite „ausgeblendet“ und der erzielte Cash Flow allein dem Eigenkapital gegenübergestellt.

2.6.3 Cash Flow-Eigenkapitalrentabilität

Fragestellung ?

Wie hoch ist die zahlungsrelevante Verzinsung des eingesetzten Eigenkapitals? – Wie viele Zahlungsmittel kann ein Unternehmen relativ (bezogen auf sein Eigenkapital) für seine Aktionäre erwirtschaften?

Definition *

$$\frac{\text{Free Cash Flow} \cdot 100}{\text{Eigenkapital}}$$

Die Größe im Zähler „Free Cash Flow“ ist bereits um notwendige Investitionen in das Anlage- und Umlaufvermögen korrigiert. Für den Nenner wird im Allgemeinen der jeweilige Perioden-Endwert angesetzt.

Die Cash Flow-Eigenkapitalrentabilität wird in der Dimension „%“ angegeben.

» Ermittlung / Herleitung

Der Free Cash Flow ergibt sich aus einer entsprechend detailliert aufgebauten Kapitalflussrechnung oder der Gewinn- und Verlustrechnung sowie weiteren Angaben aus der Jahres- oder Quartalsberichterstattung – im Grundsatz aus dem Jahresüberschuss bzw. -fehlbetrag, bereinigt um die jeweils zahlungsunwirksamen Aufwendungen und Erträge. Die Größe des Eigenkapitals ist der Bilanz zu entnehmen.

Betriebswirtschaftlicher Aussagewert und Größenordnung

Der bewertungstechnische Vorteil des Cash Flows, wesentliche bilanzpolitische Maßnahmen zu neutralisieren und damit einen transparenteren Einblick in die finanzielle Ertragskraft des Unternehmens zu gewähren, wird bei dieser Kennzahl in Form des Free Cash Flow in Relation zum eingesetzten bilanziellen Eigenkapital betrachtet.

Im Rahmen von wertorientierten Systemen der Unternehmenssteuerung finden zunehmend Cash Flow-orientierte Rentabilitäts-Kennzahlen Verwendung.

Im Allgemeinen liegt der Prozentwert der Cash Flow-Eigenkapitalrentabilität deutlich über der für den gleichen Zeitraum ermittelten, „klassisch" definierten Eigenkapitalrentabilität, da im Zähler in der Position des Cash Flows allein mit den Abschreibungen eine erhebliche (zahlungsunwirksame) Größe zusätzlich Berücksichtigung findet.

! Handlungsanregungen

Veränderungen dieser relativen Kennzahl können durch über- bzw. unterproportionale Entwicklung des in Beziehung gesetzten Free Cash Flows (im Zähler) und des Eigenkapitals (im Nenner) erreicht werden – siehe dazu im Grundsätzlichen die weiter systematisierenden, ausführlichen Erläuterungen zu Kennzahlen als Quotienten im Anhang I.

Der Cash Flow als umsatzbasierter Einzahlungsüberschuss repräsentiert in entscheidendem Maße, wie stark die Eigen- bzw. Selbstfinanzierungskraft durch das Kerngeschäft des Unternehmens getragen wird. Alle preis- und mengenorientierten Beeinflussungsmöglichkeiten auf der Einzahlungs-(Umsatz-)seite, ebenso alle preis- und mengenorientierten Beeinflussungsmöglichkeiten auf der (auszahlungsgleichen) Kostenseite bilden das Spektrum denkbarer Aktionen zur Steigerung des Cash Flow.

Eine Beeinflussung der Kennzahl ist kapitalseitig beispielsweise über Entnahme- bzw. Einlagemaßnahmen sowie Ausschüttungs- bzw. Thesaurierungsmaßnahmen möglich.

& Verwandte Kennzahlen / Zusätzliche Anmerkungen

Als verwandte Kennzahlen sind gebräuchlich: Cash Flow Return On Investment (CFROI) und die Eigenkapitalrentabilität.

Analog zur „klassisch" definierten Eigenkapitalrentabilität (als Jahresüberschuss bzw. -fehlbetrag/Eigenkapital) ist auch die Ermittlung einer Cash Flow-Eigenkapitalrentabilität von ökonomischer Aussagekraft. Die Struktur der Finanzierung (und damit auch die zu zahlenden Fremdkapitalzinsen) bleiben bei dieser Kennzahl unbeachtet, was betriebswirtschaftlich insofern sinnvoll sein kann, wenn z. B. einzelne betrachtete Unternehmensbereiche (Segmente) keinen Einfluss auf die „Passivseite" ihres Geschäfts besitzen. So erfolgt dann ein Vergleich, als ob alles eigenfinanziert wäre.

2.6.4 Kapitalwertrate

Fragestellung ?

Wie hoch ist die Rentabilität eines Investitionsvorhabens?

Definition *

$$\frac{\text{Kapitalwert} \cdot 100}{\text{Anschaffungsauszahlung}}$$

Die Kennzahl wird in der Dimension „%" angegeben.

Ermittlung / Herleitung »

Die Daten sind Zahlungsgrößen und der unternehmerischen Investitions- und Finanzplanung sowie ggf. einer gesondert eingerichteten Projektrechnung zu entnehmen.

Betriebswirtschaftlicher Aussagewert und Größenordnung #

Im Rahmen des Instrumentariums des Investitionscontrollings ergänzt die Kennzahl „Kapitalwertrate" als ein spezieller Rentabilitätstyp in Form eines relativen Maßstabs die weitaus bekanntere absolute Erfolgsgröße, den Kapitalwert.

Für die „Kapitalwertrate" wird zunächst der Kapitalwert des betrachteten Projektes unter Anwendung der dynamischen Investitionsrechnung ermittelt und dann zum erforderlichen Kapitaleinsatz (in Form der Anschaffungsauszahlung) in Bezug gesetzt. Damit wird berechnet, wie groß der Barwert der Cash Flows (Zahlungsmittelüberschüsse) im Verhältnis zur Auszahlung im Starttermin ist.

Aus den sich für die verschiedenen Investitionsalternativen ergebenden, in Prozentwerten ausgedrückten Projekt-Rentabilitäten lässt sich eine Reihenfolge der ökonomischen Vorziehenswürdigkeit bei begrenztem Kapitalvolumen pro Periode gewinnen.

Die für die Herleitung von Kapitalwerten geltenden formalen und inhaltlichen Rahmenbedingungen (siehe die ausführlicheren Hinweise – auch zum Spektrum sinnvoller Maßnahmen – direkt bei dem Kennzahlenprofil zum Kapitalwert) gelten als Möglichkeiten und Grenzen für die Kapitalwertrate analog.

Eine konkrete generelle Vorgabe zur anzustrebenden Größenordnung für die Kapitalwertrate ist nicht sinnvoll bestimmbar. Grundsätzlich gilt jedoch bei der Alternativen-Evaluation bei ansonsten vergleichbaren Randbedingungen (insb. der Verfügbarkeit des Startkapitals): Je höher, desto besser.

! Handlungsanregungen

Die bei der Kennzahl „Kapitalwertrate" erfolgende Relativierung des Kapitalwertes als absolute Größe in Bezug zum Investitionsvolumen zeigt z. B. auf, dass bei vergleichbarer Höhe des Kapitalwertes mehrerer Projekte die jeweils geringere Kapitalbeanspruchung dann entscheidend für die Einschätzung der ökonomischen Vorteilhaftigkeit wird. In der unternehmerischen Praxis kann es allerdings ggf. erforderlich sein, zwingend notwendige (Ersatz-)Investitionen mit einer vergleichsweise geringeren Kapitalwertrate als „Muss"-Projekte zu realisieren und nur das „freie" Kapitalbudget auf der Basis einer entsprechenden Reihung mit den noch rentableren „Wunsch"-Projekten zu verwirklichen.

Veränderungen der Kennzahl „Kapitalwertrate" können generell wieder entsprechend durch über- bzw. unterproportionale Entwicklung der in Beziehung gesetzten Kapitalwert-Größe (im Zähler) und der Anschaffungsauszahlung (im Nenner) erzielt werden – siehe dazu im Grundsätzlichen die weiter systematisierenden, ausführlichen Erläuterungen zu Kennzahlen als Quotienten im Anhang I.

Die preis- und mengenbezogenen Beeinflussungsmöglichkeiten der Ein- wie der Auszahlungsseite und ihre zeitliche Zuordnung sind als Planwerte auf ihre Plausibilität in gleicher Weise zu prüfen wie die erwartete Höhe der Anschaffungsauszahlung. Mit geeigneten Sensitivitätsanalysen können denkbare „Erwartungsspielräume" offengelegt werden. Andererseits ist auch die Annahme eines begrenzten Investitionsbudgets im Hinblick auf eine gewisse Flexibilisierung zu untersuchen, sodass zusätzlich finanziell attraktive Projekte u. U. doch noch durchgeführt – bzw. in einem überschaubaren Rahmen gestreckt oder verschoben gestartet – werden können.

& Verwandte Kennzahlen / Zusätzliche Anmerkungen

Im Methodenverbund der dynamischen Investitionsrechnung sind zusätzlich neben der zentralen Kenngröße „Kapitalwert" als Risikomaße insb. noch die „Dynamische Amortisationsdauer" und der „Cash Flow-at-Risk" von betriebswirtschaftlicher Bedeutung.

2.6.5 EBITDA-Marge

Fragestellung ?

Wie groß ist der Anteil des Finanzmittelzuflusses aus dem operativen Geschäft am Umsatz? – Wie viel Prozent vom Umsatz verbleiben als Finanzmittelzufluss aus dem operativen Geschäft? – allerdings jeweils mit dem Zusatz, dass noch Fremdkapitalzinsen und Ertragsteuern abzuziehen sind.

Definition *

$$\frac{\text{EBITDA} \cdot 100}{\text{Umsatz}}$$

Wobei gilt:

	Jahresüberschuss oder -fehlbetrag
+	Steuern vom Einkommen und Ertrag/(–Steuererstattung)
=	EBT (Ergebnis vor Steuern)
+	Zinsaufwand
=	EBIT (Ergebnis vor Zinsen und Steuern)
+	Abschreibungen auf immaterielle Vermögenswerte einschl. der Geschäfts- und Firmenwerte
=	EBITA (Earnings Before Interest, Taxes and Amortization)
+	Abschreibungen auf Sachanlagen
=	EBITDA (Earnings Before Interest, Taxes, Depreciation and Amortization)

Die Kennzahl EBITDA-Marge wird in der Dimension „%" angegeben.

Ermittlung / Herleitung »

Die Werte des Zählers (als Cash Flow-ähnliche Größe) und Nenners können aus den Daten der Jahres- oder Quartalsberichterstattung gewonnen werden.

Betriebswirtschaftlicher Aussagewert und Größenordnung #

Die EBITDA-Marge zählt zu den umsatzbasierten Rentabilitätskennzahlen. Sie gibt an, wie viel Prozent des Umsatzes das Unternehmen als Finanzzufluss aus seiner operativen Tätigkeit erzielt. Die Kennzahl ist somit ein Maß für die operative Ertrags- und Selbstfinanzierungskraft des Unternehmens. Im Vergleich zur eigentlichen Cash Flow-Umsatzrentabilität handelt es sich bei der EBITDA-Marge um eine Vorsteuergröße, in die neben Fremdkapitalzinsen und Ertragsteuern insb. Veränderungen der langfristigen (Pensions-)Rückstellungen und Zuschreibungen nicht einbezogen werden.

Die EBITDA-Marge ist stark branchenabhängig. Je höher ihr Wert, desto besser ist die auf den Umsatzprozess zurückzuführende Liquidität zu beurteilen. Beim Zeitvergleich – z. B. als Ist-Ist- bzw. als Plan-Ist-Relation – besitzt die Form der Entwicklung (kontinuierlich steigend oder sinkend, stark schwankend usw.) eine bedeutsame Aussagekraft. Die EBITDA-Marge dient vielfach auch als Beurteilungskriterium der Kreditwürdigkeit.

! Handlungsanregungen

Im Gegensatz zur „klassischen" Umsatzrendite (definiert als „eine Gewinngröße"/Umsatz) wird bei der EBITDA-Marge (ähnlich der Cash Flow-Umsatzrentabilität) jedoch der Finanzzufluss dem Umsatz gegenübergestellt, der durch bilanzpolitische Maßnahmen weniger beeinflussbar ist als die Gewinngröße und deshalb oft als aussagefähiger angesehen wird.

Veränderungen dieser relativen Kennzahl können durch über- bzw. unterproportionale Entwicklung des in Beziehung gesetzten EBITDA (im Zähler) und des Umsatzes (im Nenner) erreicht werden – siehe dazu im Grundsätzlichen die weiter systematisierenden, ausführlichen Erläuterungen zu Kennzahlen als Quotienten im Anhang I.

Die Kennzahl EBITDA gilt vielfach als eine der besten Maßgrößen für die eigentliche unternehmerische Ergebnisstärke, die zudem aussagefähige externe Vergleiche ermöglicht. Als umsatzbasierter Finanzzufluss repräsentiert sie in entscheidendem Maße, wie stark die Eigen- bzw. Selbstfinanzierungskraft durch das Kerngeschäft des Unternehmens getragen wird. Alle preis- und mengenorientierten Beeinflussungsmöglichkeiten auf der Einzahlungs-(Umsatz-)seite, ebenso alle preis- und mengenorientierten Beeinflussungsmöglichkeiten auf der (auszahlungsgleichen) Kostenseite bilden wesentliche Ansatzpunkte im Spektrum denkbarer Aktionen zur Steigerung des EBITDA.

& Verwandte Kennzahlen / Zusätzliche Anmerkungen

Als synonym verwendeter Begriff ist gebräuchlich: operative (EBITDA-)Marge.

Verwandte Kennzahlen sind: EBIT-Marge; Cash Flow-Umsatzrentabilität.

Im Vergleich zur „klassischen" Brutto- oder Netto-Umsatzrentabilität hat die EBITDA-Marge (mit einigen oben bereits genannten Einschränkungen) den Vorteil, dass die durch international divergierende Bilanzierungsrichtlinien und -praktiken entstehenden Unterschiede (durch die Bereinigungen im Rahmen des EBIT) im Wesentlichen neutralisiert werden können. Sie eignet sich daher auch für rechtsform- und/oder steuersystemübergreifende Vergleiche – nicht zuletzt im internationalen Umfeld.

2.7 Finanz-, Kosten- und Erlösstruktur-Kenngrößen

2.7.1 Anlagendeckungsgrad I

Fragestellung

?

Wie solide ist das Unternehmen finanziert? – hier im Sinne von:

In welchem Umfang ist das dauerhaft im Unternehmen gebundene Anlagevermögen durch das zeitlich ebenfalls dauerhaft zur Verfügung stehende Eigenkapital gedeckt?

Definition

*

$$\frac{\text{Eigenkapital} \cdot 100}{\text{Anlagevermögen}}$$

Die Kennzahl „Anlagendeckungsgrad I“ wird in der Dimension „%“ angegeben.

Ermittlung / Herleitung

»

Die Werte des Zählers und Nenners können der Bilanz entnommen werden.

Betriebswirtschaftlicher Aussagewert und Größenordnung

#

Der Anlagendeckungsgrad I ist den sog. statisch-langfristigen Kennzahlen der bilanziellen Liquiditätsanalyse zuzurechnen. Er stellt ab auf das Prinzip der fristenkongruenten Investitionsfinanzierung in Form einer horizontalen Kennzahl mit einer Gegenüberstellung ausgewählter bilanzieller Kapitalgrößen (im Zähler) und Vermögensgrößen (im Nenner). Dauerhaft im Unternehmen gebundene Vermögensteile (hier fokussiert auf das Anlagevermögen) sollten eigenfinanziert sein, also mit vergleichbarem langem Zeithorizont zur Verfügung stehen. Anzustreben ist ein Kennzahlenwert, der über 100 % liegt.

Handlungsanregungen

!

Eine Ausprägung des Anlagendeckungsgrades I unterhalb von 100 % bedeutet betriebswirtschaftlich, dass Teile des Anlagevermögens durch Fremdkapital finanziert sind und evtl. während der Nutzung der dauerhaft benötigten Vermögensgegenstände eine (Anschluss-)Finanzierung erforderlich wird. Diese ist u. U. nur zu einem höheren Zins möglich, sodass Liquiditätsengpässe entstehen können oder Rentabilitätsprobleme. Falls keine weiteren Finanzierungsquellen bestehen, sind im Extremfall sogar kurzfristig liquidierbare Vermögensteile (möglicherweise nur mit finanziellen Verlusten) zu veräußern.

Um die laufenden Geschäftsaktivitäten nicht zu gefährden, ist daher auf die Übereinstimmung der Bindungsdauer von investiertem Vermögen und entsprechender Kapitalüberlassungsdauer zu achten.

Veränderungen dieser relativen Kennzahl können durch über- bzw. unterproportionale Entwicklung des in Beziehung gesetzten Eigenkapitals (im Zähler) und des Anlagevermögens (im Nenner) erreicht werden – siehe dazu im Grundsätzlichen die weiter systematisierenden, ausführlichen Erläuterungen zu Kennzahlen als Quotienten im Anhang I.

Eine Beeinflussung der Kennzahl ist also kapitalseitig beispielsweise über Entnahme- bzw. Einlagemaßnahmen sowie Ausschüttungs- bzw. Thesaurierungsmaßnahmen möglich. Vermögensseitig stellen die Investitions- und Desinvestitionspolitik Ansatzpunkte dar sowie die Möglichkeiten der Nutzung von Anlagevermögen über Mietverträge oder z. B. durch Leasing (sog. Off-Balance-Politik).

& Verwandte Kennzahlen / Zusätzliche Anmerkungen

Der mit dem Anlagendeckungsgrad I dargestellte Zusammenhang wird auch als sog. „Goldene Finanzierungsregel" bezeichnet.

Synonyme für den Begriff Anlagendeckungsgrad sind: Deckungsgrad; Anlagendeckung. Die Trennung in I – II – III wird mitunter auch in A – B – C vorgenommen.

Eine leicht erweiterte Fassung, die für das Postulat der Fristenkongruenz neben dem Eigenkapital auch das langfristige Fremdkapital (im Zähler) einbindet, wird als Anlagendeckungsgrad II bezeichnet.

Werden zudem auf der bilanziellen Aktivseite (also im Nenner dieser Kennzahl) auch noch Teile des Umlaufvermögens („eiserner Bestand") mit einbezogen, so ergibt sich der sog. Anlagendeckungsgrad III.

2.7.2 Anlagendeckungsgrad II

? Fragestellung

Wie solide ist das Unternehmen finanziert? – hier im Sinne von:

In welchem Umfang ist das dauerhaft im Unternehmen gebundene Anlagevermögen durch das zeitlich ebenfalls dauerhaft zur Verfügung stehende Eigenkapital und das langfristige Fremdkapital gedeckt?

* Definition

$$\frac{(\text{Eigenkapital} + \text{langfristiges Fremdkapital}) \cdot 100}{\text{Anlagevermögen}}$$

Die Kennzahl „Anlagendeckungsgrad II" wird in der Dimension „%" angegeben.

» Ermittlung / Herleitung

Die Werte zum Eigenkapital, zum langfristigen Fremdkapital und zum Anlagevermögen können der Bilanz entnommen werden. Als langfristige Verbindlichkeiten gelten alle Fremdkapital-Bestandteile mit einer Laufzeit, die größer als ein Jahr ist.

Betriebswirtschaftlicher Aussagewert und Größenordnung

#

Der Anlagendeckungsgrad II ist den sog. statisch-langfristigen Kennzahlen der bilanziellen Liquiditätsanalyse zuzurechnen. Er stellt ab auf das Prinzip der fristenkongruenten Investitionsfinanzierung in Form einer horizontalen Kennzahl mit einer Gegenüberstellung ausgewählter bilanzieller Kapitalgrößen (im Zähler) und Vermögensgrößen (im Nenner). Mittel- und langfristig gebundene Vermögensteile sollten mit vergleichbarem Zeithorizont (eigen- oder fremd-)finanziert sein.

Anzustreben ist ein Kennzahlenwert, der über 100 % liegt.

Handlungsanregungen

!

Eine Ausprägung des Anlagendeckungsgrades II unterhalb von 100 % bedeutet dagegen, dass Teile des Anlagevermögens durch kurzfristiges Fremdkapital finanziert sind und während der Nutzung der dauerhaft benötigten Vermögensgegenstände eine (Anschluss-)Finanzierung erforderlich wird. Diese ist u. U. nur zu einem höheren Zins möglich, sodass Liquiditätsengpässe entstehen können oder Rentabilitätsprobleme, falls keine weiteren Finanzierungsquellen existieren und daher kurzfristig liquidierbare Vermögensteile (meist mit finanziellen Verlusten) veräußert werden müssen.

Um die laufenden Geschäftsaktivitäten nicht zu gefährden, ist daher auf die Übereinstimmung der Bindungsdauer von investiertem Vermögen und entsprechender Kapitalüberlassungsdauer zu achten.

Veränderungen dieser relativen Kennzahl können durch über- bzw. unterproportionale Entwicklung der in Beziehung gesetzten Summe aus Eigenkapital und langfristigem Fremdkapital (im Zähler) sowie des Anlagevermögens (im Nenner) erreicht werden – siehe dazu im Grundsätzlichen die weiter systematisierenden, ausführlichen Erläuterungen zu Kennzahlen als Quotienten im Anhang I.

Eine Beeinflussung der Kennzahl ist also kapitalseitig beispielsweise über Entnahme- bzw. Einlagemaßnahmen, Ausschüttungs- bzw. Thesaurierungsmaßnahmen sowie einer (partiellen) Umschuldung von kurz- in langfristiges Fremdkapital denkbar. Vermögensseitig stellen die Investitions- und Desinvestitionspolitik Ansatzpunkte dar sowie die Möglichkeiten der Nutzung von Anlagevermögen über Mietverträge oder z. B. durch Leasing (sog. Off-Balance-Politik).

Verwandte Kennzahlen / Zusätzliche Anmerkungen

&

Der mit dem Anlagendeckungsgrad II dargestellte Zusammenhang wird auch als sog. „Goldene Bilanzregel (im engeren Sinn)“ bezeichnet.

Synonyme für den Begriff Anlagendeckungsgrad sind: Deckungsgrad; Anlagendeckung. Die Trennung in I – II – III wird mitunter auch in A – B – C vorgenommen.

Eine engere Fassung, die für das Postulat der Fristenkongruenz nur auf die Eigenkapital-Unterlegung des Anlagevermögens abstellt, wird als Anlagendeckungsgrad I bzw. „Goldene Finanzierungsregel“ bezeichnet.

Werden zudem auf der bilanziellen Aktivseite (also im Nenner der Kennzahl) auch noch Teile des Umlaufvermögens („eiserner Bestand") mit einbezogen, so ergibt sich der Anlagendeckungsgrad III – die sog. „Goldene Bilanzregel (im weiteren Sinn)".

2.7.3 Anlagendeckungsgrad III

Fragestellung

Wie solide ist das Unternehmen finanziert? – hier im Sinne von:

In welchem Umfang ist das dauerhaft im Unternehmen gebundene Anlage- und Umlaufvermögen durch das zeitlich ebenfalls dauerhaft zur Verfügung stehende Eigenkapital und das langfristige Fremdkapital gedeckt?

Definition

$$\frac{(\text{Eigenkapital} + \text{langfristiges Fremdkapital}) \cdot 100}{\text{Anlagevermögen} + \text{langfristig gebundenes Umlaufvermögen}}$$

Die Kennzahl „Anlagendeckungsgrad III" wird in der Dimension „%" angegeben.

Ermittlung / Herleitung

Die Werte des Zählers und Nenners können – bis auf das langfristig gebundene Umlaufvermögen – direkt der Bilanz entnommen werden. Letzteres ist unternehmensindividuell zu bestimmen (wird z. B. als sog. „eiserner Bestand" bezeichnet) und steht dann internen Entscheidungsträgern unmittelbar zur Verfügung. Externe Analysten sind auf Angaben aus dem Anhang des Jahresabschlusses angewiesen. Als langfristige Verbindlichkeiten gelten alle Fremdkapital-Bestandteile mit einer Laufzeit, die größer als ein Jahr ist.

Betriebswirtschaftlicher Aussagewert und Größenordnung

Der Anlagendeckungsgrad III ist den sog. statisch-langfristigen Kennzahlen der bilanziellen Liquiditätsanalyse zuzurechnen. Er stellt ab auf das Prinzip der fristenkongruenten Investitionsfinanzierung in Form einer horizontalen Kennzahl mit einer Gegenüberstellung ausgewählter bilanzieller Kapitalgrößen (im Zähler) und Vermögensgrößen (im Nenner). Langfristig gebundene Vermögensteile sollten mit vergleichbarem Zeithorizont (eigen- oder fremd-)finanziert sein.

Anzustreben ist ein Kennzahlenwert, der über 100 % liegt.

Handlungsanregungen

Eine Ausprägung des Anlagendeckungsgrades III unterhalb von 100 % bedeutet, dass ggf. Teile des Anlagevermögens und des langfristig gebundenen Umlaufvermögens durch kurzfristiges Fremdkapital finanziert sind und während der Nutzung der dauerhaft benötigten Vermögensgegenstände eine (Anschluss-)Finanzierung erforderlich wird. Diese ist u. U. nur zu einem höheren Zins möglich, sodass Liquiditätsengpässe entstehen können oder Rentabilitätsprobleme, falls keine weiteren Finanzierungsquellen existieren und daher kurzfristig liquidierbare Vermögensteile (möglicherweise nur mit finanziellen Verlusten) veräußert werden müssen. Um die laufenden Geschäftsaktivitäten nicht zu gefährden, ist daher auf die Übereinstimmung der Bindungsdauer von investiertem Vermögen und entsprechender Kapitalüberlassungsdauer zu achten.

Veränderungen dieser relativen Kennzahl können durch über- bzw. unterproportionale Entwicklung der in Beziehung gesetzten Summe aus Eigenkapital und langfristigem Fremdkapital (im Zähler) sowie der Summe aus Anlagevermögen und langfristigem Umlaufvermögen (im Nenner) erreicht werden – siehe dazu im Grundsätzlichen die weiter systematisierenden, ausführlichen Erläuterungen zu Kennzahlen als Quotienten im Anhang I.

Abgesehen von der Minderung des Eigenkapitals im Zeitablauf durch das Entstehen eines Jahresfehlbetrags ist eine Beeinflussung der Kennzahl kapitalseitig über Entnahme- bzw. Einlagemaßnahmen sowie Ausschüttungs- bzw. Thesaurierungsmaßnahmen oder eine (partielle) Umschuldung von kurz- in langfristiges Fremdkapital möglich. Vermögensseitig stellen die Investitions- und Desinvestitionspolitik Ansatzpunkte dar sowie die Möglichkeiten der Nutzung von Anlagevermögen über Mietverträge oder z. B. durch Leasing (u. a. denkbar in Form des Sale-and-lease-back-Verfahrens; sog. Off-Balance-Politik).

Verwandte Kennzahlen / Zusätzliche Anmerkungen &

Der mit dem Anlagendeckungsgrad III dargestellte Zusammenhang wird auch als sog. „Goldene Bilanzregel (im weiteren Sinn)" bezeichnet.

Synonyme für den Begriff Anlagendeckungsgrad: Deckungsgrad; Anlagendeckung. Die Trennung in I – II – III wird mitunter auch in A – B – C vorgenommen.

Eine deutlich engere Fassung, die für das Postulat der Fristenkongruenz nur auf die Eigenkapital-Unterlegung des Anlagevermögens abstellt, wird als Anlagendeckungsgrad I bzw. „Goldene Finanzierungsregel" bezeichnet.

Eine im Vergleich zum Typ I leicht erweiterte Fassung, die für das Postulat der Fristenkongruenz neben dem Eigenkapital auch das langfristige Fremdkapital (im Zähler) einbindet, wird als Anlagendeckungsgrad II bzw. „Goldene Bilanzregel (im engeren Sinn)" bezeichnet.

2.7.4 Eigenkapitalquote

Fragestellung

Wie stabil ist das Unternehmen finanziert? – im Sinne der prozentualen Verlustabsorptionsfähigkeit

Definition

$$\frac{\text{Eigenkapital} \cdot 100}{\text{Gesamtkapital}}$$

oder

$$\frac{\text{Eigenkapital} \cdot 100}{\text{Gesamtvermögen}}$$

Die Eigenkapitalquote wird in der Dimension „%" angegeben.

Ermittlung / Herleitung

Die Werte des Zählers und des Nenners können der Bilanz entnommen werden.

Betriebswirtschaftlicher Aussagewert und Größenordnung

Die Eigenkapitalquote ist den Kennzahlen der statischen Kapitalstrukturanalyse zuzuordnen, die sich – auch als Finanzierungsanalyse bezeichnet – mit der Art und der Überlassungsdauer des zur Verfügung gestellten Kapitals beschäftigt. Ziel ist es, Aussagen über die Abschätzung von Finanzierungsrisiken und über die Kreditwürdigkeit zu gewinnen (ggf. auch ergänzend in Form von Ist-Ist- bzw. Plan-Ist-Vergleichen).

Die Eigenkapitalquote gibt (bilanz-)stichtagsbezogen den Anteil des Eigenkapitals am Gesamtkapital an. Sie stellt einen wesentlichen Baustein für die Bonitätsermittlung durch Banken oder Rating-Agenturen dar. Ein hoher Wert deutet darauf hin, dass ein Unternehmen maßgeblich auf die Finanzierung durch Eigenkapitalgeber setzt. Je höher der Kennzahlenwert, umso solider finanziert erscheint das Unternehmen. In diesem Sinn repräsentiert diese Kennzahl die finanzielle Stabilität und die Unabhängigkeit des Unternehmens von Fremdkapitalgebern. Sie gilt also als Maßgröße für die Fähigkeit, finanzielle Risiken aufzufangen.

Eine allgemeine, betriebswirtschaftlich begründete Normhöhe kann nicht vorgegeben werden. Gefordert werden teilweise Eigenkapitalquoten von „25 %" oder auch „33,3 %". Die angemessene Höhe ist jedoch unter anderem abhängig von der Branche und der Rechtsform des Unternehmens.

Handlungsanregungen

Veränderungen dieser relativen Kennzahl können durch über- bzw. unterproportionale Entwicklung des in Beziehung gesetzten Eigenkapitals (im Zähler) und des Gesamtkapitals (im Nenner) erreicht werden – siehe dazu im Grundsätzlichen die weiter systematisierenden, ausführlichen Erläuterungen zu Kennzahlen als Quotienten im Anhang I.

Exemplarisch seien genannt: Eine Beeinflussung der Höhe des Eigenkapitals ist beispielsweise über Entnahme- bzw. Einlagemaßnahmen sowie Ausschüttungs- bzw. Thesaurierungsmaßnahmen möglich. Werden z. B. nicht betriebsnotwendige Teile des Anlagevermögens (mindestens zum Buchwert) veräußert und mit einem geringeren Umlaufvermögen im Unternehmen gearbeitet, kann das Fremdkapital entsprechend gemindert in Anspruch genommen werden – unter der Annahme konstanten Eigenkapitals und bei sinkender absoluter Höhe des Fremdkapitals ergibt sich als Konsequenz eine gestiegene Eigenkapitalquote.

Für eine möglichst hohe Eigenkapitalquote sprechen zunächst 4 Aspekte:
- Die akquisitorische Wirkung des Eigenkapitals, die zudem im Sinne ihrer unmittelbar bestandssichernden Eigenschaft insbesondere bei einem hohen Eigenkapital i. d. R. die Aufnahme von Krediten spürbar erleichtert
- Mit steigendem Eigenkapitalanteil vergrößert sich zugleich die Haftungssubstanz, sodass zumindest die Gefahr einer durch Überschuldung ausgelösten Insolvenz mit wachsender Eigenkapitalquote geringer wird.
- Im Gegensatz zur Aufnahme von fremden Mitteln werden durch die Finanzierung mit Eigenkapital keine zwingenden Zins- und Tilgungszahlungen ausgelöst.
- Unabhängigkeit von Fremdkapitalgebern, z. B. Banken.

Im Zusammenhang mit dem Einsatz des sog. Leverage-Effekts kann – in bestimmten Grenzen – eine geminderte Eigenkapitalquote wünschenswert sein, solange die Gesamtkapitalrentabilität des Unternehmens über dem zu zahlenden Zinssatz für Fremdkapital liegt und auf diese Weise die Eigenkapitalrentabilität „nach oben" gehebelt werden kann.

Verwandte Kennzahlen / Zusätzliche Anmerkungen &

Als Synonym ist gebräuchlich: Eigenkapitalanteil. Das Komplement zur Eigenkapitalquote bildet die Fremdkapitalquote (beide ergänzen sich zu 100 %).

Da das Gesamtkapital sich als Summe aus dem Eigenkapital und Fremdkapital ergibt, stellen die Eigenkapitalquote, die Fremdkapitalquote (Fremdkapital/Gesamtkapital) und der (statische) Verschuldungsgrad (Fremdkapital/Eigenkapital) drei unterschiedliche Darstellungsformen derselben Finanzstrukturanalyse dar. Die zu ziehenden Schlussfolgerungen entsprechen sich daher.

Die oben definierte Basis-Variante der Eigenkapitalquote kann ggf. etwas modifiziert werden (z. B. durch die anteilige Zuordnung langfristiger Rückstellungen u. ä.). Bilanzpolitische Maßnahmen und Sachverhaltsgestaltungen werden durch diese Bereinigungen weitgehend neutralisiert, so dass in der Regel eine bessere überbetriebliche und zeitliche Vergleichbarkeit ermöglicht wird.

Die Eigenkapitalquote zeigt zudem rechnerisch den prozentualen Vermögensanteil, auf den die Aktienbesitzer einen Anspruch haben. Ein Beispiel: Bei einer Eigenkapitalquote von 40 % und einem Gesamtvermögen von 600 Millionen € besitzen die Anteilseigner – rechnerisch – im Falle der Liquidation zu Buchwerten einen Anspruch auf 240 Millionen € (40 % · 600).

Das bilanziell ausgewiesene Eigenkapital spiegelt in der Regel jedoch nicht den tatsächlichen Wert der Haftungssubstanz wieder. Die maßgebliche Ursache für diese Differenz sind die sog. stillen Reserven (nicht bilanzierungsnotwendige oder -fähige Wertsteigerungen von Aktiva). Somit kann der Marktwert des Eigenkapitals eines Unternehmens ggf. deutlich höher sein und das Unternehmen eigentlich eine faktisch größere Eigenkapitalquote besitzen.

Ⓢ 2.7.5 Kosten- und Erlösstruktur-Kennzahlen

? Fragestellung

Welche relative Bedeutung hat eine spezielle Kosten- bzw. Erlöskategorie an den gesamten Kosten bzw. Erlösen eines unternehmerisch relevanten Bezugsobjekts in einer Periode?

- aufgliederbar nach verschiedenen Kostenkategorien (z. B. für Material, Personal, Energie, sonstige Fremdbezugsleistungen; ggf. nach ihrem Einzel- oder (fixen) Gemeinkostencharakter weiter aufteilbar)
- aufgliederbar nach verschiedenen Erlöskategorien (z. B. auf Produkt-, Regional- und/oder Kunden-Segmente bezogen; ggf. nach transaktionsabhängigen und -unabhängigen Erlösen weiter aufteilbar)

Bezugsobjekte sind neben dem Gesamtunternehmen je nach erforderlichem Grad der Detaillierung z. B. einzelne Bereiche, Business Units, Sparten oder Werke.

* Definition

$$\frac{\text{Spezielle Kosten- bzw. Erlös-Kategorie pro Periode} \cdot 100}{\text{Gesamte Kosten bzw. Erlöse je Bezugsobjekt pro Periode}}$$

Alle Varianten der „Kostenstruktur-Kennzahlen“ wie auch der „Erlösstruktur-Kennzahlen“ werden in der Dimension „%“ angegeben. Die Wahl der Perioden-Bezugsgröße hängt stark vom Untersuchungsgegenstand ab – entsprechend sind meist Monate, Quartale oder Jahre die verwendeten Vergleichszeiträume.

» Ermittlung / Herleitung

Die erforderlichen Daten lassen sich aus den computergestützten Informationssystemen des Rechnungswesens gewinnen. Der Erhebungsrhythmus ist abhängig vom

Informationsbedarf der Entscheidungsträger, vielfach im regelmäßigen Turnus, ggf. situativ bedingt auch kurzfristig außerhalb der Standardterminierung.

Betriebswirtschaftlicher Aussagewert und Größenordnung

#

In vielen Unternehmen stellen die Material- und Personalkosten die größten Kostenblöcke dar, inzwischen weisen mitunter auch die Energiekosten schon einen signifikanten Betrag auf. Es ist daher für die Erhaltung und Steigerung der Wettbewerbsfähigkeit von zentraler Bedeutung, die jeweiligen Kostenpositionen, aber in analoger Form auch die Erlöspositionen in ihrer Höhe und Entwicklung zu betrachten und z. B. beim Auftreten externer Störgrößen ggf. aktiv zu gestalten.

Da es sich bei den „Kosten- und Erlösstruktur-Kennzahlen“ stets um prozentuale Angaben handelt, ist allerdings bei der betriebswirtschaftlichen Interpretation von Veränderungen die rechnerische Konstellation zu beachten, dass beispielsweise bei einer Erhöhung der Fertigungstiefe oder einem preisbedingten Rückgang der Materialkosten bei ansonsten gleichbleibenden Bedingungen der Anteil der jeweils anderen Kostenkategorien ansteigt (und bei gegenteiliger Konstellation umgekehrt).

Nicht nur in klassischen Geschäftsmodellen des Typs „Business-to-Business (B2B)“ oder „Business-to-Customer (B2C)“ zeigt sich bereits seit Jahren, dass die dem Kauf eines Produktes vor-, vor allem aber nachgelagerten Serviceleistungen in der Erlösstruktur des Gesamtgeschäfts einen immer größeren Anteil gewinnen.

Diese stärkere erlösseitige Differenzierung ist für die Geschäftsmodelle im Electronic Business von noch höherer Relevanz. Hier ist z. B. die direkte Erlösgenerierung über transaktionsabhängige Verbindungs- und Nutzungsgebühren von den transaktionsunabhängigen Einrichtungs- und Grundgebühren zu unterscheiden. Entsprechend stehen bei der indirekten Erlösgenerierung den transaktionsabhängigen Provisionen beispielsweise die transaktionsunabhängigen Erlöse aus Data Mining und ggf. Bannerwerbung gegenüber.

Eine betriebswirtschaftlich generalisierende Vorgabe zur Höhe der jeweiligen „Kosten- und Erlösstruktur-Kennzahlen“ ist nicht bestimmbar. Als Orientierungen zur Größenordnung können neben den üblichen unternehmensinternen Vergleichsmöglichkeiten (zwischen organisatorischen Teilbereichen sowie als Ist-Ist- bzw. Plan-Ist-Relation) auch unternehmensextern – soweit verfügbar – entsprechende Angaben einzelner Wettbewerber, Branchendurchschnittswerte oder „Best-Practice-Werte“ herangezogen werden.

Handlungsanregungen

!

Unter der Prämisse, dass branchengleiche Unternehmen über ähnliche Kosten- und Erlösstrukturen verfügen, liefern die Kennzahlenwerte, die (spürbar) von den entsprechenden Durchschnittswerten abweichen, deutliche Impulse, diesen positiven bzw. negativen Entwicklungen stärkere Beachtung zu schenken und sie im Sinne der jeweiligen Unternehmenszielsetzung zu beeinflussen.

Grundsätzlich ergibt sich das Aktionsspektrum der direkten Beeinflussung sowohl der jeweiligen Kosten- als auch der Erlöskategorie durch preis- und/oder mengenpolitische Maßnahmen.

Liegen beispielsweise im Einsatz von besonderen High Tech-Baugruppen (mit entsprechend teureren Einstandspreisen) wesentliche Potenziale, um sich Wettbewerbsvorteile neu zu verschaffen, zu halten oder auszubauen, so kann auch ein vergleichsweise höherer Materialkostenanteil bewusst erstrebenswert sein.

Analog sind die Möglichkeiten, zusätzliche Erlöse über moderne Formen des price bundling und hybrider Leistungsangebote zu generieren, in klassischen Geschäftsfeldern wiederholt einer betriebswirtschaftlichen Analyse zu unterziehen. Die Kombination und angestrebte Gewichtung der Erlösformen in unterschiedlichen Geschäftsmodellen des Electronic Business zielt beispielsweise darauf ab, im Sinne einer Multi Revenue Stream-Optimierung die jeweilige Zahlungsbereitschaft zu nutzen – sowohl der direkten Kunden als auch Dritter (u. a. werbende Unternehmen) in den jeweiligen Anwendungsfeldern der Net Economy, vor allem im Electronic und Mobile Commerce (sog. E-Commerce und M-Commerce).

Veränderungen dieser relativen Kennzahlen können durch über- bzw. unterproportionale Entwicklung der in Beziehung gesetzten einzelnen Kosten- bzw. Erlöskategorie (im Zähler) und der Gesamtkosten bzw. -erlöse je Bezugsobjekt (im Nenner) erreicht werden – siehe dazu im Grundsätzlichen die weiter systematisierenden, ausführlichen Erläuterungen zu Kennzahlen als Quotienten im Anhang I.

& Verwandte Kennzahlen / Zusätzliche Anmerkungen

Aus der unmittelbaren und geeigneten Kombination aus Kosten- und Erlösgrößen auf der Basis der Teil- und Vollkostenrechnung, ergänzt u. a. um sinnvolle datenbankgestützte Anwendungen von Methodiken der mehrdimensionalen Fixkostendeckungsrechnung oder der Prozesskostenrechnung, lassen sich entsprechende perioden- und stückbezogene Erfolgsgrößen (Stückgewinne, Deckungsbeiträge usw.) ableiten.

Die vielfältigen Möglichkeiten, enorme Datenmengen in Echtzeit nach bestimmten (Zuordnungs- und Rechen-)Regeln zu erfassen, zu verarbeiten und aufzubereiten, bieten Unternehmen eine exzellente Basis, um entscheidungsnützliche Informationen über Kosten- und Erlösstrukturen intern und ggf. auch extern zu kommunizieren sowie in erfolgreichen Business-Strategien mit sinnvoll abgeleiteten Maßnahmen umzusetzen.

2.7.6 Ertragsteuerquote

Fragestellung ?

Welcher Anteil des Jahresergebnisses ist in Form von Ertragsteuern an den Staat zu entrichten?

Definition *

$$\frac{\text{Steuern vom Einkommen und Ertrag} \cdot 100}{\text{Ergebnis vor Steuern (z. B. EBT)}}$$

Die Kennzahl wird gemessen in der Dimension „%".

Ermittlung / Herleitung »

Für den externen Informationsinteressenten sind die erforderlichen Daten aus der Gewinn- und Verlustrechnung zu entnehmen.

Betriebswirtschaftlicher Aussagewert und Größenordnung #

Aus Sicht außenstehender Analytiker in Deutschland soll im Kern indirekt auf den Steuerbilanzgewinn geschlossen werden, der wegen geringerer steuerrechtlicher Wahlrechte und Bilanzierungsspielräume – in Relation zum ausgewiesenen bilanziellen Jahresergebnis – Anhaltspunkte für die Legung bzw. Auflösung stiller Reserven liefern soll. Grundlage muss dann der tatsächliche Steueraufwand sein ohne den Ansatz latenter Steuern.

Das Steuerbilanzergebnis kann seinerseits durch – insbesondere wirtschaftspolitisch veranlasste Regelungen (z. B. erhöhte Abschreibungssätze) – nicht unerheblich verzerrt sein. Während die absolute Höhe der Ertragsteuern der Gewinn- und Verlustrechnung zu entnehmen sind, könnte in allen Analysefällen auf den Steuerbilanzgewinn nur dann sicher geschlossen werden, wenn ein durchgehend proportionaler Steuertarif vorliegt.

Handlungsanregungen !

Die stark eingeschränkte bzw. an zahlreiche, nicht immer realitätsnahe Bedingungen geknüpfte Aussagekraft dieser Kennzahl betrifft vor allem externe Vergleiche: Im Allgemeinen gelten daher Länder oder Standorte mit einer sehr hohen Ertragsteuerquote als weniger attraktiv. Im unternehmens-oder konzerninternen Vergleich können durch die deutlich bessere Datengrundlage tragfähige Näherungswerte (trotz aller Abgrenzungsprobleme) ermittelt werden, die vor allem im internationalen Standortwettbewerb als ein Indikator für die Attraktivität von Investitionen herangezogen werden.

Verwandte Kennzahlen / Zusätzliche Anmerkungen

Vielfach wird verkürzend nur der Begriff „Steuerquote“ für die beschriebene Sachverhaltsabbildung verwendet, der aber dann – den Namen korrekt interpretierend – auch andere als die Ertragsteuern im Zähler umfassen könnte. Diese im Wesentlichen als Kostensteuern bezeichneten Abgaben stehen aber dort nicht im Zentrum des Interesses, ansonsten spricht man umfassender von der „betrieblichen Steuern- und Abgabenquote“.

Zusätzlich ist zu beachten, dass der ermittelte Prozentwert nicht unmittelbar identisch mit dem tatsächlichen Steuersatz ist. Die Ursache liegt in der ggf. vorliegenden, vom EBT abweichenden Höhe des Steuerbilanzergebnisses, das die Bemessungsgrundlage für die Anwendung des realen Steuersatzes ist.

2.8 Zeit- und Investitionscontrolling-Kenngrößen

2.8.1 Durchschnittliche Debitorenlaufzeit

Fragestellung

Wie lange dauert es durchschnittlich, bis die Kunden des Unternehmens ihre Rechnungen bezahlen?

Definition

$$\frac{\text{Durchschnittliche Forderungen aus Lieferungen und Leistungen} \cdot 360}{\text{Netto-Umsatzerlöse}}$$

Wobei gilt:

Die Angabe zu den durchschnittlichen Forderungen aus Lieferungen und Leistungen ergibt sich aus dem arithmetischen Mittel von Periodenanfangs- und -endwert.

	Brutto-Umsatz
–	Wert der Retouren
–	Erlösschmälerungen (Skonto u. ä.)
=	Netto-Umsatz

Durch die Verwendung des multiplikativen Faktors „360“ in der Formel wird die Kennzahl gemessen in der Dimension: „in Tagen“ (analog wäre es z. B. „in Monaten“ beim Faktor „12“).

Ermittlung / Herleitung

Der jeweilige durchschnittliche Forderungsbestand ist für interne Analysen – z. B. zusätzlich in Form von Ist-Ist- und Plan-Ist-Vergleichen aufbereitet – aus der Finanzbuchhaltung des Unternehmens in beliebigen Zeitabständen (z. B. unterjährig auch quartals- oder monatsweise) zu gewinnen. Bei Analysen durch Unternehmensexterne können aus dem zuletzt veröffentlichten bilanziellen (Jahres-)Abschluss der durchschnittliche Forderungsbestand aus der Aktivseite der Bilanz ermittelt und der Netto-Umsatz aus der Gewinn- und Verlustrechnung entnommen werden.

Betriebswirtschaftlicher Aussagewert und Größenordnung

#

Diese Kennzahl gibt darüber Auskunft, in welchem Umfang die Kunden durchschnittlich das Zahlungsziel in Anspruch nehmen. Analog zeigt sie die Effektivität des Managements der Kreditgewährung und der Zahlungsbedingungen gegenüber Kunden sowie des Forderungseinzuges. Je kürzer diese Kreditdauer, desto eher stehen die finanziellen Mittel aus den fakturierten Umsätzen dem Unternehmen für weitere Aktivitäten zur Verfügung. Bei deutlich überschrittenen Zahlungszielen steigt nicht selten auch überproportional das Risiko eines Forderungsausfalls.

Eine generalisierbare Vorgabe zur anzustrebenden Höhe des Kennzahlenwerts ist betriebswirtschaftlich nicht bestimmbar. Kürzere Debitorenlaufzeiten sind (bei ansonsten konstant gehaltenen Bedingungen) längeren vorzuziehen. Als Orientierungen zur Größenordnung dieser Kennzahlenwerte können neben den üblichen unternehmensinternen Vergleichsmöglichkeiten (zwischen organisatorischen Teilbereichen als Ist-Ist- und Plan-Ist-Relation) unternehmensextern – soweit verfügbar – entsprechende Angaben von Wettbewerbern, Branchendurchschnittswerte oder „Best-Practice-Werte“ herangezogen werden.

Handlungsanregungen

!

Veränderungen dieser relativen Kennzahl können durch über- bzw. unterproportionale Entwicklung der in Beziehung gesetzten Forderungen aus Lieferungen und Leistungen (im Zähler) und des Umsatzes (im Nenner) erreicht werden – siehe dazu im Grundsätzlichen die weiter systematisierenden, ausführlichen Erläuterungen zu Kennzahlen als Quotienten im Anhang I.

Eine Verlängerung der durchschnittlichen Inanspruchnahme des Zahlungsziels durch die Kunden kann ihre Ursachen haben – beispielsweise

- durch verzögerte Rechnungsbegleichung in Folge von Mängelrügen, wobei die tatsächliche Bezahlung erst nach Behebung der beanstandeten schlechten Produkt- und/oder Servicequalitäten erfolgt
- die zügige Zahlungsbereitschaft wichtiger Kunden hat sich vermindert
- eine relativ schlechte Marktposition des Unternehmens (z. B. starke Abhängigkeit von einigen wenigen Abnehmern) wird von den Käufern ausgenutzt.

Neben der Überwindung der oben genannten Schwächen durch Verbesserung des Qualitätsniveaus, (wenn möglich) gezieltere Auswahl der Kunden unter Bonitätsgesichtspunkten und eine Verbreiterung des Abnehmer-Mixes können auch im finanzwirtschaftlichen Bereich konkrete Maßnahmen auf ihre Einsatzfähigkeit geprüft werden, z. B.

- Beschleunigung der Abläufe im Mahnwesen
- Erhöhung des Anteils von Lastschriftverfahren im Rechnungseinzug und/oder die verstärkte Einbindung von electronic banking-Verfahren
- Factoring (im Inland, aber insb. auch auf bestimmten Auslandsmärkten)
- Anhebung des Skontosatzes.

Die jeweiligen Maßnahmen sind fundiert im Hinblick nicht nur auf ihre liquiditätsfördernde, sondern auch im Hinblick auf ihre rentabilitätsbeeinflussende Wirkung zu untersuchen. So vermindert ein gestiegener Skontosatz im Allgemeinen nicht nur die Debitorenlaufzeit, sondern auch den Gewinn des Unternehmens – hier gilt es ein Optimum zu finden.

& Verwandte Kennzahlen / Zusätzliche Anmerkungen

Als Synonyme sind gebräuchlich: Kundenziel, Außenstandsdauer, Forderungsbindung.

Die Kennzahl der Debitorenlaufzeit wird manchmal auch in zweistufiger Form ermittelt:

- Forderungsumschlag (Netto-Umsatz/Durchschnittlichem Forderungsbestand)
- Durchschnittliche Debitorenlaufzeit (360/Forderungsumschlag).

Das Endergebnis ist identisch.

In zahlreichen Ländern wird statt mit 360 Tagen mit 365 Tagen bei der Kennzahlenberechnung gearbeitet.

Bei den Kennzahlen zur Debitorenlaufzeit wird in sehr klarer Weise deutlich, wie finanz- und leistungswirtschaftliche Maßnahmen in Unternehmen einander bedingen und nur in abgestimmter Form gemeinsam zum Erfolg geführt werden können.

2.8.2 Durchschnittliche Kreditorenlaufzeit

? Fragestellung

Wie effizient ist das Management der Inanspruchnahme von Lieferantenkrediten sowie der Begleichung der entsprechenden Verbindlichkeiten?

* Definition

$$\frac{\text{Durchschnittliche Verbindlichkeiten aus Lieferungen und Leistungen} \cdot 360}{\text{Materialeinsatz} + \text{Fremdleistungen}}$$

Wobei gilt:

Die Angabe zu den durchschnittlichen Verbindlichkeiten aus Lieferungen und Leistungen ergibt sich aus dem arithmetischen Mittel von Periodenanfangs- und -endwert. Der Nenner wird mitunter auch mit der Größe „Wareneingang“ definiert.

Durch die Verwendung des multiplikativen Faktors „360“ in der Formel wird die Kennzahl gemessen in der Dimension: „in Tagen“ (analog wäre es z. B. „in Monaten“ beim Faktor „12“).

Ermittlung / Herleitung

»

Der jeweilige durchschnittliche Bestand an Verbindlichkeiten aus Lieferungen und Leistungen ist für interne Analysen – z. B. zusätzlich in Form von Ist-Ist- und Plan-Ist-Vergleichen aufbereitet – aus der Finanzbuchhaltung des Unternehmens in beliebigen Zeitabständen (z. B. unterjährig auch quartals- oder monatsweise) zu gewinnen. Bei Analysen durch Unternehmensexterne können aus dem zuletzt veröffentlichten bilanziellen (Jahres-)Abschluss die jeweiligen Größen für den Zähler und den Nenner – ggf. ergänzt um einige Adjustierungen – entnommen werden.

Betriebswirtschaftlicher Aussagewert und Größenordnung

#

Diese Kennzahl gibt Auskunft, in welchem Maße das Unternehmen durchschnittlich das von den Lieferanten gewährte Zahlungsziel in Anspruch nimmt. Sie zeigt, wie schnell diese Verbindlichkeiten beglichen werden.

Eine generalisierbare Vorgabe zur anzustrebenden Höhe des Kennzahlenwerts ist betriebswirtschaftlich nicht bestimmbar. Je umfangreicher diese Kreditdauer, desto länger stehen die finanziellen Mittel aus den fakturierten Umsätzen am Absatzmarkt dem Unternehmen für weitere Aktivitäten zur Verfügung, bevor ein Teil von ihnen als Entgelt für erhaltene Waren und Dienstleistungen an die Lieferanten überwiesen wird.

Allerdings ist jenseits der hier ermittelten Zeitspanne der Preis dieser Kreditgewährung durch Lieferanten (durch ggf. angebotenes, jedoch nicht in Anspruch genommenes Skonto) zu prüfen. Als sonstige Orientierungen zur Größenordnung dieser Kennzahlenwerte können neben den üblichen unternehmensinternen Vergleichsmöglichkeiten (zwischen organisatorischen Teilbereichen als Ist-Ist- und Plan-Ist-Relation) unternehmensextern – soweit verfügbar – entsprechende Angaben von Wettbewerbern, Branchendurchschnittswerte oder „Best-Practice-Werte“ herangezogen werden.

Handlungsanregungen

!

Veränderungen dieser relativen Kennzahl können durch über- bzw. unterproportionale Entwicklung der in Beziehung gesetzten Verbindlichkeiten aus Lieferungen und Leistungen (im Zähler) und der Summe aus Materialeinsatz und Fremdleistungen (im Nenner) erreicht werden – siehe dazu im Grundsätzlichen die weiter systematisierenden, ausführlichen Erläuterungen zu Kennzahlen als Quotienten im Anhang I.

Eine Verlängerung der durchschnittlichen Inanspruchnahme des vom Lieferanten gewährten Zahlungsziels kann ihre Ursachen haben – beispielsweise

– durch verzögerte Rechnungsbegleichung in Folge von geäußerten Mängelrügen, wobei die tatsächliche Bezahlung erst nach Behebung der beanstandeten schlechten Produkt- und/oder Servicequalitäten erfolgt

- die Finanzmittelbeschaffung über Bankkredite ist weitgehend ausgeschöpft, sodass (ggf. auch unter Verzicht auf Skonto bei einigen Rechnungen) die Begleichung der Verbindlichkeiten bewusst erst zu einem späteren Zeitpunkt erfolgt
- eine relativ starke Marktposition des eigenen Unternehmens (z. B. deutliche Abhängigkeit der Lieferanten) wird ausgenutzt.

Die in der Praxis als besonders vorteilhaft empfundene Inanspruchnahme des Lieferantenkredits ist im Wesentlichen auf die Aspekte der
- Einfachheit (im Allgemeinen fallen keine gesonderten Kreditformalitäten an)
- Bank-Neutralität (die Abhängigkeit von Kreditinstituten wird nicht erhöht)
- Schnelligkeit (sobald die Verbindlichkeit existiert, steht auch der Kredit zur Verfügung)

zurückzuführen.

Allerdings sind die jeweiligen Maßnahmen fundiert im Hinblick nicht nur auf ihre liquiditätsfördernde, sondern auch im Hinblick auf ihre ergebnis- bzw. rentabilitätsbeeinflussende Wirkung zu prüfen. So bedeutet der Verzicht auf die schnelle Begleichung von Lieferantenrechnungen zwar die Verlängerung der Kreditorenlaufzeit. Aber eben dieser Verzicht auf den gewährten Skontosatz ist auch eine nicht genutzte Chance zur Aufwandsminderung und als Folge eine Beeinträchtigung des Unternehmensgewinns – hier gilt es ein Optimum zu finden.

& Verwandte Kennzahlen / Zusätzliche Anmerkungen

Als Synonym ist gebräuchlich: Kreditorenziel.

Die Kennzahl der Kreditorenlaufzeit wird manchmal auch in zweistufiger Form ermittelt:
- Kreditorenumschlag (Materialeinsatz + Fremdleistungen/Durchschnittlicher Bestand an Verbindlichkeiten aus Lieferungen und Leistungen)
- Durchschnittliche Kreditorenlaufzeit (360/Kreditorenumschlag).

Das Endergebnis ist identisch.

In zahlreichen Ländern wird statt mit 360 Tagen mit 365 Tagen bei der Kennzahlenberechnung gearbeitet.

Bei der Kennzahl der Kreditorenlaufzeit wird – analog zur Debitorenlaufzeit – in sehr klarer Weise deutlich, wie finanz- und leistungswirtschaftliche Maßnahmen in Unternehmen einander bedingen und nur in abgestimmter Form gemeinsam zum Erfolg geführt werden können. Beide Größen sind wesentliche Bestandteile des sog. Liquiditätskreislaufs („cash-to-cash cycle“).

2.8.3 Liquiditätskreislauf

Fragestellung ?

Wie viel Zeit vergeht, bis aus den eingesetzten Ressourcen wieder realisierte Cash Flows werden?

Definition *

Umschlagsdauer des Vorratsvermögens + Debitorenlaufzeit – Kreditorenlaufzeit

Wobei gilt:

Umschlagsdauer des Vorratsvermögens:

$$\frac{\text{Lagerwert} \cdot 360}{\text{Netto-Umsatzerlöse}}$$

Debitorenlaufzeit:

$$\frac{\text{(Durchschnittliche) Forderungen aus Lieferungen und Leistungen} \cdot 360}{\text{Netto-Umsatzerlöse}}$$

Kreditorenlaufzeit:

$$\frac{\text{(Durchschnittliche) Verbindlichkeiten aus Lieferungen und Leistungen} \cdot 360}{\text{Materialeinsatz + Fremdleistungen}}$$

Die Kennzahl „Liquiditätskreislauf“ wird in der Zeit-Dimension „in Tagen“ angegeben.

Ermittlung / Herleitung »

Unternehmensintern können die erforderlichen Daten der Finanzbuchhaltung – auch unterjährig – entnommen werden. Externe Informationsinteressenten sind auf die veröffentlichten Angaben im Jahresabschluss angewiesen.

Betriebswirtschaftlicher Aussagewert und Größenordnung #

Während bei der bestandsorientierten Liquiditätsanalyse die gebildeten Kennzahlen auf bilanziellen Stichtagsgrößen beruhen und damit den Nachteil der Momentaufnahme beinhalten, ist die Kennzahl „Liquiditätskreislauf“ der stromgrößenorientierten Liquiditätsanalyse zuzuordnen. Mit ihr wird versucht, aus den Zahlungsströmen (und den entsprechenden Umschlagsdauern) der Vergangenheit eine Projektion für die zukünftige Entwicklung abzuleiten – ggf. zusätzlich in Form von Ist-Ist- und Plan-Ist-Vergleichen aufbereitet.

Eine Vorgabe für die Größenordnung ist nicht ohne eine Berücksichtigung der gesamtwirtschaftlichen und Branchen-Besonderheiten ableitbar. Je kürzer allerdings die „in Tagen“ ermittelte Kennzahl „Liquiditätskreislauf“, desto geringer ist die Zeitdauer der Kapitalbindung und damit offensichtlich das Management des (Net) Working Capital am erfolgreichsten.

! Handlungsanregungen

Veränderungen dieser relativen Kennzahl können durch über- bzw. unterproportionale Entwicklung der in Beziehung gesetzten bilanziellen Bestandsgrößen – Vorratsvermögen, Forderungen bzw. Verbindlichkeiten aus Lieferungen und Leistungen – (im Zähler) und den Stromgrößen – Netto-Umsatz bzw. Materialeinsatz und Fremdleistungen – (im Nenner) erreicht werden – siehe dazu im Grundsätzlichen die weiter systematisierenden, ausführlichen Erläuterungen zu Kennzahlen als Quotienten im Anhang I.

Die additive sowie subtraktive Verknüpfung der drei Berechnungs-Komponenten des „Liquiditätskreislaufs" verdeutlicht bereits die Richtung, in die die zu ergreifenden Maßnahmen wirken sollten: Eine Verringerung der Umschlagsdauern des Vorratsvermögens und der Forderungen sowie eine Verlängerung der Umschlagsdauer der Verbindlichkeiten.

& Verwandte Kennzahlen / Zusätzliche Anmerkungen

Die (weitgehend) inhaltsgleichen Begriffe des „Cash Conversion Cycle" (CCC) oder der „Cash-to-Cash Cycle Time" werden zunehmend auch im deutschsprachigen Raum direkt verwendet.

Für die Teilkomponenten der Kennzahl „Liquiditätskreislauf" sind ggf. auch die entsprechenden synonymen Ausdrücke in der Praxis gebräuchlich, z. B.
- statt Debitorenlaufzeit: Kundenziel, Forderungs-Bindung/-Laufzeit, Außenstandsdauer;
- statt Kreditorenlaufzeit: Lieferantenziel, Laufzeit der Lieferantenverbindlichkeiten.

2.8.4 Kapitalumschlag

? Fragestellung

Wie häufig wird das im Unternehmen investierte Kapital durch den Umsatz der Periode umgeschlagen?

★ Definition

$$\frac{\text{Netto-Umsatz}}{\text{Durchschnittliches Kapital}}$$

oder

$$\frac{\text{Netto-Umsatz}}{\text{Durchschnittliches Netto-Vermögen}}$$

Die Angabe zum durchschnittlichen Kapital- bzw. Vermögenseinsatz ergibt sich aus dem arithmetischen Mittel von Periodenanfangs- und -endwert; im Falle der Vermögensberechnung abzüglich der Abschreibungen (daher netto).

Die Kennzahl Kapitalumschlag (bzw. Vermögensumschlag) wird typischerweise als ein Zahlenwert (Faktor) ohne Dimensionsangabe verwendet.

Je nach der betrieblichen Aggregationsebene, auf der die Analyse durchgeführt wird, kommen für den Nenner auch speziellere Kapitalgrößen, z. B. das betriebsnotwendige Kapital, zur Anwendung.

Ermittlung / Herleitung »

Die Daten zum Umsatz und Kapital lassen sich dem Jahresabschluss entnehmen. Bei spezielleren Formen der Nennergröße, z. B. betriebsnotwendiges Kapital, muss auf weitere Informationen des Rechnungswesens zurückgegriffen werden, die externen Analysten nicht immer zur Verfügung stehen.

Betriebswirtschaftlicher Aussagewert und Größenordnung

Der Kapitalumschlag zählt zu den sog. Umschlagskoeffizienten und verdeutlicht die Bindungsdauer des Vermögens (oder spezieller Vermögensteilbereiche). Sein ökonomischer Stellenwert wird besonders anschaulich im Rahmen des ROI-Ansatzes erkennbar. Die Rentabilität als Spitzenkennzahl (Gewinn/Kapital) wird durch multiplikative Erweiterung mit (Umsatz/Umsatz) sowie eine Umordnung von Zähler und Nenner auf der nächsten Ebene dieser Kennzahlenpyramide zu Umsatzrentabilität (Gewinn/Umsatz) · Kapitalumschlag (Umsatz/Kapital) – siehe die weiteren Erläuterungen zu mehrstufigen Kennzahlensystemen am Beispiel des ROI-Systems im Anhang II.

Der absolute Wert des Kapitalumschlags ist stark branchenabhängig. Prinzipiell gilt jedoch: Je höher er ist, desto größer wird z. B. die jeweilige Kapitalrentabilität bei gegebener Umsatzrentabilität. Typischerweise besitzen Unternehmen mit ähnlicher Kapitalrentabilität, die eine Niedrigpreisspannen-Strategie verfolgen, einen vergleichsweise eher hohen Kapitalumschlag, während Unternehmen mit einer Hochpreisspannen-Strategie einen meist vergleichsweise niedrigeren Kapitalumschlag aufweisen.

Handlungsanregungen !

Veränderungen dieser relativen Kennzahl können durch über- bzw. unterproportionale Entwicklung des in Beziehung gesetzten Umsatzes (im Zähler) und des Kapitals (im Nenner) erreicht werden – siehe dazu im Grundsätzlichen die weiter systematisierenden, ausführlichen Erläuterungen zu Kennzahlen als Quotienten im Anhang I.

Die oben bereits beschriebene multiplikative Verknüpfung von Umsatzrentabilität und Kapitalumschlag im ROI-Konzept ermöglicht jedoch eine Beibehaltung der

Rentabilitätshöhe trotz sinkender Umsatzrentabilität, sofern der Kapitalumschlag entsprechend erhöht werden kann. Hierzu sind dann alle Maßnahmen auf ihre kurz-, mittel- und langfristige Wirkung zu untersuchen, die das gebundene Vermögen (das Kapital) vermindern, ohne den Leistungsprozess zur Umsatzgenerierung zu gefährden.

In analoger Weise kann auch eine Rentabilitätsminderung oder -erhöhung – z. B. zusätzlich in Form von Ist-Ist- und Plan-Ist-Vergleichen aufbereitet – auf ihre Ursachen hinsichtlich einer veränderten Umsatzrentabilität und/oder eines veränderten Kapitalumschlags untersucht werden, um anschließend Verbesserungsmaßnahmen zu ergreifen.

Ein geringer oder sinkender Kapitalumschlag deutet u. U. darauf hin, dass ein Unternehmen durch Vermögensaufbau expandieren will – mit entsprechend positiven Wirkungen auf die zukünftige Umsatzhöhe. Umgekehrt kann ein Steigen des Kennzahlenwertes ggf. ein Zeichen dafür sein, dass der Vermögenseinsatz angesichts eines zu erwartenden Nachfragerückgangs bewusst verringert wird. Beide Argumentationen zeigen: Es sind weitere Informationsanalysen erforderlich, um sinnvolle Schlussfolgerungen zur Veränderung der Kennzahl Kapitalumschlag zu ziehen.

& Verwandte Kennzahlen / Zusätzliche Anmerkungen

Als Synonyme sind gebräuchlich: Vermögensumschlag; Vermögensumschlagshäufigkeit.

Die Wahl des betriebsnotwendigen Vermögens (bzw. Kapitals) als Nennergröße bietet sich betriebswirtschaftlich vor allem dann an, wenn für die Gewinngröße des Zählers im ROI-Ansatz das betriebliche Ergebnis (in Form des sog. Betriebsgewinns oder EBIT) herangezogen wurde. So stehen sich sinnvoller Weise dann – dem Entsprechungsprinzip folgend – im Zähler und Nenner der Rentabilität zwei korrespondierende Größen gegenüber und der Kapitalumschlag hat einen entsprechend enger definierten Nenner.

Auch hier gilt wieder: Nicht zuletzt bei überbetrieblichen Vergleichen ist auf die Daten-Konsistenz der herangezogenen Kennzahlen zu achten.

2.8.5 Güter- und finanzwirtschaftliche Reichweite

? Fragestellung

Für wie lange reicht die Verfügbarkeit einer Vermögensposition des Umlaufvermögens aus?

Die Kenngröße ist anwendbar auf unterschiedliche (Vermögens-)Gegenstände oder Betrachtungsobjekte (z. B. Lager, Kasse) und entsprechend einzeln differenzierbar:

Roh-, Hilfs- und Betriebsstoffe, unfertige Erzeugnisse (Materialien und/oder Komponenten), fertige Erzeugnisse; Geldvermögen.

Definition

*

$$\frac{\text{Durchschnittlicher (Tages-)Bestand} \cdot 360 \text{ Tage}}{\text{Jahres-Bedarf}}$$

Die Kennzahl „Reichweite" wird in der Zeit-Dimension angegeben; je nach gewähltem Multiplikator: bei 360 – „in Tagen" / bei 52 – „in Wochen" / bei 12 – „in Monaten".

Statt der Bezeichnung „Bedarf" wird synonym vielfach auch von „Verbrauch" oder „Abgang" gesprochen.

Bei Sachgütern ist neben der mengenmäßigen Definition von Zähler- und Nennergröße auch eine wertmäßige Variante dieser Kennzahl möglich und in der Praxis gebräuchlich. Im wertmäßigen Fall ist im Zeit- und Unternehmensvergleich besonders auf die (einheitliche) Wahl der Preiskomponente zu achten (z. B. Bewertung der jeweiligen Menge zu Einstands- bzw. Verkaufspreisen, Tages- bzw. Durchschnittspreisen oder Herstellkosten).

Ermittlung / Herleitung

»

Die erforderlichen Daten sind – in Abhängigkeit der ausgewählten Reichweiten-Variante – dem Informationssystem des (externen und internen) Rechnungswesens zu entnehmen, beispielsweise auf der Basis eines ERP-Systems (Abkürzung für Enterprise Resource Planning; integrierte betriebswirtschaftliche Software mit modularem Aufbau; bekanntestes Beispiel für ein derartiges Software-Paket ist SAP R/3). Die Daten können ggf. auch aus der unternehmerischen (ggf. projektbezogenen) Investitions- und Finanzrechnung gewonnen werden, z. B. aus entsprechenden Bestands- und Flussrechnungen.

Betriebswirtschaftlicher Aussagewert und Größenordnung

#

Die Kennzahlen zum Typ „Reichweite" geben eine Information zur Versorgungslage des jeweils betrachteten Objekts (z. B. Sach- oder Nominalgüter). Je größer der Kennzahlenwert, desto stabiler erscheint die Versorgung gesichert, umso höher sind jedoch auch die damit verbundene Kapitalbindung und die entsprechenden -kosten; bei Sachgütern z. B. zusätzlich die mit der Bereitstellung und Nutzung des Lagers verbundenen variablen und fixen Kosten.

Eine generalisierende Vorgabe ist nicht bestimmbar. Als Orientierungen zur Größenordnung dieser Kennzahlenwerte können neben den üblichen unternehmensinternen Vergleichsmöglichkeiten (zwischen organisatorischen Teilbereichen als Ist-Ist- und Plan-Ist-Relation) unternehmensextern einzelne Angaben von Wettbewerbern, Branchendurchschnittswerte oder „Best-Practice-Werte" herangezogen werden.

Handlungsanregungen

!

Unter der Prämisse, dass branchengleiche Unternehmen über ähnliche Produktions- und Vermögensstrukturen verfügen, liefern Kennzahlenwerte, die (spürbar) von den entsprechenden Durchschnittswerten abweichen, deutliche Impulse, diesen positiven bzw. negativen Entwicklungen stärkere Beachtung zu schenken und sie im Sinne der jeweiligen Unternehmenszielsetzung zu beeinflussen.

Neben der primär kostenorientierten Betrachtung bei Entscheidungen zur Dimensionierung der jeweiligen „Reichweite“ ist jedoch auch die marktorientierte Perspektive nicht zu vernachlässigen. Eine deutliche Verringerung bei Fertigerzeugnissen kann beispielsweise den angestrebten (und von den Kunden erwarteten) „Lieferbereitschaftsgrad“ ggf. gefährden. Hier ist unternehmensindividuell eine Abwägung abteilungsübergreifend unter ökonomischen Gesichtspunkten vorzunehmen. Vor allem ist von Bedeutung, inwiefern Lieferzeiten von den Abnehmern akzeptiert werden und u. U. sogar – wie bei bestimmten Luxusgütern erkennbar – als ein positives Signal empfunden werden.

& Verwandte Kennzahlen / Zusätzliche Anmerkungen

Für den Kennzahlen-Begriffsteil „Reichweite“ wird vielfach auch synonym von „Umschlagszeit“ oder „Umschlagsdauer“ gesprochen.

Der mathematische Kehrwert (also Zähler und Nenner getauscht) wird als „Umschlagshäufigkeit“, „Umschlagskoeffizient“ oder kurz „Umschlag“ bezeichnet.

2.8.6 Statische Amortisationsdauer

? Fragestellung

In welchem Zeitraum wird das für ein Investitionsobjekt benötigte Kapital aus den Rückflüssen des Investitionsprojektes voraussichtlich wiedergewonnen?

* Definition

$$\frac{\text{Anschaffungsausgabe}}{\text{Durchschnittlicher Einnahmenüberschuss pro Periode}}$$

Die Kenngröße wird als Zeitangabe (in Jahren, Monaten, Wochen; nicht notwendigerweise als ganzzahliger Wert) ausgedrückt. Ein Beispiel: Wenn ein Projekt eine Anschaffungsausgabe von 100 000 € verursacht und jährliche Rückflüsse von 40 000 € erwartet werden, so beträgt die statische Amortisationsdauer 2,5 Jahre.

» Ermittlung / Herleitung

Die Daten sollten möglichst in der Form von Ein- und Auszahlungsgrößen zugrunde gelegt werden und sind der unternehmerischen Investitions- und Finanzplanung sowie ggf. einer gesondert eingerichteten Projektrechnung zu entnehmen. Aus Vereinfachungsgründen wird in der Praxis jedoch bei der statischen Amortisationsdauer häufig auf die entsprechenden Projekt-Umsätze und -Kosten bzw. Einnahme- und Ausgabegrößen zurückgegriffen.

Betriebswirtschaftlicher Aussagewert und Größenordnung

#

Neben der Messung der ökonomischen Vorteilhaftigkeit von Investitionsobjekten in absoluten oder relativen Größen (z. B. als Gewinn- bzw. Kostenbetrag oder als Rentabilitäten) stellt die Amortisationsdauer ein spezifisches Risiko-Kriterium (im Sinne eines Zeit-Faktors) dar, das ergänzend zu einem dieser Erfolgskriterien eingesetzt werden sollte.

Das zu ermittelnde Ende der Rückflusszeit ergibt sich rechnerisch aus dem Zeitpunkt, zu dem die Summe der Einzahlungen (ggf. Umsätze/Einnahmen) die Summe der Auszahlungen (ggf. Kosten/Ausgaben) des Investitionsobjekts übersteigt.

Der Ermittlung der Amortisationsdauer liegt der gedankliche Ansatz zugrunde, dass mit wachsendem zeitlichen Abstand zur Gegenwart die Prognose- und Planungsunsicherheit steigt und so das Risiko der Rückgewinnung des Kapitaleinsatzes und der angestrebten Verzinsung zunimmt. In dieser rein zeitabhängig betrachteten Risikoberücksichtigung stellt die Amortisationsdauer jedoch nur einen sehr allgemein gehaltenen Bewertungsmaßstab dar.

Allerdings wird bei der statischen Amortisationsdauer (im Gegensatz zur dynamischen Methodenvariante) der unterschiedliche zeitliche Anfall der Einnahmenüberschüsse nicht explizit rechnerisch einbezogen, sondern es werden lediglich Durchschnittswerte ermittelt bzw. eine einfache Kumulierung vorgenommen. Der Verzicht auf das rechnerische Element der expliziten Verzinsung (und dafür nur die näherungsweise Berücksichtigung in Form sog. kalkulatorischer Kosten im allgemeinen Kostenblock) kann zu erheblichen Ergebnisverzerrungen und u. U. daraus entstehenden Fehlentscheidungen des Managements führen.

Ein genereller konkreter Vorgabewert ist nicht sinnvoll bestimmbar. Eine allgemeine Orientierungsgröße ist nur insofern zu geben, als die Zeitdauer einen ggf. zu erwartenden marktseitigen Produktlebenszyklus oder z. B. eine technisch-wirtschaftlich bedingte Maschinenlebensdauer nicht übersteigen darf.

Handlungsanregungen

!

Die statische Amortisationsdauer ist zwar relativ einfach zu berechnen, die Nichtberücksichtigung unterschiedlicher periodischer Überschüsse in ihrer zeitlichen Positionierung lässt diese Vorgehensweise jedoch nur bei sehr kurzfristigen Vorhaben (z. B. reinen Rationalisierungsinvestitionen mit gleichbleibenden Einsparungen) empfehlenswert erscheinen.

Verwandte Kennzahlen / Zusätzliche Anmerkungen

&

Als Synonyme sind gebräuchlich: (jeweils statische) Amortisationszeit; Kapitalrückflusszeit; Kapitalwiedergewinnungszeit.

Das Kernproblem der statischen Amortisationsdauer ist die Nicht-Berücksichtigung des Zeitwertes des Geldes. Ferner werden Einnahmen- oder Ausgabenüberschüsse, die nach der „Amortisationsschwelle“ anfallen, nicht einbezogen.

Eine Kennzahl, die die oben genannten Schwächen der fehlenden expliziten Berücksichtigung der Verzinsungsansprüche überwindet, ist die dynamische Amortisationsdauer. Sie ermittelt unter rechnerischer Einbindung eines Kalkulationszinssatzes für die zu unterschiedlichen Zeitpunkten anfallenden Ein- und Auszahlungen den Zeitraum, in dem das für ein Investitionsobjekt benötigte Kapital aus den Rückflüssen des Investitionsprojektes voraussichtlich wiedergewonnen werden kann.

2.8.7 Dynamische Amortisationsdauer

? **Fragestellung**

In welchem Zeitraum wird das für ein Investitionsobjekt benötigte Kapital zuzüglich einer Verzinsung in Höhe des Kalkulationszinsfußes aus den Rückflüssen des Projektes wiedergewonnen?

***** **Definition**

$$C_0 = \sum_{t=0}^{w} (e_t - a_t) \cdot (1 + i)^{-t} = 0$$

Wobei gilt:
C_0 = Kapitalwert (zum Zeitpunkt $t = 0$)
t = Periodenindex
w = Zahl der betrachteten zukünftigen Perioden (meist Jahre)
e_t = Einzahlung in Periode t
a_t = Auszahlung in Periode t
i = Kalkulationszinsfuß

Die Kenngröße wird als Zeitangabe (in Jahren, Monaten, Wochen; nicht notwendigerweise als ganzzahliger Wert) ausgedrückt.

» **Ermittlung / Herleitung**

Die Daten sind Zahlungsgrößen und der unternehmerischen Investitions- und Finanzplanung sowie ggf. einer gesondert eingerichteten Projektrechnung zu entnehmen.

**Betriebswirtschaftlicher Aussagewert und Größenordnung**

Neben der Messung der ökonomischen Vorteilhaftigkeit von Investitionsobjekten in absoluten oder relativen Größen (z. B. als Kapitalwert oder als Rentabilitäten) stellt die Amortisationszeit ein spezifisches Risiko-Kriterium (im Sinne eines Zeit-Faktors) dar, das ergänzend zu einem dieser Erfolgskriterien eingesetzt werden sollte.

Das zu ermittelnde Ende der Rückflusszeit ergibt sich rechnerisch aus dem Zeitpunkt, zu dem der Kapitalwert des Investitionsobjekts erstmals den Wert Null erreicht.

Der Ermittlung der Amortisationsdauer liegt der gedankliche Ansatz zugrunde, dass mit wachsendem zeitlichen Abstand zur Gegenwart die Prognose- und Planungsunsicherheit steigt und so das Risiko der Rückgewinnung des Kapitaleinsatzes und der angestrebten Verzinsung zunimmt. In dieser rein zeitabhängig betrachteten Risikoberücksichtigung stellt die Amortisationsdauer jedoch nur einen sehr allgemein gehaltenen Bewertungsmaßstab dar.

Ein genereller konkreter Vorgabewert ist nicht sinnvoll bestimmbar. Eine allgemeine Orientierungsgröße ist nur insofern zu geben, als die Zeitdauer einen ggf. zu erwartenden marktseitigen Produktlebenszyklus oder z. B. eine technisch-wirtschaftlich bedingte Maschinenlebensdauer nicht übersteigen darf.

Handlungsanregungen

!

Im Rahmen eines Investitionscontrollings ist vor allem die Plausibilität der von den Antragstellern eines Investitionsprojekts gemachten Angaben zu prüfen. Neben der ggf. notwendigen methodischen Unterstützung bei der Planung (und der Vorbereitung des Investitionsantrags) sind bei der Durchführung genehmigter Investitionen begleitende Informationen zum ökonomischen Projektfortschritt zu erheben. Sie dienen auch dazu, möglicherweise auftretende Abweichungen frühzeitig zu erkennen und reagieren zu können. Nach Abschluss des Projektes sollte eine Kontrolle (Nachkalkulation) erfolgen, um aus den gemachten Erfahrungen – in der Fachabteilung wie im Controlling – für zukünftige Projekte zu lernen.

Durch systematische und gezielte Sensitivitätsanalysen können kritische Entwicklungen wichtiger Einsatzgrößen im Hinblick auf ihre ökonomische Projekt-Ergebniswirkung und den konkreten Zahlenwert für die dynamische Amortisationsdauer untersucht werden.

Verwandte Kennzahlen / Zusätzliche Anmerkungen

&

Als Synonyme sind gebräuchlich: (jeweils dynamische) Amortisationszeit; Kapitalrückflusszeit; Kapitalwiedergewinnungszeit.

Eine in der Praxis nach wie vor sehr häufig eingesetzte (verwandte) Kennzahl ist die statische Amortisationsdauer, die ohne Verzinsungsanspruch den Zeitraum ermittelt, in dem das für ein Investitionsobjekt benötigte Kapital aus den Rückflüssen des Investitionsprojektes voraussichtlich wiedergewonnen werden kann.

Die alleinige Anwendung der dynamischen Amortisationsdauer als Entscheidungskriterium ist betriebswirtschaftlich nicht angemessen, da die nach dem Kapitalwiedergewinnungszeitpunkt anfallenden (positiven oder negativen) Zahlungsströme einschl. eines entsprechenden Restwertes nicht in die Vorteilhaftigkeitsbetrachtung einbezogen werden. Aber gerade hier können sich die zur Wahl stehenden Investitionsalternativen deutlich unterscheiden – und im Vergleich zur dynamischen Amortisationsdauer kann sich sogar die Rangfolge der wirtschaftlichen Vorziehenswürdigkeit grundlegend verändern.

2.9 Wertbasierte Kenngrößen

2.9.1 Cash Value Added (CVA)

Fragestellung

Welche Höhe weist der cash-basierte Wertbeitrag des Unternehmens bzw. einzelne seiner betrachteten Teilbereiche im Betrachtungszeitraum auf?

Definition

(CFROI – Kapitalkostensatz) · Bruttoinvestitionsbasis.

Wobei CFROI (in %) = (Cash Flow/Marktwert des eingesetzten Kapitals) · 100.

Eine weitere Berechnungsform für den CVA lautet:

Operating Cash Flow (OCF) – Operating Cash Flow Demand (OCFD)

Wobei OCFD dem zur Deckung der Kapitalkosten benötigten Operativen Cash entspricht (in Geldeinheiten).

Die Kennzahl wird gemessen in der Dimension Geldeinheiten (z. B. in €).

Ermittlung / Herleitung

Die Daten lassen sich für unternehmensinterne Entscheidungsträger aus dem Informationssystem des Rechnungswesens gewinnen und aufbereiten, für externe Informationsinteressenten sind die erforderlichen Zahlen-Komponenten nur näherungsweise aus den Angaben des Jahresabschlusses, ggf. mit mehr oder weniger umfangreichen Anpassungen, ableitbar.

Die Kapitalkosten werden gewöhnlich durch den Ansatz der Weighted Average Cost of Capital (WACC) berücksichtigt.

Betriebswirtschaftlicher Aussagewert und Größenordnung

Der CVA entstammt den konzeptionellen Ansätzen zur wertorientierten Führung von Unternehmen mit dem Marktwert des Eigenkapitals als grundlegendem Erfolgsmaßstab. Als periodisierte Übergewinngröße, z. B. explizit als Wertbeitrag bezeichnet, zeigt der CVA im Falle eines positiven Geldwertes eine Wertsteigerung an, im Falle einer negativen Ausprägung eine Wertvernichtung an – da bei anderweitigem Einsatz des Kapitals zu diesem Opportunitätskostensatz eine höhere Verzinsung erzielbar wäre.

Eine allgemein gültige Vorgabe zur Größenordnung ist betriebswirtschaftlich nicht bestimmbar – zur Einschätzung sind Branchen- oder Best-Practice-Vergleiche üblich. Je höher der Wert auf Dauer, desto erfolgreicher ist das wertorientierte Management im Unternehmen verankert.

Handlungsanregungen

!

Abgesehen von methodischen Details, deren gezielte Nutzung eine Gestaltung des CVA-Wertes (wie bei allen anderen komplexen Berechnungsverfahren) in Grenzen ermöglicht, gelten als wesentliche Werttreiber: Die Geschäftsfeldrendite und die Wachstumsrate.

Verwandte Kennzahlen / Zusätzliche Anmerkungen

&

In Form einer relativen Kennzahl für die „Überrendite" verwendet die Boston Consulting Group den periodisierten Maßstab „CFROI (Cash Flow Return On Investment)".

Wie für andere komplexe methodische Ansätze gilt auch hier: Einigen Stärken (wie integrativer Ansatz zur Wertsteigerung und Anschaulichkeit) stehen einige Schwächen (wie zahlreiche, nicht immer offen nachvollziehbare Gestaltungsvarianten) gegenüber. Bei (Zahlen-)Vergleichen zwischen Unternehmen ist daher stets auf eine weitgehende Konsistenz in inhaltlicher und methodischer Hinsicht zu achten – ggf. können laufende, mehrjährige Vergleiche zu stärkerer Aussagekraft beitragen.

2.9.2 Economic Profit (EP)

Fragestellung

?

Wie groß ist der in einer Periode vom Unternehmen geschaffene Wert?

Definition

*

$$(\text{ROIC} - \text{WACC}) \cdot \text{Invested Capital}$$

bzw.

$$\text{NOPLAT} - (\text{WACC} \cdot \text{Invested Capital})$$

Wobei gilt:

ROIC = Return On Invested Capital (Verzinsung des betriebsnotwendigen Vermögens)

WACC = Weighted Average Cost of Capital (gewichteter Kapitalkostensatz; dient u. a. als Maß für die Mindestrendite auf das investierte Kapital)

NOPLAT = Net Operating Profit Less Adjusted Taxes (Betriebsergebnis vor Zinsen nach angepassten Steuern; im Wesentlichen vergleichbar mit NOPAT)

Die Kennzahl Economic Profit wird in der Dimension „Geldeinheiten" (also z. B. in €) angegeben.

Ermittlung / Herleitung

»

Die Daten lassen sich für unternehmensinterne Entscheidungsträger aus dem Informationssystem des Rechnungswesens aufbereiten, für externe Informationsinteressenten sind die erforderlichen Zahlen-Komponenten nur näherungsweise aus den Angaben des Jahresabschlusses, ggf. mit mehr oder weniger umfangreichen Anpassungen, ableitbar.

Betriebswirtschaftlicher Aussagewert und Größenordnung

Der „Economic Profit“ ist den Kenngrößen einer wertorientierten Unternehmensführung zuzuordnen. Dieser „betriebliche Übergewinn“ gibt die Wertsteigerung der betrachteten Periode an – in Form einer (als absoluten Größe gemessenen) Spitzen-Kennzahl für einen weiter aufgliederbaren Werttreiber-Baum (z. B. über die Komponenten ROIC, WACC und Invested Capital).

Eine allgemein gültige Vorgabe zur Größenordnung ist betriebswirtschaftlich nicht bestimmbar – zur Einschätzung sind Branchen- oder Best-Practice-Vergleiche üblich.

Je höher der Wert auf Dauer, desto erfolgreicher ist das wertorientierte Management im Unternehmen verankert.

! Handlungsanregungen

Im Rahmen unternehmenswertorientierter Kennzahlenpyramiden als zentrales Element entsprechend mehrstufig aufgebauter Planungs-, Steuerungs- und Kontrollsysteme wird die Spitzen-Kennzahl „Economic Profit (EP)“ in vertikaler und horizontaler Form aufgegliedert – siehe die weiteren Erläuterungen zu mehrstufigen Kennzahlensystemen am Beispiel des ROI-Systems im Anhang II. Diese schrittweise Zerlegung der komplexen Zielgröße EP in einzelne Komponenten (z. B. über ROIC, WACC und Invested Capital) ermöglicht die systematische Betrachtung der Zusammenhänge zwischen relevanten Werttreibern. Aus der bewussten Verknüpfung monetärer und nicht-monetärer Größen – z. B. mit Hilfe des Balanced Scorecard-Konzepts – wird eine auf die einzelnen Entscheidungsebenen ausgerichtete, gezielte Umsetzung der strategischen Vorhaben in operative Maßnahmen angestrebt.

Das periodenbezogene Performance-Maß „Economic Profit“ kann sowohl auf Gesamtunternehmens-/Konzernebene wie auch auf Geschäftsbereichs- oder Segmentebene verwandt werden. Neben der Bewertung bestehender selbstständig wirtschaftender (interner) Organisationseinheiten (z. B. als Investment oder Value Center) ist auch der Einsatz im Zusammenhang mit (geplanten) Mergers, Acquisitions und Joint Ventures sinnvoll.

& Verwandte Kennzahlen / Zusätzliche Anmerkungen

Das Konzept des Economic Profits (EP) geht auf Copeland/Koller/Murrin als Berater bei McKinsey & Company zurück.

Wie für andere komplexe methodische Ansätze gilt auch hier: Einigen Stärken (wie integrativer Ansatz zur Wertsteigerung und Anschaulichkeit) stehen einige Schwächen (wie zahlreiche, nicht immer offen nachvollziehbare Gestaltungsvarianten) gegenüber.

Bei (Zahlen-)Vergleichen zwischen Unternehmen ist daher stets auf eine weitgehende Konsistenz in inhaltlicher und methodischer Hinsicht zu achten – ggf. können laufende, mehrjährige Vergleiche zu stärkerer Aussagekraft beitragen.

2.9.3 Economic Value Added (EVA)

Fragestellung ?

Wie groß ist der „wirkliche" ökonomische Gewinn eines Unternehmens, der als sog. Übergewinn eine vergleichbare Mindestverzinsung übersteigt?

Definition *

NOPAT – (WACC · Capital Employed)

bzw.

Operating Profit – Capital Charge

Wobei gilt:

NOPAT = Net Operating Profit After Taxes (Ergebnis vor Zinsen und nach Steuern)

WACC = Weighted Average Cost of Capital (gewichteter Kapitalkostensatz; dient u. a. als Maß für die Mindestrendite auf das investierte Kapital)

Capital Employed = das für das betriebsnotwendige Vermögen investierte verzinsliche Kapital – mit der Korrektur, dass den Buchwerten u. a. die stillen Reserven und der Goodwill hinzuaddiert werden.

EVA wie auch MVA (Market Value Added) sind als Warenzeichen geschützte Basiskennzahlen des wertorientierten Management-Konzepts von Stern und Stewart.

Die Kennzahl wird gemessen in der Dimension Geldeinheiten (z. B. in €).

Ermittlung / Herleitung »

Die erforderlichen Daten sind aus dem Rechnungswesen des Unternehmens mit zum Teil sehr umfangreichen Adjustierungen (die Auswahl möglicher Korrekturen übersteigt die Zahl von 160) gegenüber den bilanziell ermittelten Werten zu gewinnen.

Betriebswirtschaftlicher Aussagewert und Größenordnung #

EVA zählt zur Kategorie der Residualgewinngrößen und misst den „wirklichen" ökonomischen Gewinn eines Unternehmens. Ein einfaches Beispiel: Angenommen, ein Unternehmen weist ein EBIT von 15 Millionen € aus bei einem Steuersatz von 30 %, so beträgt das NOPAT 10,5 Millionen €. Bei einem betriebsnotwendigen Vermögen von 80 Millionen € und einem WACC von 9 % liegt die Höhe der Kapitalkosten bei 7,2 Millionen €. Die Kenngröße EVA hätte demnach einen Wert von 3,3 Millionen € inne (10,5 – 7,2 Millionen €).

Analog zum obigen Beispiel und mit Hilfe umfangreicher Konversionen von Erfolgsgrößen des externen Rechnungswesens sollen aussagefähige Kennzahlen ermittelt werden (mit dem EVA als „Pyramiden-Spitze"), die dem Shareholder Value-Gedanken entsprechen. Im Kern wird der unternehmerische Übergewinn berechnet – also ein Maß, das die Überverzinsung des eingesetzten Kapitals über eine vergleichbare Mindestverzinsung darstellt.

Eine generalisierende Vorgabe ist nicht bestimmbar. Als Orientierung können unternehmens-/konzernintern oder -extern (branchenbezogene) „Best-Practice-Werte" herangezogen werden. Allerdings ist stets die Problematik zu beachten, dass die Möglichkeit zahlreicher unternehmensindividueller Anpassungen in der mehrstufigen Berechnung die generelle Vergleichbarkeit zwischen verschiedenen Unternehmen (z. B. über Branchendurchschnittswerte) stark einschränkt.

! Handlungsanregungen

Im Mittelpunkt stehen drei grundlegende Ansätze denkbarer Maßnahmenbündel zur Erhöhung der Kenngröße EVA:
- Steigerung des operativen Ergebnisses (bei angenommener Konstanz des Kapitaleinsatzes)
- Realisierung (finanzmittelbenötigender) Projekte nur dann, wenn die zu erwartende Rendite über dem Kapitalkostensatz liegt
- Ausstieg aus getätigten Investitionen, wenn die zu erwartende Rendite unter dem Kapitalkostensatz liegt.

& Verwandte Kennzahlen / Zusätzliche Anmerkungen

Das EVA-Konzept wurde ursprünglich von den Gründern und Partnern der Beratungsgesellschaft Stern Stewart & Co. entwickelt. Je nach konzeptioneller Ausgestaltung sind eine Vielzahl von Abgrenzungen und Korrekturen denkbar und zum Teil auch explizit vorgeschlagen worden, deren konkrete Umsetzung in der Praxis jedoch nicht einheitlich erfolgt. Es ist daher stets auf die unternehmensindividuelle Sinnhaftigkeit der Adjustierungsmöglichkeiten und situative Erfordernisse zu achten.

In engem Zusammenhang mit dem EVA-Ansatz steht der Begriff des Market Value Added (MVA), der den Barwert aller künftig erwarteten EVAs eines Unternehmens repräsentiert.

2.9.4 Weighted Average Cost of Capital (WACC)

Fragestellung

Welche Mindestverzinsung sollte von Unternehmen (bzw. einzelnen Teileinheiten oder Projekten) erbracht werden?

Definition

$$\text{WACC} = \left(\text{KEK} \cdot \frac{\text{EK}}{\text{EK} + \text{FK}}\right) + \left(\text{KFK} \cdot \frac{\text{FK}}{\text{EK} + \text{FK}}\right)$$

Wobei gilt:
EK = Eigenkapital
FK = Fremdkapital (zinstragendes)
KEK = Kosten des Eigenkapitals
KFK = Kosten des Fremdkapitals

Sofern der Steueraspekt einbezogen wird, ergibt sich folgender Zusammenhang:

$$\text{WACC} = \left(\text{KEK} \cdot \frac{\text{EK}}{\text{EK} + \text{FK}}\right) + \left(\text{KFK} \cdot (1 - s)\frac{\text{FK}}{\text{EK} + \text{FK}}\right)$$

Wobei mit dem Symbol s die Ertragsteuerrate des Unternehmens repräsentiert wird.

Die Kenngröße WACC wird in der Dimension „%“ angegeben.

Ermittlung / Herleitung

Die Berechnung des WACC ergibt sich als gewogenes arithmetisches Mittel aus Eigenkapitalkostensatz und Fremdkapitalkostensatz.

Die durchschnittlichen Kosten des Eigenkapitals (KEK) können mit Hilfe des Capital Asset Pricing Model (CAPM), auf dessen theoretische Grundlagen hier nicht näher eingegangen werden soll, ermittelt werden. Sie ergeben sich aus

$$\text{KEK} = \text{KFK} + \beta \cdot (\text{MR} - \text{KFK})$$

Wobei gilt:
KEK = Kosten des Eigenkapitals
KFK = Kosten des Fremdkapitals (Zinssatz für Anleihen mit guter Bonität)
β = Beta-Faktor (als Beurteilung des spezifischen Risikos):
$\beta > 1$ zeigt, dass der Kurs der Aktie stärkeren Schwankungen unterliegt als der Gesamtmarkt;
$\beta < 1$ bedeutet, dass die Aktie weniger volatil ist als der Aktienindex.
MR = Marktrendite (z. B. durchschnittliche Rendite des Aktienmarktes, bestehend aus Kurswertsteigerungen und Ausschüttungen).

Betriebswirtschaftlicher Aussagewert und Größenordnung

Die Kenngröße WACC stellt ein Maß für die Mindestrendite auf das investierte Kapital dar. Sie findet z. B. auch Anwendung als Diskontierungsfaktor (der Cash Flows) bei der Ermittlung des Kapitalwertes im Rahmen von dynamischen Investitionsrechnungen und im Falle von Unternehmensbewertungen.

Grundsätzlich ist die Höhe des durchschnittlichen Kapitalkostensatzes WACC abhängig von dem risikofreien Fremdkapitalzinssatz, branchenspezifischen Faktoren (mit β als einem näherungsweise repräsentativen Indikator hierfür) und der Kapitalstruktur des Unternehmens. Der Zahlenwert liegt typischerweise in der Spannweite zwischen 7 und 12 %. Im Einzelfall kann wegen einer höheren Risikoprämie (z. B. bei Unternehmen in stark wachsenden Wirtschaftszweigen) auch die Schwelle von 12 % überschritten werden.

Handlungsanregungen

Die Unternehmensaktivitäten sollen darauf ausgerichtet sein, dass die Kapitalrendite einer Investition (eines Segments, Geschäftsbereichs usw.) die entstehenden Kapitalkosten übersteigt. In der Wirtschaftspraxis ist durch entsprechende Anreizsysteme sicherzustellen, dass alle wertgenerierenden Projekte, sofern kein Engpass vorliegt, durchgeführt werden. Es gilt insbesondere zu verhindern, dass wertschaffende Vorhaben (mit unterdurchschnittlichem Überschuss) unterbleiben, da durch sie zwar der relative Wertzuwachs (im Vergleich zum Kapitaleinsatz) abnimmt, jedoch der absolute Wert des Überschusses weiter, wenn auch langsamer, ansteigt.

Verwandte Kennzahlen / Zusätzliche Anmerkungen

Die Kenngröße WACC ist zu einem in den letzten Jahren sehr verbreiteten Vergleichsmaßstab geworden, der insbesondere im Zusammenhang mit den verschiedenen konzeptionellen Ansätzen zur wertorientierten Unternehmensführung (z. B. EP, EVA) Verwendung findet.

2.10 Kapitalmarkt-Kenngrößen

2.10.1 Marktwert-Buchwert-Verhältnis

Fragestellung

Wie hat sich der Wertzuwachs eines Investments entwickelt – ausgedrückt als Relation von Börsen- und Bilanzkurs?

Definition

$$\frac{\text{Marktwert pro Aktie}}{\text{Buchwert pro Aktie}}$$

Der Buchwert pro Aktie bzw. Bilanzkurs ergibt sich dabei aus:

$$\frac{\text{(Gezeichnetes Kapital + Rücklagen) – Vorzugsaktienkapital}}{\text{Zahl der ausgegebenen Aktien}}$$

Die Kennzahl „Marktwert-Buchwert-Verhältnis" – oder zunehmend auch im deutschsprachigen Raum als „Market-to-Book Ratio" bezeichnet – wird in der Dimension „%" angegeben.

Ermittlung / Herleitung

»

Die Daten zum Marktwert einer Aktie, also zu ihrem aktuellen Preis (oder einem Durchschnittspreis innerhalb eines definierten Zeitraums) können aus den Informationen der jeweiligen Wertpapier-Börsen, an denen die Aktie gehandelt wird, entnommen werden. Der Buchwert einer Aktie entspricht dem Eigenkapital pro Aktie und ist in seinem Zahlenwert aus den Angaben eines Jahresabschlusses (bilanz-) stichtagsbezogen zu ermitteln.

Betriebswirtschaftlicher Aussagewert und Größenordnung

#

Die Kennzahl „Market-to-Book Ratio" beziffert das rechnerische Verhältnis der Bewertung durch den Markt (Börsenkurs) und dem bilanziell ermittelten Buchwert einer Aktie. Sie gibt u. a. Auskunft über die vom Markt (vermuteten) sog. stillen Reserven – im weitesten Sinne, die in die Einschätzung des Angebots und der Nachfrage an der Börse eingeflossen sind.

Der Bilanzkurs einer Aktie ergibt sich aus: Eigenkapital pro Aktie/Nennwert pro Aktie. Er gibt rechnerisch Auskunft darüber, in welchem Umfang im Eigenkapital durch bilanzielle Rücklagenbildung sog. offene Reserven enthalten sind.

Je größer der Kennzahlenwert für die „Market-to-Book Ratio", desto mehr muss ein potentieller Investor für einen Anteil am bilanziellen Eigenkapital des Unternehmens bezahlen. Für einen bestehenden Aktionär bedeutet eine Steigerung dieser Kennzahl eine (wenn auch noch nicht realisierte) Wertsteigerung.

Handlungsanregungen

!

Unter der Prämisse, dass branchengleiche Unternehmen über ähnliche Ertrags- und Kostenstrukturen verfügen, liefern Kennzahlenwerte, die (spürbar) von den entsprechenden Durchschnittswerten abweichen, deutliche Impulse, diesen positiven bzw. negativen Entwicklungen stärkere Beachtung zu schenken und sie im Sinne der jeweiligen Unternehmenszielsetzung zu beeinflussen.

Da der Aktienkurs – als Ergebnis von Angebot und Nachfrage an der Börse – in der Regel vom Unternehmen praktisch nicht direkt beeinflusst werden kann und nur indirekt z. B. über eine transparente und offene Informationspolitik eine positive Kursentwicklung unterstützt werden kann, stehen hier alle Maßnahmen im Vordergrund, die zur Generierung eines angemessenen Gewinns beitragen, z. B. durch preis- und/oder mengenpolitische Maßnahmen auf der Umsatzseite oder in entsprechender Weise bei den betrieblichen Einsatzfaktoren.

Wenn das Marktwert-Buchwert-Verhältnis unter dem Branchendurchschnitt liegt, so gilt die Aktie als unterbewertet. Es kann jedoch zudem darauf hindeuten, dass im Unternehmen ein gravierendes Problem vermutet wird. Die Kennzahl offenbart auch, dass mehr für ein Aktienengagement bezahlt wurde als unter der fiktiven Annahme einer sofortigen Insolvenz des Unternehmens erzielbar wäre.

Veränderungen dieser relativen Kennzahl können durch über- bzw. unterproportionale Entwicklung des in Beziehung gesetzten Marktwerts (im Zähler) und des Buchwerts (im Nenner) erreicht werden – siehe dazu im Grundsätzlichen die weiter systematisierenden, ausführlichen Erläuterungen im Anhang I.

Verwandte Kennzahlen / Zusätzliche Anmerkungen
Als synonymer Begriff wird zudem verwendet: „Price-to-Book Ratio" (oder kurz P/B-Ratio).

2.10.2 Aktienrendite

Fragestellung
Wie lohnend ist ein Investment in eine bestimmte Aktie?

Definition

$$AR_1 = \left(\frac{D_1 + (K_1 - K_0)}{K_0} \right) \cdot 100$$

Wobei gilt:
AR_1 = Aktienrendite nach Ablauf der Periode 1
D_1 = in der Periode 1 gezahlte Dividende
K_1 = Kurs am Ende der Periode 1 (oder Verkaufskurs/-preis)
K_0 = Kurs am Anfang der Periode 1 (oder Kaufkurs/-preis)

Aus Gründen der Vereinfachung wird auf die Darstellung steuerlicher Aspekte verzichtet. Der entsprechende Nach-Steuer-Wert ergibt sich aus den jeweiligen rechtlichen Bestimmungen des betreffenden Landes und den individuellen Gegebenheiten des Steuerpflichtigen.

Die Kennzahl „Aktienrendite" wird in der Dimension „%" angegeben.

Ermittlung / Herleitung
Die Daten können aus den Informationen der jeweiligen Wertpapier-Börsen, an denen die Aktie gehandelt wird, entnommen werden.

Betriebswirtschaftlicher Aussagewert und Größenordnung

#

Die Aktienrendite zeigt den Gesamtanlageerfolg und ist ein zentrales Informationsinstrument der Unternehmen gegenüber ihren Kapitaleignern, potenziellen institutionellen und privaten Investoren sowie Finanzanalysten. In Form einer relativen Kennzahl drückt sie den Wertzuwachs als prozentuale Größe aus, den ein Investor dadurch erzielt, dass er die Aktie eines Unternehmens einen bestimmten Zeitraum (z. B. ein Jahr) gehalten hat. Eine explizite Berücksichtigung des eingegangenen Risikos erfolgt nicht.

Die Bewertung ist abhängig vom individuellen Anspruchsniveau des Investors. Denkbare Orientierungspunkte für diese Mindestverzinsungserwartung bilden z. B. branchenübliche Aktienrenditen, die ohne das Risiko eines Kapitalverlustes erreichbare Rendite (z. B. bei festverzinslichen Wertpapieren) oder die individuelle Risiko-Nutzen-Einstellung. Im Allgemeinen besteht die Angemessenheit dieser rechnerisch erzielten Rendite darin, dass das vom Kapitalgeber zu tragende Risiko (einschl. der generellen Geldentwertung) kompensiert wird.

Handlungsanregungen

!

Typische Ursachen für eine sinkende Aktienrendite können z. B. sein:
- Die Dividende vermindert sich oder fällt aus
- Die Kursentwicklung ist rückläufig oder unterschreitet sogar den Einstiegswert.

Aus der Sicht des Unternehmens gilt es, neben der erfolgreichen Gestaltung der Geschäftstätigkeit (zur Erzielung ausschüttungsfähiger Gewinne) durch eine offene Investor Relations-Politik die Transparenz über die Vermögens-, Finanz- und Erfolgslage sowie -Entwicklung des Unternehmens zu erhöhen – und als Konsequenz aus beidem Interesse für das eigene Unternehmen zu wecken, das sich als Wille der Investoren an der Teilhabe am Unternehmenserfolg in Form steigender Kurse niederschlägt.

Verwandte Kennzahlen / Zusätzliche Anmerkungen

&

Als Synonyme für die Aktienrendite sind gebräuchlich: Aktionärsrendite; Aktien-Performance (für 1 Jahr).

Verwandte Kennzahlen sind: Dividendenrendite; Kurs-Gewinn-Verhältnis; Kurs-Cash Flow-Verhältnis.

Die Aktienrendite ist in der Regel vergangenheitsorientiert und besitzt rechnerisch-fiktiven Charakter. Erst bei tatsächlicher Ausübung eines Verkaufs entsteht ein effektiver (Kurs-)Ertrag bzw. -Verlust. Bei unterjähriger Betrachtung ist durch Einbeziehung des Faktors X/360 die (rechnerische) Ganzjahresbetrachtung als Vergleichsmaßstab herzustellen. Die Stichtagsbetrachtung gibt keine Auskunft über positive oder negative Trends oder zwischenzeitliche Entwicklungsbrüche.

Diese Kennzahl, als „Performance" bezeichnet, dient zunehmend als Vergleichsmaßstab für die Güte von Investment-Managern, wobei auch hier wieder das eingegangene Risiko methodisch nicht explizit berücksichtigt wird.

2.10.3 Dividendenrendite

Fragestellung

Wie hoch ist die zahlungsorientierte Verzinsung des Investments in die Aktie eines Unternehmens?

Definition

$$\frac{\text{Dividende je Aktie} \cdot 100}{\text{Börsenkurs}}$$

Die Kennzahl „Dividendenrendite“ wird in der Dimension „%“ angegeben.

Ermittlung / Herleitung

Die Höhe der Dividende lässt sich den Pflichtangaben des Jahresabschlusses (nach HGB- bzw. IFRS/IAS) entnehmen. Für potentielle Aktienkäufer ist der jeweils aktuelle Börsenkurs relevant, für Anteilseigner der ursprüngliche Kurs zum Kaufzeitpunkt.

Betriebswirtschaftlicher Aussagewert und Größenordnung

Die Dividendenrendite gehört zu den Kennzahlen der Aktienrentabilitätsanalyse. Sie setzt die Dividende, also den zur Ausschüttung für ein Berichtsjahr vorgesehenen oder realisierten Betrag je Aktie, ins Verhältnis zum Börsenkurs.

Für Kapitalanleger ist diese Verzinsungsangabe ein wichtiger Anhaltspunkt beim Vergleich alternativer Investitionsmöglichkeiten und zählt z. B. in der angelsächsischen sowie amerikanischen Praxis zu den zentralen Bausteinen einer Jahresabschlussanalyse. Allerdings bleiben bei der Dividendenrendite im Vergleich zur Aktienrendite Kursschwankungen (Gewinne und Verluste) außer Acht, es wird nur ein Teil der Performance abgebildet – allerdings derjenige, der mit einem konkreten Zahlungsfluss an den Anteilseigner verbunden ist.

Die Einschätzung zur erstrebenswerten Höhe ist – im Prinzip vergleichbar wie bei der Aktienrendite – abhängig vom individuellen Anspruchsniveau des Investors. Denkbare Orientierungspunkte für diese Mindestverzinsungserwartung bilden z. B. branchenübliche Dividendenrenditen, die ohne das Risiko eines Kapitalverlustes erreichbare Rendite (z. B. bei festverzinslichen Wertpapieren) oder die individuelle Risiko-Nutzen-Einstellung.

Handlungsanregungen

Veränderungen dieser relativen Kennzahl können durch über- bzw. unterproportionale Entwicklung der in Beziehung gesetzten Dividende (im Zähler) und des Börsenkurses (im Nenner) erreicht werden – siehe dazu im Grundsätzlichen die weiter systematisierenden, ausführlichen Erläuterungen zu Kennzahlen als Quotienten im Anhang I.

Da der Aktienkurs – als Ergebnis von Angebot und Nachfrage an der Börse – in der Regel vom Unternehmen praktisch nicht direkt beeinflusst werden kann und nur indirekt z. B. über eine transparente und offene Informationspolitik eine positive Kursentwicklung unterstützt werden kann, stehen hier alle Maßnahmen im Vordergrund, die zur Generierung eines angemessenen ausschüttungsfähigen Gewinns beitragen.

Neben der direkten Beeinflussung dieser ökonomischen Ergebnisgröße durch preis- und/oder mengenpolitische Maßnahmen auf der Umsatzseite oder in entsprechender Weise bei den betrieblichen Einsatzfaktoren kann eine Minderung des einbehaltenen (thesaurierten) Gewinnanteils zu einer entsprechenden Steigerung des zur Ausschüttung bereitstehenden Betrags in Form der Dividende führen.

Verwandte Kennzahlen / Zusätzliche Anmerkungen

Verwandte Kennzahlen sind: Aktienrendite; Dividende pro Aktie (im Nenner steht hier der Nennwert und nicht der Marktpreis); Kurs-Gewinn-Verhältnis; Kurs-Cash Flow-Verhältnis.

2.10.4 Kurs-Gewinn-Verhältnis (KGV)

Fragestellung

Wie teuer bzw. preiswert erscheint die Aktie eines Unternehmens zu sein?

Definition

$$\frac{\text{Kurswert je Aktie}}{\text{Gewinn (bzw. Ergebnis) je Aktie}}$$

Die Kennzahl wird als dimensionslose Dezimalzahl (ohne weitere Maßeinheit) angegeben.

Beispiel: Wenn der Gewinn je Aktie für ein Jahr 1,95 € beträgt und der aktuelle Aktienkurs bei 43 € liegt, so ergibt sich ein Kurs-Gewinn-Verhältnis von 22,05 (43 €/1,95 €).

Ermittlung / Herleitung

Der Kurs ist den Informationen der Börsen zu entnehmen, die Daten zum Gewinn (bzw. Ergebnis) je Aktie ergeben sich aus dem Jahresabschluss – rechnerisch ermittelbar durch Division des bilanziellen Ergebnisses durch die durchschnittliche Zahl an (dividendenberechtigten) Aktien.

Die vielfältigen Möglichkeiten der (legalen) Gestaltbarkeit der einzelnen Jahresabschlüsse machen es in der Regel erforderlich, dass zur Gewährleistung einer annähernden Vergleichbarkeit der verwendeten Maßzahl „Gewinn je Aktie“ zwischen verschiedenen Unternehmen eine Reihe von Modifikationen nach bestimmten Regeln vorgenommen werden müssen – z. B. in Deutschland denkbar nach der DVFA-Methode/Deutsche Vereinigung für Finanzanalyse und Asset Management.

Betriebswirtschaftlicher Aussagewert und Größenordnung

Mit dem KGV wird der relative Preis einer Aktie ausgedrückt. Je größer das Verhältnis zwischen Kurs und Gewinn, desto teurer ist die Aktie. Entsprechend kleiner ist die Rendite bzw. umso länger ist der Zeitraum, in dem der Kaufpreis durch (die als konstant angenommenen Gewinne je Aktie) amortisiert wird – analog gilt: Je geringer das Verhältnis zwischen Kurs und Gewinn, desto günstiger ist die Aktie. Entsprechend größer ist die Rendite bzw. umso kürzer ist der Zeitraum, in dem der Kaufpreis durch (die als konstant angenommenen Gewinne je Aktie) amortisiert wird.

Im Allgemeinen bedeutet ein hohes Kurs-Gewinn-Verhältnis, dass Investoren zukünftig höhere Gewinnsteigerungen erwarten als bei Unternehmen mit einem geringeren Kurs-Gewinn-Verhältnis. Es ist daher sinnvoller, das KGV zwischen Unternehmen der gleichen Branche zu vergleichen als mit dem jeweiligen Aktienmarkt allgemein bzw. mit den vom Unternehmen in der Vergangenheit erreichten Werten. Ein Vergleich des Kurs-Gewinn-Verhältnisses eines Technologie-Unternehmens (mit typischerweise eher hohem Kennzahlenwert) und eines Versorgungs-Unternehmens (mit typischerweise eher niedrigem Kennzahlenwert) ist ebenso nicht sinnvoll, da jede Branche unterschiedlich starke (Gewinn-)Wachstumsaussichten aufweist.

Eine generelle Vorgabe kann nicht gegeben werden. Als Orientierung zur Beurteilung des eigenen KGV sind brancheninterne Wettbewerber sowie die Performance der an nationalen und internationalen Börsen gelisteten anderen Unternehmen heranzuziehen.

! Handlungsanregungen

Veränderungen dieser relativen Kennzahl können durch über- bzw. unterproportionale Entwicklung des in Beziehung gesetzten Börsenkurses (im Zähler) und des Gewinns je Aktie (im Nenner) erreicht werden – siehe dazu im Grundsätzlichen die weiter systematisierenden, ausführlichen Erläuterungen zu Kennzahlen als Quotienten im Anhang I.

Da der Aktienkurs – als Ergebnis von Angebot und Nachfrage an der Börse – in der Regel vom Unternehmen praktisch nicht direkt beeinflusst werden kann und nur indirekt z. B. über eine transparente und offene Informationspolitik eine positive Kursentwicklung unterstützt werden kann, stehen hier alle Maßnahmen im Vordergrund, die zur Generierung eines angemessenen Gewinns beitragen, z. B. durch preis- und/oder mengenpolitische Maßnahmen auf der Umsatzseite oder in entsprechender Weise bei den betrieblichen Einsatzfaktoren.

Als Ursachen für eine Steigerung des KGV können z. B. gelten:

- Veränderung des Zählers: Kurssteigerungen durch positive Unternehmensnachrichten (direkt) und/oder verbesserte Einschätzung durch Finanzanalysten (indirekt); eine angekündigte Dividendenerhöhung wird im Kurs vorweggenommen.
- Veränderung des Nenners: Das Unternehmen nimmt Aktienrückkäufe vor und mindert dadurch die Bemessungsgrundlage.

Analog sind entsprechende Ursachen für eine Minderung des KGV denkbar.

Verwandte Kennzahlen / Zusätzliche Anmerkungen &

Als Synonyme sind gebräuchlich: Preis-Gewinn-Verhältnis; Der inhaltsgleiche Begriff der „Price Earnings Ratio" (PER) wird zunehmend auch im deutschsprachigen Raum direkt verwendet.

Der von Bilanzierungs- und Bewertungswahlrechten deutlich weniger als der Gewinn beeinflussbare Cash Flow findet seine Berücksichtigung – als Indikator für Ertrags- und Selbstfinanzierungsstärke – im analog aufgebauten Kurs-Cash Flow-Verhältnis.

2.10.5 Kurs-Cash Flow-Verhältnis

Fragestellung ?

Das Wievielfache des Cash Flow je Aktie wird durch den Kurs wiedergegeben?

Definition *

$$\frac{\text{Kurswert je Aktie}}{\text{Cash Flow je Aktie}}$$

Die Kennzahl wird als dimensionslose Dezimalzahl (ohne weitere Maßeinheit) angegeben.

Ermittlung / Herleitung »

Der Kurs ist den Informationen der Börsen zu entnehmen, die Daten zum Cash Flow je Aktie ergeben sich aus dem Rechnungswesen des Unternehmens (für Externe bei einfacher Begriffsabgrenzung des Cash Flows aus dem Jahresabschluss durch Division des Cash Flows durch die durchschnittliche Zahl der Aktien).

Die zahlreichen Varianten der Cash Flow-Definitionen machen es in der Regel erforderlich, dass zur Gewährleistung einer annähernden Vergleichbarkeit der verwendeten Maßzahl „Cash Flow je Aktie" zwischen verschiedenen Unternehmen auf eine weitgehend identische Terminologie Bezug genommen wird. Dabei handelt es sich meist um einen ertragsnah definierten, dauerhaften Cash Flow oder den Operating Cash Flow.

Betriebswirtschaftlicher Aussagewert und Größenordnung #

Mit dem Kurs-Cash Flow-Verhältnis wird auf eine spezielle Weise der relative Preis einer Aktie ausgedrückt. Je größer das Verhältnis zwischen Kurs und Cash Flow, desto teurer ist die Aktie. Entsprechend kleiner ist die Rendite bzw. umso länger ist der Zeitraum, in dem der Kaufpreis durch (die vereinfachend als konstant angenommenen Cash Flows je Aktie) amortisiert wird – analog gilt: Je geringer das Verhältnis zwischen Kurs und Cash Flow, desto günstiger ist die Aktie. Entsprechend größer ist die Rendite bzw. umso kürzer ist der Zeitraum, in dem der Kaufpreis durch (die wiederum als konstant angenommenen Cash Flows je Aktie) amortisiert wird. In beiden Fällen ist jedoch zu beachten, dass der Cash Flow zur Finanzierung diverser unternehmerischer Aufgaben benötigt wird – und daher diese Kenngröße in ihrem konkreten Zahlenwert einen gewissen fiktiven Charakter aufweist.

Das Kurs-Cash Flow-Verhältnis stellt eine Maßgröße für die Erwartungen des Kapitalmarktes an die künftige Finanzkraft eines Unternehmens dar. Durch die Verwendung des Cash Flow in der Kennzahl werden die Effekte der Abschreibungen und anderer nicht-auszahlungswirksamer Faktoren neutralisiert. Da die Rechnungslegungsvorschriften und die Rechtsprechung hinsichtlich der Abschreibungen (mitunter nicht unerheblich) variieren, erleichtert diese Kennzahl den Investoren den Branchen-Vergleich auch über nationale Grenzen hinweg.

Eine generelle Vorgabe kann nicht gegeben werden. Als Orientierung zur Beurteilung des eigenen Kurs-Cash Flow-Verhältnisses sind bracheninterne Wettbewerber sowie die Performance der an nationalen und internationalen Börsen gelisteten anderen Unternehmen heranzuziehen.

! **Handlungsanregungen**

Veränderungen dieser relativen Kennzahl können durch über- bzw. unterproportionale Entwicklung des in Beziehung gesetzten Börsenkurses (im Zähler) und des Cash Flows (im Nenner) erreicht werden – siehe dazu im Grundsätzlichen die weiter systematisierenden, ausführlichen Erläuterungen zu Kennzahlen als Quotienten im Anhang I.

Als Ursachen für eine Steigerung des Kurs-Cash Flow-Verhältnisses können z. B. gelten:

- Veränderung des Zählers: Kurssteigerungen durch positive Unternehmensnachrichten (direkt) und/oder verbesserte Einschätzung durch Finanzanalysten (indirekt);
- Veränderung des Nenners: Das Unternehmen ist in einem wettbewerbsintensiven Geschäftsfeld mit zunehmend starker Preiskonkurrenz tätig, sodass der Cash Flow erst auf einem niedrigeren Niveau stabilisiert werden kann, also die Bezugsgröße für den Kurswert in dieser Kennzahl gemindert ist.

Eine – exemplarisch – auf diese Weise „teurer" gewordene Aktie ist für potentielle Investoren möglicherweise unattraktiver geworden, was nicht im Sinne eines auf kontinuierliche Expansion ausgerichteten Unternehmens sein wird.

Da der Aktienkurs – als Ergebnis von Angebot und Nachfrage an der Börse – in der Regel vom Unternehmen praktisch nicht direkt beeinflusst werden kann und nur indirekt z. B. über eine transparente und offene Informationspolitik eine positive Kursentwicklung unterstützt werden kann, stehen hier alle Maßnahmen im Vordergrund, die zur Generierung eines dauerhaft höheren Cash Flows beitragen.

Verwandte Kennzahlen / Zusätzliche Anmerkungen

&

Eine verwandte Kennzahl stellt das „Kurs-Free Cash Flow-Verhältnis" dar. Es setzt den Börsenwert des Unternehmens in Beziehung zum jährlichen Free Cash Flow.

Das Kurs-Gewinn-Verhältnis – bzw. der inhaltsgleiche Begriff des „Price Earnings Ratio" (PER) – zielen in ihrer Aussage in eine ähnliche Richtung, in ihrem Fall den Preis der Aktie relativ zu einer Gewinngröße zu bewerten.

2.10.6 Cash Flow pro Aktie

Fragestellung

?

Welche Höhe des (freien) Cash Flow pro Aktie erreicht ein Unternehmen innerhalb eines bestimmten Betrachtungszeitraums (z. B. in einem Jahr)?

Definition

*

$$\frac{\text{(Free) Cash Flow}}{\text{Anzahl der ausgegebenen Aktien}}$$

Die Kennzahl wird in der Dimension „Geldeinheiten pro Aktie" (z. B. € pro Stück) angegeben.

Ermittlung / Herleitung

»

Der Cash Flow je Aktie errechnet sich durch die Division des Cash Flows durch die Anzahl der ausgegebenen Aktien. Für die Vergangenheit ergibt sich der Kennzahlenwert aus den Berechnungen auf der Grundlage der Angaben in den publizierten Unternehmensberichten zum Jahresabschluss, die erwarteten Werte für die Zukunft basieren – bei externer Sicht – meist auf Analystenschätzungen.

Betriebswirtschaftlicher Aussagewert und Größenordnung

#

Der Cash Flow ist die Summe des durch die operative Tätigkeit erzielten Kassenzuflusses und des vom Unternehmen generierten Kassenzuflusses aus Finanzierung und Investition. Der Free Cash Flow zeigt, in welchem Umfang nach der Berücksichtigung der Fortführung des laufenden Geschäfts (in Form von notwendigen Re-Investitionen in das Anlagevermögen und Umlaufvermögen) noch weitere „freie" Finanzmittel verbleiben.

Aus der Höhe des Cash Flows und seiner im Laufe der Jahre erkennbaren Entwicklung lassen sich Rückschlüsse ziehen auf das Selbstfinanzierungspotential des Unternehmens. Bezogen auf eine Aktie oder auf den Aktienkurs erhält man wichtige Kenngrößen, die im Rahmen der Aktienanalyse den Vergleich mit Unternehmen insbesondere derselben Branche auf nationaler wie internationaler Ebene ermöglichen.

! Handlungsanregungen

Veränderungen dieser relativen Kennzahl können durch über- bzw. unterproportionale Entwicklung des in Beziehung gesetzten (freien) Cash Flows (im Zähler) und der Aktienanzahl (im Nenner) erreicht werden – siehe dazu im Grundsätzlichen die weiter systematisierenden, ausführlichen Erläuterungen zu Kennzahlen als Quotienten im Anhang I.

Der Cash Flow als umsatzbasierter Einzahlungsüberschuss repräsentiert in entscheidendem Maße, wie stark die Eigen- bzw. Selbstfinanzierungskraft durch das Kerngeschäft des Unternehmens getragen wird. Alle preis- und mengenorientierten Beeinflussungsmöglichkeiten auf der Einzahlungs-(Umsatz-)seite, ebenso alle preis- und mengenorientierten Beeinflussungsmöglichkeiten auf der (auszahlungsgleichen) Kostenseite bilden das Spektrum denkbarer Aktionen zur Steigerung des Cash Flows.

Ist im Betrachtungszeitraum z. B. durch eine Kapitalerhöhung die Zahl der Aktien angestiegen, so wird vorgeschlagen, die durchschnittliche Anzahl als Bezugsgröße zu verwenden.

& Verwandte Kennzahlen / Zusätzliche Anmerkungen

Der Cash Flow je Aktie dient u. a. als Grundlage für die Vergleichskennzahl „Kurs-Cash Flow-Verhältnis". Diese Kennzahl dient zur Bewertung der Entwicklung der Finanzkraft eines Unternehmens sowie zum externen Vergleich mit anderen. Gegenüber dem „Kurs-Gewinn-Verhältnis" sind die Kennzahlen „Cash Flow je Aktie" und „Kurs-Cash Flow-Verhältnis" wesentlich unanfälliger gegen bilanzpolitische Gestaltungen.

Wenn der (freie) Cash Flow pro Aktie durch den Kurswert pro Aktie dividiert wird, erhält man den sog. „(free) cash flow yield". Je geringer das Cash Flow-Kurs-Verhältnis, desto unattraktiver ist das Unternehmen und umgekehrt. Die Logik ergibt sich aus dem Bestreben von Investoren, so wenig wie möglich für ein vorgegebenes Cash Flow-Ergebnis zu zahlen.

In Deutschland ist der Kehrwert, das sog. Kurs-Cash Flow-Verhältnis, begrifflich verbreiteter.

2.11 Ökologische Nachhaltigkeits-Kenngrößen

(S) 2.11.1 Ressourceneffizienz

? Fragestellung

Welches Ausmaß hat in einem Unternehmen (oder einem Teilbereich) die Ergiebigkeit einer ökologisch bedeutsamen Ressourcen-Inputgröße (gemessen in Mengeneinheiten) bezüglich einer bestimmten ökonomischen Outputgröße (gemessen in Mengen- oder Geldeinheiten)?

Definition

*

Die Einbindung des Begriffs „Effizienz“ als Teil eines Kennzahlen-Namens erfolgt in Wissenschaft und Praxis nicht einheitlich: Bei der Gegenüberstellung von zwei Mengengrößen handelt es sich im Grunde um eine (technische) Produktivität, sie wird aber vielfach synonym auch als Effizienz bezeichnet. Die konkrete Ausprägung des ersten Teils der Bezeichnung einer einzelnen Kennzahl orientiert sich in der Regel an der betrachteten Input-Ressource (z. B. Energie- oder Materialeffizienz).

$$\frac{\text{Ökonomische Outputgröße (als Ertrags- oder Produktionshöhe)}}{\text{Ökologische Inputgröße (als Ressourcenmenge)}}$$

Als Mengeneinheiten sind prinzipiell denkbar: (Stück-)Zahl, Längen-, Flächen- und Volumeneinheiten, Gewichts-/Masse-, sonstige physikalische Leistungs- sowie Zeitraumangaben.

Daraus ergeben sich – je nach untersuchter Relation – die jeweiligen Dimensionen als Verhältnis von zwei Mengen-Größen (also die Effizienz im Sinne einer technischen Produktivität, z. B. „Produkt-Stückzahl/Tonne Material“; „m^2/kWh“) oder als Verhältnis einer Wert-Größe (im Zähler) und einer Mengen-Größe (im Nenner), also im Sinne einer wirtschaftlichen Effizienz, z. B. „€/m^3 Wasser“; „€/m“.

Ermittlung / Herleitung

»

Voraussetzung, um die erforderlichen Daten für diese ressourcenorientierten Kennzahlentypen zu erhalten, ist die Existenz eines entsprechend detaillierten, computergestützten betrieblichen Umweltinformationssystems (BUIS). Zu den Aufgaben eines BUIS zählt im hier interessierenden Zusammenhang vor allem die Erfassung, Verarbeitung und Aufbereitung ökologisch relevanter Daten, insbesondere

- die mengen- und wertmäßige Erhebung (z. B. der Ressourcenverbräuche und Emissionsmengen)
- die Dokumentation für externe Berichterstattungspflichten (bedingt durch Gesetze, Verordnungen usw.)
- die Bildung von aussagefähigen Kennzahlen, um komplexe Zusammenhänge komprimiert darzustellen und unternehmensintern wie -extern Sachverhalte und Entwicklungen im Zeitablauf vergleichbar machen zu können.

Betriebswirtschaftlicher Aussagewert und Größenordnung

#

Da unternehmerische Leistungsprozesse sich charakteristischer Weise durch die Kombination mehrerer Produktionsfaktoren auszeichnen, die in verschiedenen Dimensionen gemessen werden und meist mehr als ein Produkt- und/oder Dienstleistungstyp erstellt wird, können immer nur eindimensional sog. partielle Ressourceneffizienzen ermittelt und interpretiert werden.

Mit der Quotientenbildung wird implizit von einem Wirkungszusammenhang ausgegangen, der – vereinfachend – vielfach als proportional unterstellt wird, es aber keinesfalls stets sein muss, z. B. wenn der Energieeinsatz aus einer (fixen) Grundlast und einem (variablen) produktionsmengenabhängigen Anteil besteht. Hier könnte es bei der Bestimmung der Energieeffizienz ggf. zu einer verzerrenden Proportionalisierung von fixen Ressourcen-Einsatzmengen kommen.

Eine ökonomisch sinnvolle Aussage zur erstrebenswerten Größenordnung lässt sich daher erst durch einen mehrperiodischen Zeitvergleich (unter Einbindung weiterer Teileffizienzen) inner- und/oder überbetrieblich erreichen. Bei international ausgerichteten Vergleichen sind bei Einbindung von Wertgrößen zusätzlich ggf. aufgetretene zwischenzeitliche Veränderungen der Währungskursverhältnisse zu berücksichtigen.

! Handlungsanregungen

Jede Effizienzmaßgröße ist im Grunde an dem Prinzip der Produktivität und/oder Wirtschaftlichkeit ausgerichtet. Im Sinne der Nachhaltigkeit und des schonenden Umgangs mit knappen Ressourcen bildet die systematische Effizienzmessung im Zeitablauf einen wichtigen Baustein bei der kontinuierlichen Prozessoptimierung, z. B. den Frischwasserverbrauch für Kühlungszwecke schrittweise zu mindern.

Da die Produktionsfaktoren vielfach jedoch substituierbar sind, folgt aus der (beabsichtigten) Steigerung einer Teileffizienz nicht notwendiger Weise auch eine Verbesserung der Gesamteffizienz, insb. wenn eine Effizienzerhöhung eines Faktors gleichzeitig auch auf den gesteigerte Einsatz eines anderen Produktionsfaktors bedingt.

Veränderungen der Kennzahl „Ressourceneffizienz" können generell wieder entsprechend durch über- bzw. unterproportionale Entwicklung der in Beziehung gesetzten Output-Größe (im Zähler) und der Ressourcenart als Input-Größe (im Nenner) erzielt werden – siehe dazu im Grundsätzlichen die weiter systematisierenden, ausführlichen Erläuterungen zu Kennzahlen als Quotienten im Anhang I.

& Verwandte Kennzahlen / Zusätzliche Anmerkungen

Die beiden – oben angeführten – definitorischen Varianten der Ressourceneffizienz können auch im Sinne einer „technischen" und „wirtschaftlichen" Effizienz verstanden werden. Als Synonyme für den erstgenannten Kennzahlentyp sind auch gebräuchlich: „technische Ergiebigkeit"; Ausbeute; Ergiebigkeitsquote; Einsatzgrad – meist sprachlich kombiniert mit dem Inputfaktor „Material"-, „Energie"- usw.

Der Kehrwert der „Ressourceneffizienz", also der gleiche Sachverhalt dargestellt mit getauschtem Zähler und Nenner, wird auch als Ressourcenkoeffizient bezeichnet.

2.11.2 Sustainable Value[7]

Fragestellung ?

Wie hoch ist der nachhaltige Wert, der im Vergleich zu einem Benchmark dadurch geschaffen (oder vernichtet wird), dass ein Unternehmen ein bestimmtes Bündel an ökonomischen, ökologischen und sozialen Ressourcen einsetzt?

Definition *

$$\frac{\text{Summe der Ressourcen-Wertbeiträge}}{\text{Zahl der berücksichtigten Ressourcen (Indikatoren)}}$$

Die Kennzahl „Sustainable Value" wird in der Dimension „Geldeinheiten" (z. B. in €) angegeben.

Ermittlung / Herleitung »

Voraussetzung, um die notwendigen Daten über die verwendete Erfolgsgröße und die Ressourcenmengen des Unternehmens zu erhalten, ist die Existenz eines entsprechend detaillierten computergestützten betrieblichen Umweltinformationssystems (BUIS). Für außenstehende Analysten ist der entsprechende Zugriff (zumindest auf die kumulierten Daten für das Gesamtunternehmen) z. B. auf der Grundlage einer aussagefähigen Nachhaltigkeitsberichterstattung erforderlich.

Für das gewählte Benchmark sind ebenfalls aus volkswirtschaftlich-statistischen Angaben oder für entsprechend enger gefasste Vergleichsgruppen aus geeigneten Datenquellen (z. B. Branchen-Statistiken) die benötigten Informationen zu erheben.

Ohne auf einzelne Detailfragen zwingend eingehen zu müssen, lässt sich die mathematische Berechnung bis hin zur oben genannten Definition in wenige Schritte transparent strukturieren (zum leichteren Verständnis jeweils mit einem einfachen Zahlenbeispiel illustriert):

Schritt 1:
Wahl der Ertragsgröße und Messung ihrer Höhe im Betrachtungszeitraum:

Auf Unternehmensebene kann z. B. die Nettowertschöpfung, aus Gründen der Datenbeschaffbarkeit ermittelt als „EBIT plus Personalaufwand", sinnvoll sein; auf der Ebene des Vergleichsobjekts (Benchmarks) kann z. B. volkswirtschaftlich die Nettowertschöpfung Verwendung finden, ermittelt als „Brutto-Inlandsprodukt (BIP) abzüglich der Abschreibungen auf das Anlagevermögen".

---

7 Zu einer ausführlichen Beschreibung dieser Methodik sei beispielsweise verwiesen auf: Figge/Hahn u. a. (2007) – http://www.new-projekt.de/downloads/newstudielangversion.pdf, Abfrage: 9.9.2009.

Schritt 2:
Wahl der Art der heranzuziehenden Ressourcen-Indikatoren und Messung ihrer Mengen im Betrachtungszeitraum – für das Unternehmen und das Benchmark:

Bei den 10 ausgewählten ökonomischen, ökologischen und sozialen Indikatoren handelt es sich im Basis-Modell (von Figge und Hahn) um: Kapitaleinsatz, Kohlendioxid-Emissionen, Stickoxid-Emissionen, Schwefeloxid-Emissionen, Emissionen leichtflüchtiger organischer Verbindungen (sog. VOC-Emissionen), Wassereinsatz, Abfallerzeugung, Staub-Emissionen, Anzahl der Arbeitsplätze, Anzahl der meldepflichtigen Arbeitsunfälle.

Schritt 3:
Berechnung der einzelnen Ressourcen-Effizienzen – für das Unternehmen (U) und das Benchmark (B) nach der identischen Formel:

$$\frac{\text{Wert der Ertragsgröße}}{\text{Ressourcenmenge}}$$

Beispiel: Die Ressourcen-Effizienz für ein Unternehmen (U) mit einem Wert der Ertragsgröße von 800 € und einer Ressourcenmenge von 20 t beträgt dann 40 € pro Tonne (800 €/20 t). Entsprechend ergibt sich die Ressourcen-Effizienz für ein Benchmark (B) bei einem Wert der Ertragsgröße von 30 000 € und einer Ressourcenmenge von 1000 t als 30 € pro Tonne (30 000 €/1000 t).

Schritt 4:
Berechnung der erzielten Erträge je Ressourcen-Art – für das Unternehmen und das Benchmark (auf der Basis der Unternehmens-Ressourcenmenge):

$$\text{Ressourceneffizienz (U)} \cdot \text{Ressourcenmenge (U)} = \text{Ressourcen-spezifischer Ertrag (U)}$$

(für das Unternehmen: 40 €/t · 20 t = 800 €)

$$\text{Ressourceneffizienz (B)} \cdot \text{Ressourcenmenge (U)} = \text{Ressourcen-spezifischer Ertrag (B)}$$

(für das Benchmark: 30 €/t · 20 t = 600 €)

Schritt 5:
Berechnung des jeweiligen Ressourcen-Wertbeitrags für alle betrachteten Indikatoren des Unternehmens:

Rechnerische Gegenüberstellung für jede Ressource des Ertrags, den das Unternehmen erreicht hat einerseits mit demjenigen Ertrag andererseits, den der Benchmark mit dieser Ressourcenmenge erzielt hätte (Opportunitätskosten)

$$\begin{aligned}\text{Ressourcen-Wertbeitrag} &= \text{Ressourcen-spezifischer Ertrag (U)}\\ &\quad - \text{Ressourcen-spezifischer Ertrag (B)}\end{aligned}$$

(Beispiel für das Unternehmen: 200 € = 800 € – 600 €)

Schritt 6:
Berechnung der Kennzahl „Sustainable Value“ (Nachhaltigkeitswert) als arithmetisches Mittel aller (hier: 10) Ressourcen-Wertbeiträge für das Unternehmen (wie unter obiger Definition beschrieben)

Betriebswirtschaftlicher Aussagewert und Größenordnung

#

Mit der Kenngröße „Sustainable Value“ wird das Ziel angestrebt, die Nachhaltigkeitsleistung eines konkreten Unternehmens in Form eines einzelnen monetären Wertes abzubilden. Dazu wird eine seit langem bewährte Methodik – das Opportunitätskosten-Prinzip – herangezogen. Der „Preis“ pro Einheit einer ökonomischen, ökologischen oder sozialen Ressource entspricht somit dem entgangenen Ertrag einer nicht realisierten alternativen Verwendung dieser Ressource.

Auf den hier behandelten Sachverhalt übertragen, ergibt sich entsprechend folgende Aussage: Ein Unternehmen schafft dann (nachhaltigen) Wert, wenn es die Ressourcen effizienter einsetzt als der Benchmark – rechnerisch wiedergegeben als Ergebnisgröße in Schritt 6. So wird zu einer erhöhten Transparenz und Vergleichbarkeit der Nachhaltigkeits-Performance beigetragen, auf deren Grundlage die betrieblichen Ursachen und Gründe für Unterschiede weitergehend untersucht werden können.

Das Sustainable Value-Konzept gewährleistet in diesem Sinne eine integrierte monetäre „Triple-Bottom-Line-Bewertung“ von Unternehmen. Soziale und ökologische Aspekte können nun (ansatzweise) ebenso gemessen werden, wie es mit dem Kapitaleinsatz seit langem geschieht. Statt einer (weitgehend) alleinigen Zielsetzung einer hohen Kapitalverzinsung (wie z. B. ROI) können Unternehmen und ihre Stakeholder nun eine möglichst hohe Nachhaltigkeitseffizienz anstreben, sie nachvollziehbar messen und durch gezielte Maßnahmen beeinflussen.

Für die anzustrebende Größenordnung des Sustainable Values gibt es keine generalisierbaren, betriebswirtschaftlich begründbaren konkreten Zahlenvorgaben. Als Orientierung sollten neben dem Ziel einer generellen Verbesserung der Ressourceneffizienzen (gemessen als Ist-Ist- oder Plan-Ist-Vergleiche) vielmehr vor allem unternehmensexterne (Branchen-)Durchschnittswerte oder „Best-Practice-Beispiele“ herangezogen werden.

Aufgrund der Weiterentwicklung und kontinuierlichen Präzisierung der Aufzeichnungs- und Erhebungsmethoden sowie des ggf. zwischenzeitlich erfolgten Kaufs bzw. Verkaufs von Unternehmensteilen sind mitunter die von den Konzernen in ihren Berichten präsentierten Zahlen nicht immer unmittelbar vergleichbar.

Handlungsanregungen

!

Die Kennzahl „Sustainable Value“ liefert einen nach bestimmten Kriterien ermittelten monetären Wert, der die Güte der Ressourceneffizienz dieses Unternehmens als Maßstab für nachhaltiges Management repräsentiert.

Ausgehend von der Grundidee eines unternehmerischen Leistungsprozesses, der die Ressourcen nicht nur auf der Input-, sondern auch auf der Output-Seite zuneh-

mend schont, bietet sich ein vielfältiges Spektrum denkbarer Maßnahmenbündel an. Es gilt insbesondere, die Planung, Steuerung und Kontrolle der Abläufe material-, energie- und wasserwirtschaftlicher Art zu analysieren und ggf. gezielt zu verändern. Dazu zählen vor allem:
- das Erkennen von technischen sowie organisatorischen Schwachstellen
- die Initiierung von Verbesserungsmöglichkeiten zur Reduzierung der Energie- und Stoffströme (ggf. durch Herstellung von Systemen der Kreislaufwirtschaft)
- das Entwickeln von Ideen zur Verringerung der jeweiligen Emissionsmengen sowie Umweltwirkungen der Produktionsprozesse
- die Sensibilisierung und Förderung des Umweltbewusstseins der Mitarbeiter, Erhöhung der Motivation sowie Belohnung entsprechenden Handelns im Rahmen des Vergütungssystems.

Da eine zunehmende Zahl von Emissionsstoffen einen (steigenden) Preis hat – z. B. in Form von Umweltsteuern und -abgaben bzw. Kauf von Verschmutzungsrechten, bedeutet eine Minderung des mengenmäßigen Ausstoßes nach Berücksichtigung der Umweltschutzinvestitionen im Allgemeinen (zumindest mittelfristig) auch eine Kostensenkung.

& Verwandte Kennzahlen / Zusätzliche Anmerkungen

Der Sustainable Value-Ansatz nach Figge/Hahn (den beiden Schöpfern dieser Methodik) ist ein offenes Konzept: Jenseits des zentralen Gedankens, das Opportunitätskosten-Prinzip neben ökonomischen nun auch auf ökologische und soziale Ressourcen anzuwenden, besteht Offenheit z. B. hinsichtlich der problem- und entscheidungsadäquaten Bestimmung folgender Elemente:
- Wahl der Ertragsgröße
- Art und Anzahl der berücksichtigten (ökonomischen, ökologischen und sozialen) Ressourcen
- Gewichtung der zum Sustainable Value additiv zu verknüpfenden einzelnen Ressourcen-Wertbeiträge
- Wahl des Benchmarks (z. B. Volkswirtschaft, Branche, sonstige ggf. auch zukünftig erstrebenswerte Performance-Zielgröße im Sinne einer staatlichen Vorgabe).

Das hier beschriebene 10-Indikatoren-Modell ist also nur eine, wenn auch bereits bewährte Variante dieses Sustainable Value-Ansatzes.

Obwohl es sich um das erste Konzept handelt, das die Logik wertbasierter Opportunitätskosten auf das Nachhaltigkeitsmanagement anwendet, sind auch einige methodische und inhaltliche Problematiken derzeit noch nicht vernachlässigbar: Kapital- und/oder ressourcenintensive Unternehmen (Branchen) schneiden im volkswirtschaftlichen (Durchschnitts-)Vergleich tendenziell schlechter ab, wobei allerdings selbst innerhalb eines Wirtschaftszweigs die Kennzahlenwerte der Unternehmen z. T. erheblich differieren und somit Analysebedarf signalisieren. Nicht zuletzt wegen mangelnder Datenverfügbarkeit konzentriert sich der Fokus bislang noch auf einzelne Unternehmen und nicht auf Produkte oder (wünschenswert) auf ganze unternehmensübergreifende Wertschöpfungsketten.

Um die durch die reine Unternehmensgröße bedingten unterschiedlich hohen Sustainable Values der Unternehmen vergleichbar zu machen, kann mit Hilfe des sog. Ertrags-(Opportunitäts-)Kosten-Verhältnisses (abgekürzt: EKV bzw. EOV) eine relative Kennzahl gebildet werden, die dann einen dimensionslosen, in der Regel nicht-ganzzahligen Wert annimmt.

Ein Ergebnis von „1,3" (aus dem obigen Zahlenbeispiel fortgeschrieben als: Wert der Ertragsgröße dividiert durch die Opportunitätskosten; also: 800 €/600 € = 1,3) bedeutet, dass das untersuchte Unternehmen mit seinen eingesetzten Ressourcen 1,3-mal so viel Ertrag erwirtschaftet hat wie der Benchmark mit diesen Ressourcen erzielt hätte (also bsplw. um 30 % besser wäre als die nationale Volkswirtschaft im Durchschnitt). So lassen sich auch Unternehmen größenunabhängig in einem Sustainable Value-Ranking aussagefähig miteinander vergleichen.

2.11.3 Entsorgungskostenanteil

Fragestellung ?

Wie viel Prozent umfassen die Entsorgungskosten an den gesamten Herstellkosten?

Definition *

$$\frac{\text{Entsorgungskosten pro Periode} \cdot 100}{\text{Herstellkosten pro Periode}}$$

Die Kennzahl wird in der Dimension „%" angegeben.

Ermittlung / Herleitung »

Als datentechnische Voraussetzung ist ein ausgebautes internes Informationssystem, insbesondere der Kosten- und Leistungsrechnung, erforderlich, das systematisch ökologisch relevante Kostenarten abgrenzend erfasst und das im Bedarfsfall auch über gesonderte Kostenstellen verfügt (z. B. zur Produktrückführung). Dabei können die zu berücksichtigenden Kostengrößen aufgrund selbst erbrachter Leistungen oder durch die regelmäßige Inanspruchnahme von Fremdfirmen (z. B. Spezialunternehmen zur Produktdemontage) entstehen.

Angesichts einer bislang nicht sehr weitgehenden Standardisierung der einfließenden Daten ist ein Vergleich für ein konkretes Unternehmen im Zeitablauf im Moment noch stärker aussagefähig als ein Vergleich zwischen verschiedenen Unternehmen.

Betriebswirtschaftlicher Aussagewert und Größenordnung

Je umfassender und je einheitlicher definiert die Entsorgungskosten unternehmens- bzw. konzernweit erhoben und separat ausgewiesen werden können, desto besser sind die Wirkungen der Unternehmensaktivitäten zu verfolgen, wenn ressourcenschonender (auf der Input-Seite) und konduktverringernder (auf der Output-Seite) gearbeitet wird.

Die Kennzahl „Entsorgungskostenanteil" soll in diesem Sinne dazu beitragen, die Transparenz über die relative Bedeutung der Entsorgungskosten für Kondukte zu erhöhen, die während des Produktionsprozesses anfallen (z. B. als Abfall, Abwasser, Abluft) oder während bzw. am Ende des Produkt-Nutzungsprozesses (z. B. aufgrund gesetzlicher Rücknahmeverpflichtungen für Ersatz- oder Verschleißteile sowie der Altprodukte).

Als Orientierungen zur Größenordnung der verschiedenen Kennzahlenwerte und für Vergleichszwecke können neben den üblichen unternehmensinternen Möglichkeiten (zwischen organisatorischen Teilbereichen, z. B. Standorten/Werken oder als Ist-Ist- bzw. als Plan-Ist-Relation) – soweit zugänglich – unternehmensextern auch Angaben einzelner Wettbewerber, Branchendurchschnittswerte oder „Best-Practice-Werte" herangezogen werden.

Der jeweilige prozentuale Wert dieser Kennzahl unterliegt zahlreichen Einflussfaktoren. Die Größenordnung wird nicht nur durch ökonomische Entscheidungen der Ressourcen-Sparsamkeit (im Zähler und/oder Nenner) geprägt, sondern auch durch staatliche Rahmenbedingungen, die in Form von Gesetzen und Verordnungen das Entstehen zusätzlicher Kosten bedingen.

! Handlungsanregungen

Unter der Prämisse, dass z. B. branchengleiche Unternehmen über ähnliche Produktionsstrukturen verfügen, liefern Kennzahlenwerte, die (spürbar) von den entsprechenden Durchschnittswerten abweichen, deutliche Impulse, diesen positiven bzw. negativen Entwicklungen stärkere Beachtung zu schenken, sie in ihren Ursachen sowie Konsequenzen zu analysieren und sie dann im Sinne der jeweiligen Unternehmenszielsetzung zu beeinflussen.

Im Rahmen eines systematischen, vorausschauenden Managements können mit Hilfe des sog. Life Cycle Assessment-Ansatzes beispielsweise produktbezogen alternative Werk- und Betriebsstoffe sowie Modulkonzepte in ihren Umweltauswirkungen betrachtet werden – praktisch ganzheitlich von der Rohstoffgewinnung über die Verwendung bis hin zum Recycling bzw. Entsorgen.

Aus generellen ökologischen Zielsetzungen wie Materialeinsparung, Recyclingfähigkeit, Kraftstoffverbrauchsverringerung, Abgasnormunterschreitung, CO_2-Emissionsreduzierung und Lärmminderung lassen sich mit dieser Methodik mehrstufig über produktbezogene Lastenhefte konkrete Vorgaben und geeignete Maßnahmen ableiten.

So beginnt die Grundlegung für ein später optimales Recycling bereits in der Design- und Konzepterstellungsphase für Neuprodukte. Ggf. ist der Aufbau und Betrieb eines flächendeckenden Netzes von Rücknahmestellen zur Entsorgung von Ersatz- und Verschleißteilen, Verbrauchsstoffen (wie Ölen) oder der Altprodukte selbst erforderlich.

Kostensenkungen sind dabei u. a. insbesondere bei den mit Abwasser und Abfällen verschiedener Klassifikationen verbundenen Behandlungs- und Entsorgungskosten erzielbar – durch mengenmäßige Verminderung des Abfallaufkommens und Abwasseranfalls einerseits und den zunehmenden Verzicht auf gefährliche und in der Regel auch teurer zu entsorgende Stoffe andererseits.

Letztlich setzt sich auch bei der Gestaltung der Entsorgungskosten im Rahmen eines Nachhaltigkeitsmanagements ein wirksames Bündel von Maßnahmen unternehmensspezifisch aus einer Mehrzahl von strategischen und operativen Initiativen zusammen, die möglichst inhaltlich und zeitlich aufeinander abgestimmt sein sollten.

Verwandte Kennzahlen / Zusätzliche Anmerkungen

&

Zu weiteren, ähnlich ausgerichteten Kennzahlen zählen vor allem: Recyclingquote; Ausschussquote; Entsorgungskosten pro Outputmengen-Einheit; Nichtkonformitätskostenanteil.

Sog. Abrisskosten, die beim Ab- oder Rückbau von maschinellen Anlagen und Gebäuden entstehen, werden üblicherweise getrennt von den allgemeinen Entsorgungskosten ausgewiesen, da die Verschrottung – und bei Bautätigkeiten der damit verbundene Bodenaushub mit ggf. kontaminierten Böden – meist unregelmäßig erfolgt.

3 Kunden-Perspektive

3.1 Kundenbeziehungs-Kenngrößen

3.1.1 Kunden-Zugangsquote

Fragestellung ?

Wie groß ist das Verhältnis der neu geschlossenen Kundenbeziehungen in Relation zur Summe der bestehenden Kundenbeziehungen?

Definition *

$$\frac{\text{Anzahl der neuen Kundenbeziehungen} \cdot 100}{\text{Anfangs-Bestand an Kundenbeziehungen}}$$

Die periodenbezogene Kennzahl „Kunden-Zugangsquote" (z. B. pro Jahr oder Quartal) wird in der Dimension „%" angegeben.

Ermittlung / Herleitung »

Die für diese Quotienten-Kennzahl erforderlichen Daten sind speziellen, dem externen Rechnungswesen vorgelagerten Informationssystemen („Statistiken"; „Kunden- und Auftragsdatenbanken") der Marketing-, Vertriebs- oder Verkaufsabteilung zu entnehmen. Dabei ist auf eine klare Umschreibung zu achten, nach welchen Kriterien ein Kunde als „neu" gilt, wie groß beispielsweise die zeitliche Spanne zu einem möglicherweise früher getätigten Kauf sein muss.

Betriebswirtschaftlicher Aussagewert und Größenordnung #

Die Kunden-Zugangsquote ist betriebswirtschaftlich dem Kundenbeziehungsmanagement – Customer Relationship Management (CRM) – zuzuordnen, genauer: dem ersten „R" im 3R-Ansatz des Relationship Marketing (R – Recruitment/Neukundengewinnung; R – Retention/Kundenbindung; R – Recovery/Kundenrückgewinnung). Die Kennzahl drückt das Ergebnis der unternehmerischen Bemühungen um neue Kunden im Verhältnis zum bisherigen Kundenbestand aus und besitzt eine besondere Relevanz im Sinne eines Frühwarn- bzw. Früherkennungsindikators für zukünftige (zusätzliche) Umsätze und (mögliche) Gewinne.

Bei ganzheitlicher Betrachtung sollte „spiegelbildlich" die „Kunden-Abgangsquote" einbezogen werden, um den Netto-Zuwachs oder -Rückgang zu ermitteln. Ferner ist die generelle (Markt-)Entwicklung sowie die der stärksten Konkurrenten zu beachten, um zu erkennen, ob über- oder unterdurchschnittliche Resultate erzielt wurden.

Eine betriebswirtschaftlich generalisierende Vorgabe für die anzustrebende Größenordnung ist nicht bestimmbar. Neben den üblichen unternehmensinternen

Vergleichsmöglichkeiten (zwischen organisatorischen Teilbereichen als Ist-Ist- und Plan-Ist-Relation) können unternehmensextern – soweit verfügbar – Branchendurchschnittswerte oder „Best-Practice-Werte" herangezogen werden.

! **Handlungsanregungen**

Im Mittelpunkt der Neukundengewinnung steht das weite Spektrum aller Maßnahmen, die der erstmaligen Deckung des Kundenbedarfs dienen oder der Präferenzschaffung, von einem Konkurrenzanbieter zum eigenen Unternehmen zu wechseln. Unter der Prämisse, dass branchengleiche Unternehmen über ähnliche Ertrags- und Kostenstrukturen verfügen, liefern Kennzahlenwerte, die (spürbar) von den entsprechenden Durchschnittswerten abweichen, deutliche Impulse, diesen positiven bzw. negativen Entwicklungen stärkere Beachtung zu schenken und sie im Sinne der jeweiligen Unternehmenszielsetzung zu beeinflussen.

& **Verwandte Kennzahlen / Zusätzliche Anmerkungen**

Als Synonyme für die Kennzahl „Kunden-Zugangsquote" sind gebräuchlich: Kunden-Neugewinnungsquote; Neukunden-Rate; Kundenzuwanderungsquote; Kundenakquisitionsrate; Neukundenintensität.

Der dargestellte Quotient aus anzahlbasierten Angaben (mengenmäßige Variante) kann auch ergänzt (gewichtet) um die Umsätze (wertmäßige Variante) erhoben werden. Im letzteren Fall wird dann deutlich, welcher (jährliche) Umsatz anteilsmäßig auf neue Kunden entfällt. In analoger Weise kann auch auf die durchschnittlich zu erwartenden Deckungsbeiträge oder ggf. auf den Customer Lifetime Value (CLV) abgestellt werden.

Mitunter wird die Nenner-Größe als „durchschnittlicher" Kunden-Bestand definiert – dann enthält die Bezugsbasis der Analysen allerdings sowohl bereits die Hälfte der Kunden-Zugänge wie auch der -Abgänge und ist insoweit „verwässert".

3.1.2 Kunden-Abgangsquote

? **Fragestellung**

Wie groß ist das Verhältnis der (offen oder verdeckt) gelösten Kundenbeziehungen in Relation zur Summe der bestehenden Kundenbeziehungen?

***** **Definition**

$$\frac{\text{Anzahl der beendeten Kundenbeziehungen} \cdot 100}{\text{Anfangs-Bestand an Kundenbeziehungen}}$$

Ermittlung / Herleitung

»

Die für diese Quotienten-Kennzahl erforderlichen Daten sind speziellen, dem externen Rechnungswesen vorgelagerten Informationssystemen („Statistiken“; „Kunden- und Auftragsdatenbanken“) der Marketing-, Vertriebs- oder Verkaufsabteilung zu entnehmen.

Betriebswirtschaftlicher Aussagewert und Größenordnung

#

Die Kunden-Abgangsquote ist betriebswirtschaftlich dem Kundenbeziehungsmanagement – Customer Relationship Management (CRM) – zuzuordnen, genauer: dem dritten „R“ im 3R-Ansatz des Relationship Marketing (R – Recruitment/Neukundengewinnung; R – Retention/Kundenbindung; R – Recovery/Kundenrückgewinnung). Die Kennzahl zeigt auf, in welchem (relativen) Umfang Kunden in der Betrachtungsperiode nicht mehr beim Unternehmen gekauft haben und besitzt insofern eine besondere Relevanz im Sinne eines Frühwarn- bzw. Früherkennungsindikators für zukünftige Umsatz- und damit verbundene (mögliche) Gewinnrückgänge.

Eine betriebswirtschaftlich generalisierende Vorgabe für die anzustrebende Größenordnung ist nicht bestimmbar. Neben den üblichen unternehmensinternen Vergleichsmöglichkeiten (zwischen organisatorischen Teilbereichen als Ist-Ist- und Plan-Ist-Relation) können unternehmensextern – soweit verfügbar – Branchendurchschnittswerte oder „Best-Practice-Werte“ herangezogen werden.

Bei ganzheitlicher Betrachtung sollte „spiegelbildlich“ die „Kunden-Zugangsquote“ einbezogen werden, um den Netto-Zuwachs oder -Rückgang zu ermitteln. Ferner ist die generelle (Markt-)Entwicklung sowie die der stärksten Konkurrenten – im Sinne von relativen Zielen – zu beachten, um zu erkennen, ob über- oder unterdurchschnittliche Kennzahlen-Ausprägungen konstatiert werden müssen.

Handlungsanregungen

!

Um aussagefähige Informationen zu erlangen, sind in der Regel spezielle Formen zusätzlicher Analysen einzusetzen, die über den hier beschriebenen prozentualen (Mengen-)Wert hinaus ggf. auch die Umsatz- und Ergebniseinbußen aufzeigen sowie die Ursachen für die beendeten Kundenbeziehungen erheben. Vor allem ist im Einzelnen darauf zu achten, ob es sich um „verlorene“ A-, B- oder C-Kunden handelt.

Ausgangspunkt bildet die Erfassung der Abwanderungsgründe, die sich
- auf die konkrete Unzufriedenheit des Kunden mit dem Angebot des Unternehmens beziehen können,
- auf direkte präferenzschaffende Aktionen durch Konkurrenzanbieter zurückführen lassen oder
- aus veränderten (persönlichen) Bedarfssituationen beim Kunden ergeben.

Im Mittelpunkt der Rückgewinnung profitabler Kunden (sog. Wiedergewinnungsmanagement/Customer Recovery) steht das weite Spektrum aller Maßnahmen, tatsächlich abgewanderte Kunden wieder zurückzuholen und potenziell in absehbarer Zeit abwanderungsgefährdete Kunden zu binden. Hierzu zählt die umfassende Erhebung der Abgangsgründe, möglichst ihre Behebung, die konkrete Rückgewinnung der entsprechenden Kunden und eine begleitende Betreuung. Zu beachten ist jedoch: Beendete Kundenbeziehungen, die beispielsweise keine oder nur geringe Erträge erbrachten oder voraussichtlich erbracht hätten, schaffen Freiräume für die Pflege finanziell attraktiverer Geschäftsverbindungen.

& **Verwandte Kennzahlen / Zusätzliche Anmerkungen**

Als Synonyme für die „Kunden-Abgangsquote" sind gebräuchlich: Kundenabwanderungsquote; Kundenverlustintensität; Kundenkündigungsrate.

Der in diesem Zusammenhang vielfach verwendete Begriff der Kundenfluktuation wird terminologisch sehr unterschiedlich gehandhabt: Die beispielsweise als Quotient ausgedrückte Relation von „Anzahl neu gewonnener Kunden" zu „Anzahl verlorener Kunden" kann zu erheblichen Fehlinterpretationen führen, wenn die absoluten Werte des Zählers und Nenners unbekannt sind: Sind beide Größen identisch, der Quotient also 1, kann das bei kleinen absoluten Werten ein betriebswirtschaftlich gutes Zeichen sein, bei hohen absoluten Werten sind die Gründe für den starken Wechsel im Hinblick auf ihr Chancen- und Risikopotenzial zu prüfen.

Der hier dargestellte Quotient aus anzahlbasierten Angaben (mengenmäßige Variante) kann auch ergänzt (gewichtet) um die Umsätze (wertmäßige Variante) erhoben werden. Im letzteren Fall wird dann deutlich, welcher (jährliche) Umsatzrückgang anteilsmäßig auf „verlorene" Kunden entfällt. In analoger Weise kann ebenso auf die durchschnittlich zu erwartenden Minderungen der Deckungsbeiträge oder ggf. auf den Customer Lifetime Value (CLV) abgestellt werden.

Mitunter wird die Nenner-Größe als „durchschnittlicher" Kunden-Bestand definiert – dann enthält die Bezugsbasis der Analysen allerdings sowohl bereits die Hälfte der Kunden-Zugänge wie auch der -Abgänge und ist insoweit „verwässert".

3.1.3 Kundenbeziehungsdauer

? **Fragestellung**

Welchen zeitlichen Umfang hat eine Geschäftsbeziehung (bzw. Kunden-Lieferanten-Beziehung) im konkreten Einzelfall oder im Durchschnitt bezogen auf ein bestimmtes Kundensegment?

***** **Definition**

Als Kundenbeziehungsdauer wird jene Zeitspanne bezeichnet, in der ein geregelter, oftmals auch durch vertragliche Abmachungen gesicherter Austauschprozess von Produkten und/oder Dienstleistungen zwischen dem Unternehmen und dem Kunden stattfindet.

Die Kennzahl „Kundenbeziehungsdauer“ wird in der Zeit-Dimension, meist „in Jahren“, angegeben.

Ermittlung / Herleitung

»

Die für diese Kennzahl erforderlichen Zeitpunkt-Daten (zum Starttermin bei Aufnahme der Geschäftsbeziehung und zum Endtermin, wenn alle vertraglichen Verpflichtungen erfüllt wurden) sind speziellen, dem externen Rechnungswesen vorgelagerten Informationssystemen („Statistiken“; „Kunden- und Auftragsdatenbanken“) der Marketing-, Vertriebs- oder Verkaufsabteilung zu entnehmen.

Betriebswirtschaftlicher Aussagewert und Größenordnung

#

Die Kundenbeziehungsdauer ist betriebswirtschaftlich dem Kundenbeziehungsmanagement – Customer Relationship Management (CRM) –zuzuordnen, genauer: im Kern dem mittleren „R“ im 3R-Ansatz des Relationship Marketing (R – Recruitment/Neukundengewinnung; R – Retention/Kundenbindung; R – Recovery/Kundenrückgewinnung). Die Kennzahl zeigt auf, in welchem zeitlichen Umfang durchschnittlich eine Kundenbeziehung (ggf. nach weiteren Segmentierungskriterien aufgeschlüsselt) Bestand hat. Unter Abschätzung des in diesem Zeitraum nach (hochgerechneten) Erfahrungswerten erzielbaren Umsatzes (und Gewinns) können weitere Erkenntnisse zum Kundenmanagement gewonnen werden (z. B. Segmentierung in A-, B- und C-Kunden sowie die typgerechte Ausgestaltung des Marketing-Mix auf die jeweiligen Kundenbelange).

Als Orientierungen zur Größenordnung dieser Kennzahlenwerte können neben den üblichen unternehmensinternen Vergleichsmöglichkeiten (zwischen organisatorischen Teilbereichen als Ist-Ist- und Plan-Ist-Relation) unternehmensextern – soweit verfügbar – Branchendurchschnittswerte oder „Best-Practice-Werte“ herangezogen werden.

Handlungsanregungen

!

Zu einer sinnvoller Weise ganzheitlichen Betrachtung sollte ergänzend sowohl die Entwicklung der „Kunden-Zugangsquote“ als auch der „Kunden-Abgangsquote“ einbezogen werden, um die Fluktuationsintensität zu erkennen. Ferner sind die generelle (Markt-)Entwicklung sowie die der stärksten Konkurrenten zu beachten, um zu erkennen, ob über- oder unterdurchschnittliche Kennzahlen-Ausprägungen konstatiert werden müssen.

Mit einer (anzustrebenden) Verlängerung der Kundenbeziehungsdauer wird im Allgemeinen die Hypothese verbunden, dass durch ersparte Akquisitionskosten und vielfach auch im Zeitablauf sinkende begleitende Kommunikationskosten zu bestehenden Kunden die Rentabilität einer Beziehung ansteigt. Ob diese und ähnliche Faktoren im Einzelfall zutreffen, muss jeweils vom betrachteten Unternehmen geprüft werden.

Zur angestrebten Verlängerung profitabler Kundenbeziehungen dienen die Maßnahmen, die auch begrifflich mit der sog. Kundenbindung bezeichnet werden. Dazu gehören vor allem:

- die Festigung und Stärkung der Geschäftsbeziehungen durch ein Loyalitätsmanagement (Effizienzmessung z. B. über Kundenzufriedenheitsanalysen)
- die Stabilisierung gefährdeter Beziehungen und Verhinderung von Kündigungen (reklamierender, aber auch nicht reklamierender Kunden) durch ein leistungsfähiges Beschwerdemanagement.

Im Zentrum der Rückgewinnung profitabler Kunden (sog. Wiedergewinnungsmanagement/Customer Recovery) steht – auf der Basis einer systematischen Analyse der Abwanderungsgründe – das weite Spektrum aller Maßnahmen, die Ursachen möglichst zu beheben und tatsächlich abgewanderte Kunden wieder zurückzuholen (sog. Revitalisierung).

& Verwandte Kennzahlen / Zusätzliche Anmerkungen

In der Medienbranche, z. B. im Geschäftsfeld „Buchclub", wird mitunter statt von der Kundenbeziehungsdauer – im Sinne einer durchschnittlichen Mitgliedsdauer – synonym auch von der (einzelwirtschaftlichen Kunden-)„Mortalitätsdauer" gesprochen.

3.1.4 Kundenbedeutungsgrad

? Fragestellung

Gerät das Unternehmen bei Weggang des betrachteten Kunden in die Verlustzone?

*** Definition**

$$\frac{\text{Umsatzanteil des betrachteten Kunden (in \%)}}{100\,\% - \text{Break-Even-Kapazität (in \%)}}$$

Der Wert der Kennzahl wird dimensionslos als Dezimalzahl angegeben (z. B. als 0,8).

Die Break-Even-Kapazität wird vielfach auch als Kapazitätsgrad bezeichnet.

» Ermittlung / Herleitung

Zur Erhebung der benötigten Daten ist zum einen das Vorliegen einer Teilkostenrechnung, also die systematische Aufspaltung innerhalb der Kosten- und Leistungsrechnung in variable und fixe Komponenten in Form einer sog. Deckungsbeitragsrechnung (Fixkostendeckungsrechnung) erforderlich, zum anderen eine Umsatzstatistik – nach Kunden geordnet.

Betriebswirtschaftlicher Aussagewert und Größenordnung

#

Die Kennzahl „Kundenbedeutungsgrad" besitzt den Charakter eines Risiko-Indikators. Er veranschaulicht die Abhängigkeit von Großabnehmern im Sinne „bedeutender Kunde", die daran gemessen wird, ob sich das Unternehmen ohne diesen Kunden unterhalb seiner Gewinnschwelle befindet, also Verluste macht.

Ergibt der Quotient einen Wert größer als eins, so ist der Kunde „bedeutend", sein Weggang führt das Unternehmen (zumindest kurzfristig) in die Verlustzone. Ist der Wert kleiner als eins, so verbleibt das Unternehmen trotz des Verlustes dieses einzelnen Kunden in der Gewinnzone. Da diese (auch vorausschauend erstellbare) Risiko-Untersuchung auf dem gedanklichen Fundament der Break-Even-Analyse beruht, sind auch die methodischen Grenzen dieses operativen Instruments zu beachten.

Handlungsanregungen

!

Das methodische Instrumentarium, in dem die Kennzahl „Kundenbedeutungsgrad" ermittelt werden kann, ist die Gewinnschwellenanalyse. Obwohl sie unter formalen Gesichtspunkten in ihrer Basisversion von stark eingrenzenden Annahmen geprägt ist (z. B. statische Betrachtung, Ein-Produkt-Modell), führt ihre hohe Anschaulichkeit bei kurzfristigen Betrachtungen in der Praxis dennoch zu einer intensiven Anwendung.

Der kurzfristige Zeithorizont der Teilkostenrechnung und des Grundmodells der Gewinnschwellenanalyse bedingt ein nur eingeschränktes Spektrum an Maßnahmenbündeln. Sie beziehen sich auf die Gestaltungsmöglichkeiten der – in der Definition enthaltenen – Parameter „Stückpreis" und „variable Stückkosten", die multipliziert mit der „Absatz-Menge" den Perioden-Deckungsbeitrag bedingen sowie die Perioden-Fixkosten. Durch einzeln oder kombiniert ergriffene Maßnahmen der Preispolitik einerseits und des Kostenmanagements andererseits (insb. in Form einer Minderung der variablen Stückkosten und ggf. ansatzweise der fixen Perioden-Kosten) kann eine Senkung des Break-Even-Umsatzes angestrebt werden, d. h. die Gewinnschwelle wird bereits bei einer geringeren Kapazitätsauslastung erreicht.

Insbesondere sollen durch diese Kennzahl wesentliche Abhängigkeiten von einzelnen Kunden aufgedeckt und in ihrer (möglicherweise auch negativen) Wirkung verdeutlicht werden, ggf. sind Maßnahmen zur Verhinderung zu prüfen (z. B. verstärkte Verbreiterung der Kundenbasis durch Neuakquisitionen).

Verwandte Kennzahlen / Zusätzliche Anmerkungen

&

Der sog. Kundenbedeutungsgrad zählt zur „Familie" der Kennzahlen der Gewinnschwellenanalyse. Hierzu gehören neben der zentralen Größe des Break-Even-Punktes (und des entsprechenden Kapazitätsgrades) die Sicherheitsspanne (gemessen in Geld- oder Mengeneinheiten) und der Sicherheitsgrad (gemessen in %) sowie der Cash Point. Ihre Verknüpfung auf der Ebene einzelner Produkte, Produktgruppen oder spezifisch abgegrenzter Segmente vermittelt für einen kurzfristigen Zeithorizont wesentliche Einblicke in die wirtschaftliche Erfolgs- und Risikolage des Betrachtungsobjekts.

In seiner inhaltlichen Ausrichtung entspricht er – kundenbezogen – den mit den Kennzahlen „Sicherheitsgrad“ bzw. „Sicherheitskoeffizient“ angestrebten Sachverhaltsanalysen.

3.1.5 Cross Selling-Quote

? **Fragestellung**
In welchem prozentualen Umfang können an Bestandskunden weitere, bisher von ihnen noch nicht abgenommene Produkte und Dienstleistungen (z. B. aus anderen Geschäftsbereichen) des Unternehmens veräußert werden?

★ **Definition**
Jeweils bezogen auf konkrete Einzelkunden oder Kundengruppen:

$$\frac{\text{Umsatz mit noch nicht abgenommenen Produkten und Dienstleistungen} \cdot 100}{\text{Umsatz mit bisherigen Produkten und Dienstleistungen}}$$

Die Kennzahl „Cross Selling-Quote“ wird in der Dimension „%“ angegeben.

» **Ermittlung / Herleitung**
Die für diese Quotienten-Kennzahl erforderlichen Daten sind u. a. speziellen, dem externen Rechnungswesen vorgelagerten Informationssystemen („Umsatzstatistiken“; „Kundenprofil-Datenbanken“; „Data Base Marketing“) der Marketing-, Vertriebs- oder Verkaufsabteilung zu entnehmen. Ist-Umsätze können aus der Finanzbuchhaltung gewonnen werden. Für Planungszwecke zur Abschätzung des Cross Selling-Potenzials sind Kunden nach verschiedenen geeigneten Bedarfs- und Verhaltensindikatoren ausgewählten Segmenten zuzuordnen.

**Betriebswirtschaftlicher Aussagewert und Größenordnung**
Die Cross Selling-Quote ist betriebswirtschaftlich dem Kundenbeziehungsmanagement – Customer Relationship Management (CRM) – zuzuordnen, genauer: im Kern dem mittleren „R“ im 3R-Ansatz des Relationship Marketing (R – Recruitment/Neukundengewinnung; R – Retention/Kundenbindung; R – Recovery/Kundenrückgewinnung). Die Kennzahl zeigt auf, in welchem (relativen) Umfang die Kundenbeziehung in der Betrachtungsperiode intensiviert werden konnte – mit bis dahin vom Kunden bei diesem Unternehmen noch nicht abgenommenen Produkten und Dienstleistungen.

Vor allem bei Unternehmen mit mehreren Bereichen (sowohl bei Industrie- wie auch Bank- oder Versicherungskonzernen) soll eine bestehende Kundenbeziehung möglichst auch auf die weiteren Geschäftszweige ausgedehnt werden. Je nach Umfang der bisherigen Umsatzhöhe im angestammten Geschäftsfeld ist der prozentuale

Wert der Cross Selling-Quote u. U. zwar zunächst gering, sollte aber im Zeitablauf zur Orientierung im Sinne einer verstärkten Kundenbindung dienen.

Handlungsanregungen

!

Voraussetzung für eine wirtschaftlich erfolgreiche Cross Selling-Strategie ist ein ausgebautes (internes und) externes Rechnungswesen, das eine mehrstufige Ermittlung der Kundenprofitabilität ermöglicht. Sie kann aus der Sicht des Unternehmens u. U. durch weitere gezielte Produkt- und/oder Dienstleistungsumsätze erst erreicht bzw. systematisch gesteigert werden. Vielfach besteht das Bestreben der Unternehmen darin, an eine Basis- oder Einstiegsleistung anknüpfend für weitere (Zusatz-)Angebote Kaufinteresse beim Kunden zu wecken, die Loyalität des Kunden zum Unternehmen somit von einem Geschäftsfeld auf ein anderes zu übertragen.

Verwandte Kennzahlen / Zusätzliche Anmerkungen

&

In der ohnehin stark von Anglizismen geprägten Fachsprache des Marketings verwenden einige Unternehmen das Wort „attaching" zur Bezeichnung ihrer Cross Selling-Strategie. Werden teurere Varianten oder Zusatzleistungen im Rahmen der Cross Selling-Strategie angeboten, spricht man auch von „up-selling".

Die Cross Selling-Quote ist ein Maßstab aus dem Bereich des Kundenbindungsmanagements in Verbindung mit der Gestaltung der Kundenzufriedenheit. Hier sind entsprechende Verknüpfungen mit weiteren Kennzahlen als Früh- und Spätindikatoren sinnvoll (z. B. Entwicklung des Kundenzufriedenheits-Index oder Umsatzhöhe je Kunde).

Neben der wertmäßigen Darstellungsform kann diese Kenngröße im Zähler und im Nenner auch in Mengeneinheiten ausgewiesen werden.

3.1.6 Customer Lifetime Value (CLV)

Fragestellung

?

Ist eine aktuelle oder potenzielle Kundenbeziehung aus investitionspolitischer Perspektive (z. B. auf der Basis der Kapitalwertmethode) als ökonomisch positiv zu bewerten? – Wie viel darf die Marketing-Abteilung bei einer vorgegebenen Gewinnmarge maximal zusätzlich ausgeben, um einen Kunden neu zu gewinnen oder zu binden?

Definition

*

Mit dem Instrument der dynamischen Investitionsrechnung wird der ökonomisch messbare Wert eines Kunden über die gesamte Dauer der Geschäftsbeziehung betrachtet. In diesem Sinn entspricht der Customer Lifetime Value dem zu ermittelnden Kapitalwert.

$$C_0 = \sum_{t=0}^{w} (e_t - a_t) \cdot (1 + i)^{-t}$$

Wobei gilt:
C_0 = Kapitalwert (in Periode t = 0)
t = Periodenindex
w = Zahl der betrachteten zukünftigen Perioden (meist Jahre)
e_t = Einzahlung in Periode t
a_t = Auszahlung in Periode t
i = Kalkulationszinsfuß

Die Kennzahl „Customer Lifetime Value“ wird gemessen in der Dimension „Geldeinheiten“ (z. B. in €).

» Ermittlung / Herleitung

Die Geschäftsbeziehung zu einem Kunden wird wie ein Investitionsobjekt betrachtet und rechnerisch behandelt. Die erforderlichen Prognose-Daten zur Höhe und Terminierung der voraussichtlichen Einzahlungs- und Auszahlungsströme, die sich auf die betrachtete Kundenbeziehung erstrecken, basieren weitgehend auf Schätzungen, die aufgrund geeigneter Indikatoren vorgenommen werden. Bei privaten Kunden können z. B. Faktoren wie Alter, Beruf, Vermögen und Lebensstil herangezogen werden, bei Geschäftskunden sind u. a. branchen- und firmenspezifische Faktoren wie Marktwachstum, relative Wettbewerbsposition, finanzielle Stabilität und Technologiekompetenz denkbare Anhaltspunkte.

Betriebswirtschaftlicher Aussagewert und Größenordnung

Die Kennzahl des „Customer Lifetime Value“ stellt das Ergebnis eines dynamischen Verfahrens der zukunftsorientierten Kundenbewertung dar. Es gilt den Kapital- bzw. Barwert des betrachteten Kunden zu ermitteln. Wie bei jeder Form einer dynamischen Investitionsrechnung bestehen die entsprechenden Unsicherheiten bezüglich

- der getroffenen Zukunftsannahmen,
- des Verlaufs des erwarteten Kundenlebenszyklus und
- der sich daraus ergebenden Zahlungsflüsse.

Unter Berücksichtigung der generellen Prognose-Problematik können jedoch über eine reine Vergangenheitsbetrachtung hinaus – wie sie typisch ist für viele andere Ansätze – bei diesem Customer Lifetime Value-Konzept finanzielle Erwartungen zur Kundenbeziehung, ausgedrückt in einem Vermögenswert, abgeleitet werden, welche Umsätze (und Gewinne) voraussichtlich in Zukunft erzielbar sind, wann ggf. die Gewinnschwelle in der Kundenbeziehung (im Sinne einer dynamischen Amortisationsdauer) erreichbar ist, usw.

Handlungsanregungen

!

Die Kennzahl „Customer Lifetime Value" ist betriebswirtschaftlich dem Kundenbeziehungsmanagement – Customer Relationship Management (CRM) – zuzuordnen und berührt alle 3 Perspektiven des sog. 3R-Ansatzes des Relationship Marketing (R – Recruitment/Neukundengewinnung; R – Retention/Kundenbindung; R – Recovery/Kundenrückgewinnung). Entsprechend umfassend zeigt sich das Spektrum möglicher Maßnahmen – beispielhaft seien angeführt:

- Potenzialausschöpfung hinsichtlich einer (direkten) Verkaufsvolumensteigerung durch Up-Selling und Cross-Selling sowie indirekt bei anderen Kunden durch eine positive „Mund-zu-Mund-Werbung"
- Potenzialausschöpfung hinsichtlich einer höheren Preisbereitschaft, in wesentlichem Maße basierend auf einer besonderen (direkten) Kundenzufriedenheit und Kundenloyalität sowie indirekt bei anderen Kunden hervorgerufen durch eine positive „Mund-zu-Mund-Werbung"
- Potenzialausschöpfung hinsichtlich unterdurchschnittlicher (direkter) Werbe- und Betreuungsausgaben durch geringeren Informations- und Koordinationsbedarf sowie geminderte Akquisitionsausgaben bei der Neukundengewinnung – wiederum hervorgerufen durch eine positive „Mund-zu-Mund-Werbung".

Verwandte Kennzahlen / Zusätzliche Anmerkungen

&

Im Zusammenhang mit dem Customer Lifetime Value-Ansatz können sich als weitere typische Fragen ergeben:

- Für welche Kunden(gruppen) lohnt sich welcher Akquisitionsaufwand? –
- Wie lässt sich die Kundenbindung über Cross Selling- oder Up Selling-Strategien wirtschaftlich noch ertragreicher gestalten? –
- Ist der Abgang eines Kunden in der Zukunftsperspektive ein „Verlust", hat der entsprechende Kapitalwert der Kundenbeziehung ein negatives oder positives Vorzeichen?

3.1.7 Kundenzufriedenheits-Index

Ⓢ

Fragestellung

?

In welchem Ausmaß sind die Kunden mit den vom Unternehmen erworbenen Produkten und Dienstleistungen zufrieden?

Definition

*

Ein Kundenzufriedenheits-Index stellt eine anschauliche Kenngröße dar, mit der der komplexe Sachverhalt der Kundenzufriedenheit vereinfacht abgebildet werden soll. Für die Berechnung gibt es zahlreiche Vorgehensweisen, wobei eine nachfolgend beispielhaft skizziert werden soll:

$$\frac{\left(\sum\left(\begin{array}{c}\text{Durchschnittliche Zufriedenheits-Bewertung} \cdot \text{Gewichtung}\\ \text{je Parameter}\end{array}\right)\right) \cdot 100}{\begin{array}{c}\text{Maximalwert auf der Zahlenskala für die Bewertung}\\ \text{(z. B. „10“ für „sehr zufrieden“)}\end{array}}$$

Der „Kundenzufriedenheits-Index“ kann in diesem Fall in der Dimension „%“ angegeben werden.

» Ermittlung / Herleitung

Die Kundenzufriedenheits-Bewertungen entstammen meist speziellen Kundenbefragungen, die üblicherweise durch die Marketing-/Vertriebsabteilung oder extern beauftragte Institute in regelmäßigen Abständen durchgeführt werden.

Nach der Auswahl der zu verwendenden Parameter, die die Kundenzufriedenheit prägen (z. B. Produkt-Qualität, Preisniveau, Verpackung, Lieferbedingungen, Freundlichkeit des Verkaufspersonals) ist deren Relevanz aus Kundensicht zu gewichten (z. B. aufgeteilt auf eine Gesamtsumme von 100 %). Im folgenden Schritt ist jeweils die Ausprägungsgüte der Parameter aus Abnehmersicht zu bewerten, inwieweit die Kunden also ihre eigenen Erwartungen hinsichtlich der einzelnen Parameter von dem jeweiligen Unternehmen als erfüllt ansehen. Die Skala kann (in Anlehnung an Schulnotensysteme) beispielsweise in „sehr gut“ – „gut“ – „befriedigend“ – „ausreichend“ – „mangelhaft“ unterteilt sein oder ähnliche abgestufte Einschätzungen als Bewertungsmaße vorsehen.

Für die rechnerische Umsetzung wird diese „Noten-Skala“ in eine „Punkte-Skala“ transformiert, z. B. in „10 – 7,5 – 5 – 2,5 – 0“. Aus der jeweiligen Kundenzufriedenheit je Parameter wird aus allen Befragungsergebnissen der Abnehmer ein Durchschnittswert gebildet und mit der Gewichtung dieses Parameters multipliziert. Diese addierten Kundenzufriedenheitswerte werden in Relation zum maximal erreichbaren Punktwert gesetzt und anschließend mit „100 Prozent“ multipliziert. Das Ergebnis ist dann ein Kundenzufriedenheits-Index (KZI).

Der Fragen-Katalog lässt sich je nach Erfordernis beliebig erweitern (oder ggf. kürzen), um generelle und unternehmensspezifische Belange angemessen abzubilden. Die in Wissenschaft und Praxis eingesetzten Verfahren weisen eine hohe Vielfalt auf, insb. hinsichtlich ihrer stark unterschiedlichen Komplexitätsgrade in inhaltlicher und formaler Art.

Betriebswirtschaftlicher Aussagewert und Größenordnung

Der Kundenzufriedenheits-Index ist eine Maßgröße für die Fähigkeit des Unternehmens, die expliziten und impliziten Kundenerwartungen zu erfüllen. Obwohl die Berechnung auf subjektiven Untersuchungsergebnissen basiert, bieten sich deutliche Anhaltspunkte an, ob das Unternehmen den Kundenerwartungen entsprochen oder sie übertroffen hat.

Den hier beispielhaft genannten, sog. merkmals- oder parameterorientierten (multiattributiven) Verfahren liegt die Annahme zugrunde, dass sich die Kundenzufriedenheit als Globalgröße aus der getrennten Bewertung einzelner Merkmale und den sich daraus ergebenden Teilzufriedenheiten herleiten lässt.

Jedes Unternehmen kann selbst seine Performance an festgelegten Maßstäben wie Qualität und Pünktlichkeit prüfen, sofern die entsprechenden Daten vorhanden sind. Einige interne Anhaltspunkte für Anbieter, ob die Anforderungen erreicht werden, können auch aus Kennzahlen wie Ausschussrate, parts per million (ppm) und Beschwerdequote bzw. aus Umsatzsteigerungen, Wiederholungskäufen, positiven Kundenberichten usw. gewonnen werden.

Für die Messung nicht-offensichtlicher Erwartungen sollte ein Unternehmen jedoch auf Maßstäbe wie den Kundenzufriedenheits-Index zurückgreifen.

Eine generalisierende Vorgabe für das anzustrebende Niveau ist nicht bestimmbar. Je höher der Kennzahlenwert, desto besser bewertet ist die Unternehmensleistung aus Kundensicht. Als Orientierungen zur Größenordnung können neben den üblichen unternehmensinternen Vergleichsmöglichkeiten (zwischen organisatorischen Teilbereichen/Geschäftsfeldern/Regionen als Ist-Ist- und Plan-Ist-Relation) auch unternehmensextern – soweit zugänglich und inhaltlich vergleichbar – Angaben einzelner Wettbewerber, Branchendurchschnittswerte oder „Best-Practice-Werte" als Benchmark herangezogen werden.

Handlungsanregungen

!

Die Verbindung zwischen Kundenzufriedenheit und Kundenabwanderung gilt in den meisten Fällen als offensichtlich. Die Kundenwahrnehmung der Dienstleistungen und der Produktqualität bestimmt wesentlich den Markterfolg.

Durch ein gesteigertes Verständnis der Kundenwahrnehmungen können Unternehmen ihre Maßnahmen besser auf die Bedürfnisse der Kunden ausrichten. Dazu gehört z. B. die eigenen Stärken und Schwächen zu identifizieren, wo sie im Vergleich zu ihren Wettbewerbern stehen sowie den zukünftigen Erfolgsweg vorzuzeichnen. Die Messung der Kundenzufriedenheit unterstützt die Ausrichtung an einer verstärkten Konzentration auf den Kundennutzen und fördert die Umsetzung von Verbesserungen in den Arbeitsabläufen innerhalb des Unternehmens.

Der Kundenzufriedenheits-Index kann auch zur Quantifizierung des Zufriedenheits-Niveaus eines einzelnen Kunden verwendet werden. Überträgt man die regelmäßig erhobenen Werte beispielsweise zur Veranschaulichung in ein Diagramm mit Zeitachse, so wird erkennbar, wie gut sich das Engagement des Unternehmens in der Kundenzufriedenheit niedergeschlagen hat.

Um die Subjektivität und Verzerrungen durch die Wahrnehmung eines einzelnen Antwortenden zu vermindern, können mehrere Personen (Käufer, Nutzer, Wareneingangskontrolleure usw.) befragt werden. Das kann zu einer vollständigeren Bewertung der Kundenzufriedenheit führen. Gegebenenfalls mag es sinnvoll sein, den Fragenkatalog individuell zu differenzieren.

Verwandte Kennzahlen / Zusätzliche Anmerkungen

Eine Kennzahl, die vielfach als Indikator für Kundenzufriedenheit dient, ist die sog. „Kundenreklamationsquote“ bzw. „Kundenbeschwerdequote“. Sie zeigt als Prozentwert das Verhältnis der Zahl zurückgegebener oder reklamierter Produkte zur Zahl aller verkauften Produkte. Eine höhere (steigende) Beschwerdequote deutet auf unerfüllte Erwartungen und/oder sinkende Kundenzufriedenheit hin.

3.1.8 Kundenreklamationsquote

Fragestellung

In welchem relativen Umfang reklamieren Kunden die vom Unternehmen erstellten Produkte und Dienstleistungen?

Definition

Obwohl der Sachverhalt einer Kundenreklamation auf den ersten Blick offensichtlich umschreibbar erscheint, differieren die konkreten Definitionen zur Kennzahl „Kundenreklamationsquote“ doch erheblich. Im Folgenden sollen eine absatzobjektbezogene und eine kundenbezogene Variante dargestellt werden:

Produktbezogen:

$$\frac{\text{Anzahl der reklamierten Produkte/Dienstleistungen} \cdot 100}{\text{Anzahl der verkauften Produkte/Dienstleistungen}}$$

oder

Kundenbezogen:

$$\frac{\text{Anzahl der Kundenreklamationen} \cdot 100}{\text{Anzahl der Kunden}}$$

Beide Varianten der „Kundenreklamationsquote“ werden in der Dimension „%“ angegeben.

Ermittlung / Herleitung

Die Werte für die Bezugsgrößen im Nenner können den allgemeinen Verkaufsstatistiken des Unternehmens entnommen werden, die Angaben im jeweiligen Zähler sind durch spezielle Aufzeichnungen – möglichst auf der Basis eines systematischen Reklamations-/Beschwerdemanagement – zu gewinnen. Die Erkenntnisse sollten konkret zum einzelnen Absatzobjekt und Kunden den Gegenstand bzw. die Ursache der Beschwerde enthalten.

Betriebswirtschaftlicher Aussagewert und Größenordnung

#

Die Kennzahl „Kundenreklamationsquote" benennt den Anteil der Produkte und/oder Dienstleistungen, die von Kunden wegen Fehlerhaftigkeit reklamiert wurden bzw. den Anteil der Kunden, die reklamiert haben und dient als zentrales Element für das unternehmerische Beschwerdemanagement, das sich der gezielten Überwindung oder Minderung der von Kunden geäußerten Unzufriedenheit widmet.

Sie wird als Qualitätsindikator vielfach im Zusammenhang mit der Messung der Kundenzufriedenheit eingesetzt.

Zu beachten ist allerdings, dass nur die tatsächlich reklamierten Fälle Berücksichtigung finden (sog. Artikulationsrate), sodass die tatsächliche Fehlerhaftigkeit u. U. deutlich höher liegen kann (Phänomen des „Verärgerungs-Eisbergs"). Zudem sind die Ursachen(typen) für die Reklamation auf dieser (nur Mengen aggregierenden) Ebene nicht unmittelbar nachvollziehbar.

Die Reklamationsquote sollte im Grundsatz zwar einen geringen Wert aufweisen, allerdings unter der Maßgabe, dass durch ein systematisches und gezieltes Beschwerdemanagement bei unzufriedenen Kunden die Bereitschaft zur Beschwerde gefördert wird.

Eine generalisierende Vorgabe zum anzustrebenden Kennzahlenwert ist nicht bestimmbar.

Für eine sinnvolle Interpretation der Größenordnung kann auch hier ein innerbetrieblicher Zeitvergleich (z. B. als Ist-Ist- und Plan-Ist-Relation) oder – sofern die Datenlage es erlaubt – ein branchenweiter Vergleich herangezogen werden.

Handlungsanregungen

!

Eine wesentliche gedankliche Voraussetzung für eine wirksame Interpretation der Kennzahl „Kundenreklamationsquote" ist die Überzeugung, dass Reklamationen bzw. Beschwerden für das betroffene Unternehmen eine entscheidende Informationsquelle darstellen, um die angebotenen Produkte und Dienstleistungen in Zukunft im Sinne der Kunden verbessern zu können und die (stille) Abwanderung unzufriedener Kunden zu verhindern.

Aus zahlreichen Praxis-Studien ist bekannt, dass sich ein erheblicher Teil unzufriedener Kunden nicht beschwert. Im Rahmen eines systematischen Beschwerdemanagements sind daher – jenseits der betrieblichen Aktionen zur Überwindung der Beschwerde-Ursachen – eine Reihe von Maßnahmenpaketen als sog. Evidenz-Controlling denkbar und sinnvoll:

– Anteil der nicht artikulierten Beschwerden (unvoiced complaints) senken – messbar über die sog. Nicht-Artikulationsrate:

$$\frac{\text{Anzahl der Nicht-Beschwerdeführer unter den unzufriedenen Abnehmern}}{\text{Anzahl der unzufriedenen Abnehmer}}$$

– Anteil der gegenüber Unternehmensmitarbeitern artikulierten, aber nicht weiter bearbeiteten Beschwerden (hidden complaints) senken – messbar über die sog.

Nicht-Registrierungsrate:

$$\frac{\text{Anzahl der nicht-registrierten Beschwerdeführer}}{\text{Anzahl der Beschwerdeführer}}$$

In beiden Fällen geht es um die Minderung von Wissensdefiziten im Sinne einer Fehleinschätzung von Art und Umfang der Kundenunzufriedenheit, die zudem dazu führen kann, dass nicht in die aus Kundensicht dringlichen Qualitätssteigerungsmaßnahmen investiert wird. Bildlich gesprochen beziehen sich die beiden genannten Sachverhalte auf die „Verkleinerung des Verärgerungs-Eisbergs unterhalb der Wasseroberfläche".

Mit der anzustrebenden Erhöhung der sog. Aufdeckungsrate – gemessen als

$$\frac{\text{Anzahl der registrierten Beschwerdeführer}}{\text{Anzahl der unzufriedenen Abnehmer}}$$

soll z. B. im Unternehmen durch unkomplizierte Beschwerdemöglichkeiten dafür gesorgt werden, dass eine weitgehende und umfassende Informationsversorgung über die Gründe für verärgerte Kunden des Unternehmens etabliert wird.

Wird die Anzahl an Reklamationen für jeden Artikel oder je Artikelgruppe erfasst, kann mit Hilfe dieser Kennzahl auf die wahrgenommene Qualität aus Kundensicht geschlossen werden.

Ggf. müssen Artikel, die eine hohe Reklamationsquote aufweisen und bei denen die Ursachen nicht unmittelbar behoben werden können, aus dem Sortiment entfernt bzw. (z. B. im Handel) neue Lieferanten ausgewählt werden.

& Verwandte Kennzahlen / Zusätzliche Anmerkungen

In Ergänzung der beiden oben dargestellten mengenmäßigen Kennzahlen-Varianten der „Kundenreklamationsquote" (oder synonym: „Kundenbeschwerdequote") wird im Sinne einer wertmäßigen Variante mitunter im Zähler mit dem Umsatzwert der reklamierten Produkte/Dienstleistungen gerechnet und im Nenner der jeweilige Perioden-Umsatz als Bezugsgröße verwendet.

Die sog. Reklamationskostenintensität (bzw. Beanstandungskostenquote) stellt die durch Reklamationen eines Kunden entstehenden Kosten (einschl. ggf. gezahlter Gutschriften) ins Verhältnis zum Umsatz des Kunden.

Wie die meisten Kennzahlen kann die Reklamationsquote je nach betriebswirtschaftlicher Notwendigkeit modifiziert werden. Dazu ist es in der Praxis auch üblich, im Zähler noch feiner zu unterscheiden und so zum Beispiel nach Art der Reklamationen zu differenzieren.

Für externe (z. B. branchenweite) Vergleiche sollte – wie bei allen anderen Fällen der Verwendung von Kennzahlen – auf die einheitliche Definition der Kennzahl geachtet werden.

3.1.9 Flop Rate

Fragestellung ?

Wie hoch ist die Misserfolgsquote bei Neueinführungen von Produkten oder Dienstleistungen?

Definition *

$$\frac{\text{Zahl erfolgloser Produkt- und/oder Dienstleistungs-Innovationen} \cdot 100}{\text{Gesamtzahl der Produkt- und/oder Dienstleistungs-Innovationen}}$$

Die Kennzahl „Flop Rate“ wird in der Dimension „%“ angegeben.

Ermittlung / Herleitung »

Obwohl die Flop Rate einen offensichtlichen, im Grunde leicht nachvollziehbaren Sachverhalt beschreibt, ist die konkrete Datenbeschaffung im Unternehmen nicht unproblematisch. Zum einen ist einheitlich zu definieren, was eine Neueinführung bzw. eine Innovation als absatzwirtschaftliches Produkt und/oder Dienstleistung kennzeichnet, zum anderen muss an objektiv nachvollziehbaren Kriterien gemessen werden, was erfolglos heißt. Vor allem ist auch diejenige Zeitspanne festzulegen, bei deren Überschreitung im Falle der Erfolglosigkeit ein Produkt oder eine Dienstleistung als Flop zu bezeichnen ist.

Die Informationen sind innerbetrieblich in der Regel durch gezielte Sonderauswertungen zu erhalten.

Betriebswirtschaftlicher Aussagewert und Größenordnung #

Im Rahmen der strategischen Produkt- und Produktprogrammplanung kommt dem Aufbau eines ausgewogenen Portfolios von Produkten und Dienstleistungen zentrale Bedeutung zu. Eine Maßzahl für die erfolgreiche Akzeptanz von Neueinführungen am Markt ist – im Umkehrschluss definiert – die sog. Flop Rate. Sie gilt es auf einem möglichst niedrigen Niveau zu stabilisieren, wobei jedoch ein Prozentwert nahe Null als illusorisch anzusehen ist. Nicht zuletzt hat die vom Unternehmen verfolgte Innovationsführer- oder -folgerstrategie einen nicht unerheblichen Einfluss auf den tatsächlichen Prozentwert.

Hier wird der Bedarf an definitorischer Klarheit für ein sinnvolles Management erneut deutlich: Unternehmens- oder Marktinnovationen und an welchem ökonomischen Kriterium (und in welchem Zeitraum) wird der „Erfolg“ festgemacht?

Die überbetriebliche Vergleichbarkeit ist – sofern Angaben überhaupt zu erhalten sind – aufgrund vielfach uneinheitlicher Terminologien nur mit großer Vorsicht möglich. Empirische Studien von Beratungsunternehmen zeigen zum Teil ausgesprochen hohe Prozentwerte für die Flop Rate, z. B. im Lebensmittelbereich je nach Artikelgruppe von etwa 60 % bis über 95 %.

Handlungsanregungen

Da Innovationen in der Regel mit erheblichem personellem und sachlichem Aufwand, letztlich also mit großen finanziellen Vorleistungen verbunden sind, besteht das Bestreben grundsätzlich darin, die Flop Rate am Markt zu verringern. Durch ein mehrstufiges Bewertungs- und Auswahlverfahren wird im Rahmen eines sog. Innovationsmanagements in vielen Unternehmen versucht, schrittweise die Zahl der Innovations-Produkte und -Dienstleistungen unter Einbindung technischer Machbarkeitsstudien und Marktforschungserkenntnisse auf ihre zu erwartende Rentabilität zu untersuchen und die Wahrscheinlichkeit des Erfolgs zu erhöhen.

Verwandte Kennzahlen / Zusätzliche Anmerkungen

Synonym wird statt „Flop Rate“ auch von „Misserfolgsquote“ gesprochen.

3.2 Marketingkommunikations-Kenngrößen

3.2.1 Medien-Reichweite

Fragestellung

Wie viele Kontakte können mit einem Medium (Werbeträger) oder einer Mediakombination innerhalb eines bestimmten Zeitraums bezogen auf eine bestimmte Personengruppe erzielt werden?

Definition

Mehrheitlich wird die quantitative Begriffsvariante verwendet, im Einzelnen (in Abhängigkeit von der Zahl der Schaltungen und der Anzahl eingesetzter Medien) als:

- Brutto-Reichweite: Summe der Einzel-Reichweiten der Werbeträger (keinerlei Herausrechnung im Falle von Mehrfachkontakten pro Person, wenn also mehrere Werbeträger(-Ausgaben) im Verlauf des Untersuchungszeitraums – z. B. eines Monats – von einer Person genutzt werden)
- Netto-Reichweite: Externe Reichweiten-Überschneidungen werden eliminiert (Bei mehreren Schaltungen einer Werbung in verschiedenen Werbeträgern wird die Zahl der Mehrfachkontakte pro Person herausgerechnet)
- Kumulierte Reichweite: Interne Reichweiten-Überschneidungen werden eliminiert (Bei mehreren Schaltungen einer Werbung in einem Werbeträger wird die Zahl der Mehrfachkontakte pro Person herausgerechnet)
- Kombinierte Reichweite: Externe und interne Reichweiten-Überschneidungen werden eliminiert (Hier werden alle Mehrfachkontakte herausgerechnet).

Diese Varianten der Kennzahl „Medien-Reichweite“ werden jeweils als absolute Zahl in der Dimension „Kontakte“ oder „Personen“ angegeben.

Ermittlung / Herleitung

»

Die erforderlichen Daten werden aus umfangreichen, regelmäßig aktualisierten Marktforschungserhebungen zur Nutzung der einzelnen Medien (als Leser, Hörer, Seher) gewonnen.

Betriebswirtschaftlicher Aussagewert und Größenordnung

#

Die „Medien-Reichweite" gibt an, wie viele Personen (bzw. Kontakte) durch ein bestimmtes Medium (oder eine Kombination) mindestens einmal erreicht wurden. Sie stellt das maßgebliche Entscheidungskriterium für die sog. Mediaselektion im Rahmen der Kommunikationspolitik – einem Element des Marketing-Mix – eines Unternehmens dar.

In Verknüpfung mit den jeweiligen Kosten für die Schaltung von Werbung ergibt sich der sog. Tausender-Kontakt-Preis, der die verschiedenen Werbeträger in ihrer Werbeeffizienz ökonomisch vergleichbar macht.

Handlungsanregungen

!

Da die anzusprechende Zielgruppe nur selten mit der erreichten Nutzergruppe der Werbeträger vollständig übereinstimmen wird, können noch weitere Gewichtungen hinsichtlich des Anteils der eigentlichen Zielgruppe an der gesamten Nutzerschaft vorgenommen werden.

Neben der unbestrittenen Aussagekraft der Medien-Reichweite als Basis für Entscheidungen über den Einsatz des Werbebudgets (sog. Inter- und Intramediaselektion) ist jedoch einschränkend u. a. zu bedenken, dass die Kontaktqualität (z. B. Dauer und Intensität der Wahrnehmung einer Werbeseite in einer Zeitschrift) und die tatsächliche Werbewirkung mit dieser Kennzahl allein nicht erfasst werden können. Ferner ist neben der sachlichen Aufteilung des Kommunikationsbudgets auf verschiedene Werbeträger auch die zeitliche Komponente und ihre vermutete Wirkung zu beachten, z. B. hinsichtlich Wahl des Werbezeitpunktes, zeitlicher Abstand zwischen den Schaltungen und Zahl der Wiederholungen.

Verwandte Kennzahlen / Zusätzliche Anmerkungen

&

Als alternative Varianten zur oben beschriebenen quantitativen Begriffsfassung stellt zum einen die räumliche Reichweiten-Definition auf das geographische Gebiet ab, das durch einen Werbeträger abgedeckt wird, während zum anderen die qualitative Reichweiten-Definition darauf Bezug nimmt, inwiefern ein Werbeträger speziell den angestrebten Personenkreis erreicht.

3.2.2 Click Through Rate (CTR)

Fragestellung

In welchem anteiligen Umfang animiert ein Online-Werbebanner den Internet-Nutzer zu einer konkreten Reaktion in Form eines Klicks?

Definition

$$\frac{\text{Zahl der AdClicks} \cdot 100}{\text{Zahl der AdImpressions}}$$

Die Kennzahl „Click Through Rate“ wird in der Dimension „%“ angegeben.

Ermittlung / Herleitung

Die AdClicks (sprachlich abgeleitet und gekürzt aus Advertising Click; tatsächlicher Klick auf eine Werbeform, meist ein sog. Banner) sowie die AdImpressions (Seitenaufrufe bzw. Zahl von Zugriffen auf eine Website) werden durch spezielle Skripte auf dem Internet-Server ermittelt (die Datengewinnung wird als „Kampagnen-Tracking“ bezeichnet).

Betriebswirtschaftlicher Aussagewert und Größenordnung

Die „Click Through Rate“ zählt zu den zentralen erfolgszielbezogenen Kennzahlen im Online-Marketing. Sie spiegelt als Instrument zur Messung der Effizienz von Werbebannern den Internet-spezifischen Werbeerfolg wieder. Entgegen vieler konventioneller („klassischer“) Werbemaßnahmen lässt sich im Internet durch die mögliche Interaktion mit dem Kunden der Werbeerfolg (zumindest die Kontaktaufnahme) direkt messen.

Eine (relativ) hohe Erfolgsquote deutet darauf hin, dass das Banner-Design (meist auf einer rechteckigen Werbefläche) und der entsprechende Inhalt in starkem Maße Reaktionen in Form des Anklickens animieren. Ob die tatsächlich anvisierte Zielgruppe auch erreicht wurde, lässt sich jedoch erst durch vertiefende Analysen ermitteln oder abschätzen.

Im Laufe der vergangenen Jahre sind diese Werbebanner-Raten (CTR) gesunken, vielfach auf einen Wert deutlich unter 1 %. Nach herrschender Meinung gilt ein Kennzahlenwert von 0,3 % bis 0,8 % für Standardbanner als üblich, was natürlich höhere (wünschenswerte) Ausprägungen im praktischen Einzelfall nicht ausschließt.

Handlungsanregungen

Das Controlling im Rahmen eines umfassenden Online-Marketings umfasst analog zum klassischen Produkt- und Dienstleistungsmarketing ein breites Spektrum an möglichen betriebswirtschaftlichen Aktionsfeldern (z. B. in Form des Customer Relationship Management).

Die „Click Through Rate“ besitzt allein zunächst keinen qualitativen Aussagewert bezüglich der tatsächlich erreichten Zielgruppe oder des angestrebten Werbeerfolgs. So kann beispielsweise eine Werbe-Kampagne mit einem 0,1 %-Wert deutlich erfolgreicher sein als eine andere mit einer 2 %-igen Click Through Rate, wenn genau die beabsichtigte Zielgruppe sich umfassend informiert – und anschließend Bestellungen tätigt, wobei letzteres bei unmittelbaren Online-Bestellungen über die „Conversion Rate“ belegt werden kann. Bei Käufen über andere Vertriebskanäle ist eine entsprechende Zuordnung nur durch die ergänzende Befragung der Kunden nachvollziehbar.

Verwandte Kennzahlen / Zusätzliche Anmerkungen &

Als Synonyme für die Kennzahl „Click Through Rate“ sind auch gebräuchlich: „Click Rate“ oder „AdClick Rate“. Zur „Familie“ der Online-Kennzahlen im Rahmen eines Controllings des Internet-Marketings eines Unternehmens zählen neben der „Click Through Rate“ vor allem die „Conversion Rate“ sowie die Kenngrößen „Cost per Click“ und „Cost per Order“.

3.2.3 Conversion Rate

Fragestellung ?

Zu welchem Anteil werden aus Online-Werbekontakten entsprechende Online-Bestellungen?

Definition *

$$\frac{\text{Zahl der Online-Bestellungen} \cdot 100}{\text{Zahl der AdClicks}}$$

Als AdClick (sprachlich abgeleitet und gekürzt aus Advertising Click) wird im Bereich des Online-Marketing die elektronische Kontaktierung eines Werbe-Buttons oder -Banners durch einen Internet-Nutzer bezeichnet.

Die Kennzahl „Conversion Rate“ wird in der Dimension „%“ angegeben.

Ermittlung / Herleitung »

Die AdClicks (tatsächlicher Klick auf eine Werbeform) sowie die Online-Bestellungen werden durch spezielle Skripte auf dem Internet-Server ermittelt (die Datengewinnung wird als „Kampagnen-Tracking“ bezeichnet).

Betriebswirtschaftlicher Aussagewert und Größenordnung

Die Conversion Rate zählt im Sinne eines Erfolgsindikators zu den sog. Online-Kennzahlen im Bereich des Internet-Marketing und beziffert die Transformationsrate zwischen Werbekontakten (z. B. über CTR) und Kaufaktionen. Die abgebildete mengenmäßige Relation kann, muss aber nicht in einem periodengleichen Kausalzusammenhang stehen.

In der Praxis liegen die Prozentwerte vielfach in einer Spanne zwischen 1 % und 2 %.

! **Handlungsanregungen**

Für die Kennzahl „Conversion Rate“ als Werbeeffizienzmaß gilt im Prinzip dasselbe, wie für vergleichbare Größen, die die Wirksamkeit von Maßnahmen der Kommunikation erfassen: Um aus ihrer Höhe betriebswirtschaftlich sinnvolle Schlussfolgerungen zu ziehen, müssen die relevanten Beziehungen zum Kunden geprüft werden.

Ist im Extremfall das Internet der einzige Kommunikationskanal, so ist die hergestellte Wirkungsrelation eindeutig. In der Mehrzahl der Praxisfälle bestehen dagegen mehrere Möglichkeiten der werblichen Ansprache potenzieller Kunden, sodass diese Eindeutigkeit – ohne ergänzende Datenanalysen – nicht mehr hergestellt werden kann. Analoges gilt für die Zahl der Bestellmöglichkeiten (über unterschiedliche Kanäle/Medien, z. B. per Brief, Fax, Telefon, E-Mail, online oder ggf. „klassisch“ persönlich in einem Geschäft des stationären Einzelhandels).

Je stärker die Werbe-Banner im Internet bereits zielgruppenspezifisch platziert werden, umso eher kann die Conversion Rate gesteigert werden.

Im Prinzip gilt auch hier: Veränderungen dieser relativen Kennzahl im Sinne der angestrebten Unternehmensziele können durch über- bzw. unterproportionale Entwicklung der in Beziehung gesetzten Zahl der Online-Bestellungen (im Zähler) und der Zahl der AdClicks (im Nenner) erreicht werden – siehe dazu im Grundsätzlichen die weiter systematisierenden, ausführlichen Erläuterungen zu Kennzahlen als Quotienten im Anhang I.

& **Verwandte Kennzahlen / Zusätzliche Anmerkungen**

Zur „Familie“ der Online-Kennzahlen im Rahmen eines Controllings des Internet-Marketings eines Unternehmens zählen neben der „Conversion Rate“ vor allem die „Click Through Rate“ und der „Tausender-Kontaktpreis“ sowie die Kenngrößen „Cost per Click“ und „Cost per Order“.

3.2.4 Search Engine Average Rank (SEAR)

? **Fragestellung**

Welche Ranking-Position erreicht bei Suchmaschinen-Abfragen der Link auf die unternehmens- bzw. produkteigene Website?

Definition

*

Angabe einer Zahl oder eines Intervalls für die Link-Positionierung

Die Dimension dieser Kennzahl besteht in einer ganzzahligen Angabe oder eines entsprechenden Intervalls.

Ermittlung / Herleitung

»

Die erforderlichen Daten können als Folge der im Allgemeinen hohen inneren Volatilität der Ergebnislisten (verschiedener) Suchmaschinen – jeweils als Durchschnittswerte für einen bestimmten Zeitraum – durch regelmäßige computergestützte Beobachtung erhoben werden. Die Datensammlung kann sowohl unternehmensintern durch spezialisierte Abteilungen erfolgen als auch extern durch entsprechende Service-Anbieter.

Betriebswirtschaftlicher Aussagewert und Größenordnung

#

Für den Aufbau und die Implementierung von zunehmend internetgestützten Geschäftsmodellen (sog. Electronic Business) sowie die Planung, Steuerung und Kontrolle der jeweiligen Geschäftsprozesse (z. B. im Vertrieb) ist die Kenntnis zentraler, wettbewerbsrelevanter Aktionsparameter erforderlich. Unter dem entsprechend zugehörigen betriebswirtschaftlichen Oberbegriff des Online-Marketings können in diesem Zusammenhang u. a. Teilgebiete wie Suchmaschinen-Marketing, -Werbung oder -Optimierung weiter unterschieden werden. Im Mittelpunkt steht dabei die Sicherung bzw. Steigerung der Sichtbarkeit des eigenen produkt- oder unternehmensbezogenen Links auf den Ergebnislisten der (verschiedenen) Suchmaschinen, um möglichst direkt in das Blickfeld von Kunden zu rücken und dann in einem weiteren Schritt eine Kontaktaufnahme per Link-Click zu erlangen.

Im Sinne der Kennzahl „Search Engine Average Rank (SEAR)" geht es als Ist-Wert um die Feststellung der derzeitigen Positionierung und als Plan-Wert um die Bestimmung der angestrebten Platzierung, wobei als Zielwerte auch Intervalle denkbar sind, z. B. unter den ersten 10 Link-Nennungen auf der Ergebnisliste der Suchmaschine zu erscheinen oder generell auf der ersten Seite aufgeführt zu sein. Das ist deshalb von besonderer Relevanz, da die Wahrscheinlichkeit eines Clicks auf den einzelnen Link deutlich abnimmt, je später er in der Liste erscheint.

Neben der Platzierung in Listen sog. organischer Suchresultate, die auf allgemein parametergestützten (und für den Nutzer im Detail nicht bekannten) Algorithmen der Suchmaschinen-Anbieter basieren, kann sich die Kennzahl „Search Engine Average Rank" auch auf Listen gekaufter Positionierung beziehen, in der im Sinne von Werbeflächen entsprechende Verlinkungen zum eigenen Unternehmen – nach bestimmten

Regeln, u. a. mit Rankingfaktoren des Suchmaschinen-Anbieters – erworben werden können.[1]

Eine generalisierende Vorgabe für die Höhe der Kenngröße „Search Engine Average Rank" ist nicht zuletzt angesichts der beschriebenen Zusammenhänge nicht bestimmbar. Als Orientierungen zur Größenordnung können neben unternehmensinternen Vergleichsmöglichkeiten (für den Link auf die Website des Unternehmens als Ganzes oder ggf. zwischen verschiedenen Produkt- und Service-Links sowie als Ist-Ist- bzw. Plan-Ist-Relation) auch unternehmensextern entsprechende Positionierungen einzelner Wettbewerber oder „Best-Practice-Links" herangezogen werden.

! Handlungsanregungen

Die praktische Vielgestaltigkeit der Net Economy sowie ihr wachsender Einfluss auf bestehende Unternehmen und ihre (elektronisch unterstützbaren) Geschäftsprozesse bietet eine große Zahl von Aktionsfeldern. Das für die Kennzahl „Search Engine Average Rank" zentrale Instrumentarium liefert die sog. Suchmaschinen-Optimierung (Search Engine Optimization, kurz: SEO).

Im Sinne der Unterstützung von Internetnutzern bei dem Auffinden von speziellen Schlüsselworten (Keywords) bieten diese Programme eine (vorsortierte) Übersicht, deren Aufbau sich an bestimmten Parametern der zu verlinkenden Website (wie Anzahl der Verknüpfungsverweise, Qualität externer Links) orientiert, ohne dass jedoch z. B. die vom Suchmaschinen-Anbieter gewählte Zusammensetzung und Gewichtung im Detail bekannt ist. So kann u. a. eine das typische Frage-Vokabular der (potentiellen) Kunden möglichst gut abbildende Wahl der Schlüsselbegriffe zu einer spürbar verbesserten Platzierung in organischen Listen führen.

Im Bereich des nicht-organischen Suchrankings (also gegen Entgelt) erfolgt eine mehrstufige Bestimmung eines vom Suchmaschinen-Anbieter für den jeweiligen Kunden-Link ermittelten Klickpreises. So werden für das einzelne Unternehmen, das eine Verlinkung auf bestimmte eigene Produkt- und Service-Angebote erreichen will, die Kosten der Positionierung berechenbarer.

& Verwandte Kennzahlen / Zusätzliche Anmerkungen

In Verbindung mit anderen Kennzahlen wie dem durchschnittlichen Umsatz je Auftrag (siehe Profil zu „Umsatz pro ...-Kennzahlen"), Kosten bzw. Profit pro Click oder Kosten pro Auftrag (siehe „Kosten- und Erlösstruktur-Kennzahlen") lassen sich – hier nur beispielhaft benannt – weitere entscheidungsnützliche Informationen für das Management gewinnen.

1 Vgl. speziell zum Suchmaschinen-Einsatz im Online-Marketing stellvertretend z. B. Schwemm (2010), S. 203 ff.; Kollmann (2013), insb. S. 183 ff.

3.2.5 Internetmedien-Nutzungsintensität

Fragestellung

?

Unter der Bezeichnung „Internetmedien“ werden alle internetbasierten Organisationsformen zusammengefasst, die zur digitalen Abwicklung von Informations-, Kommunikations- und/oder Transaktionsprozessen beitragen.

Welche Höhe weist in einem Entertainment-Konzern die Zahl der Kunden des E-Service-Portals für Mobile Music in einem Monat auf?

Wie groß ist der wertmäßige Beschaffungs-Anteil in einem Industrieunternehmen für Produktionsgüter des Typs B und C, der über elektronische Einkaufsplattformen in einem Quartal erworben wird?

Definition

*

Absolute Kenngrößen-Variante:

$$\text{Zahl der Beobachtungsobjekte einer speziellen Art der Internetmedien-Nutzung pro Periode}$$

Die Werte der absoluten Kenngrößen-Variante werden in Mengen-, Zeit- oder Geldeinheiten angegeben.

Relative Kenngrößen-Variante:

$$\frac{\text{Zahl der Beobachtungsobjekte einer speziellen Art der Internetmedien-Nutzung pro Periode}}{\text{Sinnvoll ausgewählte Grundgesamtheit als Bezugsgröße pro Periode}}$$

Die Werte der relativen Kenngrößen-Variante werden in einer Zahl oder (nach der Multiplikation mit dem Faktor „100“) als Prozent-Wert angegeben.

Ermittlung / Herleitung

»

Wesentliche Informationen zur Generierung entsprechender Ausprägungen des Kenngrößentyps „Internetmedien-Nutzungsintensität“ können aus datenanalytischen Auswertungen von Webserver-Logfiles und Cookie-Anwendungen gewonnen werden, z. B. mit Hilfe spezieller Software Tools wie WebAnalytics oder GoogleAnalytics sowie bei unternehmensbezogenen Kosten- und Erlösgrößen aus dem Zahlenwerk des internen und externen Rechnungswesens.

Betriebswirtschaftlicher Aussagewert und Größenordnung

#

Als Folge des komplementären Zusammenwirkens der Digitalisierung von Daten, der Miniaturisierung von technischen Bauteilen, stark gestiegener Rechnerleistung und globaler Vernetzung der Übertragungswege hat die elektronische Netzwerkökonomie eine entscheidende wirtschaftliche Bedeutung sowohl für die bestehenden Industrie- und Dienstleistungsunternehmen als auch für Neugründungen erlangt.

Für den Aufbau und die Implementierung dieser zunehmend internetgestützten Geschäftsmodelle (sog. Electronic Business/E-Business bzw. Management by Internet) sowie die Planung, Steuerung und Kontrolle der entsprechenden Geschäftsprozesse (z. B. im Sinne eines E-Procurement, Online-Marketing) sind fundierte Erkenntnisse über die aktuelle und potenzielle Nutzung (mit Ist- und Erwartungs- bzw. Planzahlen) relevanter Internetmedien als zunehmend wettbewerbsrelevante Aktionsparameter erforderlich.

Diese Angaben erstrecken sich zum einen auf die Nachfragerseite hinsichtlich des Nutzerverhaltens und ggf. auch Änderungen der Nutzerpräferenzen, aber zum anderen auch auf die Anbieterseite hinsichtlich des Umfangs, in dem vom eigenen Unternehmen die diversen Internetmedien (z. B. im Bereich der Beschaffung – mit Online-Auktionen – oder im Bereich der Absatzkommunikation – mit Banner-, Bewegtbild-, Suchmaschinen- und Affiliate-Werbung) bereits verwendet oder zukünftig vorteilhaft sein könnten.

Eine generalisierende Vorgabe für die Höhe der Kenngröße „Internetmedien-Nutzungsintensität" ist angesichts der Breite ihrer Einsatzmöglichkeiten nicht generell bestimmbar. Als Orientierungen zur Größenordnung können neben unternehmensinternen Vergleichsmöglichkeiten (zwischen organisatorischen Teilbereichen oder als Ist-Ist- bzw. Plan-Ist-Relation) auch unternehmensextern – soweit verfügbar – entsprechende Angaben einzelner Wettbewerber, Branchendurchschnittswerte oder „Best-Practice-Werte" herangezogen werden.

Angesichts einer sehr großen Zahl von allgemein zugänglichen Veröffentlichungen aus unterschiedlichsten Quellen zur erwartbaren Entwicklung ist im Falle von Ergebnissen, die aus Befragungen (z. B. zum Nutzerverhalten) ermittelt wurden, jeweils die methodische Herangehensweise auf ihre Validität zu prüfen, um ggf. weitreichende Management-Entscheidungen auf einer verlässlichen, seriösen Datenbasis zu treffen.

! Handlungsanregungen

Die praktische Vielgestaltigkeit der Net Economy sowie ihr wachsender Einfluss auf bestehende Unternehmen und ihre (elektronisch unterstützbaren) Geschäftsprozesse bietet eine große Zahl von Aktionsfeldern – stellvertretend seien nur aufgeführt: E-Education, E-Entertainment, E-Manufacturing, E-Shops, E-Health.

Generell gilt, dass im Hinblick auf die unternehmerischen Nachhaltigkeits-Ziele der wirtschaftlichen Vorteilhaftigkeit, der sozialen Akzeptanz und der ökologischen Tragfähigkeit das Leistungsangebot effizienter und kundenfreundlicher gestaltet werden soll. Im Mittelpunkt stehen bei den hier betrachteten Internetmedien die möglichen Einsatzformen und Nutzungsintensitäten der digitalen Abwicklung von Informations-, Kommunikations- und/oder Transaktionsprozessen.

Vor der unternehmensindividuell geprägten Ableitung geeigneter Strategien und Maßnahmen für das „Management by Internet" können systematisierende Einordnungen des jeweils betrachteten Tätigkeitsfeldes zur leichteren Entscheidungsfindung beitragen (ohne Anspruch auf Vollständigkeit):

- nach der Art der Akteure (A – Administration; B – Business; C – Consumer) und dem sich in Form der Interaktionsmustermatrix aus der jeweiligen Kombination von Anbieter- bzw. Empfänger-Position heraus ergebendem B2B-, A2B-, B2C-Leistungsaustausch usw., aber auch innerhalb eines Konzerns, z. B. als „Intra Business"
- nach der Art der Geschäftsmodelle (Content, Commerce, Context, Connection bzw. als E-Business versus M-Business, wobei letzteres auf die Verschmelzung von Internet und mobiler Kommunikation abstellt)
- nach der Art von Social Media-Tools (z. B. Blogs, Wikis, Social Networking, Bewertungsportale).

Verwandte Kennzahlen / Zusätzliche Anmerkungen

&

Die Ausprägungen der Kenngröße „Internetmedien-Nutzungsintensität" lassen sich in ihrer absoluten bzw. relativen Variante in Abhängigkeit der gewählten Internetmedien, Kundensegmente oder unternehmerischen Funktionsbereiche mit zahlreichen weiteren Controlling-Kennzahlen kombinieren, um entscheidungsnützliche Informationen für das Management zu erlangen (z. B. Durchschnittliche Veränderungsrate, Kosten- und Erlösstruktur-Kenngrößen, Deckungsbeitrags-Kennzahlen).

3.2.6 Tausenderkontaktpreis (TKP)

Fragestellung

?

Wie preiswürdig sind verschiedene Werbeträger in Relation zur erreichten Zahl von (Kontakt-)Personen?

Definition

*

$$\frac{\text{Preis einer Mediaschaltung} \cdot 1000}{\text{Zahl der Werbeträgerkontakte (z. B. als AdClicks)}}$$

Als AdClick (sprachlich abgeleitet und gekürzt aus Advertising Click) wird im Bereich des Online-Marketing die elektronische Kontaktierung eines Werbe-Buttons oder -Banners durch einen Internet-Nutzer bezeichnet.

Die Kennzahl „Tausenderkontaktpreis" wird gemessen in der Dimension Geldeinheiten (z. B. in €).

Ermittlung / Herleitung

»

Der Tausenderkontaktpreis (TKP) kann den Mediadaten des Werbeträgers entnommen werden, die von entsprechend spezialisierten Marktforschungsinstituten oder direkt von Verlagen, Radio- und TV-Sendern bzw. Anbietern von Werbeträgern im Internet zur Verfügung gestellt werden.

Betriebswirtschaftlicher Aussagewert und Größenordnung

Der Tausenderkontaktpreis ist das wertmäßige Ergebnis eines speziellen preisbasierten Indikatorverfahrens im Rahmen des Intramediavergleichs in der Mediaplanung. Er gibt an, wie teuer es über ein bestimmtes Medium ist, 1000 Werbeträgerkontakte herzustellen. So kann es für ein werbetreibendes Unternehmen unter Umständen günstiger sein, z. B. nur eine relativ teure Anzeige in einer großen überregionalen Tageszeitung zu schalten, als viele kleine Anzeigen in relativ günstigen Regionalzeitungen, weil mit demselben Budget mehr Werbeträgerkontakte hergestellt werden können.

Der TKP ist immer ein positiver Betrag in der jeweiligen Währung, z. B. in €. Er kann im Intermedia-Vergleich (z. B. TV im Vergleich zu Tageszeitungen) sehr unterschiedlich sein. Der TKP muss also immer zusätzlich im intramedialen Vergleich betrachtet werden (z. B. welche Tageszeitung ist günstiger), dann gilt: je geringer, desto besser.

Der Tausenderkontaktpreis wird auch im Internet Marketing zur Preisbildung von AdBanner eingesetzt. Web-Seiten mit Verkaufswerbung garantieren einem Werbenden eine bestimmte Zahl an Impressions (Anzahl der jeweiligen Downloads und vermuteter Wahrnehmungen durch den Visitor), sodass sich eine bestimmte preisliche Staffelung ableiten lässt. Bei einer Web-Seite, die einen Tausenderkontaktpreis von $ 25 besitzt und Werbenden 600 000 impressions garantiert, kostet ein Werbe-Banner $ 15 000 ($ 25 · 600 000).

! Handlungsanregungen

Da die Nutzer des Mediums meist nicht – vollständig – mit der anvisierten Werbezielgruppe übereinstimmen, ist es sinnvoll, den gewichteten Tausenderkontaktpreis zu betrachten: Es werden hier nur solche Werbeträgerkontakte gezählt, die auch zur Zielgruppe gehören. Ziel ist es, die Streuverluste so gering wie möglich zu halten. Doch weder der ungewichtete noch der gewichtete TKP gehen auf Probleme der Werbemittelkontaktchancen oder Unterschiede in der Kontaktqualität ein.

& Verwandte Kennzahlen / Zusätzliche Anmerkungen

Als Synonym für die Kennzahl „Tausenderkontaktpreis“ ist vielfach – sprachlich abkürzend – der Begriff „Tausenderpreis“ gebräuchlich.

Eine mit der Verwendung des Tausenderkontaktpreises eng verknüpfte Kennzahl stellt die „Medien-Reichweite“ dar.

3.2.7 Marken-Bekanntheitsgrad

Fragestellung ?

Wie groß ist der Anteil der Antwortenden, die ein Objekt namentlich (ggf. alternativ visuell oder akustisch) kennen? – z. B. ein Produkt, eine Produktgruppe oder ein Unternehmen

Definition *

$$\frac{\text{Anzahl der Antwortenden, die das Objekt kennen} \cdot 100}{\text{Gesamtzahl der Antwortenden}}$$

Die Kennzahl „Marken-Bekanntheitsgrad" wird in der Dimension „%" angegeben.

Ermittlung / Herleitung »

Die Datengewinnung erfolgt per Marktforschung meist durch Befragungen (in verschiedener Form) einer repräsentativen Stichprobe. Bei den befragten Personen sollte es sich im Allgemeinen aus betriebswirtschaftlicher Sicht um – zumindest potenzielle – Mitglieder der Zielgruppe handeln (z. B. in Konsumgütermärkten entsprechend kaufkräftige Verbraucher).

Zwei grundlegende Varianten sind zu unterscheiden:

- Ungestützter Bekanntheitsgrad (unaided recall): Die befragten Personen sollen ohne weitere Hilfestellung z. B. die ihnen bekannten Produktnamen benennen, die für eine bestimmte (erfragte) Verwendung geeignet sind
- Gestützter Bekanntheitsgrad (aided recall): Die befragten Personen erhalten z. B. Listen mit Markennamen, aus denen sie die ihnen bekannten (produkt- oder verwendungstypischen) Namen benennen sollen.

Betriebswirtschaftlicher Aussagewert und Größenordnung #

Der Marken-Bekanntheitsgrad stellt eine Maßgröße für die Popularität, d. h. für den sog. Bewusstseins-Marktanteil („share of mind") dar und ist ein zentraler Indikator der absatzwirtschaftlichen Kommunikationspolitik, z. B. zur Messung der Werbeeffizienz.

Dem Bekanntheitsgrad kommt vor allem bei präferenzorientierten Marketingstrategien eine hohe Bedeutung zu. Die Bekanntheit einer Marke wird als Voraussetzung von Sympathie/Image gesehen, was wiederum die Voraussetzung der Verwendung bzw. des Kaufs des Produktes darstellt.

Beide Kennzahlen-Varianten können theoretisch Werte zwischen 0 und 100 % annehmen. Die gestützte Bekanntheit ist oft signifikant höher als die ungestützte. Bei großen Markenartiklern ist eine gestützte Bekanntheit von über 90 % und eine ungestützte von über 60 % anzustreben.

Handlungsanregungen

Der Marken-Bekanntheitsgrad ist eine leicht verfügbare und einfach zu messende Kenngröße. Sie wird weit verbreitet auch als ein Maßstab für den Marketing-Erfolg herangezogen. Angesichts steigender Medienvielfalt und Markt-Segmentierung wird die Schaffung von Marken-Bekanntheit zunehmend schwieriger.

Die Aussagefähigkeit dieser Kennzahl zur Ableitung weiterer gezielter Marketing-Maßnahmen basiert im Wesentlichen auf folgender Annahme: Das untersuchte Objekt (typischerweise ein Produkt, eine Marke oder ein Unternehmen) spielt in den – ggf. mehrstufigen – Entscheidungsprozessen der möglichen Kunden nur dann eine Rolle, wenn – beispielsweise – die Marke einen ausreichenden Bekanntheitsgrad (und ein positives Image) besitzt.

Branchen- oder produktspezifisch werden in der Praxis – meist auf Erfahrungswerten beruhend – sog. Bekanntheitsgrad-Schwellen definiert: Unterhalb eines gewissen Bekanntheitsgrades kommt es nicht selten zu fehlerhaften Assoziationen zu der Marke; oberhalb der Schwelle überwiegen die zutreffenden (Verwendungs-) Assoziationen. Vor allem bei der Einschätzung der Werbewirkung spielt dies eine wichtige Rolle: Bei relativ geringem Bekanntheitsgrad besteht die Gefahr, dass die Werbeerinnerung und -assoziation fehlerhaft ist und dann der eigene werbliche Auftritt unter Umständen sogar einer anderen, bekannteren Marke zugeordnet wird.

Verwandte Kennzahlen / Zusätzliche Anmerkungen

Die Analyse des Marken-Bekanntheitsgrades sollte kombiniert mit anderen Kenngrößen wie Käuferreichweite und Marktdurchdringung erfolgen.

Vor allem in Märkten mit starkem Wettbewerb und in gesättigten Märkten sind Bekanntheit und Image bedeutsam, wobei Bekanntheit allein ohne ein gutes Image oft kein Indikator für den Erfolg einer Marke ist.

Zudem ist es sinnvoll zu prüfen, inwiefern der Marken-Bekanntheitsgrad zu Umsätzen führt. Im Zweifelsfall sollte eine sorgfältige Untersuchung vorgenommen werden, welche Gründe für diese Entwicklung ausschlaggebend sind.

3.3 Preismanagement-Kenngrößen

3.3.1 Gewinnspanne

Fragestellung

Wie hoch ist der Differenzbetrag zwischen Umsatzerlösen und Kosten? –

Wie groß ist der Unterschied zwischen Handels- und Kalkulationsspanne einer Ware im Handel? – sog. absolute Gewinnspanne bzw.

Wie groß ist der Anteil dieser absoluten Gewinnspanne am Nettoverkaufspreis? – sog. relative Gewinnspanne in Form eines Gewinnabschlages oder

Wie groß ist der Anteil dieser absoluten Gewinnspanne am Einstandspreis? – sog. relative Gewinnspanne in Form eines Gewinnaufschlages.

Definition

*

Gewinnspanne (als absolute Variante):

	Nettoverkaufspreis (Bruttoverkaufspreis – Rabatte/Boni/Skonti)
–	Einstandspreis (Einkaufspreis + Bezugskosten)
=	Handelsspanne pro Stück oder pro Periode
–	Kalkulationsspanne (Handlungskosten für Personal, Miete, Energie usw.)
=	Gewinnspanne pro Stück oder pro Periode

Gewinnspanne (als relative Variante im Sinne eines Gewinn-Abschlagsatzes):

$$\frac{(\text{Handelsspanne} - \text{Kalkulationsspanne}) \cdot 100}{\text{Nettoverkaufspreis}}$$

Gewinnspanne (als relative Variante im Sinne eines Gewinn-Aufschlagsatzes):

$$\frac{(\text{Handelsspanne} - \text{Kalkulationsspanne}) \cdot 100}{\text{Einstandspreis}}$$

Je nach zugrunde gelegter Definition wird die Gewinnspanne in der Dimension „in Geldeinheiten" (z. B. in €) oder "in %" angegeben. Die Umsatzsteuer bleibt stets unberücksichtigt.

Ermittlung / Herleitung

»

Die erforderlichen Daten für einzelne Waren, Warengruppen und weiter aggregierte Sortimentsteile können einem entsprechend detailliert aufgebauten Rechnungswesen und internem Informationssystem entnommen werden. Die Kalkulationsspanne setzt sich aus variablen und fixen Kostenbestandteilen zusammen, sodass eine Proportionalisierung betriebswirtschaftlich problematisch ist.

Betriebswirtschaftlicher Aussagewert und Größenordnung

#

Die Gewinnspanne ist im Grundsatz eine Teilmenge der Handelsspanne, die zur Deckung der Gewinnansprüche dient.

Die Handelsspanne als absolute Kennzahl ist die branchenspezifische Bezeichnung in Handelsunternehmen für den Deckungsbeitrag I im Rahmen der Teilkostenrechnung. Diese Differenz zwischen Stück-Preis und variablen Stück-Kosten sollte möglichst positiv sein und summiert über alle veräußerten Waren pro Periode die gesamten fixen Kosten abdecken. Übersteigt die (absolute) Perioden-Handelsspanne die Fixkosten, so entsteht ein Gewinn – die absolute Gewinnspanne. Je höher also der Wert dieses kurzfristigen, einperiodischen Erfolgsmaßes, umso eher können die in dem Betrachtungszeitraum unveränderbaren (fixen) Kosten überkompensiert werden und umso schneller wird Gewinn erwirtschaftet.

! **Handlungsanregungen**

Neben den Ansatzpunkten am Nettoverkaufspreis und Einstandspreis, die zu einer Vergrößerung der Handelsspanne führen sollten, stehen bei der Gewinnspanne zusätzlich alle Kostenfaktoren eines Handelsunternehmens im Blickpunkt. Die größten Positionen stellen im Allgemeinen die Personal- und Raumkosten, Transport- und Energiekosten sowie Abschreibungen und Zinsen dar.

Nicht zuletzt durch informationstechnikgestützte Formen der koordinierteren Zusammenarbeit mit Lieferanten und Kunden im Sinne eines Supply/Demand Chain Management wird seit einigen Jahren angestrebt, eine „Win-Win-Situation" für alle Beteiligten zu erlangen.

Nach dem Zeitpunkt der Berechnung werden sog. Soll- bzw. Plan-Spannen, die sich in der Vor- bzw. Plankalkulation ergeben und Ist-Spannen unterschieden, die aus der Nach-Kalkulation ermittelt werden. Entsprechende Vergleiche ermöglichen Hinweise auf den Grad der Zielerreichung. Je nach gewählter Bezugsbasis besitzen die relativen Gewinnspannen den Charakter eines prozentualen Gewinn-Abschlags bzw. -Aufschlags.

& **Verwandte Kennzahlen / Zusätzliche Anmerkungen**

Die absolute Gewinnspanne wird bei Vollkostenbetrachtung auch als Nettogewinn (= Umsatzerlöse – Vollkosten) bezeichnet oder bei Teilkostenbetrachtung als Bruttogewinn bzw. Deckungsbeitrag (= Umsatzerlöse – Einzelkosten; alternativ: = Umsatzerlöse – variable Kosten).

Neben der Stück-Betrachtung sind auch aggregiertere Bezugsebenen denkbar, sodass dann entsprechend von Artikelgruppenspanne oder Betriebsspanne gesprochen wird.

3.3.2 Handelsspanne

? **Fragestellung**

Wie hoch ist der Differenzbetrag zwischen Nettoverkaufspreis und Einstandspreis einer Ware im Handel? – sog. absolute Handelsspanne bzw.

Wie groß ist der Anteil dieser absoluten Handelsspanne am Nettoverkaufspreis? – sog. relative Handelsspanne in Form eines Handelsabschlages oder

Wie groß ist der Anteil dieser absoluten Handelsspanne am Einstandspreis? – sog. relative Handelsspanne in Form eines Handelsaufschlages

Definition

*

Handelsspanne (als absolute Variante):

	Nettoverkaufspreis (Bruttoverkaufspreis – Rabatte/Boni/Skonti)
–	Einstandspreis (Einkaufspreis + Bezugskosten)
=	Handelsspanne pro Stück oder pro Periode

Handelsspanne (als relative Variante im Sinne eines Handels-Abschlagsatzes):

$$\frac{(\text{Nettoverkaufspreis} - \text{Einstandspreis}) \cdot 100}{\text{Nettoverkaufspreis}}$$

Handelsspanne (als relative Variante im Sinne eines Handels-Aufschlagsatzes):

$$\frac{(\text{Nettoverkaufspreis} - \text{Einstandspreis}) \cdot 100}{\text{Einstandspreis}}$$

Je nach zugrunde gelegter Definition wird die Handelsspanne in der Dimension „in Geldeinheiten“ (z. B. in €) oder “in %“ angegeben. Die Umsatzsteuer bleibt stets unberücksichtigt.

Ermittlung / Herleitung

»

Die erforderlichen Daten für einzelne Waren, Warengruppen und weiter aggregierte Sortimentsteile können einem entsprechend detailliert aufgebauten Rechnungswesen und internem Informationssystem entnommen werden.

Betriebswirtschaftlicher Aussagewert und Größenordnung

#

Die Handelsspanne als absolute Kennzahl ist die branchenspezifische Bezeichnung in Handelsunternehmen für den Deckungsbeitrag I im Rahmen eines auf Teilkostenbasis arbeitenden Rechnungswesens.

Diese Differenz zwischen Stück-Preis und variablen Stück-Kosten sollte möglichst positiv sein und summiert über alle veräußerten Waren pro Periode die gesamten fixen Kosten abdecken. Übersteigt die (absolute) Perioden-Handelsspanne die Fixkosten, so entsteht ein Gewinn. Je höher also der Wert dieses kurzfristigen, einperiodischen Erfolgsmaßes, umso eher können die in dem Betrachtungszeitraum unveränderbaren (fixen) Kosten überkompensiert werden und umso schneller wird Gewinn erwirtschaftet.

Handlungsanregungen

!

Mit der Handelsspanne kommt u. a. rechnerisch zum Ausdruck, in welchem Umfang die funktionale (Brücken- oder Transformations-)Aufgabe des Handels zwischen Lieferanten- und Kundenebene ökonomisch honoriert wird.

Neben dem artikelbezogenen Bestreben einer möglichst großen Stückspanne sind sortimentspolitische Verbundeffekte sachlicher und zeitlicher Art zu berücksichtigen, die meist zu sog. Mischkalkulationen führen.

Nach dem Zeitpunkt der Berechnung werden sog. Soll- bzw. Plan-Spannen, die sich in der Vor- bzw. Plankalkulation ergeben und Ist-Spannen unterschieden, die aus der Nach-Kalkulation ermittelt werden. Entsprechende Vergleiche ermöglichen Hinweise auf den Grad der Zielerreichung. Je nach gewählter Bezugsbasis besitzen die relativen Handelsspannen den Charakter eines prozentualen Handels-Abschlags bzw. -Aufschlags.

Die Handelsspanne zählt als stück- oder periodenbezogene Variante wie auch als Prozentspanne zu den zentralen Erfolgskennzahlen von Handelsunternehmen. Neben dem unternehmens-/konzerninternen Einsatz zur Erfolgsmessung von Verkaufsstellen, Filialen usw. ist sie z. B. auf Warengruppenebene oder als sog. Betriebshandelsspanne auch für einen Branchenvergleich von großer Bedeutung.

& **Verwandte Kennzahlen / Zusätzliche Anmerkungen**

Die absolute Variante der Handelsspanne wird auch als Rohgewinn, Rohertrag oder Stückspanne bezeichnet.

Synonym zu „Einstandspreis" wird auch häufig der Begriff „Wareneinsatz" verwendet.

Die Kennzahl der Handelsspanne darf nicht mit der Gewinnspanne verwechselt werden. Letztere ergibt sich erst nach zwischenzeitlichem Abzug der Kosten des Handelsunternehmens (in Form einer Kostenkalkulationsspanne, sog. Handlungskostensatz – z. B. für Personal, Miete, Energie).

3.3.3 Absoluter Deckungsbeitrag

? **Fragestellung**

Um wie viel Geldeinheiten übersteigt der Preis die direkt zurechenbaren Kosten („stückbezogene" Betrachtung: pro Produkt oder pro Dienstleistung)? –

Um wie viel Geldeinheiten übersteigt der Umsatz die direkt zurechenbaren Kosten der verkauften Menge in einem definierten Zeitraum („periodenbezogene" Betrachtung, z. B. monatlich, viertel-, halb- oder ganzjährig, pro Produkt-/Dienstleistung oder weitere Bezugsobjekte)?

*

Definition

Stückbezogene Betrachtung:

	Stück-Preis
–	direkt zurechenbare (bzw. variable) Stück-Kosten
=	Stück-Deckungsbeitrag

Periodenbezogene Betrachtung:

	Umsatz
–	direkt zurechenbare (bzw. variable) Perioden-Kosten der verkauften Menge
=	Perioden-Deckungsbeitrag

Die Kennzahl wird gemessen in der Dimension „Geldeinheiten" (z. B. in €).

»

Ermittlung / Herleitung

Zur Erhebung der benötigten Daten ist das Vorliegen einer Teilkostenrechnung, also die systematische Aufspaltung innerhalb der Kosten- und Leistungsrechnung in variable und fixe Komponenten (beschäftigungsbezogener Ansatz) bzw. Einzel- und Gemeinkosten (entscheidungsobjektbezogener Ansatz) in Form einer sog. Deckungsbeitragsrechnung (Fixkostendeckungsrechnung) erforderlich.

Im Rahmen des beschäftigungsbezogenen Ansatzes der Deckungsbeitragsrechnung wird zwischen mengenabhängigen (variablen) und mengenunabhängigen (fixen) Kosten differenziert. Beim entscheidungsobjektbezogenen Ansatz bezieht sich die Unterscheidung auf die unmittelbare Zurechenbarkeit (Einzelkosten) oder die nicht unmittelbare Zurechenbarkeit (Gemeinkosten) auf das jeweils betrachtete Bezugsobjekt (z. B. Produkte, Filialen, Kundensegmente).

#

Betriebswirtschaftlicher Aussagewert und Größenordnung

Die Namensgebung deutet bereits an: Mit dem Deckungsbeitrag wird eine Geld-Größe ermittelt, die – mindestens – zum Ausgleich (Deckung) einer anderen (Kosten-)Größe führen soll. Die Differenz zwischen Stück-Preis und direkt zurechenbaren (Stück-) Kosten ergibt den Stück-Deckungsbeitrag, der möglichst positiv sein sollte, und summiert über alle veräußerten Einheiten pro Periode die gesamten fixen Kosten abdecken soll. Übersteigt der Perioden-Deckungsbeitrag die Fixkosten, so entsteht ein Gewinn.

Der Deckungsbeitrag ist ein kurzfristiges, einperiodisches Erfolgsmaß. Je höher der Wert, umso eher können die in dem Betrachtungszeitraum unveränderbaren (fixen) Kosten überkompensiert werden und umso schneller wird Gewinn erwirtschaftet.

Um zu detaillierteren Informationen zu gelangen, wird im internen Rechnungswesen vielfach die Deckungsbeitragsrechnung in einer mehrstufigen Form eingesetzt, wobei der bisherige gesamte Fixkostenblock – in Teilen je nach konkreter Zurechenbarkeit – den einzelnen Ebenen zugeordnet wird (z. B. in Form von Produktgruppen-, Abteilungs-, Bereichs-, Unternehmens-Fixkosten). Das typische Problem der Vollkostenrechnung – ermessensbedingte Schlüsselung oder Proportionalisierung der (fixen) Gemeinkosten – wird so umgangen.

Je nach unternehmensindividuell festgelegter Bezugsgröße ergeben sich verschiedene Aggregationsebenen (z. B. produktbezogen: Sorte, Gruppe, Sortiment; regional bezogen: Verkaufsbezirk, Land, Kontinent; kundenbezogen: Einzelauftrag, Kunde, Kundensegment). Die meist (in Kurzform) als DB I, II, III, IV usw. schrittweise ausgewiesenen Ergebnisse sind in ihrer Entstehung im konkreten Einzelfall stets zu erfragen, da es keine genormten Definitionen für die einzelnen Zwischenschritte gibt (geben kann).

Diese zunächst als absolute (Geld-)Größen ermittelten Deckungsbeiträge können zur Gewinnung weiterer Erkenntnisse (z. B. Preisuntergrenzen; Sortimentsoptimierung) herangezogen werden, insbesondere indem sie zu bestimmten ökonomisch relevanten Sachverhalten in Beziehung gesetzt werden (siehe die Ausführungen zu den Kennzahlen-Profilen „Relativer Deckungsbeitrag"; „Deckungsbeitrag pro ..."-Kennzahlen und „Engpassspezifischer Deckungsbeitrag").

! Handlungsanregungen

Der Deckungsbeitrag stellt – wie beschrieben – eine Differenzgröße dar. Im ersten Schritt (Preis – variable Kosten) sind die beiden Komponenten auf ihre Gestaltbarkeit zu prüfen: preislich im Sinne eines systematischen Preismanagements z. B. hinsichtlich möglicher Freiräume unter Berücksichtigung der Preiselastizität der Nachfrage; kostenseitig im Sinne einer Analyse der betrieblichen Einsatzfaktoren, die (mengen)variablen Charakter besitzen. Hier ist z. B. nach Kostensenkungen zu suchen, die sich aus mengenmäßigem Minderverbrauch und/oder preisgünstigerem Einkauf ergeben.

In den weiteren Schritten einer stufenweisen Deckungsbeitragsrechnung sind beispielsweise die jeweiligen Fixkosten zuzuordnen, um eine größere Transparenz in der Ergebnisentstehung zu erreichen und – zumindest mittelfristig – gezielter Maßnahmen zu ergreifen, die den Deckungsbeitrag der jeweiligen Ebene erhöhen.

& Verwandte Kennzahlen / Zusätzliche Anmerkungen

Als Synonyme für die Kennzahl „Deckungsbeitrag" sind gebräuchlich: Bruttostückgewinn bzw. Bruttogewinn; absolute Handelsspanne. Neben dem „absoluten Deckungsbeitrag" kommt vor allem der Kennzahl des relativen Deckungsbeitrages, den sog. „Deckungsbeitrag pro ..."-Kennzahlen sowie dem sog. engpassspezifischen Deckungsbeitrag besondere betriebswirtschaftliche Bedeutung bei.

In Abgrenzung zum Deckungsbeitrag wird als sog. Nettostückgewinn die Differenz aus „Stück-Preis – gesamte Stückkosten" bezeichnet, wobei sich in diesem Fall das typische Problem einer Vollkostenrechnung ergibt, indem periodenfixe Kosten

(„künstlich“ proportionalisiert) anteilig den einzelnen Produkten bzw. Dienstleistungen zugerechnet werden.

Im Rahmen der Break-Even-Analyse liefert die graphische Darstellung der fixen und variablen Kosten sowie der Deckungsbeiträge in Diagrammform anschauliche visualisierte Informationen über die Menge, bei der der Break-Even-Punkt (die Gewinnschwelle) erreicht ist.

3.3.4 Relativer Deckungsbeitrag

Ⓢ

Fragestellung

?

Wie hoch ist der Anteil des Deckungsbeitrags am Preis?

Definition

*

$$\frac{\text{Stück-Deckungsbeitrag} \cdot 100}{\text{Stück-Preis}}$$

Wobei gilt:

$$\text{Stück-Deckungsbeitrag} = \text{Stück-Preis} - \text{variable Stück-Kosten}$$

Die Kennzahl „relativer Deckungsbeitrag“ wird in der Dimension „%“ angegeben.

Ermittlung / Herleitung

»

Zur Erhebung der benötigten Daten ist das Vorliegen einer Teilkostenrechnung, also die systematische Aufspaltung innerhalb der Kosten- und Leistungsrechnung in variable und fixe Komponenten in Form einer sog. Deckungsbeitragsrechnung (Fixkostendeckungsrechnung) erforderlich.

Betriebswirtschaftlicher Aussagewert und Größenordnung

#

Der (stückbezogene) relative Deckungsbeitrag ist ein kurzfristiges, einperiodisches Erfolgsmaß. Je höher der Anteil am Preis, der nicht von den variablen Kosten in Anspruch genommen wird, umso vorteilhafter ist ein Produkt bzw. eine Dienstleistung. Insbesondere bei Fragen der kurzfristigen Sortimentsoptimierung (ohne Engpässe) liefert diese Kennzahl ein zentrales Entscheidungskriterium.

Je höher der relative Deckungsbeitrag, desto attraktiver das einzelne Leistungsangebot.

Handlungsanregungen

!

Der Deckungsbeitrag stellt – wie beschrieben – eine Differenzgröße dar. Entsprechend sind die beiden Komponenten (Preis und variable Kosten) auf ihre Gestaltbarkeit zu prüfen: Preislich im Sinne eines systematischen Preismanagements z. B. hinsichtlich möglicher Freiräume unter Berücksichtigung der Preiselastizität der Nachfrage;

kostenseitig im Sinne einer Analyse der betrieblichen Einsatzfaktoren, die (mengen)variablen Charakter besitzen. Hier ist z. B. nach Kostensenkungsmöglichkeiten zu suchen, die sich aus mengenmäßigem Minderverbrauch und/oder preisgünstigerem Einkauf ergeben.

Generell gilt: Veränderungen dieser relativen Kennzahl können durch über- bzw. unterproportionale Entwicklung des in Beziehung gesetzten Deckungsbeitrags (im Zähler) und des Preises (im Nenner) erreicht werden – siehe dazu im Grundsätzlichen die weiter systematisierenden, ausführlichen Erläuterungen zu Kennzahlen als Quotienten im Anhang I.

& Verwandte Kennzahlen / Zusätzliche Anmerkungen

Als Synonyme für die Kennzahl „relativer Deckungsbeitrag“ sind gebräuchlich: Deckungsbeitragsintensität; Deckungsgrad; relativer Brutto(stück)gewinn; DBU-Faktor.

Der DBU-Faktor bzw. das Deckungsbeitrags-Umsatzverhältnis (in %) ermittelt den relativen Deckungsbeitrag auf Periodenbasis als

$$\frac{\text{Produkt-Periodendeckungsbeitrag} \cdot 100}{\text{Produkt-Nettoumsatz}}$$

Wobei sich der Nettoumsatz als Differenz aus Perioden-Bruttoumsatz (ohne Umsatzsteuer) und den Erlösschmälerungen ergibt.

Neben dem „relativen Deckungsbeitrag“ kommt vor allem der Kennzahl des absoluten Deckungsbeitrages, den sog. „Deckungsbeitrag pro ...“-Kennzahlen sowie dem sog. engpassspezifischen Deckungsbeitrag besondere betriebswirtschaftliche Bedeutung bei.

3.3.5 Preisnachlassquote

? Fragestellung

Wie hoch sind im Durchschnitt die auf die Listenpreise des Unternehmens gewährten Nachlässe (Preisabschläge) in Form von Rabatten, Boni und Skonti?

* Definition

$$\frac{\text{Summe der Preisnachlässe} \cdot 100}{\text{Umsatz}}$$

Die Kennzahl „Preisnachlassquote“ wird in der Dimension „%“ angegeben.

» Ermittlung / Herleitung

Die erforderlichen Daten zum Umfang der gewährten Preisnachlässe (im Zähler) und zum Umsatz (im Nenner), dem Umsatz vor Preisnachlässen (Bruttoumsatz), können dem internen Rechnungswesen (möglichst pro Bezugsobjekt: Marktsegment,

Produkte, Kunden etc. sowie pro Bezugssubjekt: Außendienstmitarbeiter, Vertreter, Verkäufer etc.) entnommen werden.

Betriebswirtschaftlicher Aussagewert und Größenordnung

#

Die Kennzahl „Preisnachlassquote" ist ein wichtiger Maßstab für die Beurteilung, ob das Unternehmen seine Listenpreise erfolgreich am Markt durchsetzen kann oder die Entwicklung des wertmäßigen Umsatzes nur durch ein überproportionales Ansteigen des mengenmäßigen Absatzes (durch Preiszugeständnisse) erreichbar ist.

Im Allgemeinen divergiert diese Kennzahl branchen- und kundenspezifisch stark. Eine empfehlenswerte Größenordnung kann nicht genannt werden, da diese im Zuge der Preispolitik unternehmensintern festgelegt werden muss.

Handlungsanregungen

!

Kurzfristig sollten Preisnachlässe nur gewährt werden, wenn der bezweckte Mehrumsatz zu einem zusätzlichen Deckungsbeitrag führt und bei langfristigerer Betrachtung es letztlich nicht zu einer (unbeabsichtigten) dauerhaften Senkung des tatsächlichen Preisniveaus zu Lasten des Gewinns kommt. Bei einer nicht deckungsbeitragsorientierten Steuerung des Außendienstes kann der Umsatz im Falle erheblicher Preisnachlässe „teuer erkauft" sein.

Verwandte Kennzahlen / Zusätzliche Anmerkungen

&

Als Synonym für die Preisnachlassquote ist auch der Begriff der „Erlösschmälerungsquote" gebräuchlich.

Die Kennzahl „Rabattquote" setzt eine Teilmenge der Preisnachlässe zum Umsatz ins Verhältnis. Spielen Skonti und Boni nur eine untergeordnete Rolle, sind die Preisnachlass- und Rabattquote als gleichwertig anzusehen.

Denkbar sind ferner weitere Detail-Kennzahlen zur Struktur der gewährten Preisnachlässe, z. B. zur Bedeutung einzelner Rabattarten (Mengen-, Jubiläums-, Sonder-Rabatt, etc.)

3.3.6 Preiselastizität der Nachfrage

Fragestellung

?

Wie stark reagiert die abgesetzte Menge eines Produktes oder einer Dienstleistung (gemessen in %) auf eine Preisvariation (ebenfalls gemessen in %)?

Definition

*

$$\frac{\text{Relative Absatzmengen-Änderung (in \%)}}{\text{Relative Preis-Änderung (in \%)}}$$

Die Angabe dieser Kennzahl erfolgt dimensionslos in Form einer absoluten Zahl, die aber in der Regel nicht ganzzahlig ist (also z. B. 1,4).

» Ermittlung / Herleitung

Für die Ermittlung des empirischen Zusammenhangs zwischen Preis (unabhängige Variable) und Nachfrage (abhängige Variable) wird zumeist das Verfahren der Regressionsanalyse herangezogen.

In der Praxis ist es jedoch oft schwierig, diesen Zusammenhang exakt bestimmen zu können, da der Preis nicht beliebig variiert werden kann, ohne dass es zu hohen Umsatzeinbußen kommt. Eine mögliche instrumentelle Alternative zur Datenbeschaffung kann dann im Einsatz einer Conjoint Measurement-Analyse bestehen.

Betriebswirtschaftlicher Aussagewert und Größenordnung

Die Preiselastizität der Nachfrage gibt Aufschluss darüber, wie groß die prozentuale Absatzmengenänderung ist, wenn der Preis bei dem betrachteten Objekt um einen bestimmten Prozentsatz verändert wird. Es handelt sich also um einen Maßstab für die Ermittlung von Absatzmengenkonsequenzen von Preisänderungsentscheidungen innerhalb der Preispolitik eines Unternehmens.

Die Preiselastizität der Nachfrage ist in der Regel negativ, da Käufer auf eine Preiserhöhung meist mit Nachfragerückgang reagieren (und umgekehrt). Bei einer Preiselastizität von z. B. −2 würde die Nachfrage bei einer einprozentigen Preiserhöhung um 2 % zurückgehen.

Je nach Produkt- oder Dienstleistungsart kann die Preiselastizität sehr unterschiedlich sein: Bei lebensnotwendigen Produkten liegt sie tendenziell nahe Null. Bei stark substituierbaren Produkten ist sie eher hoch (negativ).

Vielfach wird die Preiselastizität der Nachfrage (PdN) lediglich in Absolutwerten (ohne ausdrückliches Vorzeichen) angegeben, sodass für die 3 typischen Bereiche ihrer Werteskala gilt:

1. Eine Preiselastizität der Nachfrage >1 bedeutet, dass die nachgefragte Menge überproportional auf Preisänderungen reagiert, sodass z. B. eine Preisanhebung zu einem überproportionalen Rückgang der nachgefragten Menge und damit zu einem sinkenden Umsatz führt (Elastische Nachfrage)
2. Eine Preiselastizität der Nachfrage $= 1$ besagt, dass die prozentuale Änderung des Preises und die der nachgefragten Menge identisch sind, sodass der Umsatz konstant bleibt.
3. Eine Preiselastizität der Nachfrage zwischen Null und Eins ($0 \leq \text{PdN} < 1$) zeigt, dass die nachgefragte Menge unterproportional auf die Preisänderung reagiert. Im Falle einer Preiserhöhung steigt z. B. auch der Umsatz, aber in geringerem Ausmaß (Unelastische Nachfrage).

Handlungsanregungen

Oft verlaufen Preis-Absatz-Funktionen nicht linear, sondern typischerweise dreigeteilt mit einem relativ steilen, preisunelastischen Mittelteil und relativ flachen, preiselastischen Randbereichen. Folgende Determinanten besitzen tendenziell einen bestimmenden Einfluss auf die Höhe der Elastizität: Verfügbarkeit von Substitutionsgütern und -dienstleistungen, Anteil am Einkommen zur Nachfragebefriedigung, Dauerhaftigkeit und absoluter Preis des Wirtschaftsgutes, Bedeutung als Luxus- oder Gebrauchsgut sowie betrachtete Zeitspanne.

Verwandte Kennzahlen / Zusätzliche Anmerkungen

Mitunter wird auch die Kreuzpreiselastizität der Nachfrage ermittelt. Sie drückt (wieder in relativen Größen) aus, wie sich die nachgefragte Menge nach einem Produkt A (oder Dienstleistung A) bei unveränderten Preisen durch die Preisänderung bei einem anderen Produkt B (oder Dienstleistung B) verändert:

$$\frac{\text{Relative Mengen-Änderung von Produkt A}}{\text{Relative Preisänderung von Produkt B}}$$

Die Einkommenselastizität der Nachfrage berechnet als Quotient, wie sich bei einer Änderung des Einkommens und konstant gehaltenem Preis die nachgefragte Menge nach dem Produkt bzw. nach der Dienstleistung verändert:

$$\frac{\text{Relative Mengen-Änderung}}{\text{Relative Einkommensänderung}}$$

3.4 Break-Even-Kenngrößen

3.4.1 Break-Even-Point (BEP)

Fragestellung

Bei welcher Absatzmenge werden die Gesamtkosten gerade durch den Umsatz gedeckt?

Definition

$$\frac{\text{Perioden-Fixkosten}}{\text{Stückdeckungsbeitrag}}$$

Wobei gilt:
Der Stückdeckungsbeitrag ergibt sich aus der Differenz des Verkaufspreises pro Stück und den variablen Kosten pro Stück.

Die Kennzahl wird gemessen in der Dimension „Mengeneinheiten" (z. B. in Stückzahl, Längen-, Flächen- und Volumeneinheiten, Gewichts-/Masse-, sonstigen physikalischen Leistungs- oder Zeitraumangaben).

» Ermittlung / Herleitung

Zur Erhebung der benötigten Daten ist das Vorliegen einer Teilkostenrechnung, also die systematische Aufspaltung innerhalb der Kosten- und Leistungsrechnung in variable und fixe Komponenten in Form einer sog. Deckungsbeitragsrechnung (Fixkostendeckungsrechnung) erforderlich.

Betriebswirtschaftlicher Aussagewert und Größenordnung

Der „Break-Even-Point" ist die zentrale Kennzahl der Break-Even-Analyse (Gewinnschwellenanalyse). Es wird die Verkaufsmenge ermittelt, ab deren Überschreiten das Unternehmen bzw. der betrachtete Teilbereich einen Gewinn erlangt. Je nach Höhe der fixen Kosten einerseits sowie der anfallenden variablen Kosten pro Einheit und den erzielbaren Verkaufspreisen andererseits kann diese Gewinnschwelle bereits bei geringer Kapazitätsauslastung erreicht werden oder auch erst bei Werten knapp unter der Kapazitätsgrenze – in ungünstigen Fällen sogar erst darüber.

Erstrebenswert ist eine möglichst frühzeitige Deckung der Fixkosten, um bei Normalauslastung bereits die Gewinnschwelle überschritten zu haben.

! Handlungsanregungen

Das betriebswirtschaftliche Instrumentarium, in dem die Kennzahl „Break-Even-Point" ermittelt werden kann, ist die Gewinnschwellenanalyse.

Obwohl sie unter formalen Gesichtspunkten in ihrer Basisversion von stark eingrenzenden Annahmen geprägt ist (z. B. Ein-Produkt-Modell, statische Betrachtung), führt ihre hohe Anschaulichkeit bei kurzfristigen Betrachtungen in der Praxis dennoch zu einer intensiven Anwendung.

Der kurzfristige Zeithorizont der Teilkostenrechnung und des Grundmodells der Gewinnschwellenanalyse bedingt ein nur eingeschränktes Spektrum an Maßnahmenbündeln. Sie beziehen sich auf die Gestaltungsmöglichkeiten der – in der Definition enthaltenen – Parameter „Stückpreis" und „variable Stückkosten", die den „Stückdeckungsbeitrag" ergeben sowie die „Perioden-Fixkosten". Durch einzeln oder kombiniert ergriffene Maßnahmen der Preispolitik einerseits und des Kostenmanagements andererseits (insb. in Form einer Minderung der variablen Stückkosten und ggf. ansatzweise der fixen Perioden-Kosten) kann eine Senkung der Gewinnschwelle erreicht werden.

Soll diese Kennzahl beispielsweise als ein Indikator zur Beurteilung von Produktneueinführungen herangezogen werden, so ist besonders auf die Zuordnung nur projektspezifischer Fixkosten und auf die Veränderbarkeit von Absatzpreis und variablen Stückkosten im Zeitablauf zu achten.

Grundsätzlich gilt: Veränderungen dieser relativen Kennzahl im Sinne der angestrebten Unternehmensziele können entsprechend wieder durch über- bzw. unterproportionale Entwicklung der in Beziehung gesetzten Perioden-Fixkosten (im Zähler) und des Stückdeckungsbeitrags (im Nenner) erreicht werden – siehe dazu die weiter systematisierenden, ausführlichen Erläuterungen zu Kennzahlen als Quotienten im Anhang I.

Verwandte Kennzahlen / Zusätzliche Anmerkungen

&

Als Synonyme für die Kennzahl „Break-Even-Point" sind gebräuchlich: Gewinnschwelle, Kostendeckungspunkt; Nutzschwelle; kritischer Punkt; toter Punkt; Kapazitätsgrad.

Der sog. Break-Even-Point zählt zur „Familie" der Kennzahlen der Gewinnschwellenanalyse. Hierzu gehören ferner insb. die Sicherheitsspanne (gemessen in Geldeinheiten) und der Sicherheitskoeffizient (gemessen in %), der Cash Point sowie – marketingorientiert – der Kundenbedeutungsgrad. Ihre Verknüpfung auf der Ebene einzelner Produkte, Produktgruppen oder spezifisch abgegrenzter Segmente vermittelt für einen kurzfristigen Zeithorizont wesentliche Einblicke in die wirtschaftliche Erfolgs- und Risikolage des Betrachtungsobjekts.

Mit Hilfe des Verfahrens „kritischer Werte" sowie der Sensitivitätsanalyse lassen sich zahlreiche interessante Fragen zur „Empfindlichkeit" des ermittelten Ergebnisses beantworten, wenn einzelne oder mehrere Inputgrößen sich verändern sollten.

3.4.2 Sicherheitsspanne

Fragestellung

?

Um wie viel Geldeinheiten darf der Umsatz (bzw. um wie viel Einheiten darf die Verkaufsmenge) zurückgehen, bis die Gewinnschwelle (also immer noch ein Ergebnis von Null) erreicht ist?

Definition

*

	Umsatzerlöse (als Plan- oder Ist-Wert)
–	Umsatzerlöse an der Gewinnschwelle (sog. Break-Even-Umsatz)
=	Sicherheitsspanne

Die Kennzahl „Sicherheitsspanne" wird üblicherweise in der Dimension „Geldeinheiten" (z. B. in €) gemessen bzw. je nach Zählweise ggf. auch in Mengeneinheiten.

Ermittlung / Herleitung

»

Zur Erhebung der benötigten Daten ist das Vorliegen einer Teilkostenrechnung, also die systematische Aufspaltung innerhalb der Kosten- und Leistungsrechnung in variable und fixe Komponenten in Form einer (möglichst mehrstufigen) sog. Deckungsbeitragsrechnung (Fixkostendeckungsrechnung) erforderlich.

Betriebswirtschaftlicher Aussagewert und Größenordnung

Die Kennzahl „Sicherheitsspanne“ bildet ein kurzfristiges Risikomaß. Sie stellt auf den absoluten mengen- oder wertmäßigen Spielraum ab, der für einen Mengen- oder Umsatzrückgang zur Verfügung steht, ohne dass das betrachtete Unternehmen bzw. ein entsprechender Teilbereich in die Verlustzone gerät. Je größer also der absolute Wert der Sicherheitsspanne ist, d. h., je größer die absolute Entfernung zur Gewinnschwelle, desto besser ist die Position des Unternehmens (rechnerisch in der Gewinnzone) gesichert.

! Handlungsanregungen

Das betriebswirtschaftliche Instrumentarium, in dem die Kennzahl „Sicherheitsspanne“ ermittelt werden kann, ist die Gewinnschwellenanalyse.

Obwohl sie unter formalen Gesichtspunkten in ihrer Basisversion von stark eingrenzenden Annahmen geprägt ist (z. B. Ein-Produkt-Modell, statische Betrachtung), führt ihre hohe Anschaulichkeit bei kurzfristigen Betrachtungen in der Praxis dennoch zu einer intensiven Anwendung.

Der kurzfristige Zeithorizont der Teilkostenrechnung und des Grundmodells der Gewinnschwellenanalyse bedingt ein nur eingeschränktes Spektrum an Maßnahmenbündeln. Sie beziehen sich auf die Gestaltungsmöglichkeiten der Parameter „Stückpreis“ und „variable Stückkosten“ sowie die „Perioden-Fixkosten“.

Durch einzeln oder kombiniert ergriffene Maßnahmen der Preispolitik einerseits und des Kostenmanagements andererseits (insb. in Form einer Minderung der variablen Stückkosten und ggf. ansatzweise der fixen Perioden-Kosten) kann eine Senkung der Gewinnschwelle erreicht werden, die zur Stabilisierung oder zur Erhöhung der Sicherheitsspanne führt.

& Verwandte Kennzahlen / Zusätzliche Anmerkungen

Als Synonym für die Kennzahl „Sicherheitsspanne“ sind gebräuchlich: Sicherheitsstrecke; Sicherheitsabstand.

Die sog. Sicherheitsspanne zählt zur „Familie“ der Kennzahlen der Gewinnschwellenanalyse. Hierzu gehören neben der zentralen Größe des Break-Even-Points (und des entsprechenden Kapazitätsgrades) der Sicherheitsgrad und der Kundenbedeutungsgrad sowie der Cash Point. Ihre Verknüpfung auf der Ebene einzelner Produkte, Produktgruppen oder spezifisch abgegrenzter Segmente vermittelt wesentliche Einblicke in die wirtschaftliche Erfolgslage des Betrachtungsobjekts.

In Form relativer Kennzahlen wird der gleiche Sachverhalt durch den sog. Sicherheitsgrad bzw. Sicherheitskoeffizienten ausgedrückt (gemessen als Prozentwert):

$$\left(1 - \frac{\text{Perioden-Fixkosten}}{\text{Perioden-Deckungsbeitrag}}\right) \cdot 100$$

Wird die Betrachtung eines Szenarios potenziell zurückgehender Verkaufsmengen bzw. -umsätze auf einzelne Kunden bezogen („Was passiert, wenn wir diesen Kunden verlieren?“), so kann explizit die ähnlich konzipierte relative Kennzahl des „Kundenbedeutungsgrades“ herangezogen werden.

3.4.3 Sicherheitsgrad

Fragestellung

?

Bis zu welcher Höhe ist ein prozentualer Rückgang der Verkaufsmenge (bzw. des Umsatzes) für das Unternehmen akzeptabel, da noch kein Verlust entsteht?

Definition

*

$$\left(1 - \frac{\text{Perioden-Fixkosten}}{\text{Perioden-Deckungsbeitrag}}\right) \cdot 100$$

Die Kennzahl „Sicherheitsgrad“ wird in der Dimension „%“ angegeben.

Ermittlung / Herleitung

»

Zur Erhebung der benötigten Daten ist das Vorliegen einer Teilkostenrechnung, also die systematische Aufspaltung innerhalb der Kosten- und Leistungsrechnung in variable und fixe Komponenten in Form einer sog. Deckungsbeitragsrechnung (Fixkostendeckungsrechnung) erforderlich.

Betriebswirtschaftlicher Aussagewert und Größenordnung

#

Die Kennzahl „Sicherheitsgrad“ bildet ein kurzfristiges Risikomaß. Sie stellt auf den prozentualen Spielraum ab, der für einen Umsatzrückgang zur Verfügung steht, ohne dass das betrachtete Unternehmen oder ein entsprechender Teilbereich in die Verlustzone gerät. Je größer also der prozentuale Wert des Sicherheitsgrades, d. h., je größer die relative Entfernung zur Gewinnschwelle, desto besser ist die Position des Unternehmens (rechnerisch in der Gewinnzone) gesichert.

Handlungsanregungen

!

Das betriebswirtschaftliche Instrumentarium, in dem die Kennzahl „Sicherheitsgrad“ ermittelt werden kann, ist die Gewinnschwellenanalyse. Obwohl sie unter formalen Gesichtspunkten in ihrer Basisversion von stark eingrenzenden Annahmen geprägt ist (z. B. Ein-Produkt-Modell, statische Betrachtung), führt ihre hohe Anschaulichkeit bei kurzfristigen Betrachtungen in der Praxis dennoch zu einer intensiven Anwendung.

Der kurzfristige Zeithorizont der Teilkostenrechnung und des Grundmodells der Gewinnschwellenanalyse bedingt ein nur eingeschränktes Spektrum an Maßnahmenbündeln. Sie beziehen sich auf die Gestaltungsmöglichkeiten der – in der Definition enthaltenen – Parameter „Stückpreis“ und „variable Stückkosten“, die multipliziert mit der Menge den „Perioden-Deckungsbeitrag“ ergeben sowie die „Perioden-Fixkosten“. Durch einzeln oder kombiniert ergriffene Maßnahmen der Preispolitik einerseits und des Kostenmanagements andererseits (insb. in Form einer Minderung der variablen Stückkosten und ggf. ansatzweise der fixen Perioden-Kosten) kann eine Steigerung des Sicherheitsgrades erreicht werden.

Veränderungen dieser relativen Kennzahl im Sinne der angestrebten Unternehmensziele können entsprechend wieder durch über- bzw. unterproportionale Entwicklung der in Beziehung gesetzten Perioden-Fixkosten (im Zähler) und des Perioden-Deckungsbeitrags (im Nenner) erreicht werden – siehe dazu die weiter systematisierenden, ausführlichen Erläuterungen zu Kennzahlen als Quotienten im Anhang I.

& **Verwandte Kennzahlen / Zusätzliche Anmerkungen**

Als Synonym für die Kennzahl „Sicherheitsgrad“ ist gebräuchlich: Sicherheitskoeffizient.

Der sog. Sicherheitsgrad bzw. -koeffizient zählt zur „Familie“ der Kennzahlen der Gewinnschwellenanalyse. Hierzu gehören neben der zentralen Größe des Break-Even-Points (und des entsprechenden Kapazitätsgrades) die Sicherheitsspanne und der Kundenbedeutungsgrad sowie der Cash Point. Ihre Verknüpfung auf der Ebene einzelner Produkte, Produktgruppen oder spezifisch abgegrenzter Segmente vermittelt für einen kurzfristigen Zeithorizont wesentliche Einblicke in die wirtschaftliche Erfolgs- und Risikolage des Betrachtungsobjekts.

In Form absoluter Kennzahlen wird der gleiche Sachverhalt durch die sog. Sicherheitsspanne, -strecke bzw. den Sicherheitsabstand ausgedrückt (jeweils gemessen in Mengen- bzw. Geldeinheiten).

Unter Bezugnahme auf einzelne (große) Kunden wird – marketingorientiert – auch der sog. Kundenbedeutungsgrad ermittelt.

3.4.4 Cash Point

? **Fragestellung**

Bei welcher Verkaufsmenge werden durch die Umsatzeinzahlungen gerade sämtliche zahlungswirksamen Aufwendungen bzw. Kosten gedeckt?

***** **Definition**

$$\frac{\text{Auszahlungswirksame Perioden-Fixkosten}}{\text{Stückdeckungsbeitrag}}$$

Wobei gilt:

Stückdeckungsbeitrag = Verkaufspreis pro Stück – Variable Kosten pro Stück

Die Kennzahl wird gemessen in der Dimension „Mengeneinheiten“ (z. B. als Stückzahl, Längen-, Flächen- und Volumeneinheiten, Gewichts-/Masse-, sonstigen physikalischen Leistungs- oder Zeitraumangaben).

Ermittlung / Herleitung

»

Zur Erhebung der benötigten Daten ist das Vorliegen einer Teilkostenrechnung, also die systematische Aufspaltung innerhalb der Kosten- und Leistungsrechnung in variable und fixe Komponenten in Form einer sog. Deckungsbeitragsrechnung (Fixkostendeckungsrechnung) erforderlich.

Abschreibungen bilden eine der wichtigsten Kostengrößen, die nicht im Zähler Berücksichtigung finden, da hier nur die gleichzeitig zahlungswirksamen Kosten für die Berechnung relevant sind.

Betriebswirtschaftlicher Aussagewert und Größenordnung

#

Der „Cash Point" zählt zu den Kennzahlen der Break-Even-Analyse. Er stellt ein kurzfristiges Liquiditäts-Risikomaß dar. Als ein spezieller Nutzschwellen-Punkt wird die (Ausbringungs- oder) Verkaufsmenge ermittelt, die überschritten werden muss, um alle erforderlichen Auszahlungen selbst zu erwirtschaften und keine zusätzlichen finanziellen Mittel von anderen Unternehmensteilen (z. B. Sparten) oder von außen zu benötigen. Vor allem in Krisenzeiten mit geringer Nachfrage (und knapper Liquidität) sowie meist erheblich unterausgelasteten Kapazitäten ist dieser Schwellenwert von besonderer betriebswirtschaftlicher Bedeutung.

Je geringer diese Mindestmenge und je größer die positive Distanz zur Verkaufsmenge, umso ungefährdeter ist die Liquiditätssituation bzw. -entwicklung einzuschätzen. Grundsätzlich ist es für ein Unternehmen erstrebenswert, seine Fixkosten so früh wie möglich zu decken, also den Break-Even-Punkt zu erreichen, und den Gesamtgewinn zu erhöhen.

Handlungsanregungen

!

Das betriebswirtschaftliche Instrumentarium, in dem die Kennzahl „Cash Point" ermittelt werden kann, ist die Gewinnschwellenanalyse. Obwohl sie unter formalen Gesichtspunkten in ihrer Basisversion von stark eingrenzenden Annahmen geprägt ist (z. B. statische Betrachtung, Ein-Produkt-Modell), führt ihre hohe Anschaulichkeit bei kurzfristigen Betrachtungen in der Praxis dennoch zu einer intensiven Anwendung.

Der kurzfristige Zeithorizont der Teilkostenrechnung und des Grundmodells der Gewinnschwellenanalyse bedingt ein nur eingeschränktes Spektrum an Maßnahmenbündeln. Sie beziehen sich auf die Gestaltungsmöglichkeiten der – in der Definition enthaltenen – Parameter „Stückpreis" und „variable Stückkosten", die den „Stückdeckungsbeitrag" ergeben sowie die Perioden-Fixkosten abzüglich ihrer nicht-zahlungswirksamen Komponenten (letzterer Abzugsposten sind insb. die Abschreibungen). Durch einzeln oder kombiniert ergriffene Maßnahmen der Preispolitik einerseits und des (zahlungswirksamen) Kostenmanagements andererseits (insb. in Form einer Minderung der variablen Stückkosten und ggf. ansatzweise der fixen Perioden-Kosten) kann eine Senkung des Cash Points (der zahlungswirksamen Nutzschwelle) erreicht werden.

Wenn diese Kennzahl als ein Entscheidungskriterium zur Einführung eines neuen Produktes verwendet wird, ist es wichtig, nur jene zahlungswirksamen Fixkosten zu berücksichtigen, die eine direkte Verbindung zu diesem Produkt oder Projekt aufweisen und die wahrscheinliche Änderung des Verkaufspreises und der variablen Stückkosten einzubeziehen.

Veränderungen dieser relativen Kennzahl im Sinne der angestrebten Unternehmensziele können entsprechend durch über- bzw. unterproportionale Entwicklung der in Beziehung gesetzten auszahlungswirksamen Perioden-Fixkosten (im Zähler) und des Stückdeckungsbeitrags (im Nenner) erreicht werden – siehe dazu die weiter systematisierenden, ausführlichen Erläuterungen zu Kennzahlen als Quotienten im Anhang I.

& **Verwandte Kennzahlen / Zusätzliche Anmerkungen**

Zur „Familie" der Kennzahlen der Gewinnschwellenanalyse gehören weiterhin neben der zentralen Größe des Break-Even-Punktes (und des entsprechenden Kapazitätsgrades) die Sicherheitsspanne (gemessen in Mengen- bzw. Geldeinheiten) und der Sicherheitskoeffizient (gemessen in %) sowie marketingorientiert der Kundenbedeutungsgrad (gemessen in %). Ihre Verknüpfung auf der Ebene einzelner Produkte, Produktgruppen oder spezifisch abgegrenzter Segmente vermittelt für einen kurzfristigen Zeithorizont wesentliche Einblicke in die wirtschaftliche Erfolgs- und Risikolage des Betrachtungsobjekts.

3.5 Marktabdeckungs-Kenngrößen

3.5.1 Internationalitätsgrad

? **Fragestellung**

In welchem Ausmaß werden Geschäfts-Chancen und -Risiken regional durch die Tätigkeit in mehr als einem Land gestreut?

***** **Definition**

$$\frac{\text{Höhe der jeweiligen Bestands- bzw. Bewegungsgröße im Ausland} \cdot 100}{\text{Höhe der jeweiligen Bestands- bzw. Bewegungsgröße für das Gesamtunternehmen weltweit}}$$

Die hier gezeigte Quotientenbildung wird auch als „FTO-Ratio" (Foreign to Total Operations-Ratio) bezeichnet.

Betriebswirtschaftlich relevante typische Bestandsgrößen in diesem Betrachtungsfeld wären z. B. „Mitarbeiter" oder „Filialen", „Anlagevermögen" oder „Eigenkapital"; entsprechend sinnvolle Bewegungsgrößen wären analog z. B. „Umsatz", „(Operative bzw. bilanzielle) Gewinne" oder „Aufwendungen" bzw. „Kosten".

Die Kennzahl „Internationalitätsgrad" wird in der Dimension „%" ausgedrückt, da Zähler und Nenner jeweils in identischen Mengen- oder Geldeinheiten angegeben werden.

Ermittlung / Herleitung

»

Die für diese Quotienten-Kennzahl erforderlichen Daten können dem Rechnungswesen und ggf. speziellen vorgelagerten, computergestützten Informations- und Berichtssystemen („Statistiken"; „Datenbanken") des Unternehmens entnommen werden (u. U. nach Funktionsbereichen, Geschäftssegmenten und/oder einzelnen Ländern weiter detailliert). Für externe Analysten ist daher mitunter nur ein Teil der notwendigen Informationen (durch den Geschäftsbericht oder weitere freiwillige Veröffentlichungen des Unternehmens) direkt zugänglich.

Im Falle von Bestandsgrößen werden typischerweise Jahresendwerte oder Jahresdurchschnittswerte verwendet. Für die Bewegungsgrößen, die sich definitionsgemäß alle auf einen Zeitraum beziehen, wird meist auf Jahreswerte zurückgegriffen.

Betriebswirtschaftlicher Aussagewert und Größenordnung

#

Die Kennzahl „Internationalitätsgrad" zeigt das relative Ausmaß der ökonomischen Verbundenheit eines Unternehmens mit dem Ausland – jeweils im Hinblick auf ein ausgewähltes konkretes Vergleichsmerkmal, also z. B. Umsatz oder Mitarbeiter. Die Messung kann anhand sehr unterschiedlicher Merkmale, die als unternehmerisch relevant und aussagefähig gelten, vorgenommen werden:

- Betriebswirtschaftliche Bestandsgrößen
  (z. B. Anzahl der Mitarbeiter, Kunden, Lieferanten, Anteilseigner; Anzahl der Tochtergesellschaften, Betriebsstätten, Filialen, Bilanzsumme oder kumulierte Auslandsinvestitionen)
- Betriebswirtschaftliche Bewegungsgrößen
  (z. B. Umsatz, Aufwendungen bzw. Kosten, Gewinne, Auftragseingänge, Investitionen im Betrachtungszeitraum, Wertschöpfung).

Insofern gibt es also nicht „den einen" Internationalitätsgrad für ein Unternehmen, sondern es ist eine Vielzahl von „einzelnen" Internationalitätsgraden denkbar und berechenbar, deren betriebswirtschaftliche Sinnhaftigkeit und Aussagekraft sowie deren Nutzen jeweils unternehmensindividuell analysiert werden muss. Gleichwohl sind die Bestandsgrößen-Kennzahl „Bilanzsumme" sowie die Bewegungsgrößenkennzahl „Umsatz" und „Gewinn" die am häufigsten verwendeten Varianten des Internationalitätsgrades.

Zur anzustrebenden Größenordnung einzelner Internationalitätsgrade ist eine betriebswirtschaftlich generalisierende Vorgabe nicht valide bestimmbar. Als Orientierung (z. B. auch für einzelne Geschäftssegmente) sind Ist-Ist- bzw. Plan-Ist-Vergleiche und eine Ausrichtung an Branchendurchschnittswerten oder „Best-Practice-Beispielen" denkbar.

! Handlungsanregungen

Für eine zunehmende Zahl von Unternehmen, die an den generellen Globalisierungs- bzw. Internationalisierungsprozessen beteiligt ist, stellt sich die Frage, wie stark ihre Internationalität ausgeprägt ist. Bei der Entwicklung der Strategien geht es nicht zwingend um einen „besseren" oder „optimalen" Internationalitätsgrad, sondern vor allem um eine verstärkte Transparenz und die Sensibilisierung, wie das internationale Engagement aussagekräftig gemessen werden könnte – und welchen Umfang es aufweist.

Vor der im Einzelfall erforderlichen Ableitung geeigneter Strategien und Maßnahmen sind aber auch einige zentrale Problemfelder dieser Kennzahl zu beachten:

- „Inlands-Auslands-Abgrenzung"
  (z. B.: Gilt das Stammland als Inland und was ist, wenn ein extern schnell gewachsener Konzern u. U. über zwei Zentralen verfügt?)
- „Kleines Heimatland"
  (Es entstehen u. U. verzerrte Kennzahlenwerte, da Unternehmen aus kleinen Ursprungsländern – rechnerisch – unter sonst gleichen Bedingungen zu hohen Internationalitätsgraden in Relation zu Unternehmen aus großen Stammländern gelangen)
- „Wechselkursschwankungen"
  (Werden wertmäßige Bezugsgrößen verwendet, ist dieser Effekt im Zeitvergleich vielfach von spürbarer Bedeutung)
- „Verrechnungspreisbildung"
  (Bei der Heranziehung von Bezugsgrößen aus der Bilanz oder Gewinn- und Verlustrechnung sind je nach Rechnungslegungsstandard die Möglichkeiten einer wertmäßigen Verzerrung dieser Indikatoren durch gezielt höher oder niedriger angesetzte Verrechnungspreise zu beachten – z. B. zur Minderung der Gesamtsteuerzahlungen des Unternehmens).

Die bisherigen Praxiserfahrungen und die Ergebnisse wissenschaftlicher Untersuchungen haben keine empirisch belastbaren, generellen „Gesetzmäßigkeiten" zwischen der Höhe einzelner Ausprägungen des Kennzahlenwertes „Internationalitätsgrad" und dem unternehmerischen Erfolg hervorgebracht. Vielmehr bilden problemadäquat ausgewählte Bestands- und/oder Bewegungsgrößen unter besonderer Berücksichtigung situativer Markt- und Wettbewerbsbedingungen einen sinnvollen Ansatz, um das einzelne Unternehmen – kompakt beschreibend – zu positionieren.

Insofern ist ein Vergleich im Zeitablauf und mit relevanten (potenziellen) Konkurrenten sinnvoll, um einerseits eigene Stärken und Schwächen zu erkennen sowie andererseits mit der Umsetzung der konkreten Unternehmensstrategie hinsichtlich der angebotenen Produkte und bearbeiteten regionalen Märkte gezielt Chancen auf ausländischen Wachstumsmärkten zu nutzen sowie Risiken durch regionale Diversifikation zu streuen.

Verwandte Kennzahlen / Zusätzliche Anmerkungen

&

Als Synonym für den „Internationalitätsgrad“ ist auch der Begriff „Auslandsquote“ gebräuchlich.

Eine mitunter verwendete Variante der Kennzahl „Internationalitätsgrad“ wird als sog. „Ausland-Inland-Relation“ bzw. „FDO-Ratio“ (Foreign to Domestic Operations-Ratio) bezeichnet. Eine Sonderform dieses Kennzahlentyps setzt im Zähler den eigenen Marktanteil im Ausland an und im Nenner den eigenen Marktanteil im Inland. So ergibt sich eine dimensionslose Zahl als Ergebnis, die verdeutlicht, wie „unterschiedlich stark“ die eigene Position auf den untersuchten Märkten ist.

Zu verwandten Kenngrößen und Darstellungen zählen u. a. das „Internationalitätsprofil“ und der „Internationalitätsindex“: Im ersten Fall können aus mehreren Internationalitätsgraden entsprechende „Unternehmensprofile“ (graphisch unterstützt) erstellt und im Zeitablauf sowohl intern als auch extern im Vergleich zu anderen Unternehmen (insb. Wettbewerbern) ausgewertet werden. Beim „Internationalitätsindex“ wird im Allgemeinen ein (mitunter gewichteter) Durchschnitt aus den zugrunde gelegten einzelnen Internationalitätsgraden gebildet. Dabei ist es denkbar, einen separaten Index für Bestandsgrößen-Kennzahlen und einen für Bewegungsgrößen-Kennzahlen oder eine Kombination von beiden vorzunehmen. Dieser methodische Ansatz ist jedoch in seiner Zusammensetzung bislang nicht genormt und in seiner Interpretation auch mit einer nicht geringen Problematik versehen.

3.5.2 Distributionsgrad

Fragestellung

?

Wie hoch ist die Dichte der Marktpräsenz (Erhältlichkeit) eines Produktes oder einer Marke in einem relevanten Absatzmarkt?

Definition

*

Mengenmäßige (numerische) Variante:

$$\frac{\text{Anzahl der Handelsbetriebe, die das jeweilige Produkt/die Marke führen} \cdot 100}{\text{Gesamtzahl der Handelsbetriebe, die die entsprechende Warengruppe führen (könnten)}}$$

Wertmäßige (gewichtete) Variante:

$$\frac{\text{Umsatz der Handelsbetriebe, die das jeweilige Produkt/die Marke führen} \cdot 100}{\text{Gesamtumsatz der Handelsbetriebe, die die entsprechende Warengruppe führen (könnten)}}$$

Die Kennzahl „Distributionsgrad“ wird in der Dimension „%“ angegeben.

» Ermittlung / Herleitung

Die (zumindest für die Ebene bestimmter Warengruppen) erforderlichen Distributionsdaten werden regelmäßig im Rahmen der Handels-Panelforschung von Marktforschungsinstituten erhoben.

Betriebswirtschaftlicher Aussagewert und Größenordnung

Der Distributionsgrad ist eine Maßzahl der Vertriebswegepolitik für die Marktdurchdringung eines Produktes bzw. einer Marke auf der letzten Stufe der Absatzkanäle. Sie ist eine typische Gliederungskennzahl, da der Zähler eine Teilmenge des Nenners ist.

Speziell bei Markenartikeln ist ein hoher Distributionsgrad eine wichtige Voraussetzung für die erfolgreiche Durchsetzung der Marke am Markt, da die Ubiquität (die Überall-Erhältlichkeit) als wesentlicher Erfolgsfaktor anzusehen ist. Allerdings sollte beachtet werden, dass lediglich eine quantitative Aussage zur Marktpräsenz gemacht wird – keine qualitative, die z. B. auch die besondere Platzierung im Verkaufsraum oder eine Alleinstellung einbinden könnte. Im Einzelfall kann trotz einer guten Marktabdeckung auch eine Diskrepanz zwischen „geführten" und „tatsächlich vorrätigen" Produkten auftreten.

Grundsätzlich gilt: Je höher der Kennzahlen-Wert, desto besser. Er kann theoretisch Werte zwischen 0 % (keine Marktpräsenz) und 100 % (totale Ubiquität) annehmen.

! Handlungsanregungen

Die Kennzahl „Distributionsgrad" ist in engem Zusammenhang mit der vom Unternehmen verfolgten Marktabdeckungs- und Absatzkanalstrategie zu sehen und zu interpretieren: Die Spannweite der strategischen Alternativen reicht von diversen Formen eines sog. Exklusivvertriebs über einen Selektivvertrieb bis hin zum Universalvertrieb.

Eine auf diese Kennzahl zurückgreifende Marktabdeckungsstrategie kann zur Bewertung und Entscheidungsfindung hinsichtlich einer geeigneten Vertriebsform (und entsprechender Verkaufsstätten) für ein bestimmtes Produkt beitragen.

& Verwandte Kennzahlen / Zusätzliche Anmerkungen

Bei starken Unterschieden in der Größe der eingesetzten Absatzmittler gewinnt die Kennzahlen-Variante des gewichteten Distributionsgrades an Bedeutung: Der Größe bzw. der Umsatzstärke der Handelsbetriebe wird Rechnung getragen. So erhält dann z. B. ein großer Verbrauchermarkt eine höhere Gewichtung, weil der Umsatz im Gegensatz zu anderen Handelsbetrieben hoch ist – ein numerischer Distributionsgrad von 50 %, aber ein gewichteter von 75 % lässt auf eine Marktpräsenz vor allem in großen, umsatzstarken Handelsbetrieben schließen.

Wird jedoch auf eine bestimmte Beratungsleistung besonderer Wert gelegt, die sich möglicherweise vor allem in kleineren Fachgeschäften gewährleisten lässt, so zeigen sich auch Grenzen der Aussagefähigkeit dieser Kennzahlen.

Die Abgrenzung des relevanten Marktes ist – wie auch bei vielen anderen ähnlichen Kennzahlen – von wesentlicher Bedeutung, wenn auf der Grundlage erhobener Kennzahlenwerte operative und strategische Entscheidungen sinnvoll gefällt werden sollen.

3.5.3 Käuferreichweite

Fragestellung

?

Wie viel Prozent der Zielgruppe kaufen im Untersuchungszeitraum das betrachtete Marken-Produkt (bzw. die betreffende Dienstleistung)?

Definition

*

$$\frac{\text{Anzahl der Käufer eines Produktes oder einer Dienstleistung} \cdot 100}{\text{Gesamtmitgliederzahl der Zielgruppe}}$$

Die Kennzahl „Käuferreichweite" wird in der Dimension „%" angegeben.

Ermittlung / Herleitung

»

Die erforderlichen Daten werden in der Regel per Marktforschung meist durch Befragung einer repräsentativen Stichprobe von Verbrauchern bzw. eines Verbraucher-Panels erhoben.

Betriebswirtschaftlicher Aussagewert und Größenordnung

#

Bei der Käuferreichweite handelt es sich um eine Schlüsselzielgröße in der strategischen Marketingplanung.

Die Höhe des Kennzahlenwertes hängt neben dem Grad des Wettbewerbs in einem Markt sowie der Anzahl der Substitutionsprodukte u. a. wesentlich von der Länge der Marktpräsenz ab: Die Käuferreichweite bei neu eingeführten Marken ist oft geringer als bei länger erhältlichen Marken. Deshalb wird auch meist die Käuferkumulation über einen gewissen Zeitraum betrachtet.

Grundsätzlich sind Werte zwischen 0 % und 100 % möglich – je höher desto besser. In einem Monopol werden Werte bis nahe 100 % erreicht, d. h. fast jeder der Zielgruppe verwendet dieses Produkt.

Handlungsanregungen

!

Die Käuferreichweite allein sagt zunächst nichts über die Häufigkeit des Produktkaufs in der Zielgruppe aus. Jeder Käufer, unabhängig ob Intensiv-Verwender oder Einmal-Käufer, wird erfasst. Daher ist es sinnvoll, die Käuferreichweite im engen Zusammenhang zur Kaufintensität (= Verbrauchsumfang) zu sehen, wobei auch die Kauffrequenz und die jeweils gekaufte Menge berücksichtigt werden. Eine differenzierte Betrachtung von Erst- und Wiederkäufern ist somit möglich.

Verwandte Kennzahlen / Zusätzliche Anmerkungen

Als Synonym für die „Käuferreichweite“ ist gebräuchlich: Markenverwendung.

Eng verknüpft mit der Messung der „Käuferreichweite“ ist auch der Begriff der „Penetration“ zu sehen. Hierunter versteht man die Käuferkumulation einer bestimmten Marke in Relation zur Käuferkumulation der gesamten Produktklasse.

3.5.4 Marktsättigungsgrad

Fragestellung

Über welches prinzipielle Wachstumspotenzial verfügt der betrachtete Markt nach heutigem Kenntnistand?

Definition

$$\frac{\text{Realisiertes Marktvolumen} \cdot 100}{\text{Marktpotenzial}}$$

Die Kennzahl „Marktsättigungsgrad“ wird in der Dimension „%“ angegeben.

Ermittlung / Herleitung

Für die Ermittlung des Sättigungsgrades eines Marktes müssen das Marktvolumen (Summe aller bereits realisierten Verkaufsmengen) und das Marktpotenzial (maximal verkaufbare Mengen) näherungsweise bekannt sein bzw. möglichst fundiert abgeschätzt werden. Das Marktvolumen ist relativ sicher durch Addition aller Absatzvolumina der aktuellen Anbieter ermittelbar. Das Marktpotenzial dagegen kann häufig nur durch mehrstufige Prognosemethoden von Experten und komplexe Marktforschung geschätzt werden, zumal im Zeitablauf durch konjunkturelle Einflüsse, Wandel des Käufer- und Nutzerverhaltens, Modetrends oder andere Änderungen der Rahmenbedingungen diese fiktive Größe im Einzelfall erheblichen Schwankungen unterliegen kann.

Betriebswirtschaftlicher Aussagewert und Größenordnung

Der Sättigungsgrad eines Marktes gibt an, wie weit der betrachtete Markt bereits ausgeschöpft ist. Im Marketing ist diese Kennzahl im Rahmen der Marktbearbeitungsstrategien von wesentlicher Bedeutung. Eine fortgeschrittene Marktausschöpfung, wie sie z. B. für viele langlebige Konsumgüter in den entwickelten Industriestaaten vorliegt, bedeutet, dass über den Ersatzbedarf hinaus nur noch geringe Wachstumsreserven in diesem Markt vorhanden sind und Wachstum für das einzelne Unternehmen meist nur durch (preisbedingte und damit die eigenen Margen verringernde) Verdrängung von Wettbewerbern erfolgen kann.

Der Sättigungsgrad kann prinzipiell Werte zwischen 0 und 100 % annehmen. Je geringer der Wert, desto attraktiver ist die Bearbeitung dieses Teilmarktes und desto höher ist die Möglichkeit, weitere Einheiten eines Produktes auf diesem Markt abzusetzen.

Handlungsanregungen !

Der Grad der Marktausschöpfung sollte jedoch für die Beurteilung der Attraktivität eines Marktes nicht isoliert betrachtet werden: Ebenso sind die Zahl der Wettbewerber und der herrschende Konkurrenzdruck in diesem Markt zu beachten.

Auch die Bearbeitung eines Marktes mit geringem Sättigungsgrad, der allerdings bereits mit einem Preiswettbewerb stark umkämpft ist, kann u. U. betriebswirtschaftlich wenig erfolgversprechend sein.

Es sollte zudem berücksichtigt werden, dass sich der Sättigungsgrad bezogen auf einen Gesamtmarkt deutlich von dem einzelner seiner Teilmärkte unterscheiden kann. So sind innerhalb des Kosmetikmarktes z. B. der Männer- und Frauen-Kosmetikmarkt hinsichtlich der Marktausschöpfung differenziert zu betrachten.

Verwandte Kennzahlen / Zusätzliche Anmerkungen &

Die Wirtschaftspraxis zeigt vielfältige Beispiele in allen Branchen, wie durch innovative Weiterentwicklungen neue attraktive Teilmärkte geschaffen werden können oder durch neue Kundenbedarfe, ggf. durch entsprechende Werbung verstärkt, zusätzliche Absatzmengen die prognostizierte Marktsättigung hinausschieben, weil z. B. die Kauffrequenz zunimmt und/oder bislang nicht berücksichtigte Käufersegmente erreicht werden können.

3.6 Marktpositions-Kenngrößen

3.6.1 Absoluter Marktanteil

Fragestellung ?

Wie stark ist das eigene Unternehmen (oder ein spezieller Geschäftsbereich) am relevanten Absatzmarkt vertreten?

Definition *

Variante I (wertmäßiger Marktanteil):

$$\frac{\text{Unternehmensumsatz} \cdot 100}{\text{Gesamtumsatz aller Anbieter}}$$

Variante II (mengenmäßiger Marktanteil):

$$\frac{\text{Absatzmenge des Unternehmens} \cdot 100}{\text{Gesamtabsatzmenge aller Anbieter}}$$

Die Kennzahl „absoluter Marktanteil“ wird in der Dimension „%“ angegeben.

» Ermittlung / Herleitung

Marktanteile werden größtenteils durch systematische Marktforschung ermittelt, meist über Primärforschung (Panelforschung). Teilweise ist auch Sekundärforschung möglich, wenn entsprechende mengen- und/oder wertbezogene Daten über die Produktgruppe bzw. Branche vorliegen.

Betriebswirtschaftlicher Aussagewert und Größenordnung

Dem absoluten Marktanteil kommt im strategischen und operativen Marketingcontrolling im Rahmen der ökonomischen Ziel- und Maßnahmenplanung eine große Bedeutung zu. Er gibt an, wie hoch der Anteil eines Unternehmens am Umsatz (wertmäßig) bzw. Absatz (mengenmäßig) aller Anbieter (= Marktvolumen) in diesem Segment oder dieser Branche ist (je nach angestrebtem Detaillierungsgrad). Er gilt als eine wesentliche Maßzahl für den Erfolg bzw. als Ausdruck der Marktstellung des Unternehmens oder eines Produktes in einem Markt.

Im Allgemeinen gilt: Je höher der Marktanteil, desto besser – in der Annahme, dass durch Größendegressionseffekte entscheidende (kostenorientierte) Wettbewerbsvorteile erlangt werden können. Der Einfluss des Marktanteils auf die Rentabilität ist allerdings nicht eindeutig, auch Unternehmen mit kleinen Marktanteilen können (als Spezialisten) zum Teil sehr hohe Renditen erzielen.

Grundsätzlich liegen die denkbaren Kennzahlen-Werte zwischen 0 % (keine Marktteilnahme) und 100 % (Monopol). Für die Beurteilung der Marktposition eines Unternehmens ist es sinnvoll, sowohl den wert- als auch den mengenmäßigen Marktanteil zu ermitteln. So weist z. B. ein mengenmäßiger Marktanteil von 25 % und ein wertmäßiger von nur 18 % auf unterdurchschnittliche Absatzerlöse pro Verkaufseinheit hin.

! Handlungsanregungen

Die Betrachtung des Marktanteils allein gibt jedoch über die eigentliche Wettbewerbssituation im Markt (bis auf den Monopolfall) keine hinreichende Auskunft, d. h., die Anzahl der Konkurrenten und ggf. ihre unterschiedliche Stärke sowie die Marktsituation (z. B. Wachstums- oder Sättigungsperspektive) gehen aus dem absoluten Marktanteil nicht direkt hervor. Deshalb sollte diese Kennzahl im Zeitablauf regelmäßig erhoben und im Gesamtzusammenhang zu den Mitbewerbern (als sog. relativer Marktanteil) betrachtet werden – aus der Vergangenheit kommend die aktuelle Situation beschreibend bis hin zu erwarteten Entwicklungsverläufen.

Eine Steigerung des Marktanteils, die (z. B. durch aggressive Preispolitik) zu Lasten des Unternehmensgewinns geht, ist als problematisch anzusehen, wenn nicht mittel- oder langfristig durch das Verschwinden von Wettbewerbern wieder mit einer höheren Gewinnmarge gerechnet werden kann. Analog kann auch eine Minderung des Marktanteils nicht nur nachteilig sein, wenn z. B. das Gewinnniveau weitgehend gehalten werden kann und die erwirtschafteten Überschüsse in wachstums- und ertragsstärkeren Produkt-Bereichen des Unternehmens investiert werden.

Der Marktanteil muss nicht notwendigerweise ein Indikator für Marktmacht sein. Wenn Markteintrittsbarrieren z. B. niedrig sind und die Innovationsrate hoch, so kann das Unternehmen mit hohem Marktanteil ggf. trotzdem das Produkt nicht wesentlich über den Grenzkosten (variablen Kosten) veräußern.

Verwandte Kennzahlen / Zusätzliche Anmerkungen &

Oft ist die Ermittlung des relativen Marktanteils sinnvoll, der den Marktanteil des betrachteten Unternehmens in Relation zu dem Marktanteil des stärksten oder z. B. dem Durchschnitt der drei stärksten Konkurrenten darstellt.

3.6.2 Relativer Marktanteil Ⓢ

Fragestellung ?

Wie ist das betrachtete Unternehmen oder eine (strategische) Geschäftseinheit im Wettbewerb positioniert?

Definition *

Die beiden nachfolgenden Formeln sind jeweils wertmäßig (auf Umsatzbasis) oder mengenmäßig ermittelbar:

$$\frac{\text{Marktanteil des eigenen Unternehmens}}{\text{Marktanteil des stärksten Konkurrenten}}$$

oder

$$\frac{\text{Marktanteil des eigenen Unternehmens}}{\text{Durchschnittlicher Marktanteil der drei stärksten Konkurrenten}}$$

Die Kennzahl „Relativer Marktanteil" wird dimensionslos als Dezimalzahl angegeben. Das bedeutet: Ein Unternehmen mit einem relativen Marktabteil von 0,8 – bezogen auf den stärksten oder den Durchschnitt der drei stärksten Konkurrenten – hat 80 % des Benchmarks erreicht.

Ermittlung / Herleitung »

Marktanteile werden größtenteils durch systematische Marktforschung ermittelt, meist über Primärforschung (Panelforschung). Teilweise ist auch Sekundärforschung möglich, wenn entsprechende mengen- und/oder wertbezogene Daten über die Produktgruppe bzw. Branche vorliegen.

Betriebswirtschaftlicher Aussagewert und Größenordnung #

Im Rahmen der Portfolio-Konzepte des strategischen Managements kommt den Kenngrößen der relativen Marktanteile zentrale Bedeutung zu. Sie zeigen z. B. in der Vier-Felder-Matrix des sog. Marktanteils-Marktwachstums-Portfolio auf, wo die einzelnen

Geschäftseinheiten im Vergleich zur Konkurrenz positioniert sind, ob ggf. eine Marktführerschaft vorliegt.

Bei Kennzahlenwerten, die größer als 1 sind, ist das betrachtete Unternehmen der Marktführer, bei Werten kleiner als 1 liegt eine Folgerposition vor. Aus der Größe der Zahlenwerte („2“ bedeutet z. B. doppelt so groß und analog „0,5“ halb so groß) lassen sich – unter Hinzunahme von Vergangenheitswerten und Prognosewerten – interessante Erkenntnisse für das strategische und operative Management ableiten.

Einige empirische Untersuchungen haben beispielsweise zu der Erkenntnis geführt, dass in vielen Fällen erst ab einem relativen Marktanteil von 1,5 die potenziellen Erfahrungskurven-Kostenvorteile markant und spürbar ergebniswirksam sind.

! **Handlungsanregungen**

Auf der Grundlage der Kernidee der Portfolio-Konzepte, in überdurchschnittlich wachsenden Märkten als mengenmäßig stärkster Anbieter die Potenziale der Erfahrungskurve am besten nutzen zu können, gilt es für Märkte, in denen weitgehend homogene Produkte vorherrschend sind, als erstrebenswert, einen deutlich über dem Wert 1 liegenden relativen Marktanteil zu erlangen, um als Marktführer mit den geringsten Stückkosten eine attraktive Marge und letztlich eine hohe Rendite zu erzielen.

& **Verwandte Kennzahlen / Zusätzliche Anmerkungen**

Wird der wertmäßige Marktanteil durch den entsprechenden mengenmäßigen Marktanteil dividiert, ergibt sich als dimensionslose Kennzahl der sog. Preisniveaukoeffizient. Für Unternehmen mit einer Produktdifferenzierungsstrategie liegt er üblicherweise über dem Wert 1, bei einer Kostenführerschaftsstrategie wegen des im Allgemeinen vergleichsweise unterdurchschnittlichen Preisniveaus unter dem Wert 1.

Im Rahmen der sog. PIMS-Studie (Profit Impact of Market Strategies), eines empirischen Projektes, in dem seit zahlreichen Jahren umfangreiche Daten zu ca. 2000 Strategischen Geschäftseinheiten gesammelt und ausgewertet werden, konnte ermittelt werden, dass der absolute und relative Marktanteil zu den wesentlichen Erfolgsfaktoren zur Erlangung eines überdurchschnittlichen ROI und Cash Flow gehören.

3.6.3 Angebotserfolgsquote

? **Fragestellung**

Wie hoch ist die Rate, zu der Kunden vom Unternehmen abgegebene Angebote mit einem entsprechenden Auftrag bestätigen?

Definition

*

$$\frac{\text{Anzahl der erhaltenen Aufträge} \cdot 100}{\text{Anzahl der abgegebenen Angebote}}$$

Die Kennzahl „Angebotserfolgsquote“ wird in der Dimension „%“ angegeben.

Ermittlung / Herleitung

»

Die für diese Quotienten-Kennzahl erforderlichen Daten sind speziellen, dem externen Rechnungswesen vorgelagerten Informationssystemen („Statistiken“; „Angebots- und Auftragsdatenbanken“) der Marketing-, Vertriebs- oder Verkaufsabteilung zu entnehmen und zwar sinnvoller Weise pro Bezugsobjekt (Marktsegmente, Produkte, Vertreter, Kundengruppen etc.). In größeren Unternehmen gibt es hierfür zunehmend gesonderte Abteilungen („Request-for-Quotation-Controlling“).

Betriebswirtschaftlicher Aussagewert und Größenordnung

#

Die „Angebotserfolgsquote“ ist eine vertriebsorientierte Kennzahl mit einer besonderen Relevanz für auftragsorientiert fertigende Unternehmen im Sinne eines Frühwarn- bzw. Früherkennungsindikators.

Eine hohe Erfolgsquote deutet auf eine gezielte Erfüllung der Nachfragerwünsche hin. Die Werte dieser Kennzahl im Zeitablauf (kontinuierlich steigend oder sinkend, stark schwankend usw.) sind intern unter verschiedenen relevanten Aspekten zu analysieren (z. B. produkt-, kunden- und regionenbezogen) und extern stets im Verhältnis zur generellen Marktentwicklung und zur Wettbewerbsstruktur zu untersuchen. In einem monopolähnlichen Markt kann im Allgemeinen eine deutlich höhere Angebotserfolgsquote als auf einem polypolähnlichem Markt erwartet werden.

Über die Ertragsstärke der gewonnenen Aufträge gibt diese Kennzahl jedoch keine Auskunft.

Handlungsanregungen

!

Der Angebotserfolg sollte neben der rein mengenmäßigen Betrachtung der Auftragsanzahl (numerische Variante) zusätzlich in Geldwerten (wertmäßige Variante) dargestellt werden. Hierbei lässt sich ergänzend analysieren, ob z. B. primär Groß- oder eher Kleinaufträge gewonnen werden konnten. Ferner sind eine Reihe weiterer Differenzierungskriterien denkbar, wie z. B. der Anteil der aufgrund von Anfragen, Messen oder Werbemaßnahmen abgegebenen Angebote.

In analoger Weise sollte untersucht werden, welche Angebote nicht erfolgreich waren und welche Ursachen dafür ausschlaggebend waren, um aus den gewonnenen Erkenntnissen gezielte Schlussfolgerungen zu ziehen und bei zukünftigen Projekten wieder erfolgreicher zu sein.

Als Frühindikator für die Gewinnentwicklung wäre es darüber hinaus sinnvoll, die erwartete Rentabilität der gewonnenen Aufträge (ggf. in wenige Größenklassen unterteilt) zu ermitteln.

Verwandte Kennzahlen / Zusätzliche Anmerkungen

Um einen zuverlässigen, aussagefähigen Vergleich im Zeitablauf zu gewährleisten, wäre die ergänzende Kontextbetrachtung mit Hilfe von Marktpositions-Kennzahlen sinnvoll. So könnte beispielsweise der (relative) Marktanteil zusätzlich herangezogen werden, um die relative Position des eigenen Unternehmens zu verfolgen.

3.7 Vertriebseffizienz-Kenngrößen

3.7.1 „Umsatz pro ...“-Kennzahlen

Fragestellung

Wie groß ist die wirtschaftliche Ergiebigkeit einer sog. Bezugs- oder Inputgröße (gemessen in Mengeneinheiten) im Hinblick auf eine marktbezogene Leistungsgröße, hier den Umsatz (gemessen in Geldeinheiten)?

Definition

$$\frac{\text{Umsatz}}{\text{Ökonomische Bezugsgröße (Gesamtumfang)}}$$

Als Mengeneinheiten für die Größe im Nenner kommen grundsätzlich in Frage: produzierte Menge, Zahl der (Produktions-)Mitarbeiter, Zahl der Kunden, Längen-, Flächen- und Volumeneinheiten, Gewichts-/Masse- sowie sonstige physikalische Leistungs- und Zeitraumangaben. Aus der jeweiligen Kombination ergibt sich die entsprechende Dimension z. B. als „€/Stck.“; „€/Mitarbeiter“ oder „€/Kunde“; „€/m“, „€/m^2“ und „€/m^3“; „€/kg oder „€/t“ sowie „€/Minute“, „€/Stunde oder „€/Jahr“.

Ermittlung / Herleitung

Die erforderlichen Informationen sind im Wesentlichen aus der Kosten- und Leistungsrechnung zu erheben und

- über die Aufbereitung in der Kostenarten-, -stellen- und -trägerrechnung gezielt zu detaillieren, ggf. mit Hilfe der vorgelagerten Betriebsdatenerfassungssysteme (BDE) sowie
- ergänzt um mehrstufige und/oder mehrdimensionale Vertriebserfolgsrechnungen (ggf. weiter aufgegliedert nach Mitarbeitern, Kunden, Vertriebswegen, Regionen oder Aufträgen)

den verantwortlichen Entscheidern zur Verfügung zu stellen.

Handelt es sich bei der Nennergröße um absatzproduktbezogene Mengenangaben, so ist diese Form der „Umsatz pro ...“-Kennzahlen mit dem Produktpreis identisch, bei der Verwendung der „Zeit“ als Inputgröße dient sie nur als Platzhalter für andere ökonomische Größen (z. B. Produktionskapazitäten) und trennt den Umsatz lediglich in bestimmte zeitliche Proportionen auf. Wird dagegen als Bezugsgröße ein betrieblicher Potenzialfaktor herangezogen (z. B. „Personal“ oder „Verkaufsfläche“), so ergibt sich eine Input-Effizienzgröße, die in vielen Unternehmen als Planungs-, Steuerungs- und Kontrollinstrument dient.

Betriebswirtschaftlicher Aussagewert und Größenordnung

In den meisten Unternehmen werden „Umsatz pro ...“-Kennzahlen aufgrund ihrer leichten rechnerischen Generierbarkeit im Sinne von Effizienzgrößen als Steuerungsinstrumente zur Koordinierung von betrieblichen Teileinheiten und u. U. auch in Form von Anreizgrößen als Bestandteil der Entlohnungsfindung eingesetzt.

Eine generalisierende Vorgabe zur anzustrebenden Größenordnung ist nicht bestimmbar. Als Orientierungen für diese (auch als sog. Effizienz bezeichneten) Kennzahlen können neben den üblichen unternehmensinternen Vergleichsmöglichkeiten (zwischen organisatorischen Teilbereichen als Ist-Ist- und Plan-Ist-Relation) unternehmensextern Angaben von einzelnen Wettbewerbern, Branchendurchschnittswerte oder „Best-Practice-Werte“ herangezogen werden.

Unter der Prämisse, dass die verglichenen Unternehmen(steile) über ähnliche Produkt-, Prozess- und/oder Potenzialstrukturen verfügen, liefern Kennzahlenwerte, die (spürbar) von den entsprechenden Durchschnittswerten abweichen, deutliche Impulse, diesen positiven bzw. negativen Differenzen verstärkte Beachtung zu schenken und sie im Sinne der jeweiligen Unternehmenszielsetzung zu beeinflussen.

Meist können auch bereits aus unterschiedlichen Entwicklungsverläufen des Kennzahlenwertes (z. B. in Form eines konvergierenden oder divergierenden Trends) Rückschlüsse auf eine gewollte Annäherung an einen besseren Konkurrenz- oder Durchschnittswert bzw. eine beabsichtigte Entfernung von einem schlechteren Vergleichswert gezogen werden.

Handlungsanregungen !

Vielfach werden diese „Umsatz pro ...“-Kennzahlen im Sinne von Effizienzgrößen als Vorgabewerte zur Ausrichtung von betrieblichen Teileinheiten auf das unternehmerische Oberziel verwandt. Angenommen, dass in der Regel eine Gewinnzielgröße dominiert, so wird – vereinfachend – eine Proportionalität zwischen Umsatz und Gewinn unterstellt, was aber keineswegs stets gegeben sein muss. Vielmehr ergeben sich hierdurch vielfältige Konfliktpotenziale in der Praxis, wenn z. B. der Außendienst eines Unternehmens primär nach Umsatzgrößen geführt wird, die Deckungsbeitragsintensität (d. h. der relative Deckungsbeitrag) jedoch nicht bekannt oder berücksichtigt wird, sodass es nicht selten zu gewinnsuboptimalen Entscheidungen kommt.

Es ist daher bei Vorgabegrößen wie „Umsatz pro (Außendienst-)Mitarbeiter", „Umsatz pro Quadratmeter", aber auch „Umsatz pro Kunde", „Umsatz pro Auftrag", „Umsatz pro Region" oder „Umsatz pro Vertriebsweg" unternehmensindividuell zu prüfen, ob diese Orientierung nicht durch betriebswirtschaftlich sinnvollere, stärker auf das Erfolgsziel ausgerichtete Vorgabegrößen ersetzt werden kann und sollte (z. B. in Form von „Deckungsbeitrag pro ..."-Kennzahlen).

Generell gilt: Veränderungen dieser relativen Kennzahl können im Sinne der Unternehmensziele durch über- bzw. unterproportionale Entwicklung des in Beziehung gesetzten Umsatzes im Zähler und der gewählten Input-Größe im Nenner erreicht werden – siehe dazu im Grundsätzlichen die weiter systematisierenden, ausführlichen Erläuterungen zu Kennzahlen als Quotienten im Anhang I.

& **Verwandte Kennzahlen / Zusätzliche Anmerkungen**

In manchen Fällen werden diese „Umsatz pro ..."-Kennzahlen im Sinne ihres Wesens als einer Maßgröße für wirtschaftliche Produktivität auch mit dem Begriff „Effizienz" bezeichnet (also z. B. „Umsatz pro Mitarbeiter" = Personaleffizienz oder „Umsatz pro Quadratmeter" = Verkaufsflächenproduktivität/effizienz).

3.7.2 „Deckungsbeitrag pro ..."-Kennzahlen

? **Fragestellung**

Wie groß ist die Ergiebigkeit einer sog. Input- bzw. Bezugsgröße (gemessen in Mengeneinheiten) im Hinblick auf eine kurzfristige Erfolgsgröße, hier den Deckungsbeitrag (gemessen in Geldeinheiten)?

***** **Definition**

$$\frac{\text{Deckungsbeitrag}}{\text{Ökonomische Bezugsgröße}}$$

Als Mengeneinheiten für die Größe im Nenner kommen grundsätzlich in Frage: (Stück-)Zahl der erstellten Wirtschaftsgüter, Zahl der (Produktions-)Mitarbeiter, Zahl der Kunden, Längen-, Flächen- oder Volumeneinheiten, Gewichts-/Masse- sowie sonstige physikalische Leistungs- und Zeitraumangaben.

Aus der jeweiligen Kombination ergibt sich – zunächst ganz allgemein – die entsprechende Dimension, z. B. als „€/Stck."; „€/Mitarbeiter" oder „€/Kunde"; „€/m", „€/m^2" und „€/m^3"; „€/kg oder „€/t" sowie „€/Min.", „€/Std." oder „€/Jahr".

Einige ausgewählte Beispiele: Deckungsbeitrag je Verkäufer oder je Kunde; Deckungsbeitrag je Beratungsstunde oder je Kundenbesuch; Deckungsbeitrag pro Auftrag oder pro Region.

Ermittlung / Herleitung

»

Die erforderlichen Informationen sind im Wesentlichen aus der Kosten- und Leistungsrechnung, die für diese Kennzahlen zwingend auch die Teilkostenbasierung umfassen muss, zu erheben und

- über die Aufbereitung in der Kostenarten-, -stellen- und -trägerrechnung gezielt zu detaillieren, ggf. mit Hilfe der vorgelagerten Betriebsdatenerfassungssysteme (BDE) sowie
- ergänzt um mehrstufige und/oder mehrdimensionale Vertriebserfolgsrechnungen

den verantwortlichen Entscheidern zur Verfügung zu stellen.

Betriebswirtschaftlicher Aussagewert und Größenordnung

#

Bei Entscheidungen mit kurzfristigem Zeithorizont, den entsprechenden vorbereitenden Planungen sowie bei der Umsetzung und Kontrolle liefert das Rechnungswesen auf Teilkostenbasis die relevanten erfolgswirtschaftlichen Größen. Zentraler Maßstab ist der Deckungsbeitrag (in seinen mehrstufigen Ausprägungen auf der Grundlage der Teilkosten- oder Einzelkostenprinzipien). Vielfach dient der Deckungsbeitrag auch als Anreizgröße für einzelne Bestandteile der Entlohnung von Mitarbeitern.

Wegen seiner starken Verbreitung, aber nicht immer korrekten Interpretation, sollten neben den – heute meist als bekannt voraussetzbaren Vorteilen – auch die wesentlichen Grenzen der Aussagefähigkeit der Deckungsbeitrags-Ausprägungen allen Beteiligten bewusst sein und damit beim betrieblichen Einsatz beachtet werden (z. B. eindeutige und nachvollziehbare Ermittlung; der Deckungsbeitrag ist aus Vertriebssicht nicht beliebig als „Verhandlungsspielraum" für Rabatte an Kunden einsetzbar, da er in erster Linie zur Deckung der Fixkosten benötigt wird).

Zunächst sind mehrere Varianten vorab begrifflich zu differenzieren:

- Deckungsbeitrag pro Absatzobjekt (Produkt oder Dienstleistung; gemessen in den oben genannten Mengeneinheiten): Hier handelt es sich jeweils um den absoluten Stück-Deckungsbeitrag, siehe die ausführliche Darstellung unter dem eigenständigen Begriff.
- Deckungsbeitrag pro Einsatzeinheit eines technischen Produktionsfaktors (insb. Maschinen, Lagerflächen, Transportmittel): Hier handelt es sich im weiteren Sinne um einen Sachverhalt, der dem engpassspezifischen Deckungsbeitrag entspricht; siehe die ausführliche Darstellung unter dem eigenständigen Begriff.
- Deckungsbeitrag pro Mitarbeiter (als personellem Produktionsfaktor): Diese sog. „Pro Kopf"-Kennzahl wird vor allem in vertriebsnahen Bereichen eingesetzt (als Deckungsbeitrag pro Verkäufer, pro Außendienstmitarbeiter usw.).
- Deckungsbeitrag pro Kundenbesuch, pro Auftrag, pro Kunde, pro Vertriebsweg, pro Filiale oder pro Region u. ä.: Hier wird die kurzfristige Erfolgsgröße auf ein spezielles Objekt bezogen, wobei aus dem Wert der Relation weitere Konsequenzen abgeleitet werden sollen.

Während für die beiden erstgenannten Varianten auf die eigenständigen Profilbeschreibungen in diesem Kompendium verwiesen sei, sollen sich die folgenden Ausführungen auf die Belange der beiden letztgenannten Deckungsbeitragsvarianten konzentrieren.

Eine generalisierende Vorgabe ist angesichts der Heterogenität der betriebswirtschaftlichen Einsatzgebiete nicht bestimmbar. Als Orientierungen zur Größenordnung dieser Kennzahlenwerte können neben den üblichen unternehmensinternen Vergleichsmöglichkeiten (zwischen organisatorischen Teilbereichen als Ist-Ist- und Plan-Ist-Relation) unternehmensextern Angaben von einzelnen Wettbewerbern, Branchendurchschnittswerte oder „Best-Practice-Werte" herangezogen werden.

Unter der Prämisse, dass die verglichenen Unternehmen(steile) über ähnliche Produkt-, Prozess- und/oder Potenzialstrukturen verfügen, liefern Kennzahlenwerte, die (spürbar) von den entsprechenden Durchschnittswerten abweichen, deutliche Impulse, diesen positiven bzw. negativen Differenzen verstärkte Beachtung zu schenken und sie im Sinne der jeweiligen Unternehmenszielsetzung zu beeinflussen.

! Handlungsanregungen

Unabhängig von der gewählten Bezugsgröße gilt für den Deckungsbeitrag: Er stellt ein einperiodisches, kurzfristiges Erfolgsmaß dar. Periodenübergreifende Effekte (z. B. hinsichtlich eines Produkt-oder Kunden-Lebenszyklus mit Phasen unterschiedlicher Deckungsbeitragshöhen) sind mit ihm nicht abbildbar. Das gleiche gilt für Synergieeffekte (z. B. im Hinblick auf das Sortiment). Entscheidend für die Aussagekraft der gewonnenen Deckungsbeitragswerte ist zudem die Exaktheit der schrittweise zugeordneten Fixkosten (z. B. im Sinne von Kunden-, Auftrags- oder Filial-Fixkosten) im Rahmen einer mehrstufigen Deckungsbeitragsrechnung.

Werden mit dem Deckungsbeitrag mitarbeiterbezogene Anreizsysteme verknüpft, so sind die oben angesprochenen Aspekte einzubinden. Beispielsweise kann es zu einer Konstellation kommen, dass – aus Sicht der Deckungsbeitrags-Höhe heute noch – unattraktive Kunden unter dem Aspekt der Deckungsbeitrags-Maximierung (und daraus abgeleiteter persönlicher Entgelte) durch einen Verkäufer vernachlässigt werden. Möglicherweise befindet sich die Geschäftsbeziehung jedoch erst im Anfangsstadium und der Kunde weist erhebliches Entwicklungspotenzial auf. Das kann aber mit dem Deckungsbeitrags-Instrumentarium nicht verdeutlicht werden, sodass ggf. Ansätze des Customer Lifetime Value mit einzubinden sind.

& Verwandte Kennzahlen / Zusätzliche Anmerkungen

In ihrem Grundaufbau entsprechen die „Deckungsbeitrag pro ..."-Kennzahlen den als wirtschaftliche Produktivität beschriebenen Sachverhalten und werden in der Praxis mitunter sprachlich unscharf analog zu den „Umsatz pro ..."-Kennzahlen auch mit dem Begriff „Effizienz" belegt (also z. B. Personaleffizienz).

Hier gilt im praktischen Einsatz – wie auch bei allen anderen Kennzahlen: Es ist zunächst stets zu prüfen, aus welchen Bestandteilen sich die Kenngröße zusammensetzt und ob sie in dieser Konstellation eine sinnvolle Aussage zu dem zu lösenden betriebswirtschaftlichen Problem beitragen kann.

3.7.3 Verkaufsflächenproduktivität

Fragestellung ?

Wie effizient wird der „Engpass" Verkaufsfläche genutzt?

Definition *

Die Terminologie in Wissenschaft und Praxis unterscheidet 2 Varianten, eine umsatzorientierte Version (Fassung I) sowie eine ergebnis- bzw. deckungsbeitragsorientierte Version (Fassung II), wobei letztere mitunter (sinnvoller Weise) auch als Verkaufsflächenrentabilität bezeichnet wird.

Fassung I:

$$\frac{\text{Umsatz pro Periode}}{\text{Verkaufsfläche}}$$

Fassung II:

$$\frac{\text{Gesamt-Deckungsbeitrag pro Periode}}{\text{Verkaufsfläche}}$$

Die Dimension, in der diese Kennzahlen angegeben werden, ist jeweils „Geldeinheiten/Flächenmaß" (z. B. €/m^2).

Ermittlung / Herleitung »

Durch den Einsatz moderner Warenwirtschaftssysteme mit Scanner-Kassenterminals, strichcode-markierten Handelsobjekten, detaillierten Regalstammdaten und Radio Frequency Identification (RFID) lassen sich die notwendigen Informationen für die Analyse je nach Erfordernis unterschiedlich aggregiert, ggf. artikelgenau erfassen und entsprechend auswerten.

Betriebswirtschaftlicher Aussagewert und Größenordnung #

Die Verkaufsflächenproduktivität ist eine typische Kennzahl zur Beurteilung der Leistungsfähigkeit von Einzelhandelsbetrieben. Sie stellt eine wesentliche Entscheidungshilfe für die operative Warenpräsentation dar. Als Vergleichsmaßstäbe zur Einschätzung dieser Effizienz der Flächennutzung können weitere (konkurrierende) Warengruppen im Sortiment, andere Standorte oder Wettbewerber herangezogen werden. Als Bezugsgröße dienen neben der gesamten Verkaufsstätte entsprechend auch einzelne Verkaufsabteilungen oder Produktsegmente.

Die Optimierung der Zuordnung von Waren zu (Regal-)Flächen ist unter ergänzender Berücksichtigung der unterschiedlichen Wertigkeiten einzelner Platzierungspositionen vorzunehmen und zu interpretieren. So sind im Einzelhandel vielfach sog. Impulskaufprodukte in der Augen- und Greifzone der Regale positioniert, während Artikel des täglichen Bedarfs eher der Bück- oder Reckzone zugeordnet werden. Ähnliches gilt für deckungsbeitragsstarke bzw. -schwache Waren innerhalb einer Artikelgruppe.

! **Handlungsanregungen**

Mit Hilfe computergestützter Regaloptimierungssysteme (sog. Space Management-Systeme) können unter ökonomischen Gesichtspunkten gezielt Artikel-Belegungspläne und optimale Platzierungsbreiten (Anzahl der Frontstücke, sog. facings) ermittelt werden, wobei u. a. technische Aspekte (z. B. Stapelhöhen), logistische Aspekte (z. B. Nachfüllhäufigkeiten) und absatzwirtschaftliche Aspekte (z. B. erwartete Nachfragemengen) Berücksichtigung finden.

Generell gilt: Veränderungen dieser relativen Kennzahl können durch über- bzw. unterproportionale Entwicklung des in Beziehung gesetzten Umsatz- bzw. Ergebniswertes (im Zähler) und der Verkaufsfläche (im Nenner) erreicht werden – siehe dazu im Grundsätzlichen die weiter systematisierenden, ausführlichen Erläuterungen zu Kennzahlen als Quotienten im Anhang I.

Da die Verkaufsfläche in der Regel zumindest kurzfristig nicht wesentlich erweitert werden kann, liegt der Schwerpunkt auf der direkten Beeinflussung der ökonomischen Ergebnisgröße durch preis- und/oder mengenpolitische Maßnahmen auf der Umsatzseite oder in entsprechender Weise bei den betrieblichen Einsatzfaktoren (jenseits des Faktors Verkaufsfläche bzw. -raum).

& **Verwandte Kennzahlen / Zusätzliche Anmerkungen**

Vielfach wird der Wortbestandteil „Verkaufs-“ (meist aus Vereinfachungsgründen) weggelassen, sodass „Flächenproduktivitäten“ ermittelt werden. Es ist dann aber wieder bei (insbesondere unternehmensübergreifenden) Vergleichen konsequent auf eine analoge Terminologie und inhaltliche Abgrenzung zu achten.

Synonym zur „Verkaufsflächenproduktivität“ in der Variante II wird neben der bereits erwähnten „Verkaufsflächenrentabilität“ auch vom „Flächenertrag“ gesprochen.

3.7.4 Auftragsreichweite

? **Fragestellung**

Wie lange kann mit den vorliegenden Aufträgen die Kapazität ausgelastet werden?

Definition

*

$$\frac{\text{Auftragsbestand (in €)} \cdot \text{360 Tage}}{\text{Umsatz (in €) pro Jahr}}$$

Die Kennzahl „Auftragsreichweite“ wird in der Dimension „Zeiteinheit“ angegeben – wie oben „in Tagen“ beim Einsatz des Zeit-Faktors „360“ (im Zähler) bzw. „in Wochen“ mit Faktor „52“ oder „in Monaten“ bei Verwendung des Faktors „12“.

Ermittlung / Herleitung

»

Die – jenseits des Umsatzes – für diese Quotienten-Kennzahl erforderlichen Daten sind speziellen, dem externen Rechnungswesen vorgelagerten Informationssystemen („Statistiken“; „Kunden- und Auftragsdatenbanken“) der Marketing-, Vertriebs- oder Verkaufsabteilung zu entnehmen.

Betriebswirtschaftlicher Aussagewert und Größenordnung

#

Die „Auftragsreichweite“ ist eine kombiniert vertriebs- und produktionsorientierte Kennzahl mit einer besonderen Relevanz im Sinne eines Frühwarn- bzw. Früherkennungsindikators.

Eine hohe Auftragsreichweite deutet marktseitig auf eine attraktive Erfüllung der Nachfragerwünsche hin, fertigungsseitig signalisiert sie Stabilität für die Kapazitätsauslastung.

Unterstellt wird bei dieser Kennzahl – vereinfachend – ein proportionales Verhältnis von Umsatzhöhe und Kapazitätsbeanspruchung. Aus einem Auftragsbestand von z. B. 525 000 € und einem Jahresumsatz von zuletzt 800 000 € ergibt sich (durch entsprechende Division) eine Auftragsreichweite von 7 Monaten (= 30,3 Wochen bzw. = 210 Tagen) – je nach gewählter Zeitmaßeinheit und der Multiplikation mit „12“ („52“ bzw. „360“).

Eine betriebswirtschaftlich generalisierende Vorgabe für die anzustrebende Größenordnung ist nicht bestimmbar. Als Orientierung können – sofern veröffentlicht – u. a. Branchendurchschnittswerte oder „Best-Practice-Werte“ bzw. die entsprechenden Veränderungsraten herangezogen werden, um eine vergleichsweise Stärkung oder Schwächung der eigenen Positionierung im Markt abzuleiten.

Je kleiner der Kennzahlwert, je „dünner“ also die sog. „Auftragsdecke“, desto größer die Gefahr, dass es zu Unwirtschaftlichkeiten kommt in Form von Unterauslastungen der Kapazitäten oder sogar zu Produktionsstillständen.

Allerdings liefert die alleinige Auftragshöhe kein unmittelbares Indiz für die Gewinnträchtigkeit der erhaltenen Aufträge.

Handlungsanregungen

!

Die Werte dieser Kennzahl im Zeitablauf (steigend, gleichbleibend, sinkend) sind zunächst intern unter verschiedenen relevanten Aspekten zu analysieren (z. B. produkt-, kunden- und regionenbezogen) und extern stets im Verhältnis zur generellen Marktentwicklung und zur Wettbewerbsstruktur zu untersuchen.

So können in einem starken Wettbewerbsumfeld und in konjunkturell schwächeren Zeiten Aufträge vielfach nur mit entsprechenden Preiszugeständnissen zu erlangen sein, sodass die Proportionalität von Auftragsmenge und -wert (sowie der erforderlichen Kapazität) nicht mehr gegeben ist.

Vergleichsweise lange Lieferzeiten können andererseits zum Verlust möglicher Aufträge führen.

Unter besonderer Beachtung der jeweiligen branchentypischen Konkurrenz- und Kundenbedingungen ist das Augenmerk des Managements auf eine ertragsstabile Entwicklung zu richten.

& Verwandte Kennzahlen / Zusätzliche Anmerkungen

Die kontinuierliche Aktualisierung des Produkt- und Dienstleistungsprogramms mit kundennahen Innovationen, hoher Qualität und zuverlässigen Lieferzeiten bilden wesentliche Elemente, die zu einer starken Marktstellung beitragen und eine stabile Kundennachfrage fördern.

Bei stärker produktionsorientierter Sicht wird diese Kennzahl auch als „Kapazitätsreichweite“, aus marketingorientierter Perspektive auch als „Bestellreichweite“ bezeichnet.

3.7.5 Auftragseingangsquote

? Fragestellung

In welchem Verhältnis steht der (aktuelle) periodenbezogene Auftragseingang zum (aktuellen) periodenbezogenen Umsatz?

* Definition

$$\frac{\text{Perioden-Auftragseingang} \cdot 100}{\text{Perioden-Bruttoumsatz}}$$

In der Regel wird unternehmensintern ein Monat als zeitliche (Perioden-)Bezugsbasis gewählt, im Rahmen externer Berichterstattung dominiert jedoch die Jahresangabe.

Die Kennzahl „Auftragseingangsquote“ wird in der Dimension „%“ angegeben.

» Ermittlung / Herleitung

Die – jenseits des Umsatzes – für diese Quotienten-Kennzahl erforderlichen Daten sind speziellen, dem externen Rechnungswesen vorgelagerten Informationssystemen („Statistiken“; „Kunden- und Auftragsdatenbanken“) der Marketing-, Vertriebs- oder Verkaufsabteilung zu entnehmen.

Betriebswirtschaftlicher Aussagewert und Größenordnung

#

Besondere Bedeutung kommt der Kennzahl „Auftragseingangsquote“ als betrieblicher Früherkennungs-Indikator zu. Er liefert einen Anhaltspunkt für die konkret auf das betrachtete Unternehmen entfallende zukünftige Nachfrage.

Um den Umsatz der gegenwärtigen Periode (als Vergleichsbasis) zu halten, muss der Kennzahlenwert möglichst spürbar über 100 % liegen, um (branchenabhängig unterschiedlich hohe) Auftragsstornierungen zu kompensieren. Ein Wert deutlich über 100 % kann auch als ein Frühindikator darauf hinweisen, dass bei bereits bestehender Vollauslastung sich die Lieferzeiten verlängern. Das werden ggf. nicht alle Kunden akzeptieren, sodass das Unternehmen möglicherweise seine Kapazitäten (zumindest vorübergehend) erhöhen könnte, um die gestiegene Nachfrage zeitnah zu befriedigen.

Handlungsanregungen

!

Neben der Berücksichtigung saisonaler Schwankungen, die statistisch durch geeignete Verfahren der „Saisonbereinigungen“ herausgerechnet werden können, sind ggf. grundsätzliche Änderungen im (Sinne eines deutlich kurzfristiger angelegten) Bestellverhalten der Kunden zu analysieren.

In Abhängigkeit von branchentypischen Eigenheiten sind z. B. durch den Abschluss von Jahres-Rahmenverträgen oder gezielt kalkulierter Auftragsangebote (mit „Frühbucher-Rabatten“) stabilere Auftragslagen (und kontinuierlichere Kapazitätsauslastungen) zu erreichen, ohne die Gewährleistung einer ausreichenden Gewinnspanne zu vernachlässigen.

Verwandte Kennzahlen / Zusätzliche Anmerkungen

&

Als Synonym wird auch im deutschsprachigen Raum zunehmend die aus den angelsächsischen Ländern stammende Bezeichnung „Book-to-Bill-Ratio“ verwendet.

Um zu einem detaillierteren Einblick in die Unternehmensentwicklung zu gelangen, kann es sinnvoll sein, die Kennzahl „Auftragseingangsquote“ im Zusammenhang mit der „Auftragsreichweite“, dem „Break-Even-Point“ und dem „Sicherheitsgrad“ zu betrachten.

Im Rahmen des externen Reportings wird zum Teil auch nur über die prozentuale Veränderungsrate des Auftragseingangs berichtet.

3.7.6 Fertigerzeugnis-Umschlagszeit

Fragestellung

?

In welcher Zeitspanne wird das Fertigerzeugnis-Lager einmal umgeschlagen?

Definition

Variante A (Basis: Verkaufspreise) mit n = 30, 60, 90 usw. – je nach Periodenlänge:

$$\frac{\text{Durchschnittlicher Erzeugnisbestand (zu Verkaufspreisen)} \cdot \text{n Tage}}{\text{Bruttoumsatz in der Betrachtungsperiode}}$$

Variante B (Basis: Herstellkosten) mit n = 30, 60, 90 usw. – je nach Periodenlänge:

$$\frac{\text{Durchschnittlicher Erzeugnisbestand (zu Herstellkosten)} \cdot \text{n Tage}}{\text{Herstellkosten des Brutto-Umsatzes in der Betrachtungsperiode}}$$

Die Kennzahl „Fertigerzeugnis-Umschlagszeit" wird in der Zeit-Dimension „in Tagen" angegeben. Somit beträgt bei einem Erzeugnisbestand im Wert von 50 Millionen € und einem monatlichen Umsatz von 100 Millionen € die Umschlagszeit 15 Tage.

Ermittlung / Herleitung

Die erforderlichen Daten sind – in Abhängigkeit der ausgewählten produktbezogenen Aggregationsebenen – den Informationssystemen des (externen und internen) Rechnungswesens zu entnehmen, z. B. auf der Basis eines ERP-Systems (Abkürzung für Enterprise Resource Planning; integrierte betriebswirtschaftliche Software mit modularem Aufbau; bekanntestes Beispiel für ein derartiges Software-Paket ist SAP R/3).

Im Falle von Zeit- und Unternehmensvergleichen ist besonders auf die (einheitliche) Wahl der Preiskomponente zu achten (z. B. Bewertung der jeweiligen Menge zu Einstands- bzw. Verkaufspreisen, Tages- bzw. Durchschnittspreisen oder entsprechenden Herstellkosten).

Betriebswirtschaftlicher Aussagewert und Größenordnung

Die Kennzahl „Fertigerzeugnis-Umschlagszeit" liefert zum einen eine Aussage über die Bindungsdauer des im Fertigwarenvermögen investierten Kapitals, zum anderen vermittelt sie eine Information zur Versorgungslage des jeweils betrachteten Objekts. Je größer der Kennzahlenwert, desto stabiler (länger) erscheint die Versorgung der Absatzmärkte gesichert, umso höher sind jedoch auch die damit verbundene Kapitalbindung und die entsprechenden -kosten zuzüglich der direkten und indirekten Kosten der eigentlichen Lagerbewirtschaftung.

Eine generalisierende Vorgabe ist nicht bestimmbar. Als Orientierungen zur Größenordnung dieser Kennzahlenwerte können neben den üblichen unternehmensinternen Vergleichsmöglichkeiten (zwischen organisatorischen Teilbereichen als Ist-Ist- und Plan-Ist-Relation) unternehmensextern Branchendurchschnittswerte oder „Best-Practice-Werte" herangezogen werden.

Handlungsanregungen

Unter der Prämisse, dass branchengleiche Unternehmen über ähnliche Produktions- und Vermögensstrukturen verfügen, liefern Kennzahlenwerte, die (spürbar) von den entsprechenden Durchschnittswerten abweichen, deutliche Impulse, diesen positiven bzw. negativen Entwicklungen stärkere Beachtung zu schenken und sie im Sinne der jeweiligen Unternehmenszielsetzung zu beeinflussen.

Neben der primär kostenorientierten Betrachtung ist jedoch auch die marktorientierte Perspektive nicht zu vernachlässigen. Eine deutliche Verringerung der „Fertigerzeugnis-Umschlagszeit" kann den angestrebten (und von den Kunden erwarteten) „Lieferbereitschaftsgrad" ggf. gefährden. Hier ist unternehmensindividuell eine Abwägung unter ökonomischen Gesichtspunkten vorzunehmen.

Veränderungen dieser relativen Kennzahl im Sinne der angestrebten Unternehmensziele können durch über- bzw. unterproportionale Entwicklung der in Beziehung gesetzten Bestandsgröße (im Zähler) und der Bewegungsgröße (im Nenner) erreicht werden – siehe dazu im Grundsätzlichen die weiter systematisierenden, ausführlichen Erläuterungen zu Kennzahlen als Quotienten im Anhang I.

Verwandte Kennzahlen / Zusätzliche Anmerkungen

&

Für den Kennzahlen-Begriffsteil „Umschlagszeit" wird vielfach auch synonym von „Reichweite" gesprochen.

Der mathematische Kehrwert (also Zähler und Nenner getauscht) wird als „Umschlagshäufigkeit", „Umschlagskoeffizient" oder kurz „Umschlag" bezeichnet.

3.8 Ökologische Nachhaltigkeits-Kenngrößen

3.8.1 CO_2-Fußabdruck

Fragestellung

?

In welchem Umfang sind mit der Existenz eines bestimmten Bezugsobjektes (z. B. eines einzelnen Produktes) das Klima belastende Kohlendioxid-(CO_2-)Emissionen verbunden?

Definition

*

Summe der (zugerechneten) Mengen von CO_2-Emissionen

In seiner umfassendsten Version gehört zur Lebenszyklus-Betrachtung die Einbeziehung der Emissionen aus allen Phasen der „Rohstoffgewinnung" – „Produkt-Erstellung" – „Produkt-Nutzung" – „Produkt-Entsorgung" – sowie aller damit verbundenen „Transportvorgänge".

Die Kennzahl „CO_2-Fußabdruck" wird in der Dimension „Masse" bzw. „Gewicht" gemessen, also z. B. in Gramm, Kilogramm pro Bezugseinheit.

Sind auch andere der als klimaschädlich eingestuften „Kyoto-Gase" im gewählten Analysefeld von Relevanz, so ist auf analoge Weise auch die Ermittlung eines entsprechenden CO_2e-Fußabdrucks mit der Fokussierung auf die sog. CO_2-Äquivalente (e steht für equivalent) sinnvoll – siehe die weiteren Ausführungen hierzu unter der Rubrik „verwandte Kennzahlen“.

» Ermittlung / Herleitung

Die Beschaffung der erforderlichen Daten stellt eine besondere Herausforderung für die Anwendung dieser Methodik und als Ergebnis für die Berechnung dieser Kenngröße dar. Im Grundsatz sind auf der Basis der jeweiligen Stoff- und Energieströme in den einzelnen Lebenszyklusphasen und den mit ihnen verbundenen Emissionen die entsprechenden CO_2-Werte zu erheben und zu addieren.

Durch die vielfältige internationale Arbeitsteilung sind an der mehrstufigen Wertschöpfungskette – jenseits der Nutzer – zahlreiche Unternehmen beteiligt, die in die Datenerhebung zu integrieren sind. Zudem fehlt angesichts mehrerer alternativer Ansätze (z. B. auf der Grundlage sog. Ökobilanzierungen) bislang eine allseits anerkannte Standardisierung des Vorgehens. Die angestrebten Normierungen sollen im Sinne einer Harmonisierung die bisherigen methodischen Divergenzen überwinden oder zumindest nachvollziehbare Auslegungsregeln bestimmen. Ziel ist es, vereinheitlichte Systemgrenzen der betrachteten (Lebenszyklus-)Phasen zu definieren, harmonisierte Quantifizierungsmethodiken für die Emissionen zu vereinbaren und somit zu einer vergleichbareren Datenqualität für den CO_2-Fußabdruck zu gelangen.

Betriebswirtschaftlicher Aussagewert und Größenordnung

Die Messung von ökologisch relevanten Sachverhalten zählt zu den Kernaufgaben eines Sustainability Accounting oder Nachhaltigkeits-Controllings. Ziel ist es, diese Informationen als Entscheidungsbasis für eine verantwortungsvolle Wirtschaftsweise zu verwenden und sich im Wettbewerb möglichst vorteilhaft positionieren zu können.

Im Mittelpunkt der Berechnung des CO_2-Fußabdrucks steht die Ermittlung des sog. Treibhausgaspotenzials – bei Bezugnahme auf ein Produkt oder eine Dienstleistung synonym auch als Product Carbon Footprint, abgekürzt PCF, bezeichnet.

Die besondere Bildhaftigkeit des Begriffs eines Fußabdrucks besitzt einerseits den Vorteil, das Bewusstsein für die Klimabelastung durch Emissionen anschaulich und sprachlich unkompliziert einer breiten (Welt-)Öffentlichkeit näher bringen zu können. Andererseits birgt diese scheinbare terminologische Leichtigkeit die Gefahr in sich, die Komplexität und Kosten der Datengewinnung sowie ihre systematische, nachvollziehbare (vollständige) Zusammenführung zu unterschätzen. Trotz zahlreicher allgemein akzeptierter Verfahrensregelungen beruhen viele einbezogenen Emissionsdaten auf spezifischen Prämissen und individuellen Schätzungen, die auch bei dem Unterstellen eines „besten Willens“ der Beteiligten nicht der Validität einer intersubjektiv nachprüfbaren Messung entsprechen.

Zum gegenwärtigen Entwicklungszeitpunkt ist zwar schon eine ganze Reihe von Pilotprojekten erfolgreich abgeschlossen worden, die Implementierung in seiner vollen Breite steht dem CO_2-Fußabdruck – nicht zuletzt angesichts international bislang nicht hinreichend genormter Verfahrensschritte – jedoch erst noch bevor.

In Anbetracht der Vielzahl unterschiedlicher Analyse-Objekte ist eine generalisierende Vorgabe für die Höhe des jeweiligen CO_2-Fußabdrucks nicht bestimmbar. Als Orientierungen zur Größenordnung des Product Carbon Footprint können neben den Vergleichsmöglichkeiten im Zeitablauf – soweit verfügbar – auch entsprechende Angaben von Wettbewerbern, Branchendurchschnittswerte oder „Best-Practice-Werte" herangezogen werden.

Handlungsanregungen

!

Die Kennzahl „CO_2-Fußabdruck" gilt als ein Indikator für nachhaltiges Wirtschaften im Sinne des nachvollziehbaren Bestrebens, anhand einer Kenngröße und ihrer Entwicklung im Zeitvergleich eine gezielte Einsparung von klimarelevanten Materialien und Energie in Produktions- wie auch in Konsumprozessen zu verdeutlichen.

Im Rahmen eines auf Nachhaltigkeit ausgerichteten unternehmerischen Zielsystems stehen – auch hinsichtlich der Verbesserung des jeweiligen CO_2-Fußabdrucks – vor allem folgende Tätigkeitsfelder im Vordergrund:

- Schaffung von größerer Transparenz im Hinblick auf die Beteiligten und ihr Produktions- bzw. Konsum-Verhalten in der gesamten Kette der Produkt-Lebenszyklusphasen
- Erhöhung des Bewusstseins für die Entstehung von CO_2-Emissionen bei allen Akteuren in den Phasen der Rohstoffgewinnung, Produkt-Erstellung, -Nutzung und -Entsorgung sowie allen Transportvorgängen
- Interne und externe Kommunikation der ermittelten Kenngrößen „CO_2-Fußabdruck" zur Positionierung als klimabewusst agierendes Unternehmen für das jeweilige Bezugsobjekt (z. B. Produkte oder Transport-Dienstleistungen)
- Identifizierung von Reduktionspotenzialen vor allem in den emissionsintensiven Phasen – verbunden mit entsprechenden Kosten(senkungs)wirkungen oder CO_2-Kompensationsmaßnahmen
- Denken und Handeln in phasenübergreifender Weise, um Überkompensationseffekte zu verdeutlichen (z. B. können erhöhte Emissionen zur Fertigung eines kraftstoffsparenden Motors durch die beim Nutzer entstehenden geringeren Emissionen wegen des kraftstoffsparenden Betriebs in einem normalen Produktleben dieses Motors um ein Vielfaches überkompensiert werden; allerdings ist auch der gegenteilige Fall denkbar, dass beispielsweise ein geringerer Energieverbrauch pro Nutzungsstunde eines Produktes beim Verwender zu einem längeren Einsatz führt oder die Zahl der Verwender steigt, sog. Rebound-Effekt).

Verwandte Kennzahlen / Zusätzliche Anmerkungen

&

Die konzeptionelle Idee des CO_2-Fußabdrucks findet ihre Hauptanwendungsfelder in der konkretisierten Bezugnahme auf Produkt- und Dienstleistungen als Absatzobjekte. In analoger Weise kann bei entsprechender Modifikation der Systemgrenzen des

Analysefeldes auch der CO_2-Fußabdruck eines Unternehmens (oder eines maßgeblichen Teils, z. B. eines Werksstandorts), eines mehrstufigen, prozessualen Ausschnitts aus der Wertschöpfungskette oder personalisiert das Verhalten einer Person (oder Personengruppe) in einem bestimmten Zeitabschnitt Gegenstand der Kenngrößen-Ermittlung sein.

Im Falle der Zweckmäßigkeit, einen umfassenderen CO_2e-Fußabdruck zu ermitteln, enthält dazu z. B. eine vom Weltklimarat (IPCC) veröffentlichte Übersicht die zentralen klimarelevanten Gase, zu denen in der Regel die 6 sog. „Kyoto-Gase" gezählt werden: CO_2 (Kohlendioxid); CH_4 (Methan); N_2O (Distickstoffoxid); FKW (Fluorkohlenwasserstoffverbindungen); NF_3 (Stickstofftrifluorid); SF_6 (Schwefelhexafluorid). Diese Liste fasst die genannten Treibhausgase in einer Wirkungskategorie, in den sog. CO_2-Äquivalenten (CO_2e), zusammen und legt zugleich die Umrechnungsfaktoren fest, die dem aktuellen Stand der Klimaforschung entsprechen.

In Anbetracht der weltweit zunehmenden Knappheit der Ressource „(Süß-) Wasser" ist in prinzipieller Analogie auch der sog. Wasserfußabdruck zu sehen, der als „virtuelles Wasser" die gesamte Wassermenge umfasst, die bei der Erstellung eines Produktes über alle Prozessstufen hinweg benötigt und verschmutzt wird oder verdunstet. So können Unternehmen entsprechend auch einen produktspezifisch berechneten Wasserfußabdruck (Product Water Footprint; PWF) ermitteln, der sich auf die gesamte Wertschöpfungskette bezieht und beispielsweise im Zeitvergleich einen kontinuierlichen Rückgang des verbrauchten Wassers verdeutlichen kann.

Ⓢ 3.8.2 Produktnutzungsspezifische Kondukte

? Fragestellung

In welcher Höhe werden bestimmte (ökologisch besonders relevante) Stoffe durch die Verwendung des Produktes durchschnittlich sowie bei bestimmten Nutzungsintensitäten oder in einzelnen Nutzungsphasen als unerwünschter Output – sog. Kondukte – an das natürliche Umfeld abgegeben?

- als lebenszyklusbezogene Kennzahlen-Variante
  aufgliederbar nach verschiedenen Kondukt- bzw. Emissionsarten (z. B. als Abluft, Staub, Lärm) mit jeweiligen Untergliederungen (z. B. für Abluft als CO_2, NO_x usw.)
- als nutzungsphasenbezogene Kennzahlen-Variante
  aufgliederbar nach verschiedenen Kondukt- bzw. Emissionsarten bei bestimmten Nutzungsintensitäten (z. B. bei Teillast bzw. Volllast) oder in einzelnen Nutzungsphasen (z. B. Start-, Beschleunigungs- bzw. Bremsphase)

Definition

*

Lebenszyklusbezogene Variante:

$$\frac{\text{Durchschnittliche Menge der Konduktart (bzw. Emissionsart)}}{\text{Produktlebenszyklus}}$$

Als Maßzahl für die Mengeneinheiten der jeweils betrachteten festen, flüssigen oder gasförmigen Kondukte (als unerwünschter Output) bzw. Emissionen kommen insbesondere in Frage: (Stück-)Zahl, Volumeneinheiten sowie Gewichtsangaben – z. B. in Tonnen SO_2 oder CO_2 pro Produktlebenszyklus.

Nutzungsphasenbezogene Variante:

$$\frac{\text{Menge der Konduktart (bzw. Emissionsart)}}{\text{Dauer der Analysephase}}$$

Als Maßzahl für die Mengeneinheiten im Nenner sind Zeitangaben zu verwenden (Sekunden, Minuten, Stunden usw.).

Aus der jeweiligen Kombination ergibt sich die entsprechende Dimension in der Form Kondukt- bzw. Emissionsmenge pro Zeiteinheit, z. B. als CO_2 pro Stunde.

Ermittlung / Herleitung

»

Voraussetzung, um die erforderlichen Daten für diese produktnutzungsspezifischen Kondukt-Kennzahlentypen zu erhalten, ist die Existenz eines entsprechend detaillierten, computergestützten betrieblichen Umweltinformationssystems (BUIS). Zu den Aufgaben eines BUIS zählt im hier interessierenden Zusammenhang vor allem die Erfassung, Verarbeitung und Aufbereitung ökologisch relevanter Daten, insbesondere

- die mengenmäßige Erhebung der Kondukt- bzw. Emissionsarten während der Produktnutzung
- die Dokumentation für externe Berichterstattungspflichten (bedingt durch Gesetze, Verordnungen usw.)
- die Bildung von aussagefähigen Kennzahlen, um komplexe Zusammenhänge komprimiert darzustellen und unternehmensintern wie -extern Sachverhalte und Entwicklungen im Zeitablauf vergleichbar machen zu können.

Betriebswirtschaftlicher Aussagewert und Größenordnung

#

Im Mittelpunkt des Nachhaltigkeits-Ansatzes steht der Gedanke, eine Entwicklung zu ermöglichen, die die Bedürfnisse der Gegenwart befriedigt, ohne zu riskieren, dass zukünftige Generationen ihre eigenen Bedürfnisse nicht mehr befriedigen können. Die Umsetzung dieses Grundprinzips auf der Ebene einzelner Unternehmen bedeutet u. a., die natürliche Umwelt bei der Verwendung der Produkte nur in zumutbarer Weise und möglichst gering zu belasten. In diesem Sinne zeigen die beiden Kondukt-Kennzahlentypen die mengenmäßige Emissionsproblematik aus unterschiedlichen Perspektiven der Nutzung auf.

Bei stark diversifizierten Produktprogrammen der Unternehmen sind sinnvoller Weise Vergleichsaussagen zur Größenordnung nur auf der Ebene jeweils ähnlicher Produktgruppen unternehmensintern als Ist-Ist-Relation bzw. als Plan-Ist-Relation wie -extern mit Angaben einzelner Wettbewerber, Branchendurchschnittswerten oder „Best-Practice-Werten" vorzunehmen.

Im Hinblick auf die globale Erderwärmung und den Klimawandel gilt z. B. inzwischen der CO_2-Ausstoß allgemein als der wesentliche Leitindikator für die Stärke der getätigten Klimaschutzaktivitäten.

! **Handlungsanregungen**

Ausgehend von der Grundidee eines unternehmerischen Leistungsprozesses, der nicht nur selbst die natürlichen Ressourcen auf der Input- wie auf der Output-Seite zunehmend schont, sondern auch entsprechend umweltverträgliche (insb. konduktarme) Produkte erzeugt, bietet sich ein weites Spektrum denkbarer Maßnahmenbündel an.

Im Rahmen eines systematischen, vorausschauenden Managements können mit Hilfe des sog. Life Cycle Assessment-Ansatzes beispielsweise produktbezogen alternative Werk- und Betriebsstoffe sowie Modulkonzepte in ihren Umweltauswirkungen betrachtet werden – praktisch ganzheitlich von der Rohstoffgewinnung über die Verwendung bis hin zum Recycling bzw. Entsorgen.

Aus generellen ökologischen Zielsetzungen wie Materialeinsparung, Recyclingfähigkeit, Kraftstoffverbrauchsverringerung, Abgasnormunterschreitung, CO_2-Emissionsreduzierung und Lärmminderung lassen sich mit dieser Methodik mehrstufig über produktbezogene Lastenhefte konkrete Vorgaben und geeignete Maßnahmen ableiten. So beginnt – hier exemplarisch angeführt – die Grundlegung für ein später optimales Recycling bereits in der Design- und Konzepterstellungsphase für Neuprodukte.

& **Verwandte Kennzahlen / Zusätzliche Anmerkungen**

Genereller Umfang, Erhebungsrhythmus und Detaillierungsgrad der intern verwendeten (und zunehmend auch extern veröffentlichten) Indikatoren, die das Phänomen Nachhaltigkeit nachprüfbar repräsentieren, liegen weitgehend im Ermessen und Verantwortungsbewusstsein der Unternehmen, sofern nicht einzelne rechtliche Vorschriften ausdrückliche Informationen verlangen.

Die externe Berichterstattung zur Nachhaltigkeit ist ihrerseits deutlich weniger genormt als das „klassische" Reporting der Unternehmen nach nationalen oder internationalen Rechnungslegungsstandards.

Als Orientierung wird jedoch zunehmend auf die Liste der Indikatoren in den Richtlinien der Global Reporting Initiative (GRI) Bezug genommen. Sie hat es sich als unabhängige Organisation zur Aufgabe gemacht, formale und inhaltliche Empfehlungen im Sinne eines umfassend kommentierten Leitfadens zu entwickeln, um die

Nachhaltigkeitsberichterstattung der Unternehmen weltweit vergleichbarer gestalten zu können.

3.8.3 Produktbezogener Recyclability-Anteil

Fragestellung

?

In welchem Ausmaß sind die in einem Produkt verwendeten Rohmaterialien (Module usw.) so beschaffen, dass sie später wieder in einen sinnvollen Stoffkreislauf zurückgeführt werden können?

Definition

*

$$\frac{\text{Recycelbare Materialmenge von einer Outputeinheit} \cdot 100}{\text{Gesamte Materialmenge von einer Outputeinheit}}$$

Die Materialien können nach speziellen Arten (z. B. nach Metallen, Kunststoffen) oder nach bestimmten Modulen (z. B. Bauteilen, Baugruppen) weiter differenziert werden.

Meist wird die Materialmengen-Angabe in Gewichtseinheiten vorgenommen, mitunter auch in Geldeinheiten. Durch die Multiplikation mit dem Faktor „100“ erfolgt die Bezeichnung des Ausmaßes der Kennzahl „Produktbezogener-Recyclability-Anteil“ dann letztlich stets in der Dimension „%“.

Ermittlung / Herleitung

»

Die erforderlichen Informationen sind unternehmensintern vor allem aus den Produktkonzepten (auf der Basis von Stücklisten und Arbeitsplänen) zu entnehmen, für deren Erstellung und Pflege die Forschungs- und Entwicklungs- sowie die Produktionsabteilungen verantwortlich sind. Unternehmensexterne sind im Wesentlichen auf die Veröffentlichung und Glaubwürdigkeit entsprechender Herstellerinformationen angewiesen, sofern nicht zusätzliche Bestätigungsvermerke von neutralen Dritten hinzugefügt werden.

Betriebswirtschaftlicher Aussagewert und Größenordnung

#

In Anbetracht zunehmender Regulierungen auf nationaler Ebene in Form von Kreislaufwirtschafts- und Abfallgesetzen oder auf supranationaler Ebene, z. B. durch die Europäische Union mit entsprechenden EU-Richtlinien oder EU-Verordnungen, ist die Kennzahl „Produktbezogener Recyclability-Anteil“ ein Indikator für das konkrete vorausschauende Verantwortungsbewusstsein von Produktentwicklern und -herstellern auf der „Output-Seite“ ihres Handelns.

Bereits in den frühen Phasen des Produktentwurfs und der Konzipierung der anzuwendenden Herstellungsprozesse wird im Wesentlichen festgelegt, „wie einfach“ die spätere Trennbarkeit der Produktteile, die Zerlegbarkeit der Baugruppen, ihr Austausch oder ihre Weiterverwendung bzw. ihre Entsorgung sein wird.

Im Allgemeinen stehen zunächst ausgewählte, ggf. teure bzw. knappe Primär-Werkstoffarten (z. B. seltene Erden im Bereich der Elektronik) oder Produkt(teil)e mit entsprechend hoher Werthaltigkeit im Vordergrund der Analysen.

Die Höhe der bereits erreichten oder z. B. bei der nächsten Produktgeneration konkret angestrebten Recyclability-Anteile unterscheidet sich – aus zahlreichen technisch-physikalischen, chemischen und ökonomischen Gründen – meist erheblich zwischen einzelnen Branchen und Unternehmen.

Als Orientierungen zur Größenordnung dieser Kennzahlenwerte können neben den üblichen unternehmensinternen Vergleichsmöglichkeiten (zwischen einzelnen Produkten und Programm-Bereichen oder als Ist-Ist- bzw. Plan-Ist-Relation) unternehmensextern – soweit zugänglich – entsprechende Angaben von Wettbewerbern, Branchendurchschnittswerte oder „Best-Practice-Werte" herangezogen werden.

! Handlungsanregungen

Neben der Verfolgung unternehmenseigener Nachhaltigkeits-Ziele sind staatliche, regulative Eingriffe, wie z. B. gesetzliche Rücknahmeverpflichtungen, in vielen Fällen die treibenden Faktoren, wenn von Unternehmen wieder stärker in gesamten Produktlebenszyklen gedacht und gehandelt wird. Die Internalisierung zwischenzeitlich externalisierter Kosten führt dazu, nicht nur eine gezieltere Vorbereitung auf ein sinnvolles Produkt-Recycling vorzunehmen, sondern auch eine entsprechende Implementierung zu organisieren. Denkbar sind u. a. unternehmensübergreifende Formen einer Zusammenarbeit (z. B. der Aufbau und die gemeinschaftliche Nutzung von Retrodistributionssystemen sowie die koordinierte Wiederaufarbeitung der festen, flüssigen oder gasförmigen Stoffformen der Produkte).

Aussagefähige Produktdokumentationen mit Stücklisten, graphisch unterstützt durch sog. Explosionszeichnungen und speziellen Hinweisen zu geeigneten Zerlegetechniken, fördern die Wirtschaftlichkeit des stofflichen Recyclings – z. B. im Sinne insgesamt sinkender Recyclingkosten, Einsparungseffekten beim Einsatz von Sekundärstoffen oder potenziell besserer Erträge aus dem Verkauf möglichst sortenrein recycelter Materialien.

Im Einzelnen können hier mit dem dominanten Bezug auf die Recyclability, also die output-bezogene Fähigkeit zur späteren Rückführung in einen Stoffkreislauf, einige weitere Aufgliederungen der Kennzahl vorgenommen werden, um zu betriebswirtschaftlich sinnvollen Erkenntnissen und Aussagen zu gelangen, z. B. in Form der

- Produktkomponenten-Recyclability
  - (Variante „Wiederverwendung": Die Produktkomponente soll auch beim erneuten Gebrauch dem gleichen Verwendungszweck wie bei der Erstnutzung dienen können – z. B. generalüberholter Motor als Antriebsaggregat;
  - Variante „Weiterverwendung": Ein unerwünschtes Neben-Produkt (sog. Kondukt) wird nicht unmittelbar und kostenintensiv entsorgt, sondern dient beim erneuten Gebrauch einem anderen Verwendungszweck als bei der Erst-

nutzung – z. B. durch Produktionsprozesse verunreinigtes Trinkwasser wird nach einer ersten Klärstufe als Brauchwasser zu Kühlzwecken eingesetzt);
- Produktmaterial-Recyclability
  - (Variante: „Wiederverwertung": Das Material wird stofflich erneut in bereits früher durchlaufenen (gleichen) Erzeugungsprozessen eingesetzt, wobei jedoch die letzte Materialform inzwischen teilweise oder vollständig aufgelöst oder verändert war – z. B. aufbereitetes Aluminium als Sekundärrohstoff;
  - Variante „Weiterverwertung": Das Material wird in anderen Erzeugungsprozessen zur Gewinnung neuer Stoffe oder Produkte eingesetzt – z. B. Holzpellets als natürlicher Brennstoff in Privathaushalten aus ursprünglich bewusst nicht behandelten Holzpaletten).

Verwandte Kennzahlen / Zusätzliche Anmerkungen

&

Im Hinblick auf die Betrachtung der „Gegenseite", also der stofflichen Input-Seite, zählt die „Recyclingquote" im Sinne einer „Wiedereinsatzquote" zu den verwandten Kennzahlen.

Jenseits gesetzlicher Vorschriften stellt die ausdrückliche Nennung der Kennzahl „Produktbezogener Recyclability-Anteil" nicht zuletzt unter Marketingaspekten ein ökologisch bedeutsamer werdendes Argument dar, mit dem im Wettbewerb um bestimmte Kundengruppen komparative Konkurrenzvorteile generiert werden können.

4 Geschäftsprozess-Perspektive

4.1 Projektcontrolling-Kenngrößen

4.1.1 Schedule Performance Index (SPI)

Fragestellung ?

In welchem Verhältnis steht in einem Projekt zu einem bestimmten Meilensteintermin der Wert der geleisteten Arbeit zu dem der geplanten Arbeit? – im Sinne eines Fortschrittsindikators

Definition *

$$\frac{\text{Earned Value} \cdot 100}{\text{Planned Value}}$$

Wobei gilt:
Earned Value = Plankosten für die geleistete Arbeitsmenge
Planned Value = Plankosten für die geplante Arbeitsmenge

Ohne die Hinzunahme des Prozent-Multiplikators im Zähler (· 100) wird die Kennzahl „Schedule Performance Index (SPI)“ dimensionslos als Dezimalzahl angegeben oder wie in der obigen Definition in der Dimension „%“.

Für die aus den USA stammende Earned Value-Methodik und ihre englischsprachigen Begriffe der Projektsteuerung haben sich in der deutschsprachigen Fachliteratur und Praxis bislang keine eigenständigen Begriffsbezeichnungen durchgesetzt, sodass auch hier weiter die Original-Terminologie verwendet wird. Zudem werden viele dieser heute sehr komplexen Projekte länderübergreifend meist in englischer Sprache (und mit entsprechender Software) durchgeführt.

Ermittlung / Herleitung »

Voraussetzung, um die erforderlichen Daten für diese Kennzahl im Rahmen des sog. Earned Value-Ansatzes zu erhalten, ist eine detaillierte (computergestützte) Strukturdarstellung aller Projekt-Aktivitäten (z. B. auf der Grundlage eines Netzplans) mit den regelmäßig aktualisierten Kosten-, Leistungs- und Zeit-Angaben zum Projektfortschritt (als Plan- und Ist-Werte).

Betriebswirtschaftlicher Aussagewert und Größenordnung #

Zu den zentralen Aufgaben eines Projektcontrollings zählt die Sicherstellung der informatorischen Transparenz zum Aufbau und erfolgswirtschaftlichen Ablauf des jeweiligen Vorhabens. Ein leistungsfähiges methodisches Instrumentarium mit mehreren Kenngrößen liefert der Earned Value-Ansatz – unter der impliziten Annahme, dass alles, was abgeschlossen ist, auch verdient, d. h. durch Umsatzerlöse realisiert wird. Der „Schedule Performance Index (SPI)“ gibt als Quotient Auskunft über den Projektfortschritt zu einem bestimmten Zeitpunkt – interessant vor allem zum projektbegleitenden Controlling als Frühaufklärungsindikator. Ein SPI-Kennzahlenwert gleich oder größer 100 % (oder 1) verdeutlicht den vorteilhaften Projektzustand und analog ein Wert unter 100 %, z. B. 80 %, einen Projektverzug. Es wären in diesem Fall also bislang erst 80 % der geplanten Leistungsmenge erbracht worden.

! Handlungsanregungen

Das Projektmanagement und mit ihm das Projektcontrolling beinhalten ein sehr breites Spektrum an möglichen betriebswirtschaftlichen Aktionsfeldern, um einen erfolgreichen Projektabschluss zu gewährleisten. Grundsätzlich sind im Projekt die zu ergreifenden Maßnahmen simultan im Hinblick auf die Erreichung der Ergebnis-, Zeit-, Qualitäts- und Ressourcen-Ziele auszurichten, um beispielsweise Kostenabweichungen, Terminüberschreitungen, Leistungsdefizite und/oder Personal- und Finanzknappheiten zu verhindern oder zu mildern.

& Verwandte Kennzahlen / Zusätzliche Anmerkungen

Zur „Familie“ der Earned Value-Kennzahlen im Rahmen des Projektcontrolling zählen neben dem „Schedule Performance Index (SPI)“ vor allem der „Cost Performance Index (CPI)“ und der „To Complete Performance Index (TCPI)“ sowie die Kenngrößen „Estimate at Completion (EAC)“ und „Time Estimate at Completion (TEAC)“.

Ⓢ 4.1.2 Cost Performance Index (CPI)

? Fragestellung

In welchem Verhältnis stehen in einem Projekt zu einem zwischenzeitlichen Kontrolltermin die Plankosten zu den Istkosten? – im Sinne eines Wirtschaftlichkeitsindikators

*** Definition**

$$\frac{\text{Earned Value} \cdot 100}{\text{Actual Cost}}$$

Wobei gilt:
Earned Value = Plankosten für die geleistete Arbeitsmenge
Actual Cost = Istkosten für die geleistete Arbeitsmenge.

Ohne die Hinzunahme des Prozent-Multiplikators im Zähler (· 100) wird die Kennzahl „Cost Performance Index (CPI)“ dimensionslos als Dezimalzahl angegeben oder wie in der obigen Definition in der Dimension „%“.

Für die aus den USA stammende Earned Value-Methodik und ihre englischsprachigen Begriffe der Projektsteuerung haben sich in der deutschsprachigen Fachliteratur und Praxis bislang keine eigenständigen Begriffsbezeichnungen durchgesetzt, sodass auch hier weiter die Original-Terminologie verwendet wird. Zudem werden viele dieser heute sehr komplexen Projekte länderübergreifend meist in englischer Sprache (und mit entsprechender Software) durchgeführt.

Ermittlung / Herleitung

»

Voraussetzung, um die erforderlichen Daten für diese Kennzahl im Rahmen des sog. Earned Value-Ansatzes zu erhalten, ist eine detaillierte Strukturdarstellung aller Projekt-Aktivitäten (z. B. auf der Grundlage eines Netzplans) mit den regelmäßig aktualisierten Zeit-, Leistungs- und Kosten-Angaben zum Projektfortschritt (als Plan- und Ist-Werte).

In der Definition zeigt der Zähler die Plankosten und der Nenner die Istkosten – jeweils für die bereits geleistete Arbeitsmenge.

Betriebswirtschaftlicher Aussagewert und Größenordnung

#

Zu den zentralen Aufgaben eines Projektcontrollings zählt die Sicherstellung der informatorischen Transparenz zum Aufbau und Ablauf des betreffenden Vorhabens. Ein leistungsfähiges methodisches Instrumentarium mit mehreren Kenngrößen liefert der Earned Value-Ansatz – unter der impliziten Annahme, dass alles, was abgeschlossen ist, auch verdient, d. h. durch Umsatzerlöse realisiert wird.

Während der TCPI-Kennzahlenwert (To Complete Performance Index) zukunftsorientiert die Kosten-Effizienz darstellt, die erreicht werden muss, um das Projekt im Budgetrahmen abzuschließen, repräsentiert der CPI-Quotient die Kosten-Effizienz des Projekts vergangenheitsbezogen. Er gibt Auskunft über die Wirtschaftlichkeit des Projektfortschritts zu einem bestimmten Zeitpunkt – interessant vor allem zum projektbegleitenden Controlling als Frühaufklärungsindikator. Liegt der CPI-Kennzahlenwert unter 100 %, z. B. bei 90 %, so übersteigen die Istkosten die Plankosten.

Handlungsanregungen

!

Das Projektmanagement und mit ihm das Projektcontrolling beinhalten ein sehr breites Spektrum an möglichen betriebswirtschaftlichen Aktionsfeldern, um einen erfolgreichen Projektabschluss zu gewährleisten. Grundsätzlich sind im Projekt die zu ergreifenden Maßnahmen simultan im Hinblick auf die Erreichung der Ergebnis-, Zeit-, Qualitäts- und Ressourcen-Ziele auszurichten, um beispielsweise Kostenabweichungen, Terminüberschreitungen, Leistungsdefizite und/oder Personal- und Finanzknappheiten zu verhindern oder zu mildern.

Verwandte Kennzahlen / Zusätzliche Anmerkungen

&

Zur „Familie“ der Earned Value-Kennzahlen im Rahmen des Projektcontrolling zählen neben dem „Cost Performance Index (CPI)“ vor allem der „Schedule Performance Index (SPI)“ und der „To Complete Performance Index (TCPI)“ sowie die Kenngrößen „Estimate at Completion (EAC)“ und „Time Estimate at Completion (TEAC)“.

Bemerkenswert ist folgender rechnerischer Zusammenhang: Wenn die Kennzahlen SPI und CPI multipliziert werden, ergibt sich die sog. „Critical Ratio (CR)“ als Kombination aus Zeit- und Kosten-Effizienz. Aus einem SPI von 80 % und einem CPI von 67 % folgt beispielsweise eine CR von 0,536, die den Gesamtstatus des Projekts repräsentiert. Wenn die Critical Ratio einen Wert von 1 besitzt, liegt das Projekt perfekt im Plan.

4.1.3 Time Estimate at Completion (TEAC)

Fragestellung

Mit welchem revidierten Fertigstellungszeitpunkt ist ausgehend von einem bestimmten Meilensteintermin im Rahmen eines Projektcontrollings zu rechnen? – im Sinne eines Frühaufklärungsindikators mit Zeitbezug

Definition

$$\frac{\text{Time at Completion}}{\text{Schedule Performance Index}}$$

Wobei gilt:

Time at Completion = ursprünglicher Fertigstellungszeitpunkt

Schedule Performance Index = Earned Value/Planned Value, d. h.

= Plankosten für die geleistete Arbeitsmenge/ Plankosten für die geplante Arbeitsmenge

Die Kennzahl „Time Estimate at Completion“ wird gemessen in der Dimension „Zeiteinheiten“ (z. B. in Stunden, Tagen, Wochen usw.).

Für die aus den USA stammende Earned Value-Methodik und ihre englischsprachigen Begriffe der Projektsteuerung haben sich in der deutschsprachigen Fachliteratur und Praxis bislang keine eigenständigen Begriffsbezeichnungen durchgesetzt, sodass auch hier weiter die Original-Terminologie verwendet wird. Zudem werden viele dieser heute sehr komplexen Projekte länderübergreifend meist in englischer Sprache (und mit entsprechender Software) durchgeführt.

Ermittlung / Herleitung

Voraussetzung, um die erforderlichen Daten für diese Kennzahl im Rahmen des sog. Earned Value-Ansatzes zu erhalten, ist eine detaillierte Strukturdarstellung aller Projekt-Aktivitäten (z. B. auf der Grundlage eines Netzplans) mit den regelmäßig aktualisierten Kosten-, Leistungs- und Zeit-Angaben zum Projektfortschritt (als Plan- und Ist-Werte).

Der „Schedule Performance Index (SPI)“ im Nenner zeigt im Sinne eines Früherkennungsindikators die Zeiteffizienz des Projekts auf.

Betriebswirtschaftlicher Aussagewert und Größenordnung

#

Zu den zentralen Aufgaben eines Projektcontrollings zählt die Sicherstellung der informatorischen Transparenz zum Aufbau und erfolgswirtschaftlichen Ablauf des jeweiligen Vorhabens.

Ein leistungsfähiges methodisches Instrumentarium mit mehreren Kenngrößen liefert der Earned Value-Ansatz – unter der impliziten Annahme, dass alles, was abgeschlossen ist, auch verdient, d. h. durch Umsatzerlöse realisiert wird.

Mit dem sog. revidierten Fertigstellungszeitpunkt in Form der Kennzahl „Time Estimate at Completion" wird eine Information über die (aktualisiert) zu erwartende Fertigstellung ermittelt – interessant vor allem im projektbegleitenden Controlling als Frühaufklärungsindikator.

Befindet sich – wie in vielen Praxis-Fällen – der SPI-Kennzahlenwert unter 100 %, z. B. bei 80 %, so wurden bislang erst 80 % der geplanten Leistungsmenge erbracht, und entsprechend wird die hier zu ermittelnde revidierte Terminschätzung „nach oben gehebelt".

Liegt der ursprüngliche Fertigstellungstermin beispielsweise am Ende eines 40-Wochenzeitraums und beträgt hier der SPI-Wert 80 % (0,8), so wird der revidierte Fertigstellungstermin (TEAC) nun bei 50 Wochen stehen. Dabei wird auch im weiteren Projektverlauf – vereinfachend – von einer SPI-Konstanz ausgegangen.

Handlungsanregungen

!

Das Projektmanagement und mit ihm das Projektcontrolling beinhalten ein sehr breites Spektrum an möglichen betriebswirtschaftlichen Aktionsfeldern, um einen erfolgreichen Projektabschluss zu gewährleisten.

Grundsätzlich sind im Projekt die zu ergreifenden Maßnahmen simultan im Hinblick auf die Erreichung der Ergebnis-, Zeit-, Qualitäts- und Ressourcen-Ziele auszurichten, um beispielsweise Kostenabweichungen, Terminüberschreitungen, Leistungsdefizite und/oder Personal- und Finanzknappheiten zu verhindern oder zu mildern.

Verwandte Kennzahlen / Zusätzliche Anmerkungen

&

Zur „Familie" der Earned Value-Kennzahlen im Rahmen des Projektcontrolling zählen neben der Größe „Time Estimate at Completion (TEAC)" und „Estimate at Completion (EAC)" vor allem der „Schedule Performance Index (SPI)", der „Cost Performance Index (CPI)" sowie der „To Complete Performance Index (TCPI)".

4.1.4 Estimate at Completion (EAC)

Fragestellung

Auf welche Höhe beläuft sich ausgehend von der Kostensituation zu einem zwischenzeitlichen Kontrolltermin im Rahmen eines Projektcontrollings die revidierte Kostenschätzung? – im Sinne eines Frühaufklärungsindikators mit Kosten-Bezug

Definition

$$\frac{\text{Budget at Completion}}{\text{Cost Performance Index}}$$

Wobei gilt:

Budget at Completion (BAC) = ursprüngliche Plankosten bei Fertigstellung

Cost Performance Index = Earned Value/Actual Cost

= Plankosten für die bisher geleistete Arbeitsmenge/Istkosten für die bisher geleistete Arbeitsmenge

Die Kennzahl wird gemessen in der Dimension „Geldeinheiten" (z. B. in €).

Für die aus den USA stammende Earned Value-Methodik und ihre englischsprachigen Begriffe der Projektsteuerung haben sich in der deutschsprachigen Fachliteratur und Praxis bislang keine eigenständigen Begriffsbezeichnungen durchgesetzt, sodass auch hier weiter die Original-Terminologie verwendet wird. Zudem werden viele dieser heute sehr komplexen Projekte länderübergreifend meist in englischer Sprache (und mit entsprechender Software) durchgeführt.

Ermittlung / Herleitung

Voraussetzung, um die erforderlichen Daten für diese Kennzahl im Rahmen des sog. Earned Value-Ansatzes zu erhalten, ist eine detaillierte Strukturdarstellung aller Projekt-Aktivitäten (z. B. auf der Grundlage eines Netzplans) mit den regelmäßig aktualisierten Zeit-, Leistungs- und Kosten-Angaben zum Projektfortschritt (als Plan- und Ist-Werte).

Betriebswirtschaftlicher Aussagewert und Größenordnung

Zu den zentralen Aufgaben eines Projektcontrollings zählt die Sicherstellung der informatorischen Transparenz zum Aufbau und erfolgswirtschaftlichen Ablauf des jeweiligen Vorhabens. Ein leistungsfähiges methodisches Instrumentarium mit mehreren Kenngrößen liefert der Earned Value-Ansatz – unter der impliziten Annahme, dass alles, was abgeschlossen ist, auch verdient, d. h. durch Umsatzerlöse realisiert wird. Mit der sog. revidierten Kostenschätzung in Form der Kennzahl „Estimate at Completion (EAC)" wird eine Information über die momentan – d. h. aktualisiert – zu erwartenden Kosten ermittelt – interessant vor allem zum projektbegleitenden Controlling als Frühaufklärungsindikator.

Liegt – wie in vielen Praxis-Fällen – der CPI-Kennzahlenwert unter 100 %, z. B. bei 80 %, so übersteigen die Istkosten die Plankosten, und entsprechend wird die hier zu ermittelnde revidierte Kostenschätzung „nach oben gehebelt". Die EAC-Kenngröße beinhaltet eine lineare Fortschreibung des Kostenverlaufs der Vergangenheit in die Zukunft, da auch im weiteren Projektverlauf – vereinfachend – von einer CPI-Konstanz ausgegangen wird. Aus einer ursprünglichen Kostenschätzung beispielsweise in Höhe von 100 und einem zuletzt gemessenen CPI von 80 % (0,8) ergibt sich für die revidierte Kostenschätzung des Projekts ein Wert von 125. Auch hier wird – zunächst bewusst vereinfachend – von einer CPI-Konstanz im weiteren Projektverlauf ausgegangen.

Handlungsanregungen

!

Das Projektmanagement und mit ihm das Projektcontrolling beinhalten ein sehr breites Spektrum an möglichen betriebswirtschaftlichen Aktionsfeldern, um einen erfolgreichen Projektabschluss zu gewährleisten. Grundsätzlich sind im Projekt die zu ergreifenden Maßnahmen simultan im Hinblick auf die Erreichung der Ergebnis-, Zeit-, Qualitäts- und Ressourcen-Ziele auszurichten, um beispielsweise Kostenabweichungen, Terminüberschreitungen, Leistungsdefizite und/oder Personal- und Finanzknappheiten zu verhindern oder zu mildern.

Wird für den weiteren Projektverlauf unterstellt, dass das Effizienzmaß „CPI" veränderbar ist, z. B. durch bestimmte Projektmanagementmaßnahmen die Wirtschaftlichkeit des Ressourceneinsatzes wieder zum Planwert (CPI = 100 %) zurückgeführt werden kann oder sogar gesteigert wird (CPI > 100 %), so ist – nach einer Umformung des Zählers in der oben genannten Definition – eine Hochrechnung für die Kennzahl „Estimate at Completion (EAC)" noch differenzierter möglich:

$$\text{Actual Costs} + \frac{(\text{Budget at Completion} - \text{Earned Value})}{\text{Cost Performance Index}}$$

Die „Actual Cost" entsprechen den Istkosten für die erbrachte Arbeitsmenge, der „Earned Value" den Plankosten für die erbrachte Arbeitsmenge. Der Ausdruck in der Klammer repräsentiert die noch zu leistende Arbeit.

Verwandte Kennzahlen / Zusätzliche Anmerkungen

&

Zur „Familie" der Earned Value-Kennzahlen im Rahmen des Projektcontrolling zählen neben der Größe „Estimate at Completion (EAC)" und „Time Estimate at Completion (TEAC)" vor allem der „Cost Performance Index (CPI)", der „Schedule Performance Index (SPI)" und der „To Complete Performance Index (TCPI)".

4.1.5 To Complete Performance Index (TCPI)

Fragestellung

?

Welchen Wert muss in Zukunft die durchschnittliche Produktivität aufweisen, um basierend auf der Leistungssituation zu einem zwischenzeitlichen Kontrolltermin die ursprüngliche Kostenschätzung noch zu realisieren? – im Sinne eines Fortschrittsindikators

Definition

$$\frac{(\text{Budget at Completion} - \text{Earned Value}) \cdot 100}{\text{Budget at Completion} - \text{Actual Cost}}$$

Wobei gilt:
Budget at Completion (BAC) = ursprüngliche Plankosten bei Fertigstellung
Earned Value = Plankosten für die geleistete Arbeitsmenge
Actual Cost = Istkosten für die geleistete Arbeitsmenge.

Die Kennzahl „To Complete Performance Index (TCPI)" wird in der Dimension „%" angegeben. Ohne die Hinzunahme des Prozent-Multiplikators im Zähler (· 100) wird der Quotient dimensionslos als Dezimalzahl ausgedrückt.

Für die aus den USA stammende Earned Value-Methodik und ihre englischsprachigen Begriffe der Projektsteuerung haben sich in der deutschsprachigen Fachliteratur und Praxis bislang keine eigenständigen Begriffsbezeichnungen durchgesetzt, sodass auch hier weiter die Original-Terminologie verwendet wird. Zudem werden viele dieser heute sehr komplexen Projekte länderübergreifend meist in englischer Sprache (und mit entsprechender Software) durchgeführt.

Ermittlung / Herleitung

Voraussetzung, um die erforderlichen Daten für diese Kennzahl im Rahmen des sog. Earned Value-Ansatzes zu erhalten, ist eine detaillierte Strukturdarstellung aller Projekt-Aktivitäten (z. B. auf der Grundlage eines Netzplans) mit den regelmäßig aktualisierten Kosten-, Leistungs- und Zeit-Angaben zum Projektfortschritt (als Plan- und Ist-Werte).

Der Zähler des Quotienten repräsentiert den (Kosten-)Wert der noch zu erbringenden Arbeitsleistung, der Nenner gibt das noch verfügbare Budget wieder.

Betriebswirtschaftlicher Aussagewert und Größenordnung

Zu den zentralen Aufgaben eines Projektcontrollings zählt die Sicherstellung der informatorischen Transparenz zum Aufbau und erfolgswirtschaftlichen Ablauf des jeweiligen Vorhabens. Ein leistungsfähiges methodisches Instrumentarium mit mehreren Kenngrößen liefert der Earned Value-Ansatz – unter der impliziten Annahme, dass alles, was abgeschlossen ist, auch verdient, d. h. durch Umsatzerlöse realisiert wird, z. B. mit dem „To Complete Performance Index (TCPI)".

Der Quotient gibt Auskunft über die Kosteneffizienz oder Produktivität, die ab dem aktuellen (Kontroll-)Zeitpunkt erreicht werden muss, um die ursprüngliche Kostenschätzung noch einhalten zu können – interessant vor allem zum projektbegleitenden Controlling als Frühaufklärungsindikator.

Die Kenngröße TCPI sollte in Verbindung mit dem Cost Performance Index (CPI) verwendet werden, der die Kosteneffizienz bzw. Produktivität des Projekts vergangenheitsbezogen repräsentiert. Liegt der TCPI-Kennzahlenwert deutlich unter dem bisherigen CPI-Wert, so müsste die Effizienz ab nun erheblich zunehmen. Ansonsten ist es wahrscheinlicher, dass die Kostenüberschreitung eintritt.

Handlungsanregungen

!

Das Projektmanagement und mit ihm das Projektcontrolling beinhalten ein sehr breites Spektrum an möglichen betriebswirtschaftlichen Aktionsfeldern, um einen erfolgreichen Projektabschluss zu gewährleisten. Grundsätzlich sind im Projekt die zu ergreifenden Maßnahmen simultan im Hinblick auf die Erreichung der Ergebnis-, Zeit-, Qualitäts- und Ressourcen-Ziele auszurichten, um beispielsweise Kostenabweichungen, Terminüberschreitungen, Leistungsdefizite und/oder Personal- und Finanzknappheiten zu verhindern oder zu mildern.

Verwandte Kennzahlen / Zusätzliche Anmerkungen

&

Zur „Familie“ der Earned Value-Kennzahlen im Rahmen des Projektcontrolling zählen neben dem „To Complete Performance Index (TCPI)“ vor allem der „Cost Performance Index (CPI)“ und der „Schedule Performance Index (SPI) “ sowie die Kenngrößen „Estimate at Completion (EAC)“ und „Time Estimate at Completion (TEAC)“.

4.1.6 Prozess-Beschleunigungskosten

Fragestellung

?

Welche zusätzlichen Kosten sind notwendig, um für eine (sog. zeitkritische) Projekt-Aktivität eine Verkürzung um eine Zeiteinheit zu erreichen?

Definition

*

$$\frac{\text{Prozess-Kosten bei verkürzter Dauer} - \text{Prozess-Kosten bei Normaldauer}}{\text{Normaldauer} - \text{verkürzte Dauer}}$$

Als zeitliche Basis wird in der Regel „ein Tag“ verwendet. Die Kennzahl „Prozess-Beschleunigungskosten“ wird gemessen in der Dimension „Geldeinheiten“ (z. B. in €, also als € pro Tag).

Ermittlung / Herleitung

»

Voraussetzung, um über die erforderlichen Kosten- und Zeitdaten zu verfügen, ist eine detaillierte Strukturdarstellung aller Projekt-Aktivitäten mit den entsprechenden Angaben, z. B. auf der Grundlage eines Projekt-Netzplans. Dabei ist ggf. zusätzlich zu berücksichtigen, dass sich die Beschleunigungskosten nicht linear verhalten, sondern auch sprungfixe oder progressive Verlaufsformen bis hin zur Minimaldauer der jeweiligen Aktivität annehmen können.

Betriebswirtschaftlicher Aussagewert und Größenordnung

Die Kennzahl „Prozess-Beschleunigungskosten" zählt zu den wesentlichen Elementen eines Projektcontrolling- und -informationssystems zur Planung, Steuerung und Kontrolle komplexer, einmaliger, zeitlich begrenzter Vorhaben, die sich in der Regel aus einer Vielzahl von Einzel-Aktivitäten zusammensetzen.

Es soll rechnerisch verdeutlicht werden, wie „teuer" eine geplante Verkürzung der Projektdauer sein wird. Sie kann erforderlich werden,

- um bereits eingetretene Terminverzögerungen wieder aufzuholen oder
- um durch ein frühzeitigeres Projektende andere (Wettbewerbs-)Vorteile zu erlangen (z. B. bei einem Entwicklungsprojekt den Markteintritt vor der Konkurrenz) oder
- um ggf. besondere Nachteile zu vermeiden (z. B. Strafgebühren für Überschreitungen des vertraglich zugesagten Fertigstellungstermins).

! Handlungsanregungen

Die Verringerung der Projektdauer setzt grundsätzlich bei den Aktivitäten des sog. (zeit)kritischen Weges an. Die Analyse beginnt mit der Suche des Vorgangs, der die niedrigsten Prozess-Beschleunigungskosten aufweist. Je nach zeitlichem Einsparungserfordernis wird dieses Vorgehen mehrfach wiederholt, wobei sich die betroffenen Aktivitäten ändern können und ggf. auch neue kritische Wege entstehen. Die jeweils niedrigsten Beschleunigungskosten steigen dabei zunehmend an, sodass im Sinne eines Target Timing eine Optimierung hinsichtlich des Kostenziels in Abhängigkeit der Verfügbarkeit der erforderlichen (zusätzlichen) maschinellen und personellen Kapazitäten vorzunehmen ist.

& Verwandte Kennzahlen / Zusätzliche Anmerkungen

Insbesondere bei Projekten, die auf die Markteinführung neuer Produkte oder Dienstleistungen abstellen, ist der termingerechte Abschluss von überragender Bedeutung. Eine Verzögerung und damit der Verlust der (zeitlich meist ohnehin befristeten) Innovationsführerschaft hat in der überwiegenden Zahl von Praxisfällen – im Vergleich zur ursprünglichen Planung – deutlich geringere Gewinne (durch niedrigere Preise) zur Folge.

Die „Prozess-Beschleunigungskosten" gehören zur „Familie" der Projekt-Kennzahlen. Als sog. Earned Value-Größen zählen hierzu neben dem „Schedule Performance Index (SPI)" vor allem der „Cost Performance Index (CPI)" und der „To Complete Performance Index (TCPI)" sowie die Kenngrößen „Estimate at Completion (EAC)" und „Time Estimate at Completion (TEAC)".

4.2 Qualitätscontrolling-Kenngrößen

4.2.1 Qualitätsquote

Ⓢ

Fragestellung

?

Wie hoch ist der Anteil von fehlerfrei weiter zu verarbeitenden Fertigungsobjekten? – typischerweise auf unterschiedliche betriebliche Ebenen angewandt: Arbeitsplatz, Kostenstelle, Fertigungsstufe usw.

Definition

*

$$\frac{\text{Fehlerfreie Menge (einer Stelle) in einer Periode} \cdot 100}{\text{Gesamte Produktionsmenge (einer Stelle) in einer Periode}}$$

Die Kennzahl „Qualitätsquote" wird in der Dimension „%" angegeben.

Ermittlung / Herleitung

»

Die erforderlichen Werte des Zählers und des Nenners können aus den Informationssystemen der Produktionsplanung, -steuerung und -kontrolle, insb. des Qualitätscontrollings, entnommen und entsprechend aufbereitet an die verantwortlichen Entscheidungsträger weiter geleitet werden – z. B. segmentiert nach Arbeitsplätzen, nach Fertigungsstellen oder -stufen.

Betriebswirtschaftlicher Aussagewert und Größenordnung

#

Die „Qualitätsquote" ist ein wesentlicher Maßstab im Rahmen des betrieblichen Qualitätsmanagement. Sie benennt den Prozentwert, mit dem – an den Qualitätsanforderungen gemessen – einwandfreie Leistungen erstellt wurden.

Im Einzelnen können die Kennzahlenwerte je nach unternehmensindividueller Produktart und Fertigungsverfahren unterschiedliche Höhen aufweisen. Da jede Fehlerhaftigkeit mit zum Teil nicht unerheblichen Folgekosten verbunden ist, wird eine möglichst hohe „Qualitätsquote" angestrebt. Auch die „Zeit" stellt ein wichtiges Kriterium dar: So sind beim Produktionsstart und in der nachfolgenden Anlaufphase zunächst geringere Werte zu erwarten. Durch Einsatz entsprechender Qualitätstechniken wird in der heutigen Praxis von Anfang an versucht, die Qualitätsquote hoch zu halten bzw. zügig auf ein akzeptables Niveau zu steigern.

Handlungsanregungen

!

Zum Qualitätsmanagement zählt ein breites Spektrum möglicher Maßnahmen zur Verbesserung der Qualität bzw. Stabilisierung auf hohem Niveau. Aus ganzheitlicher Perspektive sind nicht nur die Produktionsabläufe Gegenstand der Betrachtung, sondern auch die gesamten vorgelagerten und nachgelagerten Geschäftsprozesse (wie Entwicklung und Konstruktion, aber auch Vertrieb und Kundenservice). Ihr systematisches und abgestimmtes Zusammenwirken – ggf. unter expliziter Einbindung der Lieferanten und Abnehmer – im Gesamtlebenszyklus der Produkte führt zu einem verbesserten Informationsstand der Beteiligten und kann zur Steigerung der Erfüllung der Qualitätsanforderungen beitragen.

Instrumentell ist der Einsatz geeigneter Qualitätstechniken sinnvoll – wie z. B. QFD – Quality Function Deployment, FMEA – Failure Method Effective Analysis, SPC – Statistic Process Control oder Six Sigma. Jedoch gibt es keinen Ersatz für qualitätsbewusste Mitarbeiter, die es durch intensive Weiterbildungsmaßnahmen im Qualitätsmanagement zu unterstützen gilt.

& **Verwandte Kennzahlen / Zusätzliche Anmerkungen**

Als Synonyme für die „Qualitätsquote“ sind gebräuchlich: „Qualitätsrate“; „Null-Fehler-Quote bzw. -Rate“; „Anteil der Gut-Teile“; „Qualitätskoeffizient“.

Die sog. „First Pass Yield“ (FPY) stellt als Kennzahl in analoger Form den Anteil der Produkte (Prozesse oder Arbeitspakete) ohne Nacharbeit an den insgesamt fertiggestellten Produkten (Prozessen oder Arbeitspaketen) dar.

Zur „Familie“ der qualitätsorientierten, mengen- und wertbezogenen Kennzahlen können ferner gezählt werden: sog. „Konformitätskosten“ (Übereinstimmungskosten), „Nichtkonformitätskosten (Abweichungskosten bzw. Fehlleistungsaufwand) und „Fehlerfolgekosten“ sowie die jeweils analog definierten „-Anteile“ in Bezug auf die Gesamtkosten.

4.2.2 Ausschussquote

? **Fragestellung**

Welcher Anteil an der Produktionsmenge ist fehlerbehaftet und muss einer Entsorgung zugeführt werden?

***** **Definition**

$$\frac{\text{Ausschussmenge (einer Stelle) in einer Periode} \cdot 100}{\text{Gesamte Produktionsmenge (einer Stelle) in einer Periode}}$$

Die Kennzahl „Ausschussquote“ wird in der Dimension „%“ angegeben.

» **Ermittlung / Herleitung**

Die erforderlichen Werte des Zählers und des Nenners können aus den Informationssystemen der Produktionsplanung, -steuerung und -kontrolle, insb. des Qualitätscontrollings, entnommen und entsprechend aufbereitet – z. B. segmentiert nach Fehlerarten, nach Fertigungsstellen oder -stufen – an die verantwortlichen Entscheidungsträger weiter geleitet werden.

Betriebswirtschaftlicher Aussagewert und Größenordnung

#

Die „Ausschussquote" ist ein wesentlicher Maßstab für das Qualitätsmanagement. Alle Ausschuss-Elemente sind so stark fehlerbehaftet, dass eine Nachbearbeitung nicht möglich oder wirtschaftlich nicht lohnend ist, wobei die „Grenze" unternehmensindividuell definiert wird.

Im Einzelnen unterscheiden sich die Kennzahlenwerte je nach Produktart und Fertigungsverfahren in erheblichem Maße. Auch die „Zeit" stellt ein wichtiges Kriterium zur Festlegung einer akzeptablen Ausschussquote dar: So sind beim Produktionsstart und in der nachfolgenden Anlaufphase zunächst höhere Werte zu erwarten, die es durch Einsatz entsprechender Qualitätstechniken von Anfang an niedrig zu halten bzw. zügig auf ein angemessenes Niveau zu senken gilt.

Die Individualität der unternehmerischen Produktionsprozesse erschwert in der Praxis nicht unerheblich eine überbetriebliche Vergleichbarkeit, wie sie z. B. über das Benchmarking in anderen betriebswirtschaftlichen Feldern schon üblich ist. Im Zeitvergleich wie auch zwischen organisatorisch selbstständigen Teilbereichen eines Unternehmens oder eines Konzerns mit standardisierten Terminologien lassen sich jedoch Plan-Ist-Relationen sowie Entwicklungen deutlich einfacher darstellen.

Handlungsanregungen

!

Zum modernen Ansatz eines unternehmerischen Qualitätsmanagements zählt zunächst vor allem – aus strategischem Blickwinkel – die ganzheitliche ökonomische Sichtweise einer Verknüpfung von produktbezogenen Entstehungs-, Erstellungs-, Nutzungs- und Nachsorgephasen. In diesem umfassenden Rahmen gilt es qualitätsorientiert die Prozesse der Produkt- und/oder Dienstleistungserstellung mit messbaren Orientierungsgrößen zu begleiten, um die Wettbewerbsfähigkeit zu erhalten und zu stärken.

Zu den Verfahren, die die von den Kunden erwartete „Null-Fehler-Qualität" gewährleisten sollen (und vorgelagert eine möglichst geringe Ausschussquote), zählen beispielsweise Qualitätstechniken wie QFD – Quality Function Deployment, FMEA – Failure Method Effective Analysis, SPC – Statistic Process Control sowie der Six Sigma-Ansatz. Jedoch gibt es keinen Ersatz für qualitätsbewusste Mitarbeiter, die es durch intensive Weiterbildungsmaßnahmen im Qualitätsmanagement zu unterstützen gilt.

Um möglichst schnell reagieren zu können, sind die Beobachtungsintervalle kurz zu halten und die Datenübermittlung zeitnah vorzunehmen.

Verwandte Kennzahlen / Zusätzliche Anmerkungen

&

Als Synonym für die Kennzahl „Ausschussquote" ist gebräuchlich: Ausschusskoeffizient.

Zur großen „Familie" qualitätsorientierter Kennzahlen zählen ferner u. a. der sog. Konformitäts- sowie der Nichtkonformitätskostenanteil, die Qualitätsquote und der Fehlerfolgekostenanteil sowie die Fehlan- bzw. -auslieferungsquote. Je nach Struktur der Erstellungsprozesse und in Abhängigkeit der Zusammenarbeit der Unternehmen über mehrere Wirtschaftsstufen in einer Supply bzw. Demand Chain sind eine Vielzahl weiterer aussagefähiger Kenngrößen denkbar.

4.2.3 Fehlerfolgekostenanteil

? Fragestellung

Wie hoch ist der Prozentwert der Produktionskosten, der durch die Bewältigung unbeabsichtigter Abweichungen im Unternehmen von den Qualitätsansprüchen des Kunden hervorgerufen wird?

*** Definition**

$$\frac{\text{Produkt- oder kundenspezifische Fehlerfolgekosten} \cdot 100}{\text{Gesamtproduktionskosten eines Produktes (oder einer -gruppe)}}$$

Die Kennzahl „Fehlerfolgekostenanteil“ wird in der Dimension „%“ angegeben.

» Ermittlung / Herleitung

Die Daten sind – bei dem derzeitigen Ausbaustand – der Kosten- und Leistungsrechnung, die in den meisten Unternehmen noch keine explizite Abgrenzung von qualitätsorientierten Kosten vornimmt, erst über gezielte Sonderauswertungen hinsichtlich produkt- oder kundenspezifischer Anforderungen zu gewinnen. Als Grundlage dienen vor allem die Informationssysteme einerseits der Produktionsprozessplanung, -steuerung und -kontrolle sowie andererseits spezielle Aufzeichnungen, insb. zum Beschwerdemanagement („Statistiken“; „Kunden- und Auftragsdatenbanken“, „After Sales Reporting“) der Vertriebsabteilung.

Das Vorliegen einer Teilkostenrechnung, also die systematische Aufspaltung der Kostenarten in variable und fixe Komponenten, ist dabei ebenso erforderlich wie die Möglichkeit, die erhobenen Kosten auch kostenstellenübergreifend zu aggregieren.

Die „Fehlerfolgekosten“ bilden eine Teilmenge der „Nichtkonformitätskosten“, die beide auf die ökonomischen Konsequenzen von Qualitätsabweichungen fokussieren. Zu den operativen Fehlerfolgekosten zählen in erster Linie Gewährleistungs-, Garantie- und Kulanzkosten sowie Kosten für Rückrufaktionen u. ä.; während zu den strategischen Fehlerfolgekosten z. B. entgangene zukünftige Deckungsbeiträge und zusätzliche Verkaufsförderungsaktionen gerechnet werden. Erfolgt auch eine Addition der sog. direkten Fehlerkosten (Messung der Prüfabweichungen, Behebung durch Nacharbeit oder Ausschusskosten), so gelangt man zu den Nichtkonformitätskosten.

 # Betriebswirtschaftlicher Aussagewert und Größenordnung

Die Kennzahl „Fehlerfolgekostenanteil“ bildet ein wesentliches Element im Controlling zur Umsetzung der Qualitätsziele eines Unternehmens, wobei sich die Betrachtung auf den bewerteten Ressourcenverbrauch konzentriert, der nach dem Verkauf durch fehlerhafte Absatzobjekte entsteht, zum einen direkt messbar in operativer Hinsicht und zum anderen verstärkt auch im Sinne von Opportunitätskosten in strategischer Hinsicht.

Die Individualität der unternehmerischen Produktions- und Dienstleistungsprozesse sowie die vielfach noch sehr unterschiedliche Abgrenzung der einbezogenen Kostenarten erschwert eine überbetriebliche Vergleichbarkeit, wie sie z. B. über das Benchmarking in anderen betriebswirtschaftlichen Feldern schon üblich ist. Im Zeitvergleich wie auch zwischen organisatorisch selbstständigen Teilbereichen eines Unternehmens oder eines Konzerns mit standardisierten Kostenbegriffen und -zuordnungen lassen sich jedoch Ist-Ist- bzw. Plan-Ist-Relationen sowie Entwicklungen deutlich einfacher darstellen.

Handlungsanregungen !

Zum modernen Ansatz eines unternehmerischen Qualitätsmanagements zählt nicht allein die Kategorisierung in Konformitäts- und Nichtkonformitätskosten, sondern vor allem die ganzheitliche ökonomische Sichtweise einer Verknüpfung von produktbezogenen Entstehungs-, Erstellungs-, Nutzungs- und Nachsorgephasen. Die beiden letztgenannten Zeitspannen stehen im Mittelpunkt der Betrachtung von operativen und strategischen Fehlerfolgekosten.

In diesem umfassenden Rahmen gilt es qualitätsorientiert die Geschäftsprozesse mit messbaren Orientierungsgrößen zu begleiten, um die Wettbewerbsfähigkeit zu erhalten und zu stärken. Bei der systematischen Maßnahmenplanung ist insbesondere zu berücksichtigen, dass fehlerbehaftete Erstellungsobjekte umso höhere Behebungskosten verursachen, je später diese Qualitätsabweichung festgestellt wird. Das gilt sowohl im innerbetrieblichen Entwicklungs- und Produktionsprozess wie auch mit potenzierendem Kostenfaktor, wenn Fehlerfolgekosten sich auch auf den Kunden erstrecken.

Verwandte Kennzahlen / Zusätzliche Anmerkungen &

Verwandte Kennzahlen sind vor allem die Konformitätskosten bzw. Übereinstimmungskosten einerseits, die Nichtkonformitätskosten bzw. Abweichungskosten andererseits.

4.2.4 Konformitätskostenanteil

Fragestellung ?

In welchem relativen Umfang treten Kosten zur Einhaltung der an den Kundenanforderungen auszurichtenden Qualität auf?

Definition

$$\frac{\text{Produkt- oder kundenspezifische Konformitätskosten} \cdot 100}{\text{Gesamtproduktionskosten eines Produktes (oder einer -gruppe)}}$$

Die Kennzahl „Konformitätskostenanteil“ wird in der Dimension „%“ angegeben.

Ermittlung / Herleitung

Die Daten sind – bei dem derzeitigen Ausbaustand – der Kosten- und Leistungsrechnung, die in den meisten Unternehmen noch keine explizite Abgrenzung von qualitätsorientierten Kosten vornimmt, erst über gezielte Sonderauswertungen hinsichtlich produkt- oder kundenspezifischer Anforderungen zu gewinnen. Als Grundlage dienen vor allem die Informationssysteme der Produktionsprozessplanung, -steuerung und -kontrolle.

Das Vorliegen einer Teilkostenrechnung, also die systematische Aufspaltung der Kostenarten in variable und fixe Komponenten, ist dabei ebenso erforderlich wie die Möglichkeit, die erhobenen Kosten auch kostenstellenübergreifend zu aggregieren.

Zu den Konformitäts- bzw. Übereinstimmungskosten zählen in erster Linie die sog. (vorbeugenden) Fehlerverhütungskosten (z. B. Kosten für den Einsatz entsprechender Qualitätstechniken wie QFD – Quality Function Deployment, FMEA – Failure Method Effective Analysis, SPC – Statistic Process Control oder den Six Sigma-Ansatz und die Qualitätsschulung der Mitarbeiter) sowie die sog. Prüfübereinstimmungskosten (für die begleitende und abschließende Qualitätssicherung).

In bestimmten Branchen, z. B. bei pharmazeutischen oder Lebensmittel-Herstellern, umfassen Konformitätskosten ein drittes Element in Form der Kosten bzgl. der Einhaltung rechtlicher Vorschriften des Staates – im Sinne von Qualitätskosten wie Test- und Dokumentationskosten.

Betriebswirtschaftlicher Aussagewert und Größenordnung

Die Kennzahl „Konformitätskostenanteil“ ist ein zentrales Element im Controlling zur Umsetzung der Qualitätsziele eines Unternehmens während des gesamten Wertschöpfungsprozesses. Aus marktorientierter Sicht abgeleitete Kundenanforderungen bilden die Messlatte für die zu erstellende Qualität der Produkte und/oder Dienstleistungen – und damit verbunden die Kosten, die zur Erreichung der Übereinstimmung erforderlich sind.

Das begriffliche Pendant in Form des „Nichtkonformitätskostenanteils“ stellt dagegen auf die Konsequenzen der Abweichungen ab, im Einzelnen beispielsweise auf die direkten Fehlerkosten (Messung der Prüfabweichungen, Behebung durch Nacharbeit oder Ausschusskosten) sowie die operativen und strategischen Fehlerfolgekosten (z. B. Gewährleistungs-, Garantie- und Kulanzkosten, Kosten für Rückrufaktionen, entgangene zukünftige Deckungsbeiträge und zusätzliche Verkaufsförderungsaktionen).

Die Individualität der unternehmerischen Produktionsprozesse und die vielfach noch sehr unterschiedliche Abgrenzung der einbezogenen Kostenarten erschwert eine überbetriebliche Vergleichbarkeit, wie sie z. B. über das Benchmarking in anderen betriebswirtschaftlichen Feldern schon üblich ist. Im Zeitvergleich wie auch zwischen organisatorisch selbstständigen Teilbereichen eines Unternehmens oder eines Konzerns mit standardisierten Kostenbegriffen und -zuordnungen lassen sich jedoch Ist-Ist- bzw. Plan-Ist-Relationen sowie Entwicklungen deutlich einfacher darstellen.

Handlungsanregungen

Zum modernen Ansatz eines unternehmerischen Qualitätsmanagements zählt nicht nur die oben bereits beschriebene gedankliche und faktische Abgrenzung zwischen „Übereinstimmungs-" und „Abweichungskosten", sondern auch die ganzheitliche ökonomische Sichtweise einer Verknüpfung von produktbezogenen Entstehungs-, Erstellungs-, Nutzungs- und Nachsorgephasen.

Kosten als Abbild des mit Preisen bewerteten Ressourcenverzehrs erstrecken sich in ihrer Notwendigkeit der Gestaltung zum einen bereits beginnend von der Qualitätsfähigkeit der Lieferanten bis hin zum anderen zu Fragen der Verwertung oder Entsorgung.

In diesem umfassenden Rahmen gilt es qualitätsorientiert die Prozesse der Produkt- und/oder Dienstleistungserstellung mit messbaren Orientierungsgrößen zu begleiten, um die Wettbewerbsfähigkeit zu erhalten und zu stärken.

Verwandte Kennzahlen / Zusätzliche Anmerkungen

Als Synonym für die Kennzahl „Konformitätskostenanteil" ist gebräuchlich: (Qualitäts-)Übereinstimmungskostenanteil.

Verwandte Kennzahlen sind die Nichtkonformitätskosten bzw. inhaltlich gleich ausgerichtet die Abweichungskosten oder der sog. Fehlleistungsaufwand sowie die analog definierten Anteile in Bezug auf die Gesamtkosten.

4.2.5 Nichtkonformitätskostenanteil

Fragestellung

Wie hoch ist der Kostenanteil, der durch die Bewältigung unbeabsichtigter Abweichungen im Unternehmen von den Qualitätsansprüchen des Kunden hervorgerufen wird?

Definition

$$\frac{\text{Produkt- oder kundenspezifische Nichtkonformitätskosten} \cdot 100}{\text{Gesamtproduktionskosten eines Produktes (oder einer -gruppe)}}$$

Die Kennzahl „Nichtkonformitätskostenanteil“ wird in der Dimension „%“ angegeben.

» Ermittlung / Herleitung

Die Daten sind – bei dem derzeitigen Ausbaustand – der Kosten- und Leistungsrechnung, die in vielen Unternehmen noch keine explizite Abgrenzung von qualitätsorientierten Kosten vornimmt, erst über gezielte Sonderauswertungen hinsichtlich produkt- oder kundenspezifischer Anforderungen zu gewinnen. Als Grundlage dienen vor allem die Informationssysteme der Produktionsprozessplanung, -steuerung und -kontrolle.

Das Vorliegen einer Teilkostenrechnung, also die systematische Aufspaltung der Kostenarten in variable und fixe Komponenten, ist dabei ebenso erforderlich wie die Möglichkeit, die erhobenen Kosten auch kostenstellenübergreifend zu aggregieren.

Zu den „Nichtkonformitätskosten“, die auf die ökonomischen Konsequenzen der Qualitätsabweichungen fokussieren, zählen im Einzelnen beispielsweise die direkten Fehlerkosten (Messung der Prüfabweichungen, Behebung durch Nacharbeit oder Ausschusskosten) sowie die operativen und strategischen Fehlerfolgekosten (z. B. Gewährleistungs-, Garantie- und Kulanzkosten, Kosten für Rückrufaktionen, entgangene zukünftige Deckungsbeiträge und Kosten für zusätzliche Verkaufsförderungsaktionen).

Betriebswirtschaftlicher Aussagewert und Größenordnung

Die Kennzahl „Nichtkonformitätskostenanteil“ bildet ein zentrales Element im Controlling zur Umsetzung der Qualitätsziele eines Unternehmens während des gesamten Wertschöpfungsprozesses. Aus marktorientierter Sicht abgeleitete Kundenanforderungen bilden die Messlatte für die zu erstellende Qualität der Produkte und/oder Dienstleistungen – und damit verbunden die Kosten, die bei Nicht-Erreichung der Übereinstimmung entstehen – als sog. Abweichungskosten.

Das begriffliche Pendant in Form dieser Konformitäts- bzw. Übereinstimmungskosten stellt in erster Linie ab auf die sog. (vorbeugenden) Fehlerverhütungskosten (z. B. Kosten für den Einsatz entsprechender Qualitätstechniken wie Quality Function Deployment (QFD), Failure Method Effective Analysis (FMEA), Statistic Process Control (SPC) oder den Six Sigma-Ansatz und die Qualitätsschulung der Mitarbeiter sowie des Weiteren auf die sog. Prüfübereinstimmungskosten (für die begleitende und abschließende Qualitätssicherung). In bestimmten Branchen, z. B. bei pharmazeutischen oder Lebensmittel-Herstellern, umfassen Konformitätskosten ein drittes Element in Form der Kosten bzgl. der Einhaltung rechtlicher Vorschriften des Staates – im Sinne von Qualitätskosten wie Test- und Dokumentationskosten.

Die Individualität der unternehmerischen Produktionsprozesse und die vielfach noch sehr unterschiedliche Abgrenzung der einbezogenen Kostenarten erschwert eine überbetriebliche Vergleichbarkeit, wie sie z. B. über das Benchmarking in anderen betriebswirtschaftlichen Feldern schon üblich ist. Im Zeitvergleich wie auch zwischen organisatorisch selbstständigen Teilbereichen eines Unternehmens oder eines Konzerns mit standardisierten Kostenbegriffen und -zuordnungen lassen sich jedoch Ist-Ist- bzw. Plan-Ist-Relationen sowie Entwicklungen deutlich einfacher darstellen.

Handlungsanregungen

!

Zum modernen Ansatz eines unternehmerischen Qualitätsmanagements zählt nicht nur die oben bereits beschriebene gedankliche und faktische Abgrenzung zwischen „Übereinstimmungskosten" und „Abweichungskosten", sondern auch die ganzheitliche ökonomische Sichtweise einer Verknüpfung von produktbezogenen Entstehungs-, Erstellungs-, Nutzungs- und Nachsorgephasen. Kosten als Abbild des mit Preisen bewerteten mengenmäßigen Ressourcenverzehrs erstrecken sich in ihrer Notwendigkeit der Gestaltung

- bereits beginnend von der Qualitätsfähigkeit der Lieferanten
- über die Produktion ausgerichtet an den Kundenerwartungen bis hin zu
- Fragen der ökologisch verantwortbaren Verwertung oder Entsorgung.

In diesem umfassenden Rahmen gilt es qualitätsorientiert die Prozesse der Produkt- und/oder Dienstleistungserstellung mit messbaren Orientierungsgrößen zu begleiten, um die Wettbewerbsfähigkeit zu erhalten und zu stärken. Bei der systematischen Maßnahmenplanung ist insbesondere zu berücksichtigen, dass fehlerbehaftete Erstellungsobjekte umso höhere Behebungskosten verursachen, je später diese Qualitätsabweichung festgestellt wird. Das gilt sowohl im innerbetrieblichen Entwicklungs- und Produktionsprozess wie auch mit potenzierendem Kostenfaktor, wenn Fehlerfolgekosten sich auch auf den Kunden erstrecken.

Verwandte Kennzahlen / Zusätzliche Anmerkungen

&

Als Synonym für die Kennzahl „Nichtkonformitätskostenanteil" sind gebräuchlich: (Qualitäts-)Abweichungskosten oder der sog. Fehlleistungsaufwand.

Verwandte Kennzahlen sind die Konformitätskosten bzw. inhaltlich gleich ausgerichtet die Übereinstimmungskosten.

4.3 Supply Chain-Kenngrößen

4.3.1 Beschaffungseffizienz

Fragestellung

?

Wie hoch sind die Kosten der Beschaffungsabteilung in Relation zum Beschaffungsvolumen?

Definition

$$\frac{\text{Kosten der Beschaffungsabteilung pro Periode} \cdot 100}{\text{Beschaffungsvolumen pro Periode}}$$

Wobei gilt:

$$\text{Beschaffungsvolumen} = \text{Bestellmengen} \cdot \text{Einstandspreis}$$

Den Kosten der Beschaffungsabteilung entspricht die Summe der bewerteten Ressourcen, deren Inanspruchnahme der Beschaffungsabteilung zuzurechnen ist (Personal-, Raum- und Telekommunikationskosten, Abschreibungen, Versicherungen, Reise- und allgemeine Verwaltungskosten usw.).

Die Kennzahl „Beschaffungseffizienz" wird in der Dimension „%" angegeben.

Ermittlung / Herleitung

Die erforderlichen Informationen sind im Wesentlichen dem internen Rechnungswesen über die Aufbereitung in der Kostenarten- und -stellenrechnung zu entnehmen.

Betriebswirtschaftlicher Aussagewert und Größenordnung

Die weit verbreitete Kennzahl „Beschaffungseffizienz" soll die Wirtschaftlichkeit des Beschaffungsbereichs verdeutlichen – setzt dazu allerdings die überwiegend fixen Kosten der Beschaffungsabteilung in Relation zu dem in der Regel in seiner Höhe schwankenden Einkaufsvolumen. Insoweit kommt es zur rechnerischen Proportionalisierung der mittelbaren Beschaffungskosten – ein betriebswirtschaftlich nicht unproblematisches Vorgehen. Je nachdem, wie stark in einzelnen Betrachtungsperioden die Beschaffungsvolumina in ihrer Höhe variieren (z. B. verursacht durch unterschiedliche Kapazitätsauslastungsgrade oder durch rabattabhängige Großmengen-Einkäufe), ändern sich analog die errechneten Kennzahlenwerte.

Eine sinnvolle Größenordnung ist daher nur sehr bedingt ableitbar. Als Orientierung und zu Vergleichszwecken können – unter den oben beschriebenen erheblichen Restriktionen – ansonsten wieder grundsätzlich neben den üblichen unternehmensinternen Möglichkeiten (zwischen organisatorischen Teilbereichen oder als Plan-Ist-Relation) unternehmensextern – soweit zugänglich – Angaben von einzelnen Wettbewerbern, Branchendurchschnittswerte oder „Best-Practice-Werte" herangezogen werden.

Handlungsanregungen

Die Methodik der Prozesskostenrechnung bietet über die Möglichkeit, für betriebliche Abläufe mit hohem Wiederholungscharakter sog. Prozesskostensätze zu bilden, eine vielversprechende betriebswirtschaftliche Alternative, um zumindest einen Teil der Fixkosten nach der tatsächlichen Inanspruchnahme der Ressourcen zu verteilen. Unter der Annahme konstanter Preise (im Nenner) weist die Kennzahl der

Beschaffungseffizienz große Ähnlichkeit mit dem stets mengenorientiert definierten Prozesskostensatz auf.

Mit entsprechend differenzierten Kostenwerten lassen sich auch im Hinblick auf verschiedene Beschaffungswege (z. B. über eProcurement) oder über vertragliche Regelungen (z. B. jährliche Rahmenabnahmevereinbarungen) für sog. A-, B- und C-Güter sowie X-, Y- und Z-Güter detailliertere Aussagen zur ökonomischen Effizienz des Beschaffungsbereichs und zu seiner Steuerung gewinnen. Diese Informationen sind vielfach von erheblichem Wert für strategische und operative Entscheidungen.

Prinzipiell gilt: Veränderungen dieser relativen Kennzahl im Sinne der angestrebten Unternehmensziele können durch über- bzw. unterproportionale Entwicklung der in Beziehung gesetzten Kosten der Beschaffungsabteilung (im Zähler) und des Beschaffungsvolumens (im Nenner) erreicht werden – siehe dazu im Grundsätzlichen die weiter systematisierenden, ausführlichen Erläuterungen zu Kennzahlen als Quotienten im Anhang I.

Neben der direkten Beeinflussung der ökonomischen Kostengrößen durch aufbau- und ablauforganisatorische, preis- und/oder mengenpolitische Maßnahmen in der Beschaffungsabteilung ist in entsprechender Weise auch bei den zu erwerbenden betrieblichen Einsatzfaktoren preis- und/oder mengenorientiert eine kontinuierliche Optimierung anzustreben.

Verwandte Kennzahlen / Zusätzliche Anmerkungen &

Neben den periodenbezogen ermittelten Kennzahlen sind in der Praxis auch die entsprechenden „Pro Kopf"-Größen weit verbreitet – z. B. als Beschaffungsvolumen pro Mitarbeiter der Einkaufsabteilung. Jedoch ist auch diese Kenngröße aufgrund der oben beschriebenen Einschränkungen stets sorgfältig zu interpretieren.

4.3.2 Lieferanten-Auditierungsquote Ⓢ

Fragestellung ?

Wie hoch ist das relative Ausmaß, in dem die beschafften Güter und Dienstleistungen des Unternehmens von Lieferanten mit Auditierung (im Sinne eines erfolgreich absolvierten, expliziten Prüfverfahrens) bezogen werden?

Definition *

Kenngrößen-Variante auf der Basis der Lieferanten-Anzahl:

$$\frac{\text{Anzahl der auditierten Lieferanten pro Periode} \cdot 100}{\text{Gesamtanzahl der Lieferanten pro Periode}}$$

Kenngrößen-Variante auf der Basis des wertmäßigen Beschaffungsvolumens:

$$\frac{\text{Wertmäßiges Beschaffungsvolumen von auditierten Lieferanten pro Periode} \cdot 100}{\text{Gesamtes wertmäßiges Beschaffungsvolumen pro Periode}}$$

Beide Kenngrößen-Varianten werden in der Dimension „%“ angegeben.

» Ermittlung / Herleitung

Die erforderlichen Daten sind aus den computergestützten Informationssystemen der Einkaufs- bzw. Beschaffungsplanung, -steuerung und -kontrolle in Zusammenarbeit mit der Rechtsabteilung zu gewinnen. Eine entscheidungsnützlich konzipierte, gut auswertbare Lieferantendatenbank ist regelmäßig zu pflegen und im Hinblick auf die im Allgemeinen sehr unterschiedlichen Prüfgegenstände, -umfänge und -verfahren von erheblicher Komplexität.

Betriebswirtschaftlicher Aussagewert und Größenordnung

Im Rahmen einer Auditierung wird überprüft, ob die gewählten Untersuchungsgegenstände, z. B. einzelne Prozesse, Funktionsbereiche oder gesamte Unternehmen, den vom Auditor gestellten Anforderungen entsprechen bzw. bestimmte, allgemein akzeptierte Richtlinien erfüllen.

Nach der organisatorischen Positionierung der Person(engruppe), die das Auditing durchführt, können grundlegend drei Formen unterschieden werden:

- internes Auditing (sog. 1st Party Auditing) –
  Auditoren sind Mitglieder der untersuchten Organisation
- externes Geschäftspartner-Auditing (sog. 2nd Party Auditing) –
  Auditoren sind Mitarbeiter eines direkten Kunden, Lieferanten usw.
- externes unabhängiges Auditing (sog. 3rd Party Auditing) –
  Auditoren vertreten im Sinne eines „neutralen Dritten“ eine besondere geschäftsbeziehungsfremde Organisation, typisch auch im Falle von Zertifizierungen (z. B. Technischer Überwachungsverein/TÜV oder ähnliche Agenturen).

Die Art der Kriterienkataloge ist durch unterschiedliche Schwerpunktsetzungen geprägt und reicht dabei von Unternehmens- bzw. Konzern- und Branchen-Richtlinien bis hin zu international ausgerichteten Handlungsmaximen, die sich an UN-Standards orientieren.

Durch die Festlegung und geprüfte Einhaltung einer entsprechenden Wiederholungsrate dieser Audits, u. U. ergänzt um zwischenzeitliche, eigenständige interne Audits, und ggf. nicht angekündigte, erneute Durchführungen externer Audits wird die Aussagekraft maßgeblich beeinflusst.

Eine betriebswirtschaftlich generalisierende Vorgabe zur Höhe der jeweiligen „Lieferanten-Auditierungsquote“ ist nicht sinnvoll bestimmbar. Als Orientierungen zur Größenordnung können neben den konzerninternen Vergleichsmöglichkeiten sowie als Ist-Ist- bzw. Plan-Ist-Relation auch unternehmensextern – soweit verfügbar – entsprechende Angaben der Wettbewerber, Branchendurchschnittswerte oder „Best-Practice-Werte“ herangezogen werden.

Handlungsanregungen

!

In einer weltweit vernetzten, arbeitsteiligen Wirtschaft mit vielfach zurückgehender eigener Fertigungstiefe vieler Unternehmen nimmt die Relevanz unternehmensübergreifender Kennzahlen in der Supply Chain- bzw. Demand Chain-Betrachtung deutlich zu. Die gegenseitigen Abhängigkeiten in den vielstufigen Lieferketten lassen es häufig notwendig erscheinen, die Verlässlichkeit durch regelmäßige Prüfmechanismen und ggf. vertragliche Verpflichtungen zu manifestieren.

Neben der Analyse einer Ausgangssituation beim untersuchten Unternehmen soll mit Hilfe eines Audits – ggf. unter Einbeziehung einer Due Diligence-Prüfung – auch erreicht werden, vorliegende Nicht-Erfüllungen des jeweiligen Kriterienkatalogs im Sinne von Schwächen aufzudecken und durch Hinweise auf geeignete Verbesserungsmaßnahmen die Leistungsfähigkeit im Sinne des Auditors sowie des hinter ihm stehenden Auftraggebers zu erhöhen und möglichst dauerhaft zu erhalten. Im Bedarfsfall sind die Beschaffungspraktiken zu ändern und eventuell auch bestehende Lieferbeziehungen zu beenden.

Angesichts des zunehmend verbreiteten unternehmerischen Leitbilds einer Corporate Social Responsibility im Sinne der dreidimensionalen Nachhaltigkeit in wirtschaftlicher, sozialer und ökologischer Hinsicht sollen Audits in spezieller oder umfassender Ausrichtung dazu beitragen, die Vermeidung, Minderung und Beseitigung negativer unternehmerischer Handlungskonsequenzen zu unterstützen. Typische inhaltliche Schwerpunkte bilden dabei die Arbeitsfelder:

- Qualitätsmanagement
- IT-Sicherheitsmanagement
- Umweltmanagement
- Risikomanagement
- Gesundheits- und Arbeitsschutzmanagement.

Verwandte Kennzahlen / Zusätzliche Anmerkungen

&

Einige Reporting-Indikatoren der Global Reporting Initiative (GRI) stellen beispielsweise auf den Prozentsatz der jeweils neuen Lieferanten ab, die anhand von ökologischen Kriterien (G4-EN32), von Kriterien im Hinblick auf Arbeitspraktiken (GA-LA14), von Menschenrechtskriterien (G4-HR10) oder von Kriterien in Bezug auf Auswirkungen auf die Gesellschaft (G4-S09) überprüft wurden.

Im Vergleich zur Auditierung (insb. mit ihren beiden Ansätzen „1st Party“ und „2nd Party) wird im Allgemeinen unter Zertifizierung der Prozess bzw. als Beleg für einen erfolgreichen Prozessabschluss der Erhalt z. B. eines ISO-Zertifikats durch eine anerkannte Zertifizierungsorganisation verstanden. Als Basis dient dann u. a. die

DIN EN ISO 19011 in Form eines Leitfadens für Audits (unabhängiger Dritter) von Qualitäts- bzw. Umweltmanagementsystemen.

4.3.3 Fehlanlieferungsquote

? Fragestellung

Wie groß ist der Anteil erhaltener fehlerbehafteter Lieferungen insgesamt oder getrennt nach den jeweiligen Lieferpartnern?

*** Definition**

$$\frac{\text{Zahl der Fehlanlieferungen} \cdot 100}{\text{Gesamtzahl der Anlieferungen (pro Periode oder je Lieferant)}}$$

Die Kennzahl „Fehlanlieferungsquote" wird in der Dimension „%" angegeben.

» Ermittlung / Herleitung

Die erforderlichen Daten sind aus den computergestützten Informationssystemen der Einkaufs- bzw. Beschaffungsplanung, -steuerung und -kontrolle entsprechend aufbereitet zu gewinnen. Sie können beispielsweise periodenbezogen für alle oder segmentiert nach einzelnen Lieferpartnern erhoben werden.

 # Betriebswirtschaftlicher Aussagewert und Größenordnung

Die Kennzahl „Fehlanlieferungsquote" zählt zu den zentralen Beurteilungsindikatoren der Lieferantengüte im Hinblick auf das unternehmerische Versorgungssicherungsziel in qualitativer (und mitunter auch zeitlicher) Hinsicht – siehe auch die weitere Kenngröße „Lieferbereitschaftsgrad".

Aus einzelwirtschaftlicher Sicht ist in Abstimmung mit der Lagerhaltungspolitik und möglicher Fehlmengenkosten unter dem Aspekt einer ökonomischen Optimierung eine angemessen niedrige Fehlanlieferungsquote anzustreben, um die lückenlose Versorgung des betrieblichen Leistungsprozesses zu gewährleisten.

! Handlungsanregungen

In einer zunehmend arbeitsteiligen Wirtschaft mit oftmals geringer werdender Fertigungstiefe vieler Betriebe nimmt die Relevanz unternehmensübergreifender Kennzahlen in der Supply Chain- bzw. Demand Chain-Betrachtung (bezüglich Qualität, Zeit und Kosten) deutlich zu.

Entsprechend steigen die Koordinationserfordernisse an, sodass z. B. im Extrem einer „Just-in-Time"-Lieferbeziehung durch detaillierte vorlaufende und begleitende Informationsströme (in beide Richtungen) ein aufeinander präzise abgestimmtes Lieferverhältnis entsteht.

Verwandte Kennzahlen / Zusätzliche Anmerkungen &

Werden lediglich die Stückzahlen als Größen im Quotienten „Fehlanlieferungsquote" eingesetzt, so kann eine als „mengenmäßige Beanstandungsquote" bezeichnete Relation (sinnvoller Weise gestuft nach A-, B- und C-Objekten) in folgender Form erhoben werden:

$$\frac{\text{Zahl der beanstandeten Beschaffungsobjekte} \cdot 100}{\text{Gesamtzahl der Beschaffungsobjekte (pro Periode oder je Lieferant)}}$$

Werden dagegen die einfachen Mengengrößen des Quotienten „Fehlanlieferungsquote" durch die jeweiligen Einkaufswerte ersetzt, so ergibt sich die auch als „wertmäßige Beanstandungsquote" bezeichnete Relation in Form

$$\frac{\text{Höhe des beanstandeten Beschaffungsvolumens} \cdot 100}{\text{Höhe des gesamten Beschaffungsvolumens (pro Periode oder je Lieferant)}}$$

4.3.4 Fehlauslieferungsquote

Fragestellung ?

Wie groß ist der Anteil versendeter fehlerbehafteter Lieferungen insgesamt oder getrennt nach den jeweiligen Abnehmern?

Definition *

$$\frac{\text{Zahl der Fehlauslieferungen} \cdot 100}{\text{Gesamtzahl der Auslieferungen (pro Periode oder je Abnehmer)}}$$

Die Kennzahl „Fehlauslieferungsquote" wird in der Dimension „%" angegeben.

Ermittlung / Herleitung »

Die erforderlichen Daten sind aus den computergestützten Informationssystemen der Verkaufs- bzw. Absatzplanung, -steuerung und -kontrolle entsprechend aufbereitet zu gewinnen. Sie können beispielsweise periodenbezogen für alle oder segmentiert nach einzelnen Kunden erhoben werden.

Betriebswirtschaftlicher Aussagewert und Größenordnung #

Die Kennzahl „Fehlauslieferungsquote" zählt zu den zentralen Beurteilungsindikatoren der Qualität des Auslieferungs- und Distributionssystems eines Unternehmens. Aus Sicht der Abnehmer stellt es analog ein Kriterium im Rahmen der Ratingsysteme zur Lieferantenqualität dar. Die Kenngröße verdeutlicht beim Kunden zudem, ob das Erreichen des eigenen unternehmerischen Versorgungssicherungsziel in qualitativer (und mitunter auch zeitlicher) Hinsicht gewährleistet ist – siehe in diesem Zusammenhang auch die Verknüpfung mit einer anderen Kennzahl, dem sog. Lieferbereitschaftsgrad.

Aus einzelwirtschaftlicher Sicht ist in Abstimmung mit der Lagerhaltungspolitik und möglichen Fehlmengenkosten unter dem Aspekt einer ökonomischen Optimierung eine angemessen niedrige Fehlauslieferungsquote anzustreben. Das ist von besonderer Relevanz, um die Kundenzufriedenheit nicht zu gefährden und eine lückenlose Versorgung der betrieblichen Leistungsprozesse der Kunden zu gewährleisten.

! **Handlungsanregungen**

In einer zunehmend arbeitsteiligen Wirtschaft mit oftmals geringer werdender Fertigungstiefe vieler Betriebe nimmt die Bedeutung unternehmensübergreifender Kennzahlen in der Supply Chain- bzw. Demand Chain-Betrachtung (bezüglich Qualität, Zeit und Kosten) deutlich zu.

Entsprechend steigen die Koordinationserfordernisse an, sodass z. B. im Extrem einer „Just-in-Time"-Lieferbeziehung durch detaillierte vorlaufende und begleitende Informationsströme (in beide Richtungen) ein aufeinander präzise abgestimmtes Lieferverhältnis entsteht.

Wesentlicher Bestandteil eines Maßnahmenbündels zur Senkung der Fehlauslieferungsquote oder zur Stabilisierung auf niedrigem Niveau ist eine systematische Analyse der Fehlerursachen und ihre möglichst dauerhafte Behebung durch ein umfassendes Qualitätsmanagement und -controlling.

& **Verwandte Kennzahlen / Zusätzliche Anmerkungen**

Werden lediglich die Stückzahlen als Größen im Quotienten „Fehlauslieferungsquote" eingesetzt, so kann eine als „mengenmäßige Kunden-Beanstandungsquote" bezeichnete Relation (getrennt berechnet nach A-, B- und C-Kategorie) in folgender Form erhoben werden:

$$\frac{\text{Zahl der beanstandeten Absatzobjekte} \cdot 100}{\text{Gesamtzahl der Absatzobjekte (pro Periode oder je Kunde)}}$$

Werden dagegen die einfachen Mengengrößen des Quotienten „Fehlauslieferungsquote" durch die jeweiligen Umsatzwerte ersetzt, so ergibt sich die auch als „wertmäßige Kunden-Beanstandungsquote" bezeichnete Relation in Form

$$\frac{\text{Höhe des beanstandeten Umsatzes} \cdot 100}{\text{Höhe des gesamten Umsatzes (pro Periode oder je Kunde)}}$$

4.3.5 Fertigungstiefe

? **Fragestellung**

In welchem Ausmaß – gemessen an der relativen Wertschöpfung – ist das Unternehmen vertikal integriert?

Definition

*

$$\frac{\text{Wertschöpfung} \cdot 100}{\text{Gesamtleistung}}$$

Die (Brutto-)Wertschöpfung ergibt sich allgemein aus der Differenz von Produktionswert und Vorleistungen. Transformiert in weitere betriebswirtschaftliche Größen bedeutet dies:

	Gesamtleistung der laufenden Periode
–	bezogene Güter und Dienstleistungen
=	(Brutto-)Wertschöpfung
–	Abschreibungen
=	(Netto-)Wertschöpfung

Die Kennzahl „Fertigungstiefe“ wird in der Dimension „%“ angegeben.

Ermittlung / Herleitung

»

Die erforderlichen Daten können aus den Informationssystemen des internen und externen Rechnungswesens entnommen werden. Für Außenstehende ist bei einfacher Begriffsabgrenzung die Wertschöpfung berechenbar aus den Angaben des Jahresabschlusses durch Subtraktion der Herstellkosten des Umsatzes vom Netto-Umsatz.

Betriebswirtschaftlicher Aussagewert und Größenordnung

#

Die Brutto-Wertschöpfung gilt vielfach als ein angemessenerer Maßstab zur Bestimmung der Unternehmensgröße als der Umsatz, da

- die Wertschöpfung sowohl die „Betriebstiefe“ (sog. Eigenleistung) als auch die „Betriebsbreite“ (Gesamtleistung) einbezieht
- im Falle (preis- oder mengenbedingter) Steigerungen der Vorleistungen (in Form beschaffter Güter und Dienstleistungen), die über den Umsatz an die Abnehmer weitergegeben werden, zwar rechnerisch ein (umsatzbezogenes) Unternehmenswachstum entsteht, dem aber – bei ansonsten konstanten Rahmenbedingungen – keine reale Steigerung der Wertschöpfung entspricht.

Um externe Vergleiche zwischen Unternehmen mit unterschiedlicher absoluter Wertschöpfung, die bei differierender vertikaler Integration zu entsprechenden Verzerrungen führen würde, betriebswirtschaftlich fundiert zu gewährleisten, ermöglicht die explizite Berücksichtigung der Kennzahl „Fertigungstiefe“ (im Sinne eines „Gewichtungsfaktors“) die Ungleichheit transparent zu machen.

Je größer der Kennzahlenwert, desto höher ist der Anteil der sog. Eigenleistung des Unternehmens an seiner Gesamtleistung. Ein sich im Zeitablauf verringernder Wert deutet auf eine zunehmende Auslagerung von Tätigkeiten hin. Jedoch stellt eine niedrige bzw. hohe Fertigungstiefe keinen prinzipiell positiven bzw. negativen Sachverhalt dar. Ein Unternehmen mit geringer Fertigungstiefe kann gleich (oder stärker) profitabel sein wie (als) ein Wettbewerber, der eine relativ höhere Wertschöpfung aufweist. Die Fertigungstiefe ist in starkem Maße von der jeweiligen Unternehmensstrategie, der Wettbewerbspositionierung und den Branchengegebenheiten geprägt.

! Handlungsanregungen

Unter strategischen Gesichtspunkten steht die Gestaltung der unternehmerischen Wertkette im Vordergrund: Welche Prozessschritte sollten aus Gründen der Generierung von Wettbewerbsvorteilen selbst übernommen werden, welche können von Lieferanten oder Partnern in sog. Produktions-Netzwerken wirtschaftlicher erbracht werden? Die qualitativ und quantitativ zu bewertenden Vor- und Nachteile einer starken vertikalen Integration einerseits sind der zu gewinnenden Flexibilität und Konzentration auf Kernkompetenzen andererseits gegenüberzustellen.

Bei dauerhaften Engpassproblemen ist die Gestaltung der Wertschöpfungskette grundsätzlich zu überdenken, eine Verlagerung von Engpass-Aktivitäten an Externe (sog. Fremdbezug/Outsourcing) auf ihre wirtschaftliche Sinnhaftigkeit zu prüfen und/oder mit den Verfahren der dynamischen Investitionsrechnung im Rahmen der strategischen Ausrichtung des Unternehmens die betriebswirtschaftliche Vorteilhaftigkeit von gezielten Kapazitätserweiterungen zu ermitteln.

& Verwandte Kennzahlen / Zusätzliche Anmerkungen

Aus der Industriebetriebslehre kommend hat sich der Begriff der „Fertigungstiefe" in den letzten Jahrzehnten (nicht zuletzt im Zusammenhang mit dem Supply Chain Management) etabliert, der jedoch verallgemeinernd auch auf alle anderen Unternehmen als sog. „Wertschöpfungstiefe" oder „Wertschöpfungsquote" übertragbar ist.

Als Synonyme für die „Fertigungstiefe" sind weiterhin gebräuchlich: Vertikale Integration; Betriebstiefe.

Je nach Handlungsnotwendigkeit auf strategischer Ebene (bei dauerhaft zu erwartenden Engpasssituationen) oder auf operativer Ebene (bei vermutlich vorübergehender Überauslastung) stellt sich die Problematik der Management-Entscheidung zur anzustrebenden Fertigungstiefe (vielfach auch als „Make-or-buy" bzw. „Out- versus Insourcing" bezeichnet) und kurzfristig der engpassspezifischen Mehrkosten bei der Abwägung der Vorteilhaftigkeit von Eigenerstellung im Vergleich zum Fremdbezug.

4.3.6 Lieferbereitschaftsgrad

? Fragestellung

In welchem Umfang werden die vom externen Abnehmer erwarteten Lieferungen vom Unternehmen termingerecht ausgeführt? – also mit einem absatzseitigen Fokus – oder:

In welchem Umfang werden die vom externen Lieferanten erfolgenden Sendungen an das eigene Unternehmen termingerecht ausgeführt? – also mit einem beschaffungsseitigem Fokus – oder:

In welchem Umfang werden die von internen Lieferanten erfolgenden Sendungen an interne Abnehmer termingerecht ausgeführt? – also mit einem innerbetrieblichen logistischen Fokus.

Definition

*

$$\frac{\text{Zahl der termingerechten Lieferungen (pro Periode)} \cdot 100}{\text{Zahl aller Lieferungen (pro Periode)}}$$

Die Kennzahl „Lieferbereitschaftsgrad" wird in der Dimension „%" angegeben.

Ermittlung / Herleitung

»

Bei der Konzentration auf externe Abnehmer (oder externe Lieferanten) sind die erforderlichen Daten aus den computergestützten Informationssystemen der Verkaufs-(Einkaufs-) bzw. Absatz-(Beschaffungs-)planung, -steuerung und -kontrolle entsprechend aufbereitet zu gewinnen. Bei internen Abnehmern liefern die innerbetrieblichen Logistik-Informationssysteme (insb. die Lager- und Transportdatenbanken) die notwendigen Daten.

Betriebswirtschaftlicher Aussagewert und Größenordnung

#

Je nach der betriebswirtschaftlichen Fragestellung – absatz- oder beschaffungsseitig bzw. innerbetrieblich – handelt es sich im Kern um einen zeitpunktbezogenen („Aus"-)Lieferungsbereitschaftsgrad bzw. („An"-)Lieferungsbereitschaftsgrad. Die Kennzahl zählt zu den zentralen Beurteilungsindikatoren der unternehmensinternen bzw. -übergreifenden Versorgungssicherung (qualitative Güte voraussetzend) in zeitlicher Hinsicht.

Aus einzelwirtschaftlicher Sicht ist in Abstimmung mit der Lagerhaltungspolitik und möglichen Fehlmengenkosten unter dem Aspekt einer ökonomischen Optimierung eine angemessen niedrige Fehllieferungsquote anzustreben, um die lückenlose Versorgung des betrieblichen Leistungsprozesses zu gewährleisten.

Handlungsanregungen

!

In einer zunehmend arbeitsteiligen Wirtschaft mit oftmals zurückgehender Fertigungstiefe der einzelnen Betriebe nimmt die Relevanz unternehmensübergreifender Kennzahlen in der Supply Chain- bzw. Demand Chain-Betrachtung bezüglich der Zeit (aber auch der Qualität und Kosten) deutlich zu.

Entsprechend steigen die zeitlichen Koordinationserfordernisse an, sodass sich z. B. im Extrem einer „Just-in-Time"-Lieferbeziehung durch detaillierte vorlaufende und begleitende Informationsströme (in beide Richtungen) ein aufeinander präzise abgestimmtes Lieferverhältnis ergibt.

Der zentrale Ansatzpunkt für alle Maßnahmen, um Lieferverzögerungen zu verringern oder zugesagte Lieferungen einzuhalten, besteht in der systematischen Analyse der Problemursachen und ihrer kontinuierlichen Überwindung durch ein intensives Qualitätsmanagement und -controlling.

& Verwandte Kennzahlen / Zusätzliche Anmerkungen

Werden die einfachen Mengengrößen des Quotienten „Lieferbereitschaftsgrad" durch die jeweiligen Umsatzwerte ersetzt, so ergibt sich (nun qualitative und zeitliche Fehlerhaftigkeit zunächst addierend) die auch als „wertmäßige Beanstandungsquote" bezeichnete Relation in Form

$$\frac{\text{Höhe der beanstandeten Umsätze (pro Periode)} \cdot 100}{\text{Gesamter Umsatz (pro Periode)}}$$

Sie kann ggf. im Einzelnen (und zwar sinnvoller Weise) nach Terminverzügen einerseits bzw. Qualitätsmangeln – dann meist eigenständig als sog. „Fehlauslieferungsquote" bzw. „Fehlanlieferungsquote" bezeichnet – andererseits wieder getrennt ausgewiesen werden.

Als Synonyme für die Kennzahl „Lieferbereitschaftsgrad" sind auch gebräuchlich: Lieferpünktlichkeit; Termintreue.

4.4 Kapazitäts- und Komplexitätsmanagement-Kenngrößen

4.4.1 Anlagenverfügbarkeit

? Fragestellung

Wie groß ist der relative Umfang der tatsächlichen Verfügbarkeit der maschinellen Anlagen für Fertigungszwecke?

*** Definition**

$$\frac{\text{Hauptnutzungszeit} \cdot 100}{\text{Betriebszeit}}$$

Die Betriebszeit setzt sich aus drei Zeit-Komponenten zusammen:
- Hauptnutzungszeiten (Fertigungszeiten)
- Nebennutzungszeiten (z. B. Rüst- und Umstellzeiten)
- Stillstandszeiten (z. B. Instandhaltungs-, Wartungs- und Reparaturzeiten sowie Leerlaufzeiten).

Die Kennzahl „Anlagenverfügbarkeit" wird in der Dimension „%" angegeben.

Ermittlung / Herleitung »

Die erforderlichen Daten sind aus den computergestützten Informationssystemen der Produktionsplanung, -steuerung und -kontrolle entsprechend aufbereitet zu gewinnen.

Betriebswirtschaftlicher Aussagewert und Größenordnung

Die „Anlagenverfügbarkeit" zählt zu den zentralen Kennzahlen des Prozesscontrollings im Bereich der Anlagenwirtschaft. Sie stellt ab auf den Wettbewerbsfaktor „Zeit" und verdeutlicht prozentual, in welchem Umfang ein betrachtetes Einzel-Aggregat, eine komplexe maschinelle Anlage oder umfangreiche mehrstufige Produktionssysteme für den Leistungserstellungsprozess zur Verfügung stehen.

Je höher einerseits die eigentliche Nutzungszeit ist und je geringer andererseits die unplanmäßigen Unterbrechungen sind, desto wirtschaftlicher können die maschinellen Kapazitäten genutzt werden.

Handlungsanregungen !

Die hohe Kapitalintensität moderner Produktionsprozesse bedingt ein systematisches Management der Fertigungskapazitäten und ihrer Verfügbarkeit.

Eine Verlängerung der Maschinenlaufzeiten, um das eingesetzte Kapital intensiver zu nutzen, ist nicht nur über eine Erweiterung der Betriebszeiten möglich (z. B. durch die Erhöhung der Zahl der Arbeitsschichten), sondern auch über eine Verkürzung der sog. Nebennutzungs-/Rüst- und Stillstandzeiten. Das kann insbesondere erreicht werden durch geeignete Maßnahmen der strategischen produktionswirtschaftlichen Aufbau- und Ablauforganisation sowie der operativen Produktionsplanung, -steuerung und -kontrolle.

Im Mittelpunkt des Anlagen- und Instandhaltungscontrollings steht daher, für eine Aufdeckung und weitgehende Schließung der bedeutsamsten sog. (zeitlichen) Verlustquellen zu sorgen – typischerweise werden unterschieden: Betriebszeit- und Verfügbarkeitsverluste, (Schicht-)Anlauf- und Umrüstverluste sowie Intensitäts- und Qualitätsverluste.

Verwandte Kennzahlen / Zusätzliche Anmerkungen &

Als Synonyme für die Kennzahl „Anlagenverfügbarkeit" sind auch gebräuchlich: Anlagennutzungsgrad; Maschinenlaufzeitanteil.

4.4.2 Anlagenausfallrate

Fragestellung ?

In welchem prozentualen Umfang steht die betrachtete maschinelle Anlage ausfallbedingt nicht zur Leistungserstellung zur Verfügung?

Definition

$$\frac{\text{Ausfallzeit} \cdot 100}{\text{Betriebszeit}}$$

Die Betriebszeit setzt sich aus drei Zeit-Komponenten zusammen:
- Hauptnutzungszeiten (Fertigungszeiten)
- Nebennutzungszeiten (z. B. Rüst- und Umstellzeiten)
- Stillstandszeiten (z. B. Instandhaltungs-, Wartungs- und Reparaturzeiten sowie Leerlaufzeiten).

Die Kennzahl „Anlagenausfallrate" wird in der Dimension „%" angegeben.

Ermittlung / Herleitung

Die erforderlichen Werte des Zählers und des Nenners können aus den computergestützten Informationssystemen der Produktionsplanung, -steuerung und -kontrolle, insb. der Betriebszeiterfassung, entnommen und entsprechend aufbereitet werden. Die Ausfallzeit ist eine Teilmenge der Stillstandszeit.

Betriebswirtschaftlicher Aussagewert und Größenordnung

Die „Anlagenausfallrate" zählt zu den Kennzahlen des Prozesscontrollings im Bereich der Anlagenwirtschaft.

Sie stellt ab auf den Wettbewerbsfaktor „Zeit" und verdeutlicht prozentual, in welchem Umfang ein betrachtetes Einzel-Aggregat, eine komplexe maschinelle Anlage oder umfangreiche mehrstufige Produktionssysteme ausfallbedingt (also ungeplant) für den Leistungserstellungsprozess nicht zur Verfügung stehen. Je höher einerseits die eigentliche Nutzungszeit ist und je geringer andererseits die unplanmäßigen Unterbrechungen sind, desto wirtschaftlicher können die maschinellen Kapazitäten genutzt werden.

Handlungsanregungen

Die hohe Kapitalintensität moderner Produktionsprozesse bedingt ein systematisches Management der Fertigungskapazitäten und ihrer Verfügbarkeit. Eine Verlängerung der Maschinenlaufzeiten, um das eingesetzte Kapital intensiver zu nutzen, ist nicht nur über eine Erweiterung der Betriebszeiten möglich (z. B. durch die Erhöhung der Zahl der Arbeitsschichten), sondern auch über eine Verkürzung der sog. Nebennutzungs- und vor allem ungeplanter Stillstandszeiten. Das kann insbesondere erreicht werden durch geeignete Maßnahmen der strategischen produktionswirtschaftlichen Aufbau- und Ablauforganisation sowie der operativen Produktionsplanung, -steuerung und -kontrolle.

Die Verhinderung von Ausfallzeiten ist eine wesentliche Zielgröße des Wartungs-, (vorbeugenden) Instandhaltungs- und Reparaturmanagements.

Verwandte Kennzahlen / Zusätzliche Anmerkungen &

Als Synonym für die Kennzahl „Anlagenausfallrate“ ist auch gebräuchlich: Anlagenausfallzeitgrad.

4.4.3 Instandhaltungskostenintensität

Fragestellung ?

In welchem Verhältnis stehen die jährlichen Instandhaltungskosten zu den entsprechenden kalkulatorischen Abschreibungen der instand gehaltenen Anlagen?

Definition *

$$\frac{\text{Instandhaltungskosten in einer Periode} \cdot 100}{\text{Kalkulatorische Perioden-Abschreibung der entsprechenden Anlage}}$$

Die Kennzahl „Instandhaltungskostenintensität“ wird in der Dimension „%“ angegeben.

Ermittlung / Herleitung »

Die erforderlichen Daten sind den computergestützten Informationssystemen des Anlagencontrollings, insbesondere den jeweiligen Stammdaten der Maschinen und den Produktionsprozessplanungs-, -steuerungs- und -kontrollsystemen zu entnehmen. Die Instandhaltungskosten setzen sich aus zwei Komponenten zusammen, die sich in der Regel gegenläufig verhalten: Den

- Inspektions- sowie Wartungskosten zur Prüfung des Ist-Zustandes, einem Soll-Ist-Vergleich zur frühzeitigen Mängelerkennung sowie der regelmäßigen Pflege zur Verschleißvorbeugung – einerseits
- Reparaturkosten zur Beseitigung eines Mangels und ggf. den Ausfallkosten bei gestörter Betriebsbereitschaft (Stillstandszeit) – andererseits.

Betriebswirtschaftlicher Aussagewert und Größenordnung #

Die weit verbreitete Kennzahl „Instandhaltungskostenintensität“ vermittelt einen Einblick in die periodenbezogene Relation laufender Kosten der Aufrechterhaltung der Leistungsfähigkeit zum Wert der kalkulatorischen Abschreibungen.

Je nach gewählter Strategie können die jeweiligen Zählerwerte u. U. eine große Kontinuität im Zeitablauf aufweisen, wenn z. B. der Schwerpunkt auf eine regelmäßige vorbeugende Vorgehensweise gelegt wird. Mit zunehmendem Alter der Maschinen wird dieser Kostenwert jedoch üblicherweise ansteigenden Charakter besitzen. Je nach verwendeter Abschreibungsmethodik (z. B. eher zeit- oder leistungsbezogen) kann auch die Entwicklung der Nennergröße je Periode eher gleichmäßig oder stärker schwankend verlaufen. Eine konkrete, für alle Anwendungsfälle generell anzustrebende Größenordnung ist daher betriebswirtschaftlich nicht ableitbar.

Wesentlich ist hingegen, aus der Abweichung von geplanten und ungeplanten Entwicklungen der Kennzahl „Instandhaltungskostenintensität“ (insb. auch der einzelnen Zähler- und Nenner-Komponenten) eine ggf. verfehlte Wirtschaftlichkeit frühzeitig zu erkennen, um Gegenmaßnahmen z. B. im Extrem in Form eines vorgezogenen Ersatzzeitpunktes, einzuleiten.

! Handlungsanregungen

In der Mehrzahl von Unternehmen moderner Volkswirtschaften sind die Produktionsbereiche durch technisch anspruchsvolle, maschinelle Aggregate gekennzeichnet (z. B. als flexible Fertigungssysteme für mittlere und große Stückzahlen), deren Einsatz mit hohen Investitionen verbunden ist. Um die angestrebte Rentabilität zu erlangen, ist eine möglichst maximale Verfügbarkeit der Produktionskapazitäten bei hoher Zuverlässigkeit und Qualität sicherzustellen.

Der Instandhaltung kommt dabei mit ihrem breiten Spektrum an Maßnahmen zentrale Bedeutung bei. Hierzu zählen alle strategischen und operativen Möglichkeiten der selbsterstellten oder fremdbezogenen Leistungen hinsichtlich Inspektion, Wartung und Reparatur. Die zeitliche Integration in die Produktionsabläufe in Form einer periodischen bzw. sequentiellen Durchführung und die Betonung einer eher ausfallbedingten oder vorbeugenden Strategie-Ausrichtung bilden wesentliche Handlungsparameter.

& Verwandte Kennzahlen / Zusätzliche Anmerkungen

Die in Wissenschaft und Praxis verwendete Terminologie (zur Instandhaltung, Inspektion, Wartung, Instandsetzung, Reparatur) ist nicht einheitlich, sodass mitunter identische Kennzahlenbezeichnungen unterschiedlich definiert werden – es ist daher auch hier wieder auf die exakte inhaltliche Herleitung zu achten.

Als Synonym für die Kennzahl „Instandhaltungskostenintensität“ ist – sprachlich verkürzend – gebräuchlich: „Instandhaltungsintensität“.

In eine ähnliche Richtung der Erkenntnisgewinnung zielt die Kennzahl der „Instandhaltungsrate“ (Instandhaltungskosten/Anschaffungswert der Anlage).

Ⓢ 4.4.4 Kapazitätsauslastungsgrad

? Fragestellung

In welchem relativen Umfang wird die bereitstehende Kapazität genutzt?

Definition

*

Variante A:

$$\frac{\text{Effektive Produktionsstunden} \cdot 100}{\text{Bestmögliche Produktionsstunden}}$$

Variante B:

$$\frac{\text{Ist-Ausbringungsmenge} \cdot 100}{\text{Plan-Ausbringungsmenge}}$$

Typischerweise werden die Zähler- und Nennergröße jeweils in Zeit- oder in Mengen-Einheiten ausgedrückt.

Die Kennzahl „Kapazitätsauslastungsgrad" wird in der Dimension „%" angegeben.

Ermittlung / Herleitung

»

Die erforderlichen Daten sind aus den computergestützten Informationssystemen der Produktionsplanung, -steuerung und -kontrolle entsprechend aufbereitet – z. B. je nach Bedarf nach einzelnen Arbeitsplätzen, Kostenstellen oder Produktionsstufen aufgegliedert – zu gewinnen.

- Variante A: Der Größe „Effektive Produktionsstunden" entspricht die tatsächliche Beschäftigung, für die Größe „Bestmögliche Produktionsstunden" wird auf die (arbeitsrechtlich bzw. technisch) maximale oder eine „normale" bzw. die kostenoptimale Beschäftigung Bezug genommen.
- Variante B: Hier wird die tatsächliche der geplanten Beschäftigung gegenübergestellt.

Die Terminologie ist in der Fachliteratur wie in der Wirtschaftspraxis nicht einheitlich, sodass auch wieder gilt: Es ist in jedem Praxisfall in besonderem Maße – nicht zuletzt bei überbetrieblichen Vergleichen – auf die Daten-Konsistenz der herangezogenen Kennzahlen zu achten.

Betriebswirtschaftlicher Aussagewert und Größenordnung

#

Der „Kapazitätsauslastungsgrad" zählt zu den zentralen Kennzahlen des Prozesscontrollings im Bereich der Anlagenwirtschaft. Er stellt ab auf den Wettbewerbsfaktor einer hohen Nutzung der betrieblichen Produktionspotenziale und verdeutlicht prozentual, in welchem Umfang das quantitativ vorhandene Leistungsvermögen auch tatsächlich eingesetzt wurde. Als Bezugsobjekte kommen in Frage – aus fertigungstechnischem Blickwinkel z. B.: ein betrachtetes Einzel-Aggregat, eine komplexe maschinelle Anlage oder umfangreiche mehrstufige Produktionssysteme; aus organisatorischem Blickwinkel z. B.: einzelne Arbeitsplätze, Kostenstellen, Werke oder das Gesamtunternehmen.

Je höher der Kapazitätsauslastungsgrad ist, desto geringer die Belastung des einzelnen Produktionsobjekts mit den zu verrechnenden Bereitschaftskosten. Diese sog. Fixkostendegression ergibt sich daraus, dass mit wachsender Ausbringungsmenge bis zur Kapazitätsgrenze die zu verrechnenden Fixkosten pro Produktionseinheit abnehmen. Bei komplexen, mehrstufigen Fertigungsprozessen ist darauf zu achten, dass die jeweiligen Kapazitäten je Stufe harmonieren, da ansonsten erhebliche unausgenutzte Produktionskapazitäten die Wirtschaftlichkeit der Erstellung von Produkten und Dienstleistungen spürbar mindern.

Einzelwirtschaftlich gelten Kapazitätsauslastungsgrade von 85–90 % im Allgemeinen als erstrebenswert, stellen in dieser Höhe jedoch auch ein sehr anspruchsvolles Ziel dar.

! Handlungsanregungen

Die hohe Kapitalintensität moderner Produktionsprozesse bedingt ein systematisches Management der Fertigungskapazitäten in ihrer Höhe und ihrer Verfügbarkeit (z. B. mit Hilfe des Anlagen- und Instandhaltungscontrollings). Eine Verlängerung der Maschinenlaufzeiten, um das eingesetzte Kapital intensiver zu nutzen, ist nicht nur über eine Erweiterung der Betriebszeiten möglich (z. B. durch die Erhöhung der Zahl der Arbeitsschichten), sondern auch über eine Verkürzung der sog. Nebennutzungs-/ Rüst- und Stillstandzeiten. Das kann insbesondere erreicht werden durch geeignete Maßnahmen der strategischen produktionswirtschaftlichen Aufbau- und Ablauforganisation sowie der operativen Produktionsplanung, -steuerung und -kontrolle.

Liegt dagegen der Kapazitätsauslastungsgrad dauerhaft unter den (bei der Investition angenommenen) Planwerten, so müssen die Fixkosten (Abschreibungen usw.) auf eine geringere Zahl von Leistungseinheiten verteilt werden, was bei anteiliger Verrechnung zu erhöhten Produktkosten und damit zu geringeren Gewinnen oder ggf. zu Verlusten führt. Es ist daher eine aus der strategischen Ausrichtung des Unternehmens abgeleitete fundierte Dimensionierung der maschinellen Kapazitäten und des Personalbedarfs vorzunehmen, die ggf. entsprechende Flexibilisierungsmöglichkeiten über geeignete Outsourcing-Alternativen und externe Produktionsnetzwerk-Strukturen mit einbezieht.

& Verwandte Kennzahlen / Zusätzliche Anmerkungen

Unter nochmaligem Hinweis auf die bislang uneinheitliche Terminologie: Als Synonyme für die Kennzahl „Kapazitätsauslastungsgrad“ sind der „Kapazitätsausnutzungsgrad“ und vielfach – sprachlich leicht verkürzend – der Begriff „Kapazitätsauslastung“ gebräuchlich. Mitunter wird auch der „Beschäftigungsgrad“ gleichbedeutend verwendet oder insbesondere dann eingesetzt, wenn auf die zeitlichen Kapazitäten der Mitarbeiter Bezug genommen wird.

Als „Kapazitätsgrad“ wird hingegen der spezielle Kapazitätsauslastungsgrad bezeichnet, bei dem (im Rahmen der Break-Even-Analyse) die Gewinnschwelle erreicht wird.

4.4.5 Engpassspezifischer Deckungsbeitrag

Fragestellung

?

Nach welchem Kriterium kann kurzfristig im Falle einer betrieblichen Engpasssituation (z. B. bei der Produktionskapazität) das Produkt- und Dienstleistungsprogramm des Unternehmens ökonomisch sinnvoll zusammengestellt werden?

Definition

*

$$\frac{\text{Deckungsbeitrag je Stück}}{\text{Engpassbeanspruchung je Stück}}$$

Wobei gilt:

Deckungsbeitrag je Stück = Differenz zwischen dem Preis und den variablen Stückkosten des betrachteten Absatzobjektes (Sachgut oder Dienstleistung)

Engpassbeanspruchung je Stück = für eine Einheit des Absatzobjektes benötigte Engpass- oder Verbrauchskapazität. Dabei kann es sich beispielsweise handeln um m^2, m^3, Gewichts- oder Zeiteinheiten, je nachdem, in welcher Dimension die Engpasskapazität erhoben wird.

Die Kenngröße „Engpassspezifischer Deckungsbeitrag“ wird gemessen in der Dimension „Geldeinheiten je Engpasskapazitätseinheit“ (z. B. in €/Maschinenminute oder €/Std.).

Ermittlung / Herleitung

»

Die erforderlichen Informationen sind im Unternehmen einerseits aus der Kosten- und Leistungsrechnung zu gewinnen, die für diese Kennzahlen zwingend auch die Teilkostenbasierung umfassen muss. Andererseits sind weitere notwendige Daten – mit Hilfe der vorgelagerten Betriebsdatenerfassungssysteme (BDE) – aus den computergestützten Informationssystemen der Produktionsplanung, -steuerung und -kontrolle zu entnehmen. Grundsätzlich kann jeder Produktionsfaktor, aber auch jeder betriebliche Bereich zum Engpass werden, sodass sich die Informationsbedarfe entsprechend unterschiedlich ausrichten können.

Betriebswirtschaftlicher Aussagewert und Größenordnung

#

Der „engpassspezifische Deckungsbeitrag“ ist eine operative Kenngröße, die im Falle von betrieblichen Engpasssituationen ihre besondere Relevanz erhält. Typischerweise stehen in der Praxis maschinelle Engpässe im Vordergrund, es können aber analog auch Knappheiten anderer unternehmerischer Kapazitäten (z. B. Lagerflächen oder -volumen, Rohstoffe oder Energie, gewichtsbezogene Transportmittelpotenziale bzw. personelle Restriktionen) ökonomisch fundiert zu überwinden sein.

Die Größe im Zähler „Deckungsbeitrag je Stück“ stellt den bei kurzfristiger Betrachtung ökonomisch anzulegenden Erfolgsmaßstab für Produkte und Dienstleistungen als Absatzobjekte eines Unternehmens dar. Dieser Vorteilhaftigkeitswert wird (im Nenner) rechnerisch bezogen (quasi gewichtet) auf die jeweils benötigte Kapazität, um die konkurriert wird – daher der Zusatz „spezifisch“ bei der Kennzahlenbezeichnung.

! Handlungsanregungen

Unter der prinzipiellen Annahme, dass kurzfristig die einzelnen (insb. maschinellen, räumlichen, materialwirtschaftlichen und personellen Produktions-)Kapazitäten eines Unternehmens nicht veränderbar sind, gilt die Entscheidungsregel, jeweils das Absatzobjekt mit dem höchsten spezifischen Deckungsbeitrag zu präferieren – bis die Kapazität des Engpasses erschöpft ist. Dabei sind (ggf. vertraglich mit Kunden vereinbarte) Mindestmengen auch nach diesem Kriterium „schwacher“ Produkte und Dienstleistungen zunächst vom Kapazitätsvolumen abzuziehen und der Kapazitätsrest (unter Beachtung von marktseitigen maximal abzusetzenden Mengen) schrittweise nach obiger Regel den Absatzobjekten zuzuordnen.

Bei konstantem Stückdeckungsbeitrag ergibt sich ein maximierter Gewinn (bzw. bei ggf. nicht kompensierten fixen Kosten ein minimierter kurzfristiger Verlust), da die Engpasskapazität deckungsbeitragsoptimal verteilt wurde.

Im Fall von dauerhaften Engpassproblemen ist die Gestaltung der Wertschöpfungskette grundsätzlich zu überdenken, eine Verlagerung von Engpass-Aktivitäten an Externe (sog. Fremdbezug/Outsourcing) auf ihre wirtschaftliche Sinnhaftigkeit zu prüfen und/oder mit den Verfahren der dynamischen Investitionsrechnung im Rahmen der strategischen Ausrichtung des Unternehmens die betriebswirtschaftliche Vorteilhaftigkeit von gezielten Kapazitätserweiterungen zu ermitteln.

& Verwandte Kennzahlen / Zusätzliche Anmerkungen

Je nach Handlungsnotwendigkeit auf strategischer Ebene (bei dauerhaft zu erwartenden Engpasssituationen) oder auf operativer Ebene (bei vermutlich vorübergehender Überauslastung) stellt sich die Problematik der Management-Entscheidung zur anzustrebenden Fertigungstiefe (vielfach auch als „Make-or-buy“ bzw. „Out- versus Insourcing“ bezeichnet) und kurzfristig der engpassspezifischen Mehrkosten bei der Abwägung der Vorteilhaftigkeit von Eigenerstellung im Vergleich zum Fremdbezug.

4.4.6 Individualisierungsgrad des Absatzprogramms

? Fragestellung

In welchem prozentualen Ausmaß erfolgt im Unternehmen eine kundenorientierte Variantenerstellung?

*

Definition[1]

Auf der Ebene von Produkt-Varianten:

$$\frac{\text{Zahl der verkauften Varianten eines Produkt-Modells mit mindestens einer differierenden Modul-Ausprägung} \cdot 100}{\text{Zahl aller verkauften Varianten eines Produkt-Modells}}$$

Auf der Ebene von Produkt-Modulen:

$$\frac{1}{m} \cdot \sum_{i=1}^{m} \frac{\text{Zahl der unterschiedlichen (verkauften) Ausprägungen von Modul i} \cdot 100}{\text{Zahl aller (zum Verkauf) angebotenen Ausprägungen von Modul i}}$$

Wobei gilt:
i = laufender Index für die Module
m = Zahl der (aus Kundensicht erkennbaren) Module

Beide Kenngrößen-Varianten werden in der Dimension „%“ angegeben.

»

Ermittlung / Herleitung

Die notwendigen Angaben zu den jeweiligen Werten des Zählers und Nenners können den computergestützten Informationssystemen der Produktionsplanung, -steuerung und -kontrolle in Verbindung mit den entsprechend detailliert aufbereiteten Verkaufsstatistiken des Unternehmens entnommen werden.

#

Betriebswirtschaftlicher Aussagewert und Größenordnung

Das Phänomen der Komplexität ist in allen Managementbereichen ein häufig verwendeter Terminus, wenn bei der Analyse betriebswirtschaftlicher Zusammenhänge eine zunehmende Unübersichtlichkeit durch die Vielzahl, Vielfalt, Vieldeutigkeit oder hohe Veränderlichkeit der betrachteten Sachverhalte und Abhängigkeiten festgestellt wird.

Daher besteht erheblicher Bedarf an komprimierten Aussagen (z. B. ausgewählten Kennzahlen), die gezielt die Transparenz der Problemkonstellation fördern können und zur besseren informatorischen Fundierung der unternehmerischen Entscheidungssituationen beitragen.

In diesem Sinne zeigt die Komplexitäts-Kennzahl „Individualisierungsgrad des Absatzprogramms“ vor allem für die Entwicklung und Implementierung von Marketing- und Vertriebsstrategien auf, wie groß das Maß der Vielfalt des angebotenen Produktprogramms (in Form von Sachgütern und/oder Dienstleistungen) ist.

Es wird rechnerisch erkennbar, wie hoch der Grad der (Un-)Gleichverteilung der Absatzmengen zwischen den Produkt-Varianten ist – also der Umfang der Individualisierung.

---

1 Vgl. ähnlich z. B. Nußbaum (2011), S. 127 ff.; Schuh/Arnoscht/Bohl (2013), S. 451 f.

Ausgehend von einer – hier beispielhaft formulierten – begrifflich-hierarchischen Struktur:

→ Produkt-/Absatzprogramm
  → Produkt-Modelle
    → Produkt-Varianten
      → Produkt-Module
        → Modul-Ausprägungen

mit jeweils mehreren Teilmengen auf der nächsttieferen Ebene kann u. a. sowohl auf dem Betrachtungsniveau von Produkt-Varianten oder auch Produkt-Modulen eine Analyse zur Komplexität erfolgen, inwieweit ein breites Sortimentsangebot realisiert wird, ohne jedoch bereits eine Aussage zur Profitabilität insgesamt oder einzelner Segmente vornehmen zu können.

Eine generalisierende Vorgabe zum anzustrebenden Wert der Kennzahlenvarianten ist nicht bestimmbar. Für eine sinnvolle Interpretation der Größenordnung kann auch hier ein innerbetrieblicher Vergleich in der Form von Ist-Ist- bzw. Plan-Ist-Relationen oder – sofern die Datenlage es erlaubt – ein Vergleich mit einzelnen relevanten Wettbewerbern oder dem Branchendurchschnitt herangezogen werden. Entscheidend sind jedoch stets die strategische Positionierung des Unternehmens und die ökonomische Vorteilhaftigkeit der gewählten Breite sowie Tiefe des Produkt- und Dienstleistungsangebots.

! Handlungsanregungen

Die Planung, Steuerung und Kontrolle der erforderlichen Produktkomplexität ist ein Aufgabenfeld, das im Spannungsfeld der Wettbewerbssituation, der Kundenerwartungen und der (Kapazitäts-)Möglichkeiten des eigenen Unternehmens steht.

Entsprechend liefert die Kennzahl „Individualisierungsgrad des Absatzprogramms" ein erstes Bild von der jeweiligen Lage, das es mit weiteren zukunftsorientierten Abnehmer- und Konkurrenzanalysen z. B. hinsichtlich geeigneter Zielsegmente zu ergänzen gilt.

Mit der vielfach angestrebten hohen Individualisierung (also einem Kennzahlenwert in Richtung „100 %") wird das Ziel verfolgt, ein breites Spektrum an Kundenanforderungen abzudecken und damit eine möglichst große Zahl an Abnehmern zu erreichen. Bei einem hohen Maß an Gleichartigkeit des Produktangebots nähert sich der Kennzahlwert entsprechend eher dem anderen Extrem von „0 %". Durch die systematische Gegenüberstellung von Plan- und Ist-Zahlen einzelner Modulausprägungen (z. B. im Sinne von verschiedenfarbigen Teilen gleicher Modulfunktion) lässt sich eine weitere Facette der Interpretation erschließen.

& Verwandte Kennzahlen / Zusätzliche Anmerkungen

Der sog. „Individualisierungsgrad des Absatzprogramms" zählt zur „Familie" der Kennzahlen eines (absatzorientierten) Komplexitätsmanagements. Als betriebswirtschaftliche Ergänzung liefert in diesem Zusammenhang z. B. die Kenngröße „Modul-Kommunalitätsgrad von Produktmodell-Architekturen“ interessante Aussagen zum Umfang der Gleichteile-Verwendung im Produktprogramm.

4.4.7 Modul-Kommunalitätsgrad von Produktmodell-Architekturen

Fragestellung

Wie groß ist der Anteil, zu dem Module mit identischer Funktion, sog. Gleichteile, in (verschiedenen) Produktmodell-Architekturen mehrfach eingesetzt werden können?

Definition[2]

Mengenbezogene Analyse-Perspektive:

$$\frac{\begin{array}{c}\text{Zahl der verwendeten Module bzw. Modulausprägungen}\\ \text{mit identischer Funktion (ggf. auch Produktmodell-übergreifend)} \cdot 100\end{array}}{\begin{array}{c}\text{Zahl aller verkauften Module bzw. Modulausprägungen}\\ \text{in Form von Produkt-Varianten}\end{array}}$$

Wertbezogene Analyse-Perspektive:

$$\frac{\begin{array}{c}\text{Kostensumme der verwendeten Module bzw. Modulausprägungen}\\ \text{mit identischer Funktion (ggf. auch Produktmodell-übergreifend)} \cdot 100\end{array}}{\begin{array}{c}\text{Kostensumme aller verkauften Module bzw. Modulausprägungen}\\ \text{in Form von Produkt-Varianten}\end{array}}$$

Beide Kenngrößen-Varianten werden in der Dimension „%“ angegeben.

Ermittlung / Herleitung

Die notwendigen Angaben zu den jeweiligen Werten des Zählers und Nenners können den computergestützten Informationssystemen der Produktionsplanung, -steuerung und -kontrolle in Verbindung mit den Kostengrößen aus dem internen Rechnungswesen sowie den entsprechend detailliert aufbereiteten Verkaufsstatistiken des Unternehmens entnommen werden.

Betriebswirtschaftlicher Aussagewert und Größenordnung

Die Kenngröße „Modul-Kommunalitätsgrad der Produktmodell-Architektur“ verdeutlicht im Rahmen eines produktprogrammbezogenen Komplexitätsmanagements rechnerisch das Ausmaß von Gleichheit (Kommunalität), also inwieweit die Möglichkeit genutzt wird, einzelne Module bzw. Modulausprägungen als standardisierte Baugruppen nicht nur jeweils einmalig einzusetzen. Diese Mehrfach-Verwendbarkeit kann sich

2 Vgl. ähnlich z. B. Nußbaum (2011), S. 138 ff.; Schuh/Arnoscht/Bohl (2013), S. 453.

im engeren Sinne allein auf eine Produktmodell-Architektur beziehen, im Allgemeinen ist jedoch meist im weiteren Sinne eine Produktmodell-übergreifende Verwendung Gegenstand der Analyse.

Je größer der Kennzahlenwert, desto eher besteht bei den betroffenen Bauteilen die betriebswirtschaftliche Chance, sog. Skaleneffekte als Kosteneinsparungen auf Stückkostenbasis in Form von Fixkostendegressionen pro Stück und Lernkurveneffekte durch Spezialisierung realisieren zu können.

Eine generalisierende Vorgabe zum anzustrebenden Wert der Kennzahlenvarianten ist nicht bestimmbar. Für eine sinnvolle Interpretation der Größenordnung kann auch hier ein innerbetrieblicher Vergleich in der Form von Ist-Ist- bzw. Plan-Ist-Relationen und – sofern die Datenlage es erlaubt – ein Vergleich mit einzelnen relevanten Wettbewerbern oder dem Branchendurchschnitt herangezogen werden.

! Handlungsanregungen

Zu den zentralen Aufgaben eines Komplexitätsmanagements in Unternehmen zählt, in aussagefähiger Form die vorhandene Problematik abzubilden, wesentliche Treiber der Entwicklung und Abhängigkeiten aufzudecken sowie je nach Erfordernis gestaltende Maßnahmen der Vermeidung, Reduzierung oder auch zur Beherrschung der gegebenen bzw. zunehmenden Komplexität zu ergreifen.

Die Analysen zu den bestehenden und geplanten Gleichteile-Strategien auf der informatorischen Basis der Modul-Kommunalitätsgrade können sowohl auf der aggregierteren Ebene von Modulen als auch auf der Ebene der Modulausprägungen aussagekräftig vorgenommen werden. Ebenso sind sie innerhalb einer Produktmodell-Architektur oder entsprechend übergreifend denkbar. Sie beruhen ggf. allein auf einer Mengenbetrachtung oder binden – dann als wertmäßige Größen – auch die Kostenseite mit ein.

Den angestrebten wirtschaftlichen Vorteilen der Mehrfachverwendung funktional identischer Elemente in unterschiedlichen Produkt-Baukästen durch die beschriebenen potenziellen Stückkostenminderungen stehen aber auch Risiken gegenüber, die sich aus dem (unbeabsichtigten) Einbau fehlerbehafteter Module oder Modulausprägungen ergeben. Bei Produktmodell-übergreifender Verwendung ist dann nicht nur eine Variantenreihe betroffen, sondern entsprechend übergreifend alle Produktmodelle, in denen dieses Bauteil zum Einsatz gekommen ist oder auch zukünftig kommen sollte.

& Verwandte Kennzahlen / Zusätzliche Anmerkungen

Die Kenngröße „Modul-Kommunalitätsgrad von Produktmodell-Architekturen" kann der „Familie" der Kennzahlen eines einzelwirtschaftlichen Komplexitätsmanagements zugeordnet werden. Als noch stärker absatzorientierte Ergänzung zeigt z. B. der sog. „Individualisierungsgrad des Absatzprogramms", in welchem prozentualen Umfang das Unternehmen eine kundenorientierte Variantenerstellung vornimmt.

4.5 Prozesscontrolling-Kenngrößen

4.5.1 Durchlaufzeit

Fragestellung

Wie groß ist die durchschnittliche (geplante oder realisierte) Zeitspanne, die bei der Erstellung eines Produktes oder einer Dienstleistung zwischen dem Beginn des ersten Arbeitsvorgangs und dem Ende des letzten Arbeitsvorgangs liegt?

Definition

In Abhängigkeit von einer engeren oder weiteren Begriffsauslegung der „Durchlaufzeit" sind verschiedene Komponenten zu unterscheiden. Im Allgemeinen werden im Falle eines Produktes hierzu mindestens gezählt:

Belegungszeiten + Übergangszeiten + Liegezeiten

Wobei gilt:

Belegungszeiten	= z. B. Bearbeitungs-, Rüst- und Prüfzeiten
Übergangszeiten	= z. B. Transportzeiten
Liegezeiten	= z. B. Zwischenlagerungszeiten sowie ablauf-, störungs- und personalbedingte Wartezeiten

Diese genannte (eher eng definierte) Aufteilung stellt eine exemplarische Möglichkeit dar, es sind in Wissenschaft und Praxis eine Vielzahl von Differenzierungsvorschlägen erarbeitet worden. Wird dagegen z. B. auf die gesamte Auftragsdurchlaufzeit abgestellt, kommen noch weitere – vorgelagerte – Zeitkomponenten (vom Auftragseingang bis zum Fertigungsbeginn) sowie – nachgelagerte – Zeitkomponenten (vom Fertigungsende bis zur Bereitstellung beim Kunden) hinzu.

Die Kennzahl „Durchlaufzeit" wird in der Zeit-Dimension – je nach Erfordernis – „in Minuten", „in Stunden", „in Tagen" usw. angegeben.

Ermittlung / Herleitung

Die notwendigen Werte für die einzelnen Komponenten der Durchlaufzeit können insb. aus den computergestützten Informationssystemen der Produktionsplanung, -steuerung und -kontrolle entnommen werden. Bei weiter Begriffsfassung sind auch die vor- bzw. nachgelagerten güterwirtschaftlichen und administrativen Arbeitsvorgänge (z. B. der Auftragsannahme und des Einkaufs einerseits sowie der Rechnungsstellung und des Verkaufs andererseits) in ihrer zeitlichen Ausdehnung aus den entsprechenden betrieblichen Informationssystemen zu erheben.

Als Grundlage dazu dienen in der Praxis heute meist die sog. ERP-Systeme (Abkürzung für Enterprise Resource Planning; integrierte betriebswirtschaftliche Software mit modularem Aufbau). Bekanntestes Beispiel für ein derartiges Software-Paket ist SAP R/3.

Betriebswirtschaftlicher Aussagewert und Größenordnung

Die begriffliche Abgrenzung der „Durchlaufzeit" mit der Festlegung des sachlichen Start- und End-Ereignisses ergibt sich in starkem Maße aus den unternehmensindividuellen Gegebenheiten. Bei kundenorientierter Sichtweise kann dementsprechend die Zeitspanne zwischen Auftragserteilung und Einsatzfähigkeit beim Abnehmer eine praktisch sinnvolle Vorgehensweise sein. Meist wird die Durchlaufzeit jedoch im Fertigungsbereich im Rahmen der Produktionsplanung und -steuerung verwendet.

Ein genereller konkreter Vorgabewert ist nicht sinnvoll bestimmbar, er ist in starkem Maße von der Produktkomplexität und den eingesetzten (arbeits- oder kapitalintensiven) Produktionsverfahren abhängig. Als Orientierungen zur Größenordnung und für Vergleichszwecke können neben den üblichen unternehmensinternen Möglichkeiten (zwischen organisatorischen Teilbereichen als Ist-Ist- und Plan-Ist-Relation) auch unternehmensextern – soweit verfügbar – Angaben von einzelnen Wettbewerbern, Branchendurchschnittswerte oder „Best-Practice-Werte" herangezogen werden.

Unter der Prämisse, dass branchengleiche Unternehmen über ähnliche leistungswirtschaftliche Strukturen verfügen, liefern Kennzahlenwerte, die (spürbar) von den entsprechenden Durchschnittswerten abweichen, deutliche Impulse, diesen positiven bzw. negativen Entwicklungen stärkere Beachtung zu schenken und sie im Sinne der jeweiligen Unternehmenszielsetzung zu beeinflussen.

! Handlungsanregungen

Im Mittelpunkt der Gestaltung der Durchlaufzeit steht in der Regel die Fragestellung, wie sie verringert werden kann. Aus Sicht des Absatzmarktes sind die Kunden im Allgemeinen bestrebt, ihre Bestellung möglichst schnell zu erhalten. Um aus Unternehmenssicht nicht eine hohe Kapitalbindung tragen zu müssen, wenn umfangreiche Fertigwarenlager (mit den entsprechenden Lager- und Zinskosten) vorgehalten werden, kommt der auftragsnahen Produktion mit dann möglichst kurzen Durchlaufzeiten wachsende Bedeutung zu.

Da entsprechende Analysen und Erfahrungen in der Praxis nicht selten ein Verhältnis von überwiegenden Transport- und Liegezeiten (nicht-wertschöpfende Aktivitäten; zum Teil über 80 %) und tatsächlichen Bearbeitungszeiten (wertschöpfende Aktivitäten; komplementär nicht selten unter 20 %) zeigen, steht das Management der Prozessabläufe im Zentrum der Betrachtung. Hierzu zählt das weite Spektrum aller Maßnahmen, einerseits die Wartezeiten möglichst zu minimieren, andererseits das komplexe Gesamtpaket der Produktionsschritte zu modularisieren und u. a. durch Parallelisierung der Maßnahmendurchführung zu einer Verkürzung der Durchlaufzeit zu gelangen.

& Verwandte Kennzahlen / Zusätzliche Anmerkungen

Die Größe „Durchlaufzeit" wird auch als „Durchflussdauer" bezeichnet. Jedoch darf die Durchlaufzeit nicht mit der „Taktzeit" verwechselt werden, die die Zeitspanne bis zur nächsten Wiederholung des gleichen Arbeitsschrittes umfasst. Ferner ist die Durchlaufzeit auch nicht gleichzusetzen mit der „Bearbeitungszeit“, die sich aus der Durchlaufzeit nach Abzug der Übergangs- und Liegezeiten ergibt.

Eine verwandte Kennzahl ist der „Durchsatz“ (bzw. die sog. Durchflussrate). Sie zeigt die durchschnittliche Zahl der Produktionsobjekte an, die einen bestimmten Punkt des Fertigungsprozesses innerhalb einer festgelegten Zeitspanne passieren (z. B. Anzahl der Einheiten, die eine Qualitätsprüfung mittels eines Scanners pro Stunde durchlaufen).

Folgender Zusammenhang ist dabei beachtenswert:

$$\text{Bestand an unfertigen Erzeugnissen im Bearbeitungsprozess} = \text{Durchsatz} \cdot \text{Durchlaufzeit}$$

Diese Relation ist unter der Bezeichnung „Little’s Law“ bekannt geworden, benannt nach John D. C. Little, der sie 1961 rechnerisch nachwies.

4.5.2 Lagerreichweite

Fragestellung ?

Wie lange dauert es, bis die im jeweiligen Lager befindlichen Güter im weiteren Produktions- bzw. Verkaufsprozess verbraucht sind?

Definition *

Grund-Variante:

$$\frac{\text{Durchschnittlicher (Tages-)Bestand} \cdot 360\ \text{Tage}}{\text{Jahres-Bedarf}}$$

oder als

Spezial-Variante (für Fertigerzeugnis-Lager):

$$\frac{\text{Durchschnittlicher Lagerbestandswert} \cdot 360\ \text{Tage}}{\text{Netto-Umsatz oder Herstellungskosten des Umsatzes}}$$

Die Kennzahl „Lagerreichweite“ wird in der Zeit-Dimension angegeben; je nach gewähltem Multiplikator: bei 360 – „in Tagen“/bei 52 – „in Wochen“/bei 12 – „in Monaten“.

Obwohl in der Unternehmenspraxis auf der Ebene der Fertigerzeugnisse nicht selten der Umsatz als Nenner verwendet wird, sind die Herstellungskosten des Umsatzes im Prinzip die angemessenere Größe. Statt der Bezeichnung „Bedarf“ wird synonym oftmals auch von „Verbrauch“ oder „Abgang“ gesprochen.

Neben der wertmäßigen Version kann die Kenngröße „Lagerreichweite“ auch in Bezug auf die Zahl der verkauften Einheiten mengenmäßig definiert werden:

$$\frac{\text{Durchschnittliche Lagerbestandsmenge} \cdot 360}{\text{Menge der verkauften Einheiten}}$$

Gegenstand der Betrachtung sind sog. betriebswirtschaftliche Erneuerungsmassen, hier Lager für verschiedene Objekte – unabhängig davon, ob es sich nach dem Aggregatzustand um feste, flüssige oder gasförmige Güter handelt:

- unterschiedliche Lagertypen in Abhängigkeit ihrer Positionierung im Wertschöpfungsprozess – z. B. für Roh-, Hilfs- und Betriebsstoffe, unfertige Erzeugnisse (Vorprodukte, Module, Baugruppen, Komponenten usw.) und fertige Erzeugnisse
- einzeln differenzierbare Betrachtungsobjekte – z. B. nach ihrer Wertigkeit im Sinne von sog. A-, B- bzw. C-Gütern und/oder nach ihrer Bedarfs-Vorhersagegenauigkeit als sog. X-, Y- bzw. Z-Güter.

» Ermittlung / Herleitung

Die Daten für die (wertmäßige Variante der) Kennzahl der Lagerreichweite für Fertigprodukte können dem veröffentlichten Jahresabschluss entnommen werden. Die Angaben zu den Umsatzerlösen und/oder den Herstellungskosten des Umsatzes sind in der Gewinn- und Verlustrechnung verfügbar, der Wert des durchschnittlichen Lagerbestands kann aus der Bilanz (als pauschale Sammelposition) aus Anfangs- und Endbestand hergeleitet werden.

Für alle anderen Lagerobjekte und Lagertypen sind die erforderlichen Daten den computergestützten Informationssystemen der Lagerwirtschaft zu entnehmen. Diese Informationen sind jedoch externen Analysten meist nicht zugänglich. Ferner bestehen Daten-Verknüpfungen mit der Produktionsplanung sowie dem internen Rechnungswesen, z. B. in Form entsprechender Bestands- und Flussrechnungen. Ggf. sind auch bereits in Anlieferung befindliche Gütermengen mit einzubeziehen.

Betriebswirtschaftlicher Aussagewert und Größenordnung

Die Kennzahl „Lagerreichweite“ kann sowohl der Kategorie des Prozesscontrollings als auch den operativen Effizienzmaßen zugeordnet werden. Sie wird vielfach zudem als eine Liquiditäts-Kenngröße interpretiert. Im Falle von Handelsunternehmen zeigt sie beispielsweise die durchschnittliche Zeit an, bis die Lagerbestände verkauft sind. Die „Lagerreichweite“ vermittelt somit eine Information zur Versorgungslage mit dem jeweils betrachteten Objekt, d. h., für welchen Zeitraum die im Lager vorrätigen Güter ausreichen. Ihr kommt sowohl die Funktion eines Kosten- als auch eines Werttreibers zu.

Je nach gewählter Betrachtungsebene beziehen sich die zu gewinnenden Erkenntnisse ggf. auf bereits stark summierte Größen (z. B. über ein Werk) oder bei entsprechender Detaillierung auf überschaubarere unternehmerische Teilbereiche (z. B. einzelne Produkte oder Produktgruppen).

Mit der generellen Verbreitung logistischen Denkens – auch über die Unternehmensgrenzen hinaus – gelten Lagerbestände als ein (vermeintliches) Symptom für ggf. nicht ausreichend koordinierte Produktionsabläufe. Den (vielfach vordergründig allein) angestrebten Reduzierungen der Bestände stehen jedoch die wertschöpfenden Lager-Funktionen gegenüber (u. a. sog. Ausgleichs-, Transformations-, Transfer- und Assortierungsfunktion), sodass stets im betrieblichen Einzelfall über die Dimensionierung von Lagern zu entscheiden ist.

Je größer der Kennzahlenwert der Lagerreichweite im Einzelfall ist, desto stabiler erscheint die Versorgung gesichert, umso höher ist jedoch auch die damit verbundene (sachgutbezogene) Kapitalbindung. Zu den entsprechenden Kapitalbindungskosten kommen die sonstigen variablen und fixen Kosten für die Bereitstellung und Nutzung des Lagers hinzu.

Bei der extremen Vielfalt denkbarer unternehmerischer Konstellationen ist eine generalisierende Vorgabe betriebswirtschaftlich fundiert nicht bestimmbar. Gleichwohl ist eine kontinuierlich sinkende Lagerreichweite im Allgemeinen erstrebenswert. Sie belegt, dass die Lagerbestände zügig den Leistungsprozess bis zum Endabnehmer durchlaufen, wobei Lagerhaltungs- und Überalterungskosten sich verringern und bislang gebundenes Kapital für andere Zwecke freigesetzt wird. Um eine Unterbrechung der Produktionsabläufe zu verhindern, muss unter Einrechnung eines Sicherheitsbestands die Reichweite jedoch mindestens so groß sein, dass die Zeit bis zur nächsten Belieferung überbrückt wird.

Als Orientierungen zur Größenordnung dieser Kennzahlenwerte und für Vergleichszwecke können neben den üblichen unternehmensinternen Möglichkeiten (zwischen organisatorischen Teilbereichen als Ist-Ist- und Plan-Ist-Relation) – soweit zugänglich – auch unternehmensextern Branchendurchschnittswerte oder „Best-Practice-Werte“ herangezogen werden. Neben der mengenmäßigen Definition von Zähler- und Nennergröße ist auch die wertmäßige Variante dieser Kennzahl in der Praxis vielfach gebräuchlich. Im wertmäßigen Fall ist im Zeit- und Unternehmensvergleich besonders auf die (einheitliche) Wahl der Preiskomponente zu achten (z. B. Bewertung der jeweiligen Menge zu Einstands- bzw. Verkaufspreisen oder Herstellungskosten).

Handlungsanregungen

!

Unter der Prämisse, dass branchengleiche Unternehmen über ähnliche Produktions- und Vermögensstrukturen verfügen, liefern Kennzahlenwerte, die (spürbar) von den Durchschnittswerten abweichen, deutliche Impulse, diesen positiven bzw. negativen Entwicklungen stärkere Beachtung zu schenken, sie in ihren Ursachen sowie Konsequenzen zu analysieren und sie dann im Sinne der jeweiligen Unternehmenszielsetzung zu beeinflussen.

Grundsätzlich kann eine Minderung oder Steigerung der Rentabilität eines Unternehmens hinsichtlich ihrer Ursachen – Änderung der Umsatzrentabilität und/oder des Kapitalumschlags (einschl. der Lagerreichweite) – analysiert und entsprechende

Maßnahmen ergriffen werden. Effizientere Beschaffungs- und Produktionsverfahren, wie z. B. der Just-in-Time-Ansatz, führen zu einem deutlich verbesserten Kennzahlenwert.

Veränderungen der Lagerreichweite als einer relativen Kennzahl können durch über- bzw. unterproportionale Entwicklung der in Beziehung gesetzten Bestandsgröße im Zähler (z. B. durchschnittlicher Lagerwert) und der Stromgröße im Nenner (z. B. Netto-Umsatz oder Herstellungskosten des Umsatzes) erreicht werden – siehe dazu im Grundsätzlichen die weiter systematisierenden, ausführlichen Erläuterungen zu Kennzahlen als Quotienten im Anhang I.

Neben der primär kostenorientierten Betrachtung bei Entscheidungen zur Dimensionierung der „Lagerreichweite" ist jedoch auch die marktorientierte Perspektive nicht zu vernachlässigen. Eine deutliche Bestandsverringerung bei Fertigerzeugnissen kann beispielsweise den angestrebten (und von den Kunden erwarteten) „Lieferbereitschaftsgrad" ggf. gefährden. Hier ist unternehmensindividuell eine Abwägung abteilungsübergreifend unter ökonomischen Gesichtspunkten vorzunehmen. Vor allem ist von Bedeutung, inwiefern Lieferzeiten von den Abnehmern akzeptiert werden und u. U. sogar – wie bei bestimmten Luxusgütern erkennbar – als ein positives Signal empfunden werden.

& Verwandte Kennzahlen / Zusätzliche Anmerkungen

Für den Kennzahlen-Begriffsteil „Reichweite" wird vielfach auch synonym von „Umschlagszeit" oder „Umschlagsdauer" gesprochen.

Der mathematische Kehrwert der Lagerreichweite (also Zähler und Nenner getauscht) wird – ohne den jeweiligen Zeitmultiplikator – als „Umschlagshäufigkeit", „Umschlagskoeffizient" oder kurz „Umschlag" bezeichnet.

4.5.3 Lagerumschlag

? Fragestellung

Wie effizient erfolgt das Lagerhaltungs-Management? – Wie oft wird (rechnerisch) der durchschnittliche Lagerbestand im Betrachtungszeitraum erneuert?

* Definition

Grund-Variante:

$$\frac{\text{Durchschnittlicher Perioden-Bedarf}}{\text{Durchschnittlicher Perioden-Bestand}}$$

oder als

Spezial-Variante (für Fertigerzeugnis-Lager):

$$\frac{\text{Netto-Umsatz oder Herstellungskosten des Umsatzes}}{\text{Durchschnittlicher Lagerbestandswert}}$$

Die Kennzahl „Lagerumschlag" wird dimensionslos als Dezimalzahl (sog. Umschlagszahl) angegeben.

Obwohl in der Unternehmenspraxis auf der Ebene der Fertigerzeugnisse nicht selten der Umsatz als Zähler verwendet wird, sind die Herstellungskosten des Umsatzes im Prinzip die angemessenere Größe.

Neben der wertmäßigen Version kann die Kenngröße „Lagerumschlag" auch in Bezug auf die Zahl der verkauften Einheiten mengenmäßig definiert werden:

$$\frac{\text{Menge der verkauften Einheiten}}{\text{Durchschnittliche Lagerbestandsmenge}}$$

Bei der Grund-Variante wird statt der Bezeichnung „Bedarf" synonym oftmals auch von „Verbrauch" oder „Abgang" gesprochen. Neben dieser mengenmäßigen Definition von Zähler- und Nennergröße ist die wertmäßige Variante des Lagerumschlags in der Praxis vielfach gebräuchlich. Dabei ist im Zeit- und Unternehmensvergleich besonders auf die (einheitliche) Wahl der Preiskomponente zu achten (z. B. Bewertung der jeweiligen Menge zu Einstands- bzw. Verkaufspreisen, Tages- bzw. Durchschnittspreisen oder entsprechenden Herstellungskosten).

Gegenstand der Betrachtung sind sog. betriebswirtschaftliche Erneuerungsmassen, hier Lager für verschiedene Objekte – unabhängig davon, ob es sich nach dem Aggregatzustand um feste, flüssige oder gasförmige Güter handelt:

- unterschiedliche Lagertypen in Abhängigkeit ihrer Positionierung im Wertschöpfungsprozess – z. B. für Roh-, Hilfs- und Betriebsstoffe, unfertige Erzeugnisse (Vorprodukte, Module, Baugruppen, Komponenten usw.) und fertige Erzeugnisse
- einzeln differenzierbare Betrachtungsobjekte – z. B. nach ihrer Wertigkeit im Sinne von sog. A-, B- bzw. C-Gütern und/oder nach ihrer Bedarfs-Vorhersagegenauigkeit als sog. X-, Y- bzw. Z-Güter.

Ermittlung / Herleitung »

Die Daten für die (wertmäßige Variante der) Kennzahl des Lagerumschlags für Fertigprodukte können dem veröffentlichten Jahresabschluss entnommen werden. Die Angaben zu den Umsatzerlösen und/oder den Herstellungskosten des Umsatzes sind in der Gewinn- und Verlustrechnung verfügbar, der Wert des durchschnittlichen Lagerbestands kann aus der Bilanz (als pauschale Sammelposition) aus Anfangs- und Endbestand hergeleitet werden.

Für alle anderen Lagerobjekte und Lagertypen sind die erforderlichen Daten den computergestützten Informationssystemen der Lagerwirtschaft zu entnehmen. Diese Informationen sind jedoch externen Analysten meist nicht zugänglich. Ferner bestehen Daten-Verknüpfungen mit der Produktionsplanung sowie dem internen Rechnungswesen, z. B. in Form entsprechender Bestands- und Flussrechnungen. Ggf. sind auch bereits in Anlieferung befindliche Gütermengen mit einzubeziehen.

Betriebswirtschaftlicher Aussagewert und Größenordnung

Die Kennzahl „Lagerumschlag" kann sowohl der Kategorie des Prozesscontrollings als auch den operativen Effizienzmaßen zugeordnet werden. Sie wird vielfach zudem als eine (indirekte) Liquiditäts-Kenngröße im Sinne der Umwandlung von Fertigerzeugnissen in Umsatzerlöse interpretiert. Sie vermittelt rechnerisch die Intensität, mit der eine Bestandsgröße im betrieblichen Leistungsprozess eingesetzt („umgeschlagen") wird. Dem Lagerumschlag kommt sowohl die Funktion eines Kosten- als auch eines Werttreibers zu.

Je nach gewählter Betrachtungsebene beziehen sich die zu gewinnenden Erkenntnisse ggf. auf bereits stark summierte Größen (z. B. über ein Werk) oder bei entsprechender Detaillierung auf überschaubarere unternehmerische Teilbereiche (z. B. einzelne Produkte oder Produktgruppen).

Bei der extremen Vielfalt denkbarer unternehmerischer Konstellationen ist eine generalisierende Vorgabe betriebswirtschaftlich fundiert nicht bestimmbar. Gleichwohl ist ein kontinuierlich steigender Lagerumschlag im Allgemeinen erstrebenswert. Er belegt dann, dass die Lagerbestände zügig die Produktionsprozesse durchlaufen, wobei die Lagerhaltungs- und Veralterungskosten sich verringern und bislang gebundenes Kapital für andere Zwecke freigesetzt wird.

Als Orientierung zur Größenordnung dieser Kennzahlenwerte und für Vergleiche können neben den üblichen unternehmensinternen Möglichkeiten (zwischen organisatorischen Teilbereichen als Ist-Ist- und Plan-Ist-Relation) auch unternehmensextern – soweit zugänglich – Branchendurchschnittswerte oder „Best-Practice-Werte" herangezogen werden. Im Falle vorzunehmender Vergleiche ist es wichtig, die Konsistenz der Preiskomponente bei der Berechnung des Lagerwertes zu gewährleisten (z. B. Bewertung der jeweiligen Menge zu Einstands- bzw. Verkaufspreisen, Tages- bzw. Durchschnittspreisen oder Herstellungskosten).

! Handlungsanregungen

Unter der Prämisse, dass branchengleiche Unternehmen über ähnliche Produktionsprozess- und Vermögensstrukturen verfügen, liefern Kennzahlenwerte, die (spürbar) von den entsprechenden Durchschnittswerten abweichen, deutliche Impulse, diesen positiven bzw. negativen Entwicklungen stärkere Beachtung zu schenken und sie im Sinne der jeweiligen Unternehmenszielsetzung zu beeinflussen.

In Handelsunternehmen gehört beispielsweise mangels einer eigenständigen „mehrstufigen Produktion" der „Lagerumschlag" zu den zentralen Kennzahlen der warenwirtschaftlichen Steuerung.

Der ökonomische Stellenwert des Lagerumschlags wird in Bezug auf die Kapitalbindungswirkung der Bestandsgröße besonders anschaulich im Rahmen des ROI-Ansatzes erkennbar – siehe dazu die weiteren ausführlichen Erläuterungen zum sog. ROI-System im Anhang II. Die Rentabilität als Spitzenkennzahl (Gewinn/Kapital) wird durch multiplikative Erweiterung mit (Umsatz/Umsatz) sowie eine Umordnung von Zähler und Nenner auf der nächsten Ebene dieser Kennzahlenpyramide zu Umsatzrentabilität (Gewinn/Umsatz) · Kapitalumschlagshäufigkeit (Umsatz/Kapital).

Überträgt man die Denk- und Vorgehensweise beispielsweise auf ein Fertigwarenlager, so zeigt die beschriebene multiplikative Verknüpfung von Umsatzrentabilität und Kapital- bzw. jetzt Lagerumschlag im ROI-Konzept, dass eine Beibehaltung der Rentabilitätshöhe trotz sinkender Umsatzrentabilität möglich ist, sofern der Lagerumschlag entsprechend erhöht werden kann (im Handel als sog. „Renner" betitelt). Eine analoge Argumentation ist für sog. „Langsamdreher" („Penner") möglich – hier ist die Umsatzrentabilität entsprechend zu steigern.

Prinzipiell ist in analoger Weise eine Rentabilitätsminderung oder -erhöhung auf ihre Ursachen hinsichtlich einer veränderten Umsatzrentabilität und/oder eines veränderten Lagerumschlags zu untersuchen, um anschließend Verbesserungsmaßnahmen zu ergreifen. Effizientere Beschaffungs- und Produktionsverfahren, wie z. B. der Just-in-Time Ansatz, führen zu einem deutlich höheren Lagerumschlag.

Veränderungen des Lagerumschlags als einer relativen Kennzahl können durch über- bzw. unterproportionale Entwicklung der in Beziehung gesetzten Stromgröße im Zähler (z. B. Netto-Umsatz oder Herstellungskosten des Umsatzes) und der Bestandsgröße im Nenner (z. B. durchschnittlicher Lagerwert) erreicht werden – siehe dazu im Grundsätzlichen die weiter systematisierenden, ausführlichen Erläuterungen zu Kennzahlen als Quotienten im Anhang I.

Wenn der Lagerumschlag sehr hoch ist, kann es bedeuten, dass mögliche Umsatzerlöse nicht realisiert werden können, da die gewünschten Produkte nicht im Lager verfügbar sind. Der Verlust des nicht realisierten Gewinns dieses Auftrags ist ggf. leichter verkraftbar als der Verlust des gesamten Kunden.

Verwandte Kennzahlen / Zusätzliche Anmerkungen &

Für den Kennzahlen-Begriffsteil „Umschlag" wird vielfach auch synonym von „Umschlagshäufigkeit", „Umschlagsgeschwindigkeit" oder „Umschlagskoeffizient" gesprochen.

Der mathematische Kehrwert des Lagerumschlags (also Zähler und Nenner getauscht) wird als „Umschlagszeit", „Umschlagsdauer" oder als (güter- und finanzwirtschaftliche) „Reichweite" bezeichnet. Dabei wird der Zähler je nach gewähltem Betrachtungszeitraum mit dem dazugehörigen Zeitfaktor multipliziert (mit der Anzahl der Tage pro Jahr, mit „· 52" für Wochen oder mit „· 12" für Monate).

4.5.4 Prozesskostensatz

Fragestellung

Wie hoch sind die durchschnittlichen Kosten für die Durchführung eines bestimmten Prozesses?

Definition

$$\frac{\text{Prozesskosten pro Periode}}{\text{Prozessmenge pro Periode}}$$

Den Prozesskosten entspricht der in Geldeinheiten bewertete, betrieblich bedingte Ressourcenverbrauch, der mit der als Prozess abgegrenzten Tätigkeit verbunden ist. Als Prozessmenge wird die Anzahl der durchgeführten Aktionsfolgen bezeichnet und durch einen (ggf. mehrere) sog. Prozess- bzw. Kostentreiber umschrieben – Beispiel: Kosten der Auftragsbearbeitung in Relation zur Zahl der bearbeiteten Aufträge.

Die Kenngröße „Prozesskostensatz" wird der Dimension „Geldeinheiten pro Prozess" angegeben (z. B. in € je Durchführung).

Ermittlung / Herleitung

Die erforderlichen Zeit- und Kosten-Informationen sind im Wesentlichen aus den Betriebsdatenerfassungssystemen (BDE) zu erheben, die der Kosten- und Leistungsrechnung zunächst vorgelagert sind – ggf. durch ergänzende Geschäftsprozessanalysen (vertikal und horizontal) operationalisiert. Sie sind meist auch kostenstellenübergreifend zu verdichten, sodass Schnittstellen im Informations- und Produktionsfluss transparent gemacht werden können.

Betriebswirtschaftlicher Aussagewert und Größenordnung

Der „Prozesskostensatz" ist die zentrale Größe im konzeptionellen Ansatz der Prozesskostenrechnung. Sie erfüllt zwei Hauptfunktionen: Zum einen dient sie als Maßstab zur exakteren Gemeinkostenzuordnung auf die Kostenträger gemäß der in Anspruch genommenen Ressourcen indirekter betrieblicher Leistungsbereiche (z. B. dispositive Tätigkeiten in den funktionalen Abteilungen oder der Verwaltung). Zum anderen können mit ihr wichtige Kosteninformationen für preispolitische Entscheidungen gewonnen werden – allerdings nur auf Vollkostenbasis (z. B. für langfristige Preisobergrenzen auf der Beschaffungsseite und langfristige Preisuntergrenzen auf der Absatzseite).

Typischerweise sind Prozesskostensätze anwendbar auf betriebliche Abläufe mit hohem Wiederholcharakter, unabhängig von der Hierarchieebene, dem Funktionsbereich und sowohl kostenstellenintern als auch -übergreifend sinnvoll, wenn mehrere Kostenstellen in den Prozess involviert sind.

Aufgrund der unternehmensindividuellen Festlegung der zu untersuchenden Prozesse sind keine generalisierbaren Vorgaben zur Höhe des jeweiligen Prozesskostensatzes sinnvoll. Bei vergleichbarer Prozessdefinition und entsprechend identisch abgegrenzten Aktivitäten lassen sich jedoch sowohl im innerbetrieblichen Vergleich als Ist-Ist- und Plan-Ist-Relationen wie auch unternehmensextern – soweit zugänglich – sog. Best-Practice-Werte ermitteln und als Orientierungsgröße verwenden.

Handlungsanregungen

!

Basis für eine betriebswirtschaftlich fundierte Auswertung der Kenngröße „Prozesskostensatz“ ist eine umfassende Strukturierung der indirekten Leistungsbereiche in vertikal und horizontal verknüpfte Prozesse unterschiedlicher Komplexität (z. B. bezeichnet als Teil-, Haupt- und Geschäftsprozesse). Diesen betrieblichen Aktionsfolgen sind in Abhängigkeit von ihrer Inanspruchnahme leistungsmengeninduzierte Kosten zuzuordnen und – nach transparent zu machenden Regeln – auch die restlichen sog. leistungsmengenneutralen Kosten zuzuweisen.

Im Vergleich zu den Formen der klassischen (meist wertmäßig prozentualen) Zuschlagskalkulation dienen die Prozesskostensätze als mengenmäßige Zuschlagssätze einer genaueren Verrechnung der Gemeinkosten, die am Gesamtvolumen der Unternehmenskosten einen zunehmenden Anteil ausmachen. Daher ist ihnen besondere betriebswirtschaftliche Aufmerksamkeit zu widmen.

Verwandte Kennzahlen / Zusätzliche Anmerkungen

&

Im Allgemeinen wird in den Unternehmen bereits bei der vertikal und horizontal erfolgenden Prozessanalyse die Existenz einer Vielzahl von informatorischen und güterwirtschaftlichen Schnittstellen sichtbar. Nicht wenige von ihnen besitzen den Charakter von „Bruchstellen“, die als sog. „Medienbrüche“ auf der datentechnischen Seite auftreten oder z. B. durch Doppelarbeiten bzw. durch Lager mit höheren Sicherheitsbeständen auf der güterwirtschaftlichen Seite bislang „überbrückt“ wurden. Mit Hilfe des gedanklichen Ansatzes der Prozesskostenrechnung soll eine Neuordnung und Vereinfachung der Abläufe zu einer höheren Wirtschaftlichkeit des Unternehmens beitragen und die Wettbewerbsfähigkeit stärken.

4.5.5 Maschinenstundensatz

Fragestellung

?

Wie groß ist die Gesamtheit aller zurechenbaren Kosten, die während einer 60-minütigen Laufzeit einer Maschine entstehen?

Definition

*

$$\frac{\text{Maschinenabhängige Kosten}}{\text{Maschinenlaufzeit}}$$

Die Kennzahl „Maschinenstundensatz“ wird in Geldeinheiten pro Stunde angegeben (z. B. in €/Std.).

» Ermittlung / Herleitung

Die erforderlichen Zeit- und Kosten-Informationen sind im Wesentlichen vom internen Rechnungswesen im Verbund mit dem Anlagen- und Produktionscontrolling zu gewinnen. Zu den maschinenabhängigen Kostenarten zählen z. B. Strom, Wartung/Instandsetzung, Abschreibungen und anteilige Gemeinkosten.

Betriebswirtschaftlicher Aussagewert und Größenordnung

Die Kennzahl „Maschinenstundensatz" bildet den zentralen Baustein der Bezugsgrößenkalkulation im Rahmen der Kostenträgerrechnung. Sie gibt die anteiligen maschinenabhängigen Gemeinkosten pro Zeiteinheit (meist Stunde, ggf. auch Minute) wieder. Um eine verursachungsgerechte Kalkulation der erstellten Güter und Dienstleistungen zu erreichen, ist es betriebswirtschaftlich sinnvoll, in Form einer sog. Platzkostenrechnung die in Anspruch genommenen Produktionsmittel möglichst genau mit ihrem Ressourcenverbrauch den Kostenträgern zuzurechnen.

Vor allem, wenn die Kostenstrukturen je nach gewähltem Produktionsverfahren (z. B. durch unterschiedliche Automatisierungsgrade bzw. Kapitalintensität) oder bei alternativen Standorten (ggf. dezentralisierter Fertigung in unterschiedlichen Ländern) stark variieren, stellt der Maschinenstundensatz einen wichtigen Entscheidungsparameter in der ökonomischen Vergleichsrechnung dar.

! Handlungsanregungen

Die Gemeinkostenverrechnungssätze werden im internen Rechnungswesen grundsätzlich zumindest auf Kostenstellenbasis ermittelt. Eine weitere Differenzierung auf einzelne Kostenplätze (Maschinen oder Arbeitsplätze) bietet sich stets dann an, wenn die zu erstellenden Produkte und Dienstleistungen die Bearbeitungsplätze einer Kostenstelle in unterschiedlich starkem Maße in Anspruch nehmen.

Um eine hohe betriebswirtschaftliche Qualität der gewonnenen Erkenntnisse zu gewährleisten, sollte besonderer Wert auf die Trennung von beschäftigungsabhängigen und -unabhängigen Maschinen- bzw. Platzkosten gelegt werden.

Die mit modernen Produktionsprozessen verbundene hohe Kapitalintensität erzwingt, dass die Fertigungskapazitäten und -verfügbarkeiten systematisch zu planen, zu steuern und zu kontrollieren sind. Das kann u. a. auf strategischer Ebene mit entsprechenden Organisationsstrukturen im Produktionsmanagement und auf operativer Ebene mit effizienten Produktionsplanungs- und Controlling-Instrumenten erreicht werden. Anstrengungen zur Reduzierung oder Vermeidung von Ausfallzeiten stellen beispielsweise einen zentralen Aspekt in den Systemen der Instandhaltung, vorbeugenden Wartung und Reparatur dar.

& Verwandte Kennzahlen / Zusätzliche Anmerkungen

Als Synonyme – bezogen auf einzelne Maschinen oder Arbeitsplätze – sind für die Kenngröße „Maschinenstundensatz" u. a. gebräuchlich: „Verrechnungskostensatz"; „Bezugsgrößenkalkulationssatz"; „Platzkostensatz".

Wird eine Gruppe von Maschinen zu einem Fertigungszentrum (oder einer -insel) zusammengefügt, wobei eine eigenständige Arbeitsleistung entsteht, so wird die Maschinenstunde als aggregierte Größe der jeweils zuzurechnenden Kosten aller hier verbundenen Maschinen ermittelt. Dieses Vorgehen gewinnt vor allem in zahlreichen High-Tech-Produktionsverfahren an Relevanz, in denen teambasierte Fertigungszentren üblich sind.

4.5.6 Engpassspezifische Mehrkosten

Fragestellung

?

Nach welchem Kriterium kann kurzfristig eine betriebliche Engpasssituation durch Verlagerung der Erstellung intern (auf andere Produktionskapazitäten innerhalb des Unternehmens) oder extern (z. B. durch Outsourcing/Fremdbezug) ökonomisch sinnvoll gelöst werden?

Definition

*

$$\frac{\text{Mehrkosten je Stück}}{\text{Engpassentlastung je Stück}}$$

Wobei gilt:

Mehrkosten je Stück	=	Differenz zwischen den variablen Stückkosten auf einer alternativen maschinellen Anlage (oder z. B. Fremdbezug) und denen auf der derzeitigen Engpassanlage
Engpassentlastung je Stück	=	durch die Verlagerung frei werdende Engpasskapazität je Stück.

Dabei kann es sich beispielsweise handeln um m^2, m^3, Gewichts- oder Zeiteinheiten, je nachdem in welcher Dimension die Engpasskapazität erhoben wird.

Die Kenngröße „engpassspezifische Mehrkosten“ wird gemessen in der Dimension „Geldeinheiten je Engpasskapazitätseinheit“ (z. B. in €/Maschinenminute oder €/Std.).

Ermittlung / Herleitung

»

Die erforderlichen Informationen sind im Unternehmen einerseits aus der Kosten- und Leistungsrechnung zu gewinnen, die für diese Kennzahlen zwingend auch die Teilkostenbasierung umfassen muss. Andererseits sind weitere notwendige Daten – mit Hilfe der vorgelagerten Betriebsdatenerfassungssysteme (BDE) – aus den computergestützten Informationssystemen der Produktionsplanung, -steuerung und -kontrolle zu entnehmen bzw. bei der Alternative „Fremdbezug“ von der Beschaffungsabteilung die erhobenen Angebotswerte (Einkaufspreise) der potenziellen Lieferanten zur Verfügung zu stellen.

Grundsätzlich kann jeder Produktionsfaktor, aber auch jeder betriebliche Bereich zum Engpass werden, sodass sich die Informationsbedarfe entsprechend unterschiedlich ausrichten können.

Betriebswirtschaftlicher Aussagewert und Größenordnung

Die „engpassspezifischen Mehrkosten" sind eine operative Kenngröße, die im Falle von betrieblichen Engpasssituationen ihre besondere Relevanz erhalten. Typischerweise stehen in der Praxis maschinelle Engpässe im Vordergrund, es können aber analog auch Knappheiten anderer unternehmerischer Kapazitäten (z. B. Lagerflächen oder -volumen, gewichtsbezogene Transportmittelpotenziale bzw. personelle Restriktionen) ökonomisch fundiert überwunden werden.

Der Größe im Zähler „Mehrkosten je Stück" entspricht der Kostennachteil, der durch eine Verlagerung der Erstellung entsteht. Dieser ökonomische Wert wird rechnerisch bezogen (quasi gewichtet) auf die jeweils „frei" werdende Kapazität (im Nenner) – daher der Zusatz „spezifisch" bei der Kennzahlenbezeichnung.

Entscheidend bei der Anwendung dieser operativen Entscheidungsmethodik sind zunächst nicht die absoluten Unterschiede in der Höhe der spezifischen Mehrkosten, sondern die Einhaltung der Reihenfolge, Schritt für Schritt die Alternative mit den jeweils geringsten (relativen) Kostennachteilen bei einer Verlagerung aus dem Engpass heraus zu berücksichtigen – bis die Fehlkapazität des Engpasses abgebaut ist.

Sobald allerdings die durch steigende variable Stückkosten geringer gewordenen absoluten Deckungsbeiträge periodenbezogen die zu kompensierenden Fixkosten nicht mehr abdecken, ist zu prüfen, ob dieses Produktionsprogramm zwingend (z. B. wegen vertraglicher Verpflichtungen) in dieser Zusammensetzung erzeugt werden muss.

! Handlungsanregungen

Unter der prinzipiellen Annahme, dass kurzfristig die einzelnen (insb. maschinellen und personellen Produktions-)Kapazitäten eines Unternehmens nicht veränderbar sind, gilt die Entscheidungsregel, jeweils das Aggregat bzw. die Mensch-Maschine-Kombination zu wählen, die zu den niedrigsten variablen Stückkosten (oder bei kurzfristig unveränderten Absatzpreisen zum höchsten Stückdeckungsbeitrag) führt. Bei konstantem Stückdeckungsbeitrag ergibt sich ein maximierter Gewinn, bei ggf. nicht kompensierten fixen Kosten ein minimierter kurzfristiger Verlust.

Neben den unmittelbar in die variablen Kosten einfließenden bewerteten Ressourcenverbräuchen ist insbesondere bei der Verlagerung von leistungswirtschaftlichen Aufgaben an Externe (sog. Fremdbezug oder Outsourcing) die Einhaltung der qualitativen, quantitativen und zeitlichen Erfordernisse sicherzustellen. Bei dauerhafter Fremdvergabe (und ggf. regionaler Verlagerung im Sinne eines Offshorings) ist unter strategischen Aspekten u. a. darauf zu achten, ob ein wettbewerbsrelevanter Know how-Verlust droht oder ob beim Kunden Image-Schmälerungen auftreten, da erwartete Kernkompetenzen nicht mehr vom Anbieter selbst wahrgenommen werden, sodass die Kundenbindung oder der Kundenservice u. U. leiden.

Bei dauerhaften Engpassproblemen ist die Gestaltung der Wertschöpfungskette grundsätzlich zu überdenken und mit den Verfahren der dynamischen Investitionsrechnung im Rahmen der strategischen Ausrichtung des Unternehmens die betriebswirtschaftliche Vorteilhaftigkeit von gezielten Kapazitätserweiterungen zu prüfen.

Verwandte Kennzahlen / Zusätzliche Anmerkungen &

Je nach Handlungsnotwendigkeit auf strategischer Ebene (bei dauerhaft zu erwartenden Engpasssituationen) oder auf operativer Ebene (bei vermutlich nur vorübergehender Überauslastung) stellt sich die Problematik der Management-Entscheidung zur anzustrebenden Fertigungstiefe (vielfach auch als „Make-or-buy“ bzw. „Out- versus Insourcing“ bezeichnet). In diesem Zusammenhang sind jedoch auch die zusätzlichen Kosten zu berücksichtigen, die diese Analyse „Eigenerstellung versus Fremdbezug“ verursacht.

4.6 Ökologische Nachhaltigkeits-Kenngrößen

4.6.1 Eigenerstellungs-bedingte CO_2e-Emissionen (Scope 1)

Fragestellung ?

In welcher Höhe werden Treibhausgas-Emissionen (gemessen in CO_2-Äquivalenten; CO_2e) durch den eigenen Erstellungsprozess des Unternehmens pro Periode (z. B. ein Jahr) freigesetzt?

Definition[3] *

> Summe der gewichteten Mengen der Emissionsarten pro Periode

Ob neben Kohlendioxid (CO_2) noch weitere Treibhausgase (THG) als Emissionsarten einbezogen werden, ist vom jeweiligen Unternehmen begründend offen zu legen. Die Angaben sind als Bruttovolumen auszuweisen, unabhängig von gesonderten THG-Handelsaktivitäten sowie Transfers von Kompensationszahlungen oder sonstigen Berechtigungen.

Die Kennzahl „Eigenerstellungs-bedingte CO_2e-Emissionen (Scope 1)“ wird in der Dimension „Masse“ bzw. „Gewicht“ angegeben, also z. B. in Tonnen.

---

3 Die Definition dieser Kennzahl erfolgt in enger Anlehnung an den Indikator G4-EN15 der Global Reporting Initiative (GRI) „Direkte THG-Emissionen (Scope 1)“.

» Ermittlung / Herleitung

Voraussetzung, um die erforderlichen Daten für diesen emissionsorientierten Kennzahlentyp zu erhalten, ist die Existenz eines entsprechend detaillierten, computergestützten betrieblichen Umweltinformationssystems (BUIS). Zu den Aufgaben eines BUIS zählt im hier interessierenden Zusammenhang vor allem die Erfassung, Verarbeitung und Aufbereitung ökologisch relevanter Daten, insbesondere

- die mengenmäßige Erhebung (z. B. für die verschiedenen Emissionsarten)
- die Dokumentation für externe Berichterstattungspflichten (bedingt durch Gesetze, Verordnungen usw.)
- die Bildung von aussagefähigen Kennzahlen, um komplexe Zusammenhänge komprimiert darzustellen und unternehmensintern wie -extern Sachverhalte und Entwicklungen im Zeitablauf vergleichbar machen zu können.

Die von der GRI zugrunde gelegte Übersicht bezieht sich hinsichtlich der zentralen klimarelevanten Gase auf das Kyoto-Protokoll der Vereinten Nationen, sodass zu den sog. „Kyoto-Gasen" in der Regel gezählt werden: CO_2 (Kohlendioxid); CH_4 (Methan); N_2O (Distickstoffoxid); FKW (Fluorkohlenwasserstoffe); PFKW (Perfluorkohlenwasserstoffe (PFKW); SF_6 (Schwefelhexafluorid); NF_3 (Stickstofftrifluorid). Mit Hilfe von Emissionsfaktoren, die dem aktuellen Stand der Klimaforschung entsprechen (entnehmbar z. B. aus Veröffentlichungen des Intergovernmental Panel on Climate Change; IPCC), erfolgt eine Umrechnung der genannten Treibhausgase in eine Wirkungskategorie, in die sog. CO_2-Äquivalente (abgekürzt mit CO_2e; e steht dabei für equivalent).

Als „Scope 1" laut Global Reporting Initiative wird die Fokussierung auf alle Emissionsquellen bezeichnet, die sich im Eigentum bzw. in finanzieller oder operationaler Kontrolle des Unternehmens befinden. Nicht dazu zählen die CO_2e-Emissionen für fremdbezogene Energie („Scope 2") sowie alle CO_2-Emissionen, die auf vorgelagerten Stufen der Wertkette angefallen sind, von eigenen Mitarbeitern bei fremden Unternehmen verursacht werden (z. B. Geschäftsreisen mit einer selbstständigen Fluggesellschaft) oder bei der späteren externen Produkt-Weiterverarbeitung, -Nutzung und -Entsorgung freigesetzt werden („Scope 3").

Betriebswirtschaftlicher Aussagewert und Größenordnung

Im Mittelpunkt des Nachhaltigkeits-Ansatzes steht der Gedanke, eine Entwicklung zu ermöglichen, die die Bedürfnisse der Gegenwart befriedigt, ohne zu riskieren, dass zukünftige Generationen ihre eigenen Bedürfnisse nicht mehr befriedigen können.

Die Umsetzung dieses Grundprinzips auf der Ebene einzelner Unternehmen bedeutet u. a., die natürliche Umwelt nur in zumutbarer Weise und möglichst gering zu belasten. Im Hinblick auf die Stärke der getätigten Klimaschutzaktivitäten gilt inzwischen der CO_2-Ausstoß allgemein als der wesentliche Leitindikator auf einzel- wie auch auf gesamtwirtschaftlicher Ebene.

Die Vergleichbarkeit reiner zeitraumbezogener Summengrößen kann stets erschwert sein, falls bislang z. B. nicht alle Standorte eines Unternehmens erfasst wurden und so die Grundgesamtheit sich verändert – ein beim derzeitigen Entwicklungsstand der Nachhaltigkeitsberichterstattung noch weitverbreiteter Sachverhalt.

Aufgrund der Weiterentwicklung und kontinuierlichen Präzisierung der Aufzeichnungs- und Erhebungsmethoden sowie des ggf. zwischenzeitlich erfolgten Kaufs bzw. Verkaufs von Unternehmensteilen sind mitunter die von den Konzernen in ihren Berichten präsentierten Zahlen nicht immer unmittelbar vergleichbar.

Eine allgemeine Vorgabe für die Höhe der Kennzahl „Eigenerstellungs-bedingte CO_2e-Emissionen (Scope 1)" ist nicht bestimmbar. Als Orientierungen zur Größenordnung können neben den üblichen unternehmensinternen Vergleichsmöglichkeiten (zwischen organisatorischen Teilbereichen als Ist-Ist- bzw. Plan-Ist-Relation) auch unternehmensextern – soweit verfügbar – entsprechende Angaben einzelner Wettbewerber, Branchendurchschnittswerte oder „Best-Practice-Werte" herangezogen werden.

Handlungsanregungen

!

Ausgehend von der Grundidee eines unternehmerischen Geschäftsmodells, das die natürlichen Ressourcen nicht nur auf der Inputseite, sondern vor allem während der eigenen Leistungserstellungsprozesse zunehmend schont, bietet sich ein weites Spektrum denkbarer Maßnahmenbündel an. Es gilt insbesondere, die Planung, Steuerung und Kontrolle der Abläufe material-, energie- und wasserwirtschaftlicher Art zu analysieren und ggf. gezielt zu verändern. Dazu zählen vor allem:

- das Erkennen von technischen sowie organisatorischen Schwachstellen bzw. Verbesserungsmöglichkeiten zur Reduzierung der Energie- und Stoffströme (ggf. durch Herstellung von Systemen der Kreislaufwirtschaft) einschließlich der jeweiligen CO_2e-Wirkungen
- die Sensibilisierung und Förderung des Umweltbewusstseins der Mitarbeiter, Erhöhung der Motivation sowie Belohnung entsprechenden Handelns im Rahmen des Vergütungssystems
- Einsparungen bei Auszahlungen für ggf. erforderliche CO_2-Emissionszertifikate, Umweltsteuern und -abgaben
- Umsatzerhöhungen durch Imagegewinn in der Öffentlichkeit und besondere Markierung und Positionierung der Produkte (z. B. mit CO_2-Labelling).

Die komplexen physikalischen, chemischen und biologischen Zusammenhänge sowie die vielfältigen Wirkungsinterdependenzen erschweren vielfach das Finden „leichter" und „schneller" ökologischer Lösungen, aber – wie auch in anderen betriebswirtschaftlichen Aktionsfeldern – beginnt der Weg stets mit dem ersten Schritt.

Verwandte Kennzahlen / Zusätzliche Anmerkungen

&

Die externe Berichterstattung zur Nachhaltigkeit ist ihrerseits deutlich weniger genormt als das „klassische" Reporting der Unternehmen nach nationalen oder internationalen Rechnungslegungsstandards. Als Orientierung wird jedoch zunehmend auf das System der Indikatoren in den Richtlinien der Global Reporting Initiative (GRI) Bezug genommen. Sie hat es sich als unabhängige Organisation zur Aufgabe gemacht, formale und inhaltliche Empfehlungen im Sinne eines umfassend kommentierten Leitfadens zu entwickeln, um die Nachhaltigkeitsberichterstattung der Unternehmen weltweit vergleichbarer gestalten zu können.

Mit den GRI-Abgrenzungskriterien zwischen Scope 1, 2 und 3 soll vor allem eine praktische Erleichterung in der Erhebung der notwendigen Daten zu den CO_2-Emissionen erreicht werden – siehe auch die eigenständige Profil-Darstellung zur Kennzahl „Energiebezugs-bedingte CO_2e-Emissionen (Scope 2)". Je nach Geschäftsmodell, z. B. im Dienstleistungsbereich, können jedoch Geschäftsreisen einen erheblichen Anteil an den CO_2-Emissionen des Unternehmens besitzen, die ihrerseits aber erst – definitionsgetreu – in der Kategorie „Scope 3" ausgewiesen werden dürfen. Die Vergleichbarkeit (Geschäftsreisen mit firmeneigenem PKW in Relation zur Nutzung einer Fluglinie) ist also nicht immer unmittelbar gegeben und vielfach von entsprechenden zusätzlichen Erläuterungen des berichtenden Unternehmens abhängig.

4.6.2 Energiebezugs-bedingte CO_2e-Emissionen (Scope 2)

? Fragestellung

In welcher Höhe erfolgt die Freisetzung von Treibhausgas-Emissionen (gemessen in CO_2-Äquivalenten; CO_2e) zur Energieerzeugung durch andere Unternehmen, die durch den Fremdbezugsbedarf von Energie pro Periode (z. B. ein Jahr) des eigenen Unternehmens verursacht werden?

*** Definition**[4]

Summe der gewichteten Mengen der Emissionsarten pro Periode

Ob neben Kohlendioxid (CO_2) noch weitere Treibhausgase (THG) als Emissionsarten einbezogen werden, ist vom jeweiligen Unternehmen begründend offen zu legen. Die Angaben sind als Bruttovolumen auszuweisen, unabhängig von gesonderten THG-Handelsaktivitäten sowie Transfers von Kompensationszahlungen oder sonstigen Berechtigungen.

Die Kennzahl „Energiebezugs-bedingte CO_2e-Emissionen (Scope 2)" wird in der Dimension „Masse" bzw. „Gewicht" angegeben, also z. B. in Tonnen.

4 Die Definition dieser Kennzahl erfolgt in enger Anlehnung an den Indikator G4-EN16 der Global Reporting Initiative (GRI) „Indirekte energiebezogene THG-Emissionen (Scope 2)".

Ermittlung / Herleitung

»

Die Beschaffung der erforderlichen Daten stellt eine besondere Herausforderung für die Anwendung dieser Methodik und als Ergebnis für die Berechnung dieser Kenngröße dar. Im Grundsatz sind auf der Basis der nachprüfbar zu gestaltenden Angaben der Energie-Anbieter (z. B. über Art der Energie-Einsatzstoffe, Prozessabläufe, Wirkungsgrade und Transportverluste) die mit dem Bezug der jeweiligen Energiemengen verbundenen CO_2e-Emissionen zu erheben und zu addieren.

Angesichts unterschiedlicher Umweltbelastungen durch die Inanspruchnahme der betreffenden Energiequellen (z. B. durch deutlich differierende Emissionen zunächst bei der Rohstoffgewinnung und Umwandlung in Nutzenergie wie auch bei deren Verbrauch) ist die Gestaltung der Struktur der unternehmerischen Energiequellen ein zunehmend an Bedeutung gewinnendes Management-Thema geworden.

Die von der GRI zugrunde gelegte Übersicht bezieht sich hinsichtlich der zentralen klimarelevanten Gase auf das Kyoto-Protokoll der Vereinten Nationen, sodass zu den sog. „Kyoto-Gasen" in der Regel gezählt werden: CO_2 (Kohlendioxid); CH_4 (Methan); N_2O (Distickstoffoxid); FKW (Fluorkohlenwasserstoffe); PFKW (Perfluorkohlenwasserstoffe (PFKW); SF_6 (Schwefelhexafluorid); NF_3 (Stickstofftrifluorid). Mit Hilfe von Emissionsfaktoren, die dem aktuellen Stand der Klimaforschung entsprechen (entnehmbar z. B. aus Veröffentlichungen des Intergovernmental Panel on Climate Change; IPCC), erfolgt eine Umrechnung der genannten Treibhausgase in eine Wirkungskategorie, in die sog. CO_2-Äquivalente (abgekürzt mit CO_2e; e steht dabei für equivalent).

Betriebswirtschaftlicher Aussagewert und Größenordnung

#

Im Mittelpunkt des Nachhaltigkeits-Ansatzes steht der Gedanke, eine Entwicklung zu ermöglichen, die die Bedürfnisse der Gegenwart befriedigt, ohne zu riskieren, dass zukünftige Generationen ihre eigenen Bedürfnisse nicht mehr befriedigen können.

Die Umsetzung dieses Grundprinzips auf der Ebene einzelner Unternehmen bedeutet u. a., die natürliche Umwelt nur in zumutbarer Weise und möglichst gering zu belasten. Im Hinblick auf die Stärke der getätigten Klimaschutzaktivitäten gilt inzwischen der CO_2-Ausstoß allgemein als der wesentliche Leitindikator auf einzel- wie auch auf gesamtwirtschaftlicher Ebene, ggf. ergänzt um weitere relevante Gase.

Für den jeweiligen unternehmerischen Einsatzzweck können sog. Nutz- bzw. Endenergie-Arten unterschieden werden, z. B. Strom, Kraft- und Brennstoff, Heizung, Kühlung, Dampf und Druckluft.

Die Vergleichbarkeit reiner zeitraumbezogener Summengrößen kann stets erschwert sein, falls bislang z. B. nicht alle Standorte eines Unternehmens eingebunden wurden und so die Grundgesamtheit sich verändert – ein beim derzeitigen Entwicklungsstand der Nachhaltigkeitsberichterstattung noch weitverbreiteter Sachverhalt.

Aufgrund der Weiterentwicklung und kontinuierlichen Präzisierung der Aufzeichnungs- und Erhebungsmethoden sowie des ggf. zwischenzeitlich erfolgten Kaufs bzw. Verkaufs von Unternehmensteilen sind mitunter die von den Konzernen in ihren Berichten präsentierten Zahlen nicht immer unmittelbar vergleichbar.

Eine generalisierende Vorgabe für die Höhe der Kenngröße „Energiebezugsbedingte CO_2e-Emissionen (Scope 2)“ ist nicht bestimmbar. Als Orientierungen zur Größenordnung können neben den üblichen unternehmensinternen Vergleichsmöglichkeiten (zwischen organisatorischen Teilbereichen als Ist-Ist- bzw. Plan-Ist-Relation) auch unternehmensextern – soweit verfügbar – entsprechende Angaben einzelner Wettbewerber, Branchendurchschnittswerte oder „Best-Practice-Werte“ herangezogen werden.

! Handlungsanregungen

Ausgehend von den Elementarprinzipien eines unternehmerischen Energiemanagements, das die Ressourcen-Inanspruchnahme bereits auf der Inputseite und nicht erst während der eigenen Leistungserstellungsprozesse zunehmend schont, bietet sich ein weites Spektrum denkbarer Maßnahmenbündel an.

Zum einen gilt es insbesondere, die erforderliche absolute Gesamt-Energiemenge und den Bedarf der innerbetrieblichen Nachfrager systematisch zu analysieren sowie auf eine Minderung hinzuwirken. Zumindest aber ist der spezifische Energieeinsatz pro Ausbringungseinheit möglichst zu verringern, es sei denn, der gestiegene unternehmenseigene Energieverbrauch wird durch entsprechend energiesparsamere Produkte und ihren Minderverbrauch während ihrer üblichen Nutzungszeit deutlich überkompensiert.

Zum anderen soll der notwendig bleibende Energiebedarf – neben Fragen der Wirtschaftlichkeit und Versorgungssicherheit – auf eine CO_2e-Emissionen-schonende Art gedeckt werden. Dazu ist auf die Wahl einen geeigneten Mix der Energiequellen zu achten.

Im Unternehmen sind daher unter energetischen Gesichtspunkten die Planung, Steuerung und Kontrolle der Abläufe material-, energie- und wasserwirtschaftlicher Art zu analysieren und ggf. gezielt zu verändern. Dazu zählen vor allem:

- das Erkennen von technischen sowie organisatorischen Schwachstellen bzw. Verbesserungsmöglichkeiten zur Reduzierung der notwendigen Energieströme (ggf. durch Herstellung von Systemen der Kreislaufwirtschaft) einschließlich der jeweiligen CO_2e-Wirkungen
- die Sensibilisierung und Förderung des Umweltbewusstseins der Mitarbeiter, Erhöhung der Motivation sowie Belohnung entsprechenden Handelns im Rahmen des Vergütungssystems.

Die komplexen physikalischen, chemischen und biologischen Zusammenhänge sowie die vielfältigen Wirkungsinterdependenzen erschweren nicht selten das Finden „leichter“ und „schneller“ energiewirtschaftlicher Lösungen, aber – wie auch in anderen Aktionsfeldern – beginnt der Weg stets mit dem ersten Schritt.

Verwandte Kennzahlen / Zusätzliche Anmerkungen

&

Die externe Berichterstattung zur Nachhaltigkeit ist ihrerseits deutlich weniger genormt als das „klassische" Reporting der Unternehmen nach nationalen oder internationalen Rechnungslegungsstandards. Als Orientierung wird jedoch zunehmend auf das System der Indikatoren in den Richtlinien der Global Reporting Initiative (GRI) Bezug genommen. Sie hat es sich als unabhängige Organisation zur Aufgabe gemacht, formale und inhaltliche Empfehlungen im Sinne eines umfassend kommentierten Leitfadens zu entwickeln, um die Nachhaltigkeitsberichterstattung der Unternehmen weltweit vergleichbarer gestalten zu können.

Mit den GRI-Abgrenzungskriterien zwischen Scope 1, 2 und 3 soll vor allem eine praktische Erleichterung in der Erhebung der notwendigen Daten zu den CO_2e-Emissionen erreicht werden.

Als „Scope 1" laut Global Reporting Initiative wird die Fokussierung auf alle Emissionsquellen bezeichnet, die sich im Eigentum bzw. in finanzieller oder operationaler Kontrolle des Unternehmens befinden – siehe auch die eigenständige Profil-Darstellung zur Kennzahl „Eigenerstellungs-bedingte CO_2e-Emissionen (Scope 1)". Neben den hier behandelten CO_2e-Emissionen für fremdbezogene Energie („Scope 2") zählen dagegen zum „Scope 3" alle CO_2e-Emissionen, die auf vorgelagerten Stufen der Wertkette angefallen sind, von eigenen Mitarbeitern bei fremden Unternehmen verursacht werden (z. B. Geschäftsreisen mit einer selbstständigen Fluggesellschaft) oder bei der späteren externen Produkt-Weiterverarbeitung, -Nutzung und -Entsorgung freigesetzt werden.

4.6.3 Produktionsbegleitende Kondukte

Fragestellung

?

In welcher Höhe werden durch den Erstellungsprozess des Unternehmens – jenseits der beabsichtigten Produkte und Dienstleistungen – bestimmte (ökologisch besonders relevante) Stoffe – unerwünscht als sog. Kondukte – an das natürliche Umfeld abgegeben? – pro Periode (z. B. ein Jahr) oder durchschnittlich je Einheit des Outputs (z. B. je Produkt oder je Tonne Stahl)

- als zeitraumbezogene Kennzahlen-Variante
  aufgliederbar nach verschiedenen Kondukten bzw. Emissionsarten (z. B. als Abfall, Abwasser, Abluft, Wärme, Staub, Lärm) mit jeweiligen Untergliederungen (z. B. für Abfall als Kunststoffe, Papier, Glas, Sondermüll usw.)
- als stückbezogene Kennzahlen-Variante
  aufgliederbar nach verschiedenen Output-Einheiten (Stückzahl Endprodukte, Zahl der gefahrenen Transportkilometer, Zahl der produzierten Tonnen Stahl usw.)

Definition

Zeitraumbezogene Variante:

$$\text{Menge der Konduktart (bzw. Emissionsart) pro Periode}$$

Als Maßzahl für die Mengeneinheiten der jeweils betrachteten festen, flüssigen oder gasförmigen Kondukte (als Oberbegriff für alle Formen von unerwünschtem Output) bzw. Emissionen kommen insbesondere in Frage: (Stück-)Zahl, Volumeneinheiten sowie Gewichtsangaben – z. B. in Tonnen SO_2 oder CO_2 pro Jahr.

Stückbezogene Variante:

$$\frac{\text{Menge der Konduktart (bzw. Emissionsart) pro Periode}}{\text{Menge der erstellten Outputeinheiten pro Periode}}$$

Als Maßzahl für die Mengeneinheiten der im Nenner betrachteten festen, flüssigen oder gasförmigen Outputeinheiten kommen grundsätzlich in Frage: (Stück-)Zahl, Längen-, Flächen- und Volumeneinheiten oder Gewichts-/Masse- sowie sonstige physikalische Leistungsangaben.

Aus der jeweiligen Kombination ergibt sich die entsprechende Dimension, z. B. als Abwassermenge pro Fertigprodukt.

Ermittlung / Herleitung

Voraussetzung, um die erforderlichen Daten für diese emissionsorientierten Kennzahlentypen zu erhalten, ist die Existenz eines entsprechend detaillierten computergestützten betrieblichen Umweltinformationssystems (BUIS). Zu den Aufgaben eines BUIS zählt im hier interessierenden Zusammenhang vor allem die Erfassung, Verarbeitung und Aufbereitung ökologisch relevanter Daten, insbesondere

- die mengen- und wertmäßige Erhebung (z. B. der Kondukt- bzw. Emissionsmengen)
- die Dokumentation für externe Berichterstattungspflichten (bedingt durch Gesetze, Verordnungen usw.)
- die Bildung von aussagefähigen Kennzahlen, um komplexe Zusammenhänge komprimiert darzustellen und unternehmensintern wie -extern Sachverhalte und Entwicklungen im Zeitablauf vergleichbar machen zu können.

Betriebswirtschaftlicher Aussagewert und Größenordnung

Im Mittelpunkt des Nachhaltigkeits-Ansatzes steht der Gedanke, eine Entwicklung zu ermöglichen, die die Bedürfnisse der Gegenwart befriedigt, ohne zu riskieren, dass zukünftige Generationen ihre eigenen Bedürfnisse nicht mehr befriedigen können. Die Umsetzung dieses Grundprinzips auf der Ebene einzelner Unternehmen bedeutet u. a., die natürliche Umwelt nur in zumutbarer Weise und möglichst gering zu belasten. In diesem Sinne zeigen die beiden Kennzahlentypen die mengenmäßige Kondukt- bzw. Emissionsproblematik aus zwei unterschiedlichen Perspektiven auf.

Bei stark diversifizierten Produktprogrammen der Unternehmen sind sinnvoller Weise Vergleichsaussagen zur Größenordnung nur auf der Ebene jeweils ähnlicher Produktgruppen unternehmensintern wie -extern vorzunehmen. Die Vergleichbarkeit reiner zeitraumbezogener Summengrößen (wie absolute Zahl der Kubikmeter Abwasser pro Jahr) kann zudem erschwert sein, falls bislang z. B. noch nicht alle Standorte eines Unternehmens erfasst wurden und so die Grundgesamtheit sich verändert – ein beim derzeitigen Entwicklungsstand der Nachhaltigkeitsberichterstattung weitverbreiteter Sachverhalt.

Eine Relationsbildung mit Hilfe der stückbezogenen Kennzahlen-Variante kann jedoch Abhilfe schaffen, indem die absoluten Kondukt- bzw. Emissions-Mengengrößen zu den erstellten Produktmengen in Beziehung gesetzt werden (z. B. als Abwassermenge pro Fertigprodukt).

Als Orientierungen zur Größenordnung der verschiedenen Kennzahlenwerte und für Vergleichszwecke können neben den üblichen unternehmensinternen Möglichkeiten (zwischen organisatorischen Teilbereichen, z. B. Standorten/Werken oder als Ist-Ist- bzw. als Plan-Ist-Relation) – soweit zugänglich – auch unternehmensextern Angaben einzelner Wettbewerber, Branchendurchschnittswerte oder „Best-Practice-Werte“ herangezogen werden.

Aufgrund der Weiterentwicklung und kontinuierlichen Präzisierung der Aufzeichnungs- und Erhebungsmethoden sowie des ggf. zwischenzeitlich erfolgten Kaufs bzw. Verkaufs von Unternehmensteilen sind mitunter die von den Konzernen in ihren Berichten präsentierten Zahlen nicht immer unmittelbar vergleichbar.

Im Hinblick auf die Stärke der getätigten Klimaschutzaktivitäten gilt z. B. inzwischen der CO_2-Ausstoß allgemein als der wesentliche Leitindikator.

Handlungsanregungen

!

Unter der Prämisse, dass branchengleiche Unternehmen über ähnliche Produktionsstrukturen verfügen, liefern Kennzahlenwerte, die (spürbar) von den entsprechenden Durchschnittswerten abweichen, deutliche Impulse, diesen positiven bzw. negativen Entwicklungen stärkere Beachtung zu schenken, sie in ihren Ursachen sowie Konsequenzen zu analysieren und sie dann im Sinne der jeweiligen Unternehmenszielsetzung zu beeinflussen.

Generell gilt: Ausgehend von der Grundidee eines unternehmerischen Leistungsprozesses, der die natürlichen Ressourcen nicht nur auf der Input-, sondern auch auf der Output-Seite zunehmend schont, bietet sich ein weites Spektrum denkbarer Maßnahmenbündel an. Es gilt insbesondere, die Planung, Steuerung und Kontrolle der Abläufe material-, energie- und wasserwirtschaftlicher Art zu analysieren und ggf. gezielt zu verändern. Dazu zählen vor allem:

- das Erkennen von technischen sowie organisatorischen Schwachstellen
- die Initiierung von Verbesserungsmöglichkeiten zur Reduzierung der Energie- und Stoffströme (ggf. durch Herstellung von Systemen der Kreislaufwirtschaft)
- das Entwickeln von Ideen zur Verringerung der jeweiligen Umweltwirkungen der Produktionsprozesse
- Einsparungen bei der Zahlung erforderlicher Umweltsteuern und –abgaben
- Umsatzerhöhungen durch Imagegewinn in der Öffentlichkeit und besondere Markierung und Positionierung der Produkte (z. B. mit Öko-Label, hohe Recyclability)
- die Sensibilisierung und Förderung des Umweltbewusstseins der Mitarbeiter, Erhöhung der Motivation sowie Belohnung entsprechenden Handelns im Rahmen des Vergütungssystems.

Da eine zunehmende Zahl von Kondukten (als sog. unerwünschter Output) in Form von Emissionsstoffen einen (steigenden) Preis hat, bedeutet eine Minderung des mengenmäßigen Ausstoßes nach Berücksichtigung der Umweltschutzinvestitionen im Allgemeinen (zumindest mittelfristig) auch eine Kostensenkung.

Die komplexen physikalischen, chemischen und biologischen Zusammenhänge und die vielfältigen Wirkungsinterdependenzen erschweren vielfach das Finden „leichter" und „schneller" ökologischer Lösungen, aber – wie auch in anderen betriebswirtschaftlichen Aktionsfeldern – beginnt der Weg stets mit dem ersten Schritt.

& Verwandte Kennzahlen / Zusätzliche Anmerkungen

Als synonym für den Begriffszusammenhang der produktionsbegleitenden Konduktmengen wird vielfach (und dann meist im Sinne von Teilmengen) auch von Abfall-Mengen, Abwasser-Mengen oder Abgas-Mengen gesprochen.

Genereller Umfang, Erhebungsrhythmus und Detaillierungsgrad der intern verwendeten Indikatoren, die das Phänomen der ökologischen Nachhaltigkeit nachprüfbar repräsentieren, liegen weitgehend im Ermessen und Verantwortungsbewusstsein der Unternehmen, sofern nicht einzelne rechtliche Vorschriften ausdrückliche Informationen verlangen. Während in der externen Berichterstattung Jahresangaben überwiegen, sind zur besseren internen Unternehmenssteuerung auch halbjährliche bzw. monatliche Betrachtungsräume ggf. sinnvoll und in der Praxis vielfach gebräuchlich.

Die externe Berichterstattung zur Nachhaltigkeit ist ihrerseits deutlich weniger genormt als das „klassische" Reporting der Unternehmen nach nationalen oder internationalen Rechnungslegungsstandards.

Als Orientierung wird jedoch zunehmend auf die Liste der Indikatoren in den Richtlinien der Global Reporting Initiative (GRI) Bezug genommen. Sie hat es sich als unabhängige Organisation zur Aufgabe gemacht, formale und inhaltliche Empfehlungen im Sinne eines umfassend kommentierten Leitfadens zu entwickeln, um die Nachhaltigkeitsberichterstattung der Unternehmen weltweit vergleichbarer gestalten zu können.

4.6.4 Verwertungsrate von Kondukten

Fragestellung

?

In welchem relativen Umfang werden unerwünschte Outputs der Leistungsprozesse (sog. Kondukte; also Abfälle, Abwasser und Abgase) des betrachteten Unternehmens – perioden- oder produktionsobjektbezogen – im Sinne einzelner ökologisch relevanter Stoffe nachweisbar einer geeigneten Verwertung zugeführt?

Definition

*

$$\frac{\text{Menge der zur Verwertung gegebenen Kondukte(-Art) pro Periode} \cdot 100}{\text{Gesamtmenge der Kondukte(-Art) bzw. der Produktionsobjekte pro Periode}}$$

Kondukte im Sinne eines allgemeinen Sammelbegriffs sind unerwünschte Output-Bestandteile der Geschäftsprozesse eines Unternehmens (analog zu unerwünschten Stoffen in der Kuppelproduktion), die nicht der Sachzielsetzung des betrachteten Prozesses oder Geschäftsfeldes zuzuordnen sind. Sie können typischer Weise in fester Form (als Abfall), in flüssiger Form (als Abwasser) oder gasförmig (als Abgase) auftreten.[5]

Zur Verwertung von Kondukten zählt – neben der Verbringung (oder Deponierung) als nachrangiger Entsorgungsmöglichkeit – die Gewinnung von Stoffen (sog. stoffliche Verwertung) oder die Erzeugung von Energie (sog. energetische/thermische Verwertung) mit dem Ziel einer eigenständigen Vermarktung.

Als Mengeneinheiten kommen typischer Weise in Frage: Stückzahl, Längen- und Flächenangaben, vor allem aber Volumen-, Gewichts-/Masse- sowie sonstige physikalische Leistungseinheiten. Bei identischer Kategorie im Zähler und Nenner ergibt sich die Kenngrößen-Dimension in „%“, ansonsten als Relation der beiden unterschiedlichen Kategorien, z. B. in der Dimension Tonnen/Jahr bzw. kg/Stück.

Ermittlung / Herleitung

»

Voraussetzung, um die erforderlichen unternehmensinternen Daten für die verschiedensten Varianten dieses entsorgungswirtschaftlichen Kennzahlentyps zu erhalten, ist die Existenz eines detaillierten betrieblichen Umweltinformationssystems (BUIS). Zu den Aufgaben eines BUIS zählen hier im Sinne einer Materialflussanalyse vor allem die systematische Erhebung der anfallenden Kondukte (in festem, flüssigem und gasförmigem Zustand) nach Art, Menge und Zeit, die Erfassung des jeweiligen Entstehungsortes im Unternehmen sowie die nachprüfbare Dokumentation der Verwertungsform der Kondukte.

5 Vgl. in Anlehnung an Günther (2008), S. 184 f.

Betriebswirtschaftlicher Aussagewert und Größenordnung

In Anbetracht zunehmender Regulierungen auf nationaler Ebene in Form von Kreislaufwirtschafts- und Abfallgesetzen oder auf supranationaler Ebene, z. B. durch die Europäische Union mit entsprechenden EU-Richtlinien oder EU-Verordnungen, ist die Kennzahl „Verwertungsrate von Kondukten" ein Indikator für das Verantwortungsbewusstsein und konkrete Verhalten von Unternehmen.

Im Sinne einer ressourcenschonenden Produktionsweise und der Ausrichtung am Gedanken einer anzustrebenden Kreislaufwirtschaft zeigt diese Kennzahl, in welchem Ausmaß die angefallenen Kondukte nicht unmittelbar zur Verbringung/Beseitigung gegeben werden (Deponierung), sondern einer anderweitigen Verwertung und damit einer mittelbaren Rückführung in den Wirtschaftskreislauf zugeführt werden.

Neben der reinen periodenbezogenen Mengenerfassung der Kondukte (z. B. nach Gewicht) trägt eine weitere Untergliederung nach zusätzlichen (einzeln oder kombiniert eingesetzten) Kriterien, wie z. B. Verwertung bzw. Verbringung/Beseitigung, nach Gefährlichkeitsstufen oder nach standortbezogenem Aufkommen, zur Erhöhung der Transparenz des unternehmerischen Handelns hinsichtlich der Kondukte bei. Die ergänzende Perspektive der produktbezogenen Analyse verdeutlicht, inwieweit pro Ausbringungseinheit Verbesserungen oder Verschlechterungen im Zeitablauf realisiert wurden.

Die Vielzahl möglicher und sinnvoller Ausprägungen dieser „Verwertungsrate von Kondukten" lässt entsprechend ein großes Spektrum abzubildender Sachverhalte zu. Generell stehen dabei neben den üblichen unternehmensinternen Vergleichsmöglichkeiten (zwischen Produkten, aber auch Prozessen und organisatorischen Teilbereichen als Ist-Ist- bzw. Plan-Ist-Relation) ebenso unternehmensextern – soweit verfügbar – die Einbeziehung entsprechender Angaben einzelner Wettbewerber, Branchendurchschnittswerte oder „Best-Practice-Werte" im Vordergrund der Auswertung und Interpretation, wobei allerdings stets die Daten-Konsistenz zu beachten ist.

! Handlungsanregungen

Neben der Verfolgung unternehmenseigener Nachhaltigkeits-Ziele sind staatliche, regulative Eingriffe, wie z. B. gesetzliche Vorschriften, in vielen Fällen die treibenden Faktoren, wenn von Unternehmen wieder stärker in kreislaufwirtschaftlichen Zusammenhängen gedacht und gehandelt wird. Die Internalisierung zwischenzeitlich externalisierter Kosten führt dazu, nicht nur eine gezieltere Vorbereitung auf ein sinnvolles Produkt-Recycling vorzunehmen, sondern auch die entsorgungswirtschaftlichen Aufgaben ggf. neu zu organisieren. Denkbar sind u. a. unternehmensübergreifende Formen einer Zusammenarbeit (z. B. der Aufbau und die gemeinschaftliche Nutzung von stofflichen Verwertungsverfahren im Sinne einer koordinierten Wiederaufarbeitung der festen, flüssigen oder gasförmigen Kondukte).

Das Kondukt-Management von Unternehmen lässt sich kompakt in Form eines mehrstufigen Vorgehens in seinen Kernelementen beschreiben (Modell der 6 „V"s):

- Veranschaulichen
  (Datengrundlage für den Anfall von Kondukten schaffen und für eine Sensibilisierung der Verantwortlichen sorgen)
- Vermeiden
  (Durch konstruktiv-strukturelle Produkt- und Prozessinnovationen das Nicht-Auftreten von bestimmten Kondukten sicherstellen)
- Vermindern
  (Durch strategische und operative Maßnahmen den Umfang der entstehenden Kondukte verringern)
- Verwalten
  (Die kurzfristig nicht beeinflussbaren Kondukt-Mengen gesetzeskonform und auf eine nachhaltig-verantwortliche Weise einer Entsorgung – Verwertung oder Verbringung – zuführen)
- Verwertung
  (Primär stoffliche Verwertung der Kondukte, erst sekundär energetische Verwertung, sofern u. a. technisch durchführbar, umweltverträglich und wirtschaftlich angemessen)
- Verbringung
  (Für die Rest-Mengen der Kondukte ist – ggf. nach erforderlichen Vorbehandlungen – nachprüfbar eine ordnungsgemäße Beseitigung – Deponierung – zu gewährleisten).

Verwandte Kennzahlen / Zusätzliche Anmerkungen &

Neben mengenmäßigen Größen sind im Bereich der ökologischen Nachhaltigkeit auch wertmäßige Kenngrößen in erheblichem Umfang sinnvoll einsetzbar, z. B. zur Beurteilung der Entsorgungskosten, der Einsparungseffekte beim Einsatz von Sekundärrohstoffen oder der Erträge aus dem Verkauf recycelter Materialien.

4.6.5 Recyclingquote Ⓢ

Fragestellung ?

Wie groß ist der Anteil der in den betrieblichen Produktionskreislauf zurückgeführten Stoffe (bzw. Energien)? – jeweils sinnvoll differenziert nach den einzelnen Objekten (z. B. bestimmten Rohmaterialien, sog. Sekundärrohstoffen)

Definition *

$$\frac{\text{Recycelte Input-Menge (Verbrauch) für ein Objekt} \cdot 100}{\text{Gesamte Input-Menge (Verbrauch) für ein Objekt}}$$

Die Kennzahl „Recyclingquote“ wird in der Dimension „%“ angegeben.

» Ermittlung / Herleitung

Die erforderlichen Informationen sind im Wesentlichen aus den Betriebsdatenerfassungssystemen (BDE) zu entnehmen, die der Kosten- und Leistungsrechnung vorgelagert sind – und ggf. nach Stoffen und Produktionsstufen gegliedert den Entscheidern zur Verfügung zu stellen.

Betriebswirtschaftlicher Aussagewert und Größenordnung

Die Kennzahl „Recyclingquote" gewinnt angesichts eines gesamt- wie einzelwirtschaftlich zunehmenden ökologischen Handlungsbedarfs auch auf unternehmerischer Ebene spürbar an Bedeutung. Sie gilt als ein Indikator für nachhaltiges Wirtschaften im Sinne einer gezielten Rückführung von Materialien und Energie aus Produktions- und Konsumprozessen wieder in die Produktion. Im Allgemeinen stehen zunächst ausgewählte (ggf. teure bzw. knappe) Primär-Werkstoffarten oder Produkte mit entsprechend hoher Werthaltigkeit bzw. Sortenreinheit im Vordergrund der Analysen.

Die Höhe der erreichten oder anzustrebenden konkreten Recyclingquote unterscheidet sich – aus zahlreichen (technisch-physikalischen und ökonomischen) Gründen – meist erheblich zwischen einzelnen Branchen und Unternehmen. Als Orientierungen zur Größenordnung dieser Kennzahlenwerte können neben den üblichen unternehmensinternen Vergleichsmöglichkeiten (zwischen organisatorischen Teilbereichen als Ist-Ist- und Plan-Ist-Relation) auch unternehmensextern – soweit zugänglich – Angaben einzelner Wettbewerber, Branchendurchschnittswerte oder „Best-Practice-Werte" herangezogen werden.

! Handlungsanregungen

Die einzelwirtschaftlichen Ansatzpunkte für ein Recycling können innerbetrieblichen Charakter aufweisen (z. B. Vermeidung der Entsorgung unerwünschter Nebenprodukte der Fertigung, sog. Kondukte, durch Wiedereinsatz als Sekundärrohstoff) oder durch unternehmensübergreifende Formen einer Zusammenarbeit geprägt sein (z. B. Aufbau und gemeinschaftliche Nutzung von Retrodistributionssystemen, koordinierte Wiederaufarbeitung der festen, flüssigen oder gasförmigen Stoffe).

Im Einzelnen können weitere Aufgliederungen der Kennzahl vorgenommen werden, um zu betriebswirtschaftlich sinnvollen Erkenntnissen zu gelangen, z. B. in Form der

- Produktrecyclingquote
  - Variante „Wiederverwendung": Das Produkt dient auch beim erneuten Gebrauch dem gleichen Verwendungszweck wie bei der Erstnutzung – z. B. Pfandflasche;
  - Variante „Weiterverwendung": Das Produkt dient beim erneuten Gebrauch einem anderen Verwendungszweck als bei der Erstnutzung – z. B. Eisenbahnschwellen als massive Gartenzaunlatten

- Materialrecyclingquote
  - Variante: „Wiederverwertung“: Das Material wird erneut in bereits früher durchlaufenen (gleichen) Erzeugungsprozessen eingesetzt, wobei jedoch die Form des Materials teilweise oder vollständig aufgelöst oder verändert wird – z. B. Altglasrecycling;
  - Variante „Weiterverwertung“: Das Material wird in anderen Erzeugungsprozessen zur Gewinnung neuer Stoffe oder Produkte eingesetzt – z. B. Kunststoffsitze in Sportstadien aus früheren Getränkeverpackungen; vielfach auch mit dem Begriff des „Downcycling“ oder „Upcycling“ belegt.

In zunehmendem Maße werden die unternehmerischen Aktionsspielräume durch nationale und internationale Vorschriften (Gesetze und Verordnungen) beeinflusst.

Verwandte Kennzahlen / Zusätzliche Anmerkungen

&

Als Synonym für die „Recyclingquote“ ist u. a. gebräuchlich: „Wiedereinsatzquote“, „Sekundärrohstoffquote“.

Neben mengenmäßigen Größen sind im Bereich des Ökologie-Controllings auch wertmäßige Kennzahlen in erheblichem Umfang sinnvoll einsetzbar, z. B. zur Beurteilung der Kosten des Recyclings, der Einsparungseffekte beim Einsatz von Sekundärrohstoffen oder der Erträge aus dem Verkauf recycelter Materialien.

5 Potenzial-Perspektive

5.1 Personalkosten-Kenngrößen

5.1.1 Personalkostenquote

Fragestellung

?

Welche relative Bedeutung haben die Personalkosten an den gesamten Periodenkosten eines Unternehmens?

Definition

*

$$\frac{\text{Brutto-Personalkosten pro Periode} \cdot 100}{\text{Gesamte Kosten pro Periode}}$$

Wobei gilt:

Brutto-Personalkosten = Summe der Brutto-Entgelte an alle Mitarbeiter zuzüglich der Personalzusatzkosten (Arbeitgeberbeiträge zu den Sozialversicherungen usw.)

Die Kennzahl „Personalkostenquote" wird in der Dimension „%" angegeben, meist mit einem Kalender- bzw. Geschäftsjahr als zeitlicher Bezugsbasis.

Ermittlung / Herleitung

»

Die erforderlichen Daten lassen sich aus den computergestützten Informationssystemen des Rechnungswesens gewinnen. Externe Analysten können die Werte ggf. auch direkt einer nach dem Gesamtkostenverfahren aufgestellten Gewinn- und Verlustrechnung entnehmen.

Aus Vereinfachungsgründen soll hier keine begriffliche Differenzierung zwischen Personalaufwendungen und -kosten vorgenommen werden. Sollten im Einzelfall durch besondere Unternehmenssituationen (z. B. Restrukturierungen) markante Beträge den außerordentlichen, betriebsfremden oder periodenfremden Personalkostenkategorien zuzuordnen sein, so ist ein gesonderter Ausweis zur Transparenzerhöhung für mehrperiodische Vergleiche ohnehin sinnvoller. Ähnliches gilt für den Ansatz von kalkulatorischen Kosten im Sinne des Unternehmerlohns bei Personengesellschaften.

Betriebswirtschaftlicher Aussagewert und Größenordnung

#

In vielen Unternehmen stellen die Personalkosten den größten Kostenblock dar. Es ist daher für die Erhaltung und Steigerung der Wettbewerbsfähigkeit von zentraler Bedeutung, diesen Kostenanteil in seiner Höhe und seiner Entwicklung zu betrachten und ggf. aktiv zu gestalten. Eine betriebswirtschaftlich generalisierende Vorgabe für diese Kennzahl ist nicht bestimmbar. Als Orientierungen zur Größenordnung der „Personalkostenquote“ können neben den üblichen unternehmensinternen Vergleichsmöglichkeiten (zwischen organisatorischen Teilbereichen als Ist-Ist- und Plan-Ist-Relation) unternehmensextern Angaben von einzelnen Wettbewerbern, Branchendurchschnittswerte oder „Best-Practice-Werte“ herangezogen werden.

Allerdings sind der eindeutigen Interpretierbarkeit auch spürbare Grenzen gesetzt, sofern die herangezogenen Vergleichsobjekte stark differierende Fertigungstiefen aufweisen. Bei einer geringen eigenen Fertigungstiefe steigen entsprechend die Kostenanteile für die bezogenen Produkte und Dienstleistungen, das Gewicht der eigenen Personalkosten ist niedrig – bei hoher Fertigungstiefe umgekehrt.

! Handlungsanregungen

Unter der Prämisse, dass branchengleiche Unternehmen über ähnliche Leistungs- und Kostenstrukturen verfügen, liefern Kennzahlenwerte, die (spürbar) von den Durchschnittswerten abweichen, deutliche Impulse, diesen positiven bzw. negativen Entwicklungen stärkere Beachtung zu schenken und sie im Sinne der jeweiligen Unternehmenszielsetzung zu beeinflussen. Liegen beispielsweise im Einsatz besonders qualifizierter Mitarbeiter (mit entsprechend höheren Entgelten) wesentliche Potenziale, um sich Wettbewerbsvorteile neu zu verschaffen, zu halten oder auszubauen, so kann auch eine bewusst höher auftretende Personalkostenquote erstrebenswert sein.

Veränderungen dieser relativen Kennzahl können durch über- bzw. unterproportionale Entwicklung der in Beziehung gesetzten Personalkostengröße (im Zähler) und der Gesamtkosten (im Nenner) erreicht werden – siehe dazu im Grundsätzlichen die weiter systematisierenden, ausführlichen Erläuterungen zu Kennzahlen als Quotienten im Anhang I.

Neben der direkten Beeinflussung der Personalkostengröße durch preis- und/oder mengenpolitische Maßnahmen kann auch auf der Gesamtkostenseite bei den restlichen Kostengrößen als betrieblichen Einsatzfaktoren preis- und/oder mengenorientiert eine kontinuierliche Optimierung angestrebt werden.

& Verwandte Kennzahlen / Zusätzliche Anmerkungen

Als synonyme Begriffe werden vielfach auch „Personalkostenanteil“ oder „Personalaufwandsquote bzw. -anteil“ verwendet. Mitunter wird bei weiteren Analysen z. B. nach betrieblichen Gehalts- und Lohnkostenquoten differenziert.

Die Kennzahl „Personalkostenintensität“ bildet dagegen meist das Verhältnis von Personalkosten zu Umsatz ab. Die oben gemachten Ausführungen gelten analog mit der zusätzlichen Problematik, dass bei einer Veränderung des ermittelten Wertes für diesen Quotienten nun noch ergänzend die Entwicklungen der Faktoren zu berücksichtigen sind, die den Umsatz von den Gesamtkosten unterscheiden (Absatzpreis, Gewinnspanne usw.).

5.1.2 Personalzusatzkostenquote

Fragestellung ?

Wie groß ist der Anteil, der neben den direkten Personalkosten (Brutto-Entgelt an die Mitarbeiter) zusätzlich, also indirekt, als Personalkosten im Unternehmen anfällt?

Definition *

$$\frac{\text{Personalzusatzkosten pro Periode} \cdot 100}{\text{Brutto-Entgeltsumme des Unternehmens pro Periode}}$$

Die Kennzahl „Personalzusatzkostenquote“ wird in der Dimension „%“ angegeben.

Ermittlung / Herleitung »

Die erforderlichen Daten lassen sich aus den Informationssystemen der Personalabteilung gewinnen. Die Personalzusatzkosten können für weitergehende Auswertungen ggf. noch zusätzlich differenziert werden, z. B. nach

- gesetzlich bedingt (Arbeitgeberanteile u. a. zur Renten- und Arbeitslosen-, Kranken- und Pflege-Versicherung),
- tarifvertraglich bedingt (u. a. Urlaubs- und Weihnachtsgeld, Weiterbildung, Altersvorsorge)
- freiwillig bedingt (u. a. Belegschaftsvergünstigungen vielfältiger Art – von „A“ wie Arbeitskleidung über „F“ wie Fahrgeldzuschuss und „G“ wie Gewinnbeteiligung bis „W“ wie Wohnungsbaudarlehen).

Die Zuordnung zu den drei genannten Kategorien ist nicht immer zwingend, sondern wesentlich von der nationalen Gesetzeslage, den Vereinbarungen zwischen den Sozialpartnern und den Abmachungen auf betrieblicher Ebene abhängig. Sie kann sowohl im nationalen Vergleich (z. B. zwischen Groß- und Kleinunternehmen) deutlich variieren, ebenso im internationalen Vergleich.

Betriebswirtschaftlicher Aussagewert und Größenordnung #

Mit der Kennzahl „Personalzusatzkostenquote“ steht eine Maßgröße zur Verfügung, die das Verhältnis „aller sonstigen“ (gesetzlich, tarifvertraglich oder freiwillig bedingten) Personalkosten zu den direkt an die Mitarbeiter gezahlten Entgelte wiedergibt.

Neben einigen Komponenten der Zusatzkosten, die sich proportional zur Entgelthöhe entwickeln (z. B. Beiträge des Arbeitgebers zur Rentenversicherung unterhalb der Bemessungsgrenze) gibt es auch unter- und überproportionale Verläufe einzelner Kostenarten (z. B. Fahrgeldzuschüsse). Bei einer fundierten Analyse als Grundlage einer gezielten Gestaltung der „Personalzusatzkostenquote“ (im Sinne eines selektiven Aus-, Um- oder Abbaus von Leistungen) sollten deshalb – gedanklich präzise – gezielt und systematisch die vermuteten direkten und indirekten Wirkungen einzelner Maßnahmen berücksichtigt werden.

Neben der absoluten Höhe wird in den Unternehmen vor allem auch auf die Entwicklung dieses Quotienten im Zeitablauf geachtet.

Die Größenordnung dieser Kennzahl weist eine große Spannweite auf. In Deutschland liegt sie mehrheitlich in etwa zwischen 70 % und 90 %, je nach inhaltlicher Abgrenzung übersteigen die Praxiswerte in einigen Branchen auch die 100 %-Grenze. In den vergangenen Jahren hat sich in Deutschland das Verhältnis innerhalb der (gesetzlich, tarifvertraglich oder freiwillig bedingten) Personalzusatzkosten von ehemals einer „Quasi-Gleichverteilung: $\frac{1}{3} - \frac{1}{3} - \frac{1}{3}$" deutlich zu Ungunsten der freiwilligen Leistungen entwickelt, die zum Teil nur noch einen Anteil von etwa 10 % ausmachen, wobei sich zudem insgesamt die Personalzusatzkostenquote eher rückläufig entwickelt hat.

Je nach tarifvertraglicher Bindung und den jeweiligen rechtlich vereinbarten Arbeits- und Leistungsbedingungen gibt es in der Praxis jedoch starke Unterschiede, sodass Aussagen, die auf Durchschnittswerten beruhen (auch in Relation zur Unternehmensgröße) nicht frei von verzerrenden Darstellungen sein können.

! Handlungsanregungen

Grundsätzlich steht aus betriebswirtschaftlicher Sicht den Kosten eines Unternehmens als betrieblich bedingter Ressourcenverzehr auch eine hierdurch erbrachte Leistung gegenüber. Analog stehen den Personalzusatzkosten bestimmte Leistungspotenziale der Mitarbeiter gegenüber, zu deren „Entlohnung im weiteren Sinne" sie vorgesehen und vereinbart werden. Bei der inhaltlichen Ausgestaltung (auf tariflicher, aber insb. auf der Ebene freiwillig gewährter Unternehmensleistungen) sind dabei stets die Zielsetzungen zu bedenken, deren Erreichen gefördert werden soll, z. B. Erhaltung und Steigerung der Motivation, Für- und Vorsorge für das gesundheitliche Wohl der Mitarbeiter (und ggf. auch ihrer Familienangehörigen), Anerkennung von Leistung, Förderung der Vermögensbildung und Altersabsicherung.

Während die gesetzlich bedingten Personalzusatzkosten vom einzelnen Unternehmen nicht beeinflussbar sind, können sich Arbeitgeber der Bindung an Tarifverträge ggf. entziehen. Im Falle der freiwilligen Personalzusatzkosten besteht – im Prinzip – völlige Gestaltungsfreiheit. Jedoch ist in der Praxis ebenso grundsätzlich zu bedenken, dass mit dem Gesamtpaket der Personalzusatzkosten ein wesentlicher Faktor beeinflusst wird, der die Attraktivität als Arbeitgeber mit bestimmt.

Daher sollte auch in einzelwirtschaftlich angespannten Phasen die Unternehmensleitung eher an einer stärker an den Bedürfnissen der Mitarbeiter ausgerichteten Zusammensetzung des Portfolios der Zusatz- und Sozialleistungen arbeiten und – wenn notwendig – Einsparungen eher bei den am wenigsten wahrgenommenen bisherigen Leistungen vornehmen.

& Verwandte Kennzahlen / Zusätzliche Anmerkungen

Als Synonym für die „Personalzusatzkostenquote" ist gebräuchlich: „Personalnebenkostenquote" bzw. „-anteil".

Im Allgemeinen wird die Kennzahl im jährlichen Rhythmus erhoben, ggf. bei deutlichen gesetzlichen Veränderungen auch unterjährig.

Sie gilt insbesondere bei internationalen Vergleichen als ein Standortparameter, der auf volkswirtschaftlicher Ebene (zumindest zum Teil) von den politisch verantwortlichen Regierungen beeinflusst werden kann, um das betreffende Land oder die Region zu einem attraktiven Ansiedlungsstandort zu machen.

5.1.3 Personalkosten pro Mitarbeiter

Fragestellung

?

Wie groß ist im Durchschnitt die Summe aus den direkten Personalkosten und den indirekten Personalkosten im Vergleich zur Zahl der Beschäftigten im Unternehmen?

Definition

*

$$\frac{\text{Brutto-Personalkosten pro Periode}}{\text{Anzahl der Mitarbeiter (normiert auf Vollzeitarbeitskräfte)}}$$

Wobei gilt:

Brutto-Personalkosten = Summe der Brutto-Entgelte an alle Mitarbeiter zuzüglich der Personalzusatzkosten (Arbeitgeberbeiträge zu den Sozialversicherungen usw.)

Um statistische Verzerrungen zu vermeiden und damit die Vergleichbarkeit im Zeitablauf und mit anderen Unternehmen nicht zu erschweren – z. B. hinsichtlich eines (künstlichen) Sinkens der Quote, je mehr Teilzeitkräfte im Unternehmen arbeiten, sollte im Nenner der Kenngröße von der absoluten Belegschaftsstärke eine Umrechnung (Normierung) auf Vollzeitkräfte erfolgen. Aus zwei Halbtagskräften wird so rechnerisch eine Ganztagskraft.

Die Kennzahl „Personalkosten pro Mitarbeiter“ wird in der Dimension „Geldeinheiten pro Person“ (z. B. pro Beschäftigter) angegeben.

Ermittlung / Herleitung

»

Die erforderlichen Daten lassen sich aus den Informationssystemen der Personalabteilung (insb. zum Personaleinsatz) gewinnen. Sie können für weitergehende Auswertungen ggf. noch zusätzlich differenziert werden, z. B. nach Vorbildung und/oder betrieblichen Tätigkeitsbereichen der Mitarbeiter sowie im Vergleich zwischen inländischen und verschiedenen ausländischen Standorten innerhalb eines Konzerns.

Betriebswirtschaftlicher Aussagewert und Größenordnung

#

Mit der Kennzahl „Personalkosten je Mitarbeiter“ steht eine Maßgröße für die Personalkostenbelastung zur Verfügung. Im internationalen Wettbewerbsvergleich, ggf. normiert auf eine Lohnstunde als sog. (Brutto-)Lohnstundensatz, wird dieser Wert vielfach als ein Indikator für die Vorteilhaftigkeit des einzelnen Standorts herangezogen. Aussagekräftiger ist jedoch für diesen Anwendungszweck die Kennzahl der Lohnstückkosten, bei der auch das anteilige Verhältnis des Personaleinsatzes einbezogen wird.

Neben der absoluten Höhe wird in den Unternehmen vor allem auch auf die Entwicklung dieses Quotienten im Zeitablauf geachtet.

Die Größenordnung dieser Kennzahl weist eine große Spannweite auf. Aussagefähige Vergleiche sind auf der Ebene der Gesamtunternehmen wegen der in der Regel sehr heterogenen Personalstruktur (sowohl in quantitativer als auch qualitativer Hinsicht) weniger sinnvoll. Bei entsprechender, vorangegangener Segmentierung (z. B. nach Tätigkeitsbereichen) lassen sich jedoch interessante Erkenntnisse gewinnen.

In Abhängigkeit von den zudem national differierenden, gesetzlich bedingten Personalzusatzkosten, der tarifvertraglichen Bindung und den jeweiligen rechtlich freiwillig vereinbarten Arbeits- und Entgeltbedingungen gibt es in der Praxis allerdings starke Unterschiede, sodass Aussagen, die auf Durchschnittswerten beruhen (auch in Relation zur Unternehmensgröße) nicht frei von verzerrenden Darstellungen sein können.

! Handlungsanregungen

Grundsätzlich steht aus betriebswirtschaftlicher Sicht den Kosten eines Unternehmens als betrieblich bedingter Ressourcenverzehr auch eine hierdurch erbrachte Leistung gegenüber. Analog stehen den Personalkosten bestimmte Leistungspotenziale der Mitarbeiter gegenüber, zu deren „Entlohnung im weiteren Sinne" sie vorgesehen und vereinbart werden. Bei der inhaltlichen Ausgestaltung (auf tariflicher, aber insb. auf der Ebene freiwillig gewährter Unternehmensleistungen) sind dabei stets die Zielsetzungen zu bedenken, deren Erreichen gefördert werden soll, z. B. finanzielle Anerkennung der erbrachten Leistung, Erhaltung und Steigerung der Motivation, Für- und Vorsorge für das gesundheitliche Wohl der Mitarbeiter, Förderung der Vermögensbildung und Altersabsicherung.

Das finanzielle Entgelt stellt branchenunabhängig ein wesentliches Merkmal dar, das die Attraktivität als Arbeitgeber mit bestimmt und auch bei der Gewinnung neuer leistungsstarker Mitarbeiter als ein wichtiger Wettbewerbsfaktor gilt.

Als mögliche Orientierung für die jährliche Entwicklung des Anteils der direkten Personalkosten (bei Konstanz der Personalstruktur) wird vielfach das Ausmaß der Produktivitätssteigerung herangezogen.

& Verwandte Kennzahlen / Zusätzliche Anmerkungen

Als verwandte Kennzahlen gelten im Wesentlichen der Lohnstundensatz und die Lohnstückkosten. Die Höhe der Personalkosten je Mitarbeiter wird zudem stark beeinflusst durch die Entwicklung der sog. Personalzusatzkosten, als relative Größe namentlich als sog. Personalzusatzkostenquote bezeichnet und vielfach erhoben sowie bei – nationalen und internationalen – Vergleichen herangezogen.

5.1.4 Lohnstückkosten

Ⓢ

Fragestellung

?

Wie hoch sind die durchschnittlichen Fertigungs-Lohnkosten (Brutto-Personalkosten) pro erzeugter Ausbringungseinheit? – z. B. pro Stück oder pro Tonne

Definition

*

$$\frac{\text{Brutto-Personalkosten in der Fertigung pro Betrachtungsperiode}}{\text{Gesamtzahl der erzeugten Ausbringungseinheiten pro Betrachtungsperiode}}$$

Wobei gilt:

Brutto-Personalkosten = Summe der Brutto-Entgelte an alle Mitarbeiter zuzüglich der Personalzusatzkosten (Arbeitgeberbeiträge zu den Sozialversicherungen usw.).

Die Kennzahl „Lohnstückkosten“ wird in „Geldeinheiten pro Bezugsobjekt“ angegeben (z. B. in € pro Stück). Weitere Dimensionen, in denen die Bezugsobjekte messbar sind, stellen Längen-, Flächen- und Volumeneinheiten sowie Gewichts-/Masse- oder sonstige physikalische Leistungs- und Zeitangaben dar.

Ermittlung / Herleitung

»

Die erforderlichen Daten für die gesamten Arbeitskosten können aus den Informations- und Berichtssystemen der Personal-, der Rechnungswesen- und/oder Controlling-Abteilung gewonnen werden. Die Einzelheiten zum Umfang der Ausbringungsmenge eines Betrachtungszeitraums können den entsprechenden Datenbanken der Produktionsabteilung entnommen werden.

Es ist wichtig zu beachten, dass die Lohnstückkosten als eine relative Kenngröße im Allgemeinen primär auf die Arbeitskosten der Fertigungsprozesse bezogen werden. Daher ist bei der Erhebung der gesamten Arbeitskosten eine sorgfältige Trennung erforderlich – und nur die unmittelbar fertigungsbezogenen Arbeitskosten sind in den Zähler zu übernehmen.

Betriebswirtschaftlicher Aussagewert und Größenordnung

#

Die Kennzahl „Lohnstückkosten“ ist die zentrale und zugleich eine anschauliche Maßgröße zur Trendanalyse von Produktionskosten, insbesondere in denjenigen Unternehmen, in denen die Arbeitskosten die größte Einzelkomponente an den Produktionskosten darstellen. Sie wird zudem oft verwendet, um die Wettbewerbsposition von Unternehmen in einer speziellen Branche oder Standorte miteinander zu vergleichen.

Als relative Kennzahl sind die Lohnstückkosten stets im Zusammenhang mit der Arbeitsproduktivität zu sehen. Falls die Summe aus direkten und indirekten Personalkosten prozentual stärker zunimmt als die Arbeitsproduktivität, dann steigen die Lohnstückkosten.

Wächst die Arbeitsproduktivität beispielsweise um 2% und die Brutto-Personalkosten bleiben konstant, so sinken die Lohnstückkosten. Umgekehrt werden bei konstanter Arbeitsproduktivität und wachsenden Brutto-Personalkosten um 2% die Lohnstückkosten zunehmen. Insofern spiegelt sich in der Entwicklung der Lohnstückkosten der Netto-Effekt aus Änderungen der Entlohnung und der Arbeitsproduktivität wieder.

Eine generelle Vorgabe für die Höhe von Lohnstückkosten ist nicht ohne weiteres bestimmbar. Unter der Annahme der Konstanz anderer Größen (wie z. B. Qualität) ist das Unternehmen – gemessen an seinen Produktionskosten – umso wettbewerbsfähiger, je geringer die Lohnstückkosten sind. Als Orientierung zur Größenordnung sind vielfach interne Vergleiche (zwischen organisatorischen Teilbereichen als Ist-Ist- und Plan-Ist-Relation) der Lohnstückkosten üblich. Die Aussagekraft dieser Kennzahl nimmt insbesondere zu, wenn Vergleiche im Zeitablauf vorgenommen und Trends analysiert werden. Ebenso können Lohnstückkosten auch für externe Vergleiche herangezogen werden, wobei Branchendurchschnittswerte oder „Best-Practice-Werte" als Maßstab dienen. Es ist dabei jedoch besonders auf die Konsistenz der verwendeten Definitionen und Daten zu achten.

! **Handlungsanregungen**

Lohnstückkosten sind ein wichtiger Trendindikator für die Produktionskosten, vor allem für Unternehmen der verarbeitenden Industrie mit arbeitsintensiven Fertigungsverfahren oder dort, wo die Arbeitskosten die größte Einzelkomponente an den Produktionskosten darstellen. Ein Anstieg der Lohnstückkosten verursacht – bei ansonsten konstanten Rahmenbedingungen – eine Aufwärtsverschiebung der Durchschnitts- und Grenzkostenkurven. Das beeinflusst den Gewinn unmittelbar in negativer Weise.

Eine dauerhafte Zunahme der Lohnstückkosten kann die Wettbewerbsfähigkeit eines Unternehmens in seinen Märkten wesentlich prägen. Ob ein mit steigenden Lohnstückkosten konfrontiertes Unternehmen in der Lage ist, seine Preise (zur Beibehaltung seines Gewinns) entsprechend zu erhöhen, hängt davon ab, welcher preisliche Wettbewerbsdruck im Markt besteht. In einem monopolistischen oder oligopolistischen Markt ist die Möglichkeit zur (preislichen) Weitergabe gestiegener Lohnstückkosten leichter als in anderen Marktformen. Viele Unternehmen reagieren auf Lohnstückkostennachteile mit einer Verlagerung ihrer Produktionsstandorte dorthin, wo die Lohnstückkosten niedriger und/oder die Steigerungsrate geringer ist.

Verwandte Kennzahlen / Zusätzliche Anmerkungen

&

Drei Kennzahlen aus dem Bereich der Personalkosten können hinsichtlich der Lohnstückkosten als „verwandt“ bezeichnet werden. Zum ersten ergeben sich die „Personalkosten pro Mitarbeiter“ aus den Brutto-Personalkosten im Verhältnis zur Gesamtzahl der Mitarbeiter. Zum zweiten gibt die „Personalkostenquote“ die relative Bedeutung der Brutto-Personalkosten in Relation zu den Gesamtkosten wieder. Zum dritten zeigt die „Personalzusatzkostenquote“ den Anteil der sog. Personalnebenkosten an der Brutto-Entgeltsumme.

5.2 Personalcontrolling-Kenngrößen

5.2.1 Arbeitsproduktivität

Fragestellung

?

Wie groß ist die Ergiebigkeit der Inputgröße „Arbeit“ (gemessen in Mengeneinheiten) bezüglich einer bestimmten Outputgröße (gemessen in Mengen- oder ggf. Geldeinheiten)?

Definition

*

$$\frac{\text{Output (z. B. Ausbringungsmenge oder ggf. Wertschöpfung)} \cdot 100}{\text{Input (z. B. Zahl der Mitarbeiter oder Zahl der Arbeitsstunden)}}$$

Als Mengeneinheiten im Zähler kommen grundsätzlich in Frage – einerseits: Stückzahl, Längen-, Flächen- und Volumeneinheiten, Gewichts-/Masse- oder sonstige physikalische Leistungs- und Zeitraumangaben – sowie andererseits als Maßstab für die Wertschöpfung: Geldeinheiten (z. B. in €).

Für den Nenner kommen im Wesentlichen entweder die Menge der eingesetzten Arbeitskräfte in Frage (sog. „Pro Kopf-Quoten“), wobei Mitarbeiter mit Teilzeitverträgen entsprechend in „Voll-Arbeitskräfte“ umzurechnen sind, oder generelle Arbeitszeitangaben (Stunden oder Tage). Daraus ergibt sich die jeweilige Kennzahlen-Dimension z. B. als „Stck./pro Kopf“, „kg/pro Kopf“ oder „Stck./Std.“, „m^2/Std.“, „€/Std.“.

Ermittlung / Herleitung

»

Die erforderlichen Informationen sind im Wesentlichen von der Kosten- und Leistungsrechnung – mit Hilfe der vorgelagerten Betriebsdatenerfassungssysteme (BDE), z. B. zum Personaleinsatz – zu erheben und über die Aufbereitung in der Kostenarten-, -stellen- und -trägerrechnung den Entscheidern zur Verfügung zu stellen.

Betriebswirtschaftlicher Aussagewert und Größenordnung

Mit der Kennzahl der „Arbeitsproduktivität“ wird eine Maßgröße für die Ergiebigkeit des zentralen sog. betrieblichen Produktionsfaktors ermittelt. Sie ist eine der wesentlichen Größen ökonomischer Effizienz und ihre Steigerung gilt als eine der wichtigsten Aufgaben der Unternehmensführung.

Da für den unternehmerischen Leistungsprozess jedoch gerade die Kombination unterschiedliche Produktionsfaktoren (Arbeit, Material, Energie, Kapital usw.) typisch ist, die zudem noch in differierenden Dimensionen gemessen werden, und in der Regel mehr als eine Produkt- und/oder Dienstleistungsart erstellt wird, können zunächst stets nur Einzel- bzw. Partialproduktivitäten erhoben werden.

Eine ökonomisch sinnvolle Aussage – auch zur erstrebenswerten Größenordnung – lässt sich daher erst durch einen mehrperiodischen Zeitvergleich (unter Einbindung weiterer Teilproduktivitäten) inner- und/oder überbetrieblich erreichen. Da die Einsatzfaktoren typischer Weise knapp sind, wird von der Unternehmensführung angestrebt, im Rahmen der sozialen und rechtlichen Normen die höchstmögliche Arbeitsproduktivität zu erreichen. Die Quotientenbildung bei der Arbeitsproduktivität unterstellt einen Wirkungszusammenhang, der – vereinfachend – vielfach als proportional angenommen wird, es aber keinesfalls stets sein muss.

! Handlungsanregungen

Veränderungen dieser relativen Kennzahl können durch über- bzw. unterproportionale Entwicklung der in Beziehung gesetzten Größe im Zähler und der Größe im Nenner erreicht werden – siehe dazu im Grundsätzlichen die weiter systematisierenden, ausführlichen Erläuterungen zu Kennzahlen als Quotienten im Anhang I.

Der Bedarf an gezielten Produktivitätssteigerungen in Unternehmen ist vielfach in dem Erfordernis begründet, die künftige Wettbewerbsfähigkeit zu stärken. Durch ein verbessertes (monetäres) Output-Input-Verhältnis soll ein Unternehmen die knappen Produktionsfaktoren maximal nutzen. Somit ist die systematische Produktivitätsmessung im Zeitablauf ein wichtiger Schritt der Prozessoptimierung.

Es ist wichtig zu beachten, dass Verbesserungen der Arbeitsproduktivität stets unter der Bedingung einer Erhöhung oder Beibehaltung der Qualitätsstandards erzielt werden sollten.

Zusätzlich ist zu berücksichtigen: Falls die Produktionsfaktoren substituierbar sind, kann aus der Steigerung einer Teilproduktivität nicht zwingend auf eine Verbesserung der Gesamtproduktivität geschlossen werden, zumal eine Produktivitätserhöhung eines Faktors auch auf den verstärkten Einsatz eines anderen Produktionsfaktors zurückführbar sein kann.

& Verwandte Kennzahlen / Zusätzliche Anmerkungen

Als Synonyme für die „Arbeitsproduktivität“ sind u. a. auch gebräuchlich: „Personalproduktivität“, „Arbeitseffizienz“; „Personaleffizienz“.

Der mathematische Kehrwert (also Zähler und Nenner getauscht) wird auch als „Arbeitskoeffizient“ bezeichnet.

Um verschiedene Leistungsprozesse angemessen beurteilen zu können, ist es vielfach sinnvoll, die Outputgröße in Geldeinheiten zu bewerten: Das führt dann zu den Kennzahlen der sog. „wirtschaftlichen Produktivität“. Werden zusätzlich auch die in heterogenen Dimensionen zu messenden Einsatzmengen der Produktionsfaktoren durch die Bewertung in Geldeinheiten vergleichbar gemacht, so nähert man sich der Kennzahl „Wirtschaftlichkeit“.

5.2.2 Überstundenquote

Fragestellung

?

In welchem relativen Umfang muss zur termingerechten Erstellung der unternehmerischen Produkte und Dienstleistungen die normale Arbeitszeit überschritten werden?

Definition

*

$$\frac{\text{Zahl der Überstunden im Analyse-Zeitraum} \cdot 100}{\text{Gesamt-Zahl der Normal-Arbeitsstunden im Analyse-Zeitraum}}$$

Die Kennzahl „Überstundenquote“ wird in der Dimension „%“ angegeben.

Ermittlung / Herleitung

»

Die erforderlichen Daten können aus den computergestützten Informationssystemen mit Zeiterfassungskomponenten, also insb. der Betriebsdatenerfassung (BDE) und den personalwirtschaftlichen Softwaremodulen der ERP-Systeme, entnommen werden.

Sinnvoller Weise sollte auf eine geeignete kostenstellen- oder geschäftsprozessbezogene Detaillierung geachtet werden, wobei der Erhebungsrhythmus meist wöchentlich oder monatlich festgelegt ist.

Betriebswirtschaftlicher Aussagewert und Größenordnung

#

Die Überstundenquote ist eine zentrale Maßgröße für die (Un-)Gleichmäßigkeit des Arbeitsvolumens im Unternehmen.

Abgesehen vom Spezialfall einer ständigen Unterauslastung zeigt die Überstundenquote besondere Arbeitsspitzen auf, die nicht im Rahmen der normalen (tariflichen) Arbeitszeit zu bewältigen sind. Im Falle des Nicht-Einsatzes von flexiblen Arbeitszeitkonten gilt: Da Mitarbeiter für Überstunden in der Regel ein höheres Entgelt erhalten, ist diese zeitliche Mehrarbeit für Unternehmen teurer, sodass im Grundsatz ein vergleichsweise niedriger Kennzahlenwert angestrebt wird.

! Handlungsanregungen

Aus Sicht des jeweiligen Unternehmens können bei fixierter (tariflicher Normal-) Arbeitszeit zusätzliche Personalbedarfe nur über Neu-Einstellungen oder Überstunden abgedeckt werden.

Ist eine Dauerhaftigkeit der stärkeren Nachfrage zu erwarten, so wird – abgesehen von Intensitätserhöhungen und maschinellen Rationalisierungsmaßnahmen – der Aufbau des Personalbestandes sinnvoll sein, ggf. vorab die Umwandlung von Teilzeit- in Vollzeitstellen, das Einverständnis der Arbeitnehmer vorausgesetzt.

Bei jedoch eher unsicheren Zukunftsaussichten und damit vermutetem nur vorübergehendem Mehrbedarf wird es in den meisten Unternehmen eher zum Anstieg von Überstunden kommen.

Im Falle (saisonal) schwankender Kapazitätsauslastungen ist in den letzten Jahren in vielen Unternehmen (neben dem ergänzenden Abschluss von zeitlich befristeten Arbeitsverhältnissen) das Instrument von Gleitzeitarbeit und den entsprechenden individuellen Zeitkonten für Mitarbeiter eingesetzt worden.

Hierbei werden – in vorab festgelegten Grenzen – Mehr- und Minderarbeitszeiten ausgeglichen bzw. „Mehrarbeit angespart", sodass meist eine gewisse „Grundlast" an Überstunden ohne Zusatzentgelt entfällt – und die Überstundenquote (mit höheren Personalkosten pro Stunde) als Konsequenz tendenziell abnimmt.

Mit einer – nach organisatorischen Aspekten – detaillierten Verfeinerung der erhobenen Daten, insb. bezogen auf kritische Prozesse oder besondere Engpassbereiche im Unternehmen, kann eine fundierte Ursachenanalyse erfolgen, sodass kurzfristig personalpolitisch angemessen reagiert werden kann.

Eine dauerhaft starke zeitliche Mehrbelastung der Mitarbeiter durch Überstunden führt nicht selten durch physischen und psychischen Stress zu einer höheren Anzahl von Fehlern in der Tätigkeitsausübung und damit ggf. zu Qualitätseinbußen bzw. verstärkten Fehlerbehebungskosten.

& Verwandte Kennzahlen / Zusätzliche Anmerkungen

Gesamtwirtschaftlich gilt die Entwicklung der Überstundenquote als ein Indikator für die zu erwartende Beschäftigtenzahl – einer steigenden Überstundenquote folgt bei positiven Zukunftserwartungen der Unternehmen mit einem gewissen zeitlichen Abstand meist eine Zunahme der Arbeitsverhältnisse.

5.2.3 Diversity-/Personalstruktur-Kennzahlen

? Fragestellung

In Jahrzehnten der Beschäftigung in Wissenschaft und Praxis mit personalwirtschaftlichen Problemen und ihrer Lösung in Unternehmen ist eine (unüberschaubare) Vielzahl von Kennzahlen entstanden, die auf die Vielfalt in der Belegschaft abstellen, die Mitarbeiter nach bestimmten Kriterien ordnen und aus der Höhe bzw. der Entwicklung dieser Gliederungs-Kennzahlen ökonomische Analysen erstellen sowie einzelwirtschaftliche Konsequenzen ableiten.

Nachfolgend sollen einige dieser Fragen (und ihre Kennzahlen) stellvertretend – ohne den Anspruch auf Repräsentativität – aufgeführt werden:

Wie hoch ist der Anteil der ...?

- Auszubildenden
- Facharbeiter
- ungelernten Mitarbeiter
- Führungskräfte
- Mitarbeiter mit Auslandserfahrung
- Mitarbeiter in einer bestimmten Altersgruppe (z. B. über 50)
- Mitarbeiter im Inland bzw. Ausland
- Schwerbehinderten
- Teilzeitkräfte
- Frauen bzw. Männer.

Diese Fragenliste (und die jeweils zu erhebenden Kennzahlen) lassen sich unternehmensindividuell noch beliebig – je nach Bedarf – erweitern und verfeinern.

Definition

*

$$\frac{\text{Zahl der Beschäftigten, für die ein bestimmtes Merkmal gilt} \cdot 100}{\text{Zahl aller Beschäftigten im Unternehmen (oder ein sinnvoller Teil von ihnen)}}$$

Als Beispiel für die im Nenner in Klammern angedeutete Variante: Anteil der weiblichen Auszubildenden ist gleich der Zahl der weiblichen Auszubildenden dividiert durch die Zahl aller Auszubildenden.

Alle „Diversity-/Personalstruktur-Kennzahlen" werden in der Dimension „%" angegeben, da der Zähler jeweils eine Teilmenge des Nenners darstellt.

Ermittlung / Herleitung

»

Die erforderlichen Daten können aus den computergestützten Personal-Informationssystemen (Personalstammdaten) des Unternehmens gewonnen werden. Für zusätzliche Analysen kann ggf. noch eine weitere Detaillierung nach Bereichen oder Werken im nationalen bzw. internationalen Konzernverbund vorgenommen werden.

Der Erhebungsrhythmus ist abhängig vom Informationsbedarf der Entscheidungsträger, vielfach besteht ein (halb-)jährlicher Turnus, ggf. erfolgt eine Kennzahlenermittlung situativ bedingt auch kurzfristig außerhalb der Standardterminierung.

Betriebswirtschaftlicher Aussagewert und Größenordnung

#

Die Gegenüberstellung von jeweils zwei Bestandsgrößen ist zunächst eine stichtagsbezogene „Momentaufnahme". Neben dem rechnerisch ermittelten Relativ-Wert ist zur korrekten Interpretation in vielen Fällen auch die Kenntnis der einbezogenen absoluten Zahlen von wesentlicher Bedeutung. Insbesondere bei kleinen Werten im Nenner können bereits geringfügige Steigerungen bzw. Minderungen des Zählers zu erheblichen Veränderungen der Gesamt-Kennzahl führen.

Bei der Einschätzung der „Güte" der für ein einzelnes Unternehmen festgestellten Kennzahlen-Werte (z. B. für Auszubildende) sind zum einen insb. die Firmengröße und die Branchenzugehörigkeit zu berücksichtigen, zum anderen ist vor allem auch die Entwicklung im Zeitablauf zu betrachten.

Als Orientierungen zur Größenordnung dieser Kennzahlenwerte können neben den üblichen unternehmensinternen Vergleichsmöglichkeiten (zwischen organisatorischen Teilbereichen als Ist-Ist- und Plan-Ist-Relation) auch unternehmensextern – soweit verfügbar – Angaben von einzelnen Wettbewerbern, Branchendurchschnittswerte oder „Best-Practice-Werte" herangezogen werden.

! Handlungsanregungen

Unter der Prämisse, dass branchengleiche Unternehmen über ähnliche Leistungserstellungs- und Personalstrukturen verfügen, liefern Kennzahlenwerte, die (spürbar) von den entsprechenden Durchschnittswerten abweichen, deutliche Impulse, diesen positiven bzw. negativen Entwicklungen stärkere Beachtung zu schenken und sie im Sinne der jeweiligen Unternehmenszielsetzung zu beeinflussen:

- Wettbewerbsvorteile gezielt anzustreben (z. B. mit einer umfangreichen, hochqualifizierten Service-Mannschaft) oder
- Wettbewerbsnachteile abzubauen (z. B. bei international expandierenden Firmen, die bislang überwiegend national erfahrene Mitarbeiter durch sinnvolle Auslandseinsätze für ihre neuen Aufgaben besser zu qualifizieren versuchen).

Veränderungen dieser relativen Kennzahlen im Sinne der angestrebten Unternehmensziele können durch über- bzw. unterproportionale Entwicklung der in Beziehung gesetzten Teilmenge (im Zähler) und der Gesamtmenge (im Nenner) erreicht werden – siehe dazu im Grundsätzlichen die weiter systematisierenden, ausführlichen Erläuterungen im Anhang I.

& Verwandte Kennzahlen / Zusätzliche Anmerkungen

Bei der Auswahl von Kennzahlen, deren Werte erhoben, in Berichten aufbereitet und den Entscheidungsträgern zur Fundierung ihrer Strategien und Maßnahmen zur Verfügung gestellt werden, ist stets zu beachten:

- Wessen und welcher Informationsbedarf wird konkret gedeckt?
- Welcher Ressourcenverbrauch (gemessen in Zeit- und Kostengrößen) ist mit der Erhebung und Aufbereitung verbunden?

5.2.4 Anteil intern besetzter Führungspositionen

Fragestellung ?

In welchem relativen Umfang können eigene Mitarbeiter im Unternehmen in leitende Funktionen aufsteigen?

Definition *

$$\frac{\text{Zahl der mit Unternehmensmitarbeitern in einer Periode neu besetzten Führungspositionen} \cdot 100}{\text{Gesamt-Zahl der zu besetzenden Führungspositionen in einer Periode}}$$

Die Kennzahl „Anteil intern besetzter Führungspositionen“ wird in der Dimension „%“ angegeben.

Ermittlung / Herleitung »

Die erforderlichen Daten lassen sich aus den Informationssystemen der Personalabteilung (Personalstammdaten) gewinnen. Sie können für weitergehende Auswertungen ggf. noch zusätzlich differenziert werden, z. B. nach Hierarchieebene oder betrieblichen Einsatzbereichen, nach Geschlecht oder Vorbildung.

Betriebswirtschaftlicher Aussagewert und Größenordnung #

Die Kennzahl „Anteil intern besetzter Führungspositionen“ kann dem Aufgabenfeld der unternehmerischen Personalentwicklung und -beschaffung zugeordnet werden.

Ihr kommt im internationalen Wettbewerb in mehrfacher Hinsicht wachsende Bedeutung zu. Aus Sicht der Mitarbeiter bildet sie einen Indikator für die Potenziale der eigenen Karriereentwicklung im Unternehmen durch Aufstiegsmöglichkeiten in verantwortliche Aufgaben mit nationalem oder internationalem Bezug. Aus Sicht der Unternehmen dienen Aufstiegsangebote neben der Entgelthöhe als wichtige Chance, leistungsfähige Mitarbeiter zu binden, die bereits vorhandenen Kenntnisse über das Unternehmen synergetisch zu nutzen (z. B. zur Unternehmenskultur) und damit u. a. die Einarbeitung in der neuen Position zu beschleunigen bzw. die entsprechenden Integrationskosten zu senken.

Eine betriebswirtschaftlich oder personalpolitisch generalisierende Vorgabe ist nicht bestimmbar. Sie wird nicht zuletzt stark von der Unternehmenskultur geprägt, beispielsweise „Beförderungen aus den eigenen Reihen“ weitgehend zu präferieren, was aber auch in der Regel eine institutionalisierte Laufbahnplanung sowie eine intensive und individuell zugeschnittene Weiterbildung der Mitarbeiter voraussetzt. Die externe Gewinnung von Führungskräften kann allerdings ebenso mit wichtigen Vorteilen für das Unternehmen verknüpft sein – wie dem damit verbundenen Erwerb spezieller Produkt-, Markt- und Länderkenntnisse, innovativer Methodenqualifikationen, besonderer Führungserfahrungen (z. B. im Aufbau neuer Geschäftsfelder oder bei Restrukturierungen) usw.

Nicht zuletzt vor dem Hintergrund eines nicht selten feststellbaren Mangels an hoch qualifizierten, frei verfügbaren Arbeitskräften auf dem externen Markt wird in vielen Unternehmen eine Größenordnung für die Kennzahl „Anteil intern besetzter Führungspositionen“ von 60 bis 70 % angestrebt.

! **Handlungsanregungen**

Das Spektrum denkbarer Maßnahmen der Personalentwicklung besitzt sowohl eine strategische wie auch eine operative Komponente. Da die Beschäftigten eines Unternehmens in ihren jeweiligen Fach- und Führungsaufgaben die entscheidenden Faktoren der Generierung von Wettbewerbsvorteilen darstellen, kommt dem Personalmanagement zentrale Bedeutung zu.

Aus strategischer Perspektive zählen hierzu die gezielte, kontinuierliche Führungskräfteentwicklung durch eine kombinierte Form von „Training-on-the job“- und „Training-off-the job“-Phasen. Aus operativer Perspektive bietet sich eine große Zahl konkreter Maßnahmen der klassischen Personalpolitik an, zu denen beispielsweise auch die (zeitlich befristete) Verantwortungsübernahme in Projekten unterschiedlicher Komplexität zählt.

& **Verwandte Kennzahlen / Zusätzliche Anmerkungen**

Einen wesentlichen Einflussfaktor für die sinnvolle Anwendbarkeit der Kennzahl „Anteil intern besetzter Führungspositionen“ stellt die Größe des betrachteten Unternehmens dar. Sind dauerhafte Führungspositionen ggf. nur in geringer Zahl vorhanden, so kann die Attraktivität der Arbeitsplätze – trotz sehr begrenzter Aufstiegsmöglichkeiten – vielfach durch einen partizipativen Führungsstil und sinnvolle Delegation von Verantwortung erhalten oder gefördert werden.

5.2.5 Personalgewinnungsdauer

? **Fragestellung**

Wie groß ist der durchschnittliche Zeitraum zwischen der Personal-Anforderung einer Fachabteilung bis zur Stellenbesetzung?

***** **Definition**

Die Personalgewinnungsdauer kann in mehrere Phasen unterteilt werden, beispielhaft sei hier eine Unterteilung in 5 Schritten dargestellt:

- Phase A: Unternehmensinterne Vorbereitungszeit
  (Zeitspanne von der Genehmigung der offenen Stelle bis zur internen und/oder externen Ausschreibung)
- Phase B: Bewerbungslaufzeit
  (Zeitspanne von der Ausschreibung bis zum fixierten Endtermin der zu berücksichtigenden eingehenden Bewerbungen)

- Phase C: Auswahlprozesszeit
  (Zeitspanne des in der Regel mehrstufigen Entscheidungsprozesses bis zur Abgabe eines Vertragsangebotes – mit Sichtung und Vorauswahl der schriftlichen Unterlagen, persönlichen Bewerbungsgesprächen, ggf. Assessment Center usw.)
- Phase D: Abschlusszeit
  (Zeitspanne zwischen dem Vertragsangebots des Unternehmens bis zum konkreten Vertragsabschluss)
- Phase E: Übergangszeit
  (Zeitspanne zwischen dem Vertragsabschluss und dem konkreten Arbeitsbeginn).

Die Zahl der in Wissenschaft und Praxis unterschiedenen Phasen variiert, ebenso die Namensgebung – wesentlich ist jedoch (unabhängig von terminologischen Differenzierungen) ihre betriebswirtschaftlich inhaltliche Bedeutung und die Möglichkeiten ihrer Gestaltung.

Die Kennzahl „Personalgewinnungsdauer" wird im Allgemeinen in der Zeit-Dimension „in Wochen", ggf. auch „in Monaten" angegeben.

Ermittlung / Herleitung

Die erforderlichen Daten lassen sich aus den Informationssystemen der Personalabteilung (insb. den Projekten zur Personalbeschaffung) gewinnen. Um betriebswirtschaftlich sinnvolle Aussagen zu erlangen, sollten in Abhängigkeit von den zu besetzenden Positionen (z. B. Ausbildungsplätze, allgemeine Fach- und Führungsfunktionen, Spezialisten-Stellen und Top Management-Positionen) zusätzliche Analysedifferenzierungen vorgenommen werden, um den unterschiedlichen Anforderungen gerecht zu werden.

Betriebswirtschaftlicher Aussagewert und Größenordnung

Im Rahmen des Controlling der Personalbeschaffung stellt die „Personalgewinnungsdauer" mit ihren einzelnen Phasen einen wesentlichen Indikator für die „Durchlaufzeit" einer Positionsbesetzung dar.

Je nach (rechtlicher) Notwendigkeit oder einzelwirtschaftlicher Sinnhaftigkeit auch einer externen Ausschreibung können die in der Praxis anzutreffenden Werte erheblich voneinander abweichen. Eine generalisierende Vorgabe ist somit nicht bestimmbar. Als Orientierungen zur Größenordnung dieser Kennzahlenausprägungen können neben den üblichen unternehmensinternen Vergleichsmöglichkeiten (zwischen organisatorischen Teilbereichen oder als Plan-Ist-Relation) unternehmensextern – soweit verfügbar – Branchendurchschnittswerte oder „Best-Practice-Werte" sowohl für die einzelnen Phasen wie auch für die gesamte Personalgewinnungsdauer herangezogen werden.

! Handlungsanregungen

Ohne branchentypische Eigenheiten zu vernachlässigen, ist bei der Kennzahl „Personalgewinnungsdauer" ein Benchmarking über die Grenzen des eigenen Wirtschaftszweiges hinaus ein erfolgversprechender Ansatz. So liefern eigene Kennzahlenwerte, die (spürbar) von den entsprechenden Durchschnitts- oder Spitzenwerten abweichen, deutliche Impulse, diesen positiven bzw. negativen Entwicklungen stärkere Beachtung zu schenken und sie gezielt zu beeinflussen. Das Spektrum möglicher Aktionen wird zunächst maßgeblich geprägt vom Typ der freien Positionen – Ausbildungsplätze zu besetzen verlangt andere Schwerpunktsetzungen als die Suche nach bestimmten berufserfahrenen Fachspezialisten.

Nachfolgend seien – phasenbezogen – einige Aspekte exemplarisch genannt:

- Phase A: Unternehmensinterne Vorbereitungszeit
  (Verkürzung dieser Zeitspanne durch Einsatz aussagefähiger Stellenbeschreibungen als inhaltliche Orientierung; Standardisierung der notwendigen Abstimmungsschritte im Unternehmen, ggf. unter Einbindung des Betriebsrates, Wahl der Medien, in denen die Ausschreibung erfolgt)
- Phase B: Bewerbungslaufzeit
  (Bestimmung der kalenderzeitlichen Positionierung; Berücksichtigung einer bewerberadäquaten Reaktionszeit)
- Phase C: Auswahlprozesszeit
  (Verhinderung insb. von „Liegezeiten" der Bewerberdaten durch ein geplantes, ggf. mit externen Personalspezialisten koordiniertes Vorgehen; Abwicklung im Sinne eines Projektmanagements mit vorbereiteten fachlichen, sozialen und persönlichen Qualifikationsmerkmalen als Entscheidungskriterien)
- Phase D: Abschlusszeit
  (Minderung dieser Zeitspanne durch klare vertragliche Regelungsangebote und konkrete Kommunikation mit den Bewerbern)
- Phase E: Übergangszeit
  (Die Bedeutung dieser Zeitdauer hängt nicht zuletzt von der betrieblichen Notwendigkeit ab, die ausgeschriebene Stelle zu besetzen – das gilt analog auch für die vier erstgenannten Phasen).

Zwischen den aufgeführten Phasen bestehen nicht unerhebliche inhaltliche Verknüpfungen: So kann mit einer präzisen Stellenbeschreibung und einer gezielten medialen Platzierung – z. B. als Online-Ausschreibung – die Zahl der nicht zur Stelle passenden Bewerbungen in der Regel deutlich gesenkt werden, sodass der Aufgabenumfang in der eigentlichen Auswahl abnimmt.

& Verwandte Kennzahlen / Zusätzliche Anmerkungen

Als Synonyme für die „Personalgewinnungsdauer" sind gebräuchlich: Personalbeschaffungsdauer, Recruitingzeitraum.

Neben zeitbezogenen Kennzahlen können im Rahmen der Personalbeschaffung u. a. auch kostenorientierte Kennzahlen gebildet werden, die z. B. im Sinne von Prozesskostensätzen (pro Bewerber oder pro Einstellung) die Effizienz der Abläufe messen.

5.3 Personalentwicklungs-Kenngrößen

5.3.1 Auszubildendenquote

Fragestellung

?

Wie groß ist der Anteil der Auszubildenden an der gesamten Belegschaft?

Definition

*

$$\frac{\text{Zahl der Auszubildenden} \cdot 100}{\text{Zahl aller Mitarbeiter (auf Vollzeitkräfte normiert)}}$$

Um statistische Verzerrungen zu vermeiden und damit die Vergleichbarkeit im Zeitablauf und mit anderen Unternehmen nicht zu erschweren – z. B. hinsichtlich eines (künstlichen) Sinkens der Quote, je mehr Teilzeitkräfte im Unternehmen arbeiten, sollte im Nenner der Kenngröße von der absoluten Belegschaftsstärke eine Umrechnung (Normierung) auf Vollzeitkräfte erfolgen. So wird beispielsweise aus zwei Halbtagskräften rechnerisch eine Ganztagskraft.

Die Kennzahl „Auszubildendenquote“ wird in der Dimension „%“ angegeben, der Betrachtungszeitraum beträgt im Allgemeinen ein Kalenderjahr.

Ermittlung / Herleitung

»

Die erforderlichen Daten lassen sich aus den Informations- und Berichtssystemen der Personalabteilung (Personalstammdaten) gewinnen. Sie können für weitergehende Auswertungen ggf. noch zusätzlich differenziert werden, z. B. nach Ausbildungsrichtung, Vorbildung, Geschlecht oder nach betrieblichen Einsatzbereichen.

Betriebswirtschaftlicher Aussagewert und Größenordnung

#

Die Kennzahl „Auszubildendenquote“ kann für viele Unternehmen als ein positiver Indikator für die Bereitschaft herangezogen werden, durch eigene Bemühungen qualifizierte Nachwuchsmitarbeiter heranzubilden. Neben der gesamtgesellschaftlichen Bedeutung, zu einer Verringerung der Jugendarbeitslosigkeit beizutragen, kann das Unternehmen durch eigene Auszubildende gezielt die Personalqualifikationen der Belegschaft auf die zukünftigen Anforderungen ausrichten. Übersteigt zudem die Zahl der übernommenen Auszubildenden und sonstiger externer Zugänge die Zahl der Personalabgänge, so ist dieses Wachstum der Personalstärke in der Regel ein Indiz für positive Zukunftserwartungen der Unternehmensführung.

Die konkreten Kennzahlenwerte in den einzelnen Unternehmen schwanken in ihrer Niveauhöhe deutlich, zum Teil sowohl branchenabhängig als auch zwischen Klein-, Mittel- und Großunternehmen. Zu Vergleichszwecken ist daher als Orientierung auf die spezifischen Durchschnitts- oder Best-Practice-Werte (innerhalb einer Branche oder Wirtschaftszweiges) zurückzugreifen sowie die Entwicklung im Zeitablauf z. B. als Ist-Ist- und Plan-Ist-Relationen über mehrere Jahre einzubeziehen.

! Handlungsanregungen

Unter Berücksichtigung der demographischen Entwicklung kommt der fundierten beruflichen Erst-Ausbildung große Bedeutung bei. Sie ergibt sich aus tendenziell unterdurchschnittlichen Geburtenraten (z. B. in Deutschland und zahlreichen anderen Industriestaaten) und daraus abgeleitet einer auf Dauer geringer werdenden Zahl von Bewerber(inne)n um Ausbildungsplätze – einerseits – und der zwingenden Notwendigkeit entwickelter Volkswirtschaften, nur durch gut qualifizierte Mitarbeiter international wettbewerbsfähige Produkte und Dienstleistungen anbieten zu können – andererseits.

Im Rahmen der grundsätzlichen Unternehmenszielsetzungen und der aus ihr abgeleiteten Personalstrategie gilt es, möglichst als ein interessanter Arbeitgeber Attraktivität bei (potenziellen) Auszubildenden zu entwickeln und für die unternehmerische Zukunftsfelder entsprechend geeignete Bewerber(innen) zu gewinnen.

Veränderungen dieser relativen Kennzahl im Sinne der angestrebten Unternehmensziele können durch über- bzw. unterproportionale Entwicklung der in Beziehung gesetzten Zahl der Auszubildenden (im Zähler) und der Belegschaftsstärke (im Nenner) erreicht werden – siehe dazu im Grundsätzlichen die weiter systematisierenden, ausführlichen Erläuterungen zu Kennzahlen als Quotienten im Anhang I.

& Verwandte Kennzahlen / Zusätzliche Anmerkungen

Als Synonyme für die Kennzahl „Auszubildendenquote“ sind gebräuchlich: Ausbildungsquote, Lehrlingsquote.

Eine weiterführende verwandte Kennzahl stellt die „Auszubildenden-Übernahmequote“ dar.

5.3.2 Auszubildenden-Übernahmequote

? Fragestellung

Wie groß ist der Anteil der Auszubildenden des Unternehmens, die im Betrachtungszeitraum nach erfolgreichem Abschluss in ein Arbeitsverhältnis übernommen werden?

Definition *

$$\frac{\text{Zahl der übernommenen Auszubildenden pro Periode} \cdot 100}{\text{Zahl aller Auszubildenden mit bestandener Prüfung pro Periode}}$$

Die Kennzahl „Auszubildenden-Übernahmequote" wird in der Dimension „%" angegeben, der Betrachtungszeitraum beträgt im Allgemeinen ein Kalenderjahr.

Ermittlung / Herleitung »

Die erforderlichen Daten lassen sich aus den Informations- und Berichtssystemen der Personalabteilung (Personalstammdaten) gewinnen. Zur Berücksichtigung wesentlicher Sondereffekte können weitergehende Auswertungen notwendig sein, ob beispielsweise über den eigenen Bedarf hinaus zusätzliche Mitarbeiter ausgebildet werden.

Betriebswirtschaftlicher Aussagewert und Größenordnung #

Die Kennzahl „Auszubildenden-Übernahmequote" kann für viele Unternehmen als ein positiver Indikator für die Bereitschaft herangezogen werden, durch eigene Bemühungen qualifizierte Nachwuchsmitarbeiter heranzubilden und weiter zu beschäftigen. Neben der gesamtgesellschaftlichen Bedeutung, zu einer Verringerung der Jugendarbeitslosigkeit beizutragen, kann das Unternehmen durch eigene Auszubildende gezielt die Personalqualifikationen der Belegschaft auf die zukünftigen betrieblichen Anforderungen ausrichten.

Die jeweiligen Kennzahlenwerte schwanken stark, sowohl branchenabhängig als auch zwischen Klein-, Mittel- und Großunternehmen. Ist die Grundgesamtheit (der Nenner) beispielsweise aufgrund geringer Unternehmensgröße eine kleine Zahl, so ergeben sich schon bei geringen Schwankungen des Zählers auch erhebliche Schwankungen des prozentualen Kennzahlenwertes (statistischer Effekt).

Zu Vergleichszwecken ist daher auf spezifische (branchen- und/oder betriebsgrößentypische) Durchschnitts- oder Best-Practice-Werte zurückzugreifen.

Handlungsanregungen !

Im Rahmen der grundsätzlichen Unternehmenszielsetzungen und der aus ihr abgeleiteten Personalstrategie gilt es, möglichst als ein angesehener Arbeitgeber bei jungen Fachkräften Attraktivität zu entwickeln (z. B. hinsichtlich interessanter Tätigkeitsfelder, Aufstiegsmöglichkeiten, kontinuierlicher Weiterbildung, guter Bezahlung).

Übersteigt zudem die Zahl der übernommenen Auszubildenden und sonstiger externer Zugänge die Zahl der Personalabgänge, so ist ein Wachstum der Personalstärke in der Regel ein Indiz für positive Zukunftserwartungen der Unternehmensführung.

Aber auch Grenzen der Anwendungsfähigkeit dieser Kennzahl sind zu bedenken: Im Falle der (zunehmend eintretenden) Konstellation, dass Abiturienten nach erfolgreichem Abschluss ihrer beruflichen Ausbildung das Übernahme-Angebot des

Unternehmens auf eine Vollzeitstelle nicht annehmen, um ein Hochschulstudium zu absolvieren, kann aus Sicht der Unternehmen eine Werkstudenten-Tätigkeit eine geeignete Maßnahme sein, um die Nachwuchskraft nicht zu verlieren. Um diese „Abwanderungsgefahr" zu mindern, bietet sich aus Unternehmenssicht u. a. der Ausbildungsweg eines dualen Studiums an, der eine längere gemeinsame Zusammenarbeit mit guten Nachwuchsmitarbeitern ermöglicht. Je mehr diese Formen der kombinierten Ausbildung genutzt werden, umso begrenzter ist die alleinige Interpretation einer konkreten Auszubildenden-Übernahmequote, da sie ggf. vom Unternehmen nicht maßgeblich beeinflusst werden kann.

Ähnlich sorgfältig ist der Kennzahlenwert zu beurteilen, wenn vor allem kleine und mittlere Unternehmen – mangels geringer Belegschaftsstärke und im Falle niedriger Fluktuation – vielfach nicht kontinuierlich alle Auszubildenden übernehmen können.

Veränderungen dieser relativen Kennzahl im Sinne der angestrebten Unternehmensziele können durch über- bzw. unterproportionale Entwicklung der in Beziehung gesetzten Zahl der übernommenen Auszubildenden (im Zähler) und der Zahl der Auszubildenden mit bestandener Prüfung (im Nenner) erreicht werden – siehe dazu im Grundsätzlichen die weiter systematisierenden, ausführlichen Erläuterungen im Anhang I.

& Verwandte Kennzahlen / Zusätzliche Anmerkungen

Als Synonym für die Kennzahl „Auszubildenden-Übernahmequote" ist auch gebräuchlich: „Lehrlings-Übernahmequote".

Eine typische verwandte Kennzahl bildet die „Auszubildendenquote".

Ⓢ 5.3.3 Weiterbildungszeit pro Mitarbeiter

? Fragestellung

In welchem zeitlichen Umfang nehmen die Mitarbeiter des betrachteten Unternehmens durchschnittlich innerhalb eines Kalenderjahres an Weiterbildungsmaßnahmen teil?

* Definition

$$\frac{\text{Zahl der Weiterbildungstage}}{\text{Durchschnittliche Zahl der Mitarbeiter}}$$

Differieren die Jahresarbeitszeiten der Mitarbeiter deutlich, z. B. durch den Einsatz verschiedener Teilzeitarbeitsmodelle, so ist der Nenner entsprechend zu normieren – üblicherweise auf die durchschnittliche Zahl an Vollzeitarbeitskräften.

Die Kennzahl „Weiterbildungszeit pro Mitarbeiter“ wird in der Zeit-Dimension „in Tagen“ angegeben.

Ermittlung / Herleitung

Die erforderlichen Daten lassen sich aus den Informationssystemen der Personalabteilung (insb. zur Personalentwicklung) gewinnen. Sie können für weitergehende Auswertungen ggf. noch zusätzlich differenziert werden, z. B. nach Vorbildung und/oder betrieblichen Tätigkeitsbereichen der Mitarbeiter; nach der unternehmensinternen oder -externen Durchführung der Maßnahmen usw.

Betriebswirtschaftlicher Aussagewert und Größenordnung

Die Kennzahl „Weiterbildungszeit pro Mitarbeiter“ gilt als Indikator für die Intensität gezielter Fortbildung der Belegschaft. Wie bei praktisch allen Kennzahlen kann die Aussagefähigkeit im Einzelnen leiden, wenn im Vergleich zu anderen Unternehmen deutlich abweichende Rahmenbedingungen vorliegen: Durch eine kontinuierliche, systematische „Job-Rotation“-Strategie können erhebliche Weiterbildungspotenziale in die „normale“ Arbeitszeit integriert sein („on-the-job“-Variante). Ohne Arbeitsplatzwechsel ist ein vergleichbarer Erkenntnisgewinn auch durch entsprechende, explizite Weiterbildungsmaßnahmen erreichbar („off-the-job“-Variante“). Je nachdem, welche Vorgehensweise im betrachteten Unternehmen überwiegt, kann der Kennzahlenwert sehr unterschiedlich ausfallen.

Für das Ausmaß der unternehmensindividuell erforderlichen, sinnvollen Weiterbildungszeit gibt es keine formelmäßig ableitbare Größenordnung. Sie wird in zentraler Weise von dem bisherigen Kenntnisstand der Mitarbeiter beeinflusst und der Veränderungsrate, mit der z. B. technisches oder wirtschaftliches Wissen – je nach Branche sehr unterschiedlich – veraltet.

Handlungsanregungen

In Kooperation zwischen den Verantwortlichen für die generelle Personalentwicklung im Unternehmen und den Führungskräften der jeweiligen Fachabteilungen, die beiderseits auch die strategische Ausrichtung des Unternehmens berücksichtigen müssen, sind sinnvolle Weiterbildungsprogramme zu konzipieren und durchzuführen, um die dauerhafte Konkurrenzfähigkeit des Unternehmens zu gewährleisten. Die „Weiterbildungszeit pro Mitarbeiter“ bildet dabei einen allgemeinen Indikator, der auf das zeitliche Ausmaß abstellt, aber keine Aussage zur inhaltlichen Effektivität macht.

Die unternehmerische Bereitschaft und Selbstverpflichtung, Ressourcen für die Weiterbildung der Mitarbeiter bereitzustellen, ist häufig mit der aktuellen und/oder zukünftig erwarteten Rentabilität, dem Wachstumspotenzial und der Konjunkturzyklusphase verbunden. So tendieren Unternehmen in Zeiten allgemeinen Wirtschaftswachstums eher dazu, stärker in die Weiterbildung zu investieren.

& **Verwandte Kennzahlen / Zusätzliche Anmerkungen**

Als verwandte Weiterbildungskennzahlen gelten u. a. „Weiterbildungsbudget pro Periode“, „Einsparungen durch Weiterbildung“ und „Mitarbeiterzufriedenheits-Index“.

5.3.4 Weiterbildungskostenanteil

? **Fragestellung**

In welcher prozentualen Höhe sind die Weiterbildungskosten an den gesamten Personalkosten beteiligt?

***** **Definition**

$$\frac{\text{Weiterbildungskosten} \cdot 100}{\text{Brutto-Entgeltsumme pro Periode}}$$

Die Kennzahl „Weiterbildungskostenanteil“ wird in der Dimension „%“ angegeben, der Betrachtungszeitraum beträgt im Allgemeinen ein Kalenderjahr.

» **Ermittlung / Herleitung**

Die erforderlichen Daten lassen sich aus den Informationssystemen der Personalabteilung (insb. zur Personalentwicklung) gewinnen. Sie können für weitergehende Auswertungen ggf. noch zusätzlich differenziert werden, z. B.

- nach Vorbildung der Mitarbeiter,
- nach betrieblichen Tätigkeitsbereichen der Mitarbeiter,
- nach der unternehmensinternen oder -externen Durchführung der Maßnahmen usw.

Bei den Weiterbildungskosten ist – vor allem auch zu externen Vergleichszwecken – auf die enthaltenen Bestandteile zu achten: Werden „nur“ die zusätzlichen direkten Kosten der Weiterbildungsmaßnahme berücksichtigt – oder auch Fahrt-, Verpflegungs- und Übernachtungskosten usw.?

**Betriebswirtschaftlicher Aussagewert und Größenordnung**

Die Kennzahl „Weiterbildungskostenanteil“ gilt als finanziell basierter Indikator für die Intensität gezielter Fortbildung der Belegschaft. Wie bei praktisch allen Kennzahlen kann die Aussagefähigkeit im Einzelnen leiden, wenn im Vergleich zu anderen Unternehmen deutlich abweichende Rahmenbedingungen vorliegen: Durch eine kontinuierliche, systematische „Job-Rotation“-Strategie können erhebliche Weiterbildungspotenziale in die „normale“ Arbeitszeit integriert sein („on-the-job“-Variante). Ohne Arbeitsplatzwechsel ist ein vergleichbarer Erkenntnisgewinn auch durch entsprechende, explizite Weiterbildungsmaßnahmen erreichbar („off-the-job“-Variante).

Je nachdem, welche Vorgehensweise im betrachteten Unternehmen überwiegt, kann der Kennzahlenwert beispielsweise sehr unterschiedlich ausfallen.

Für das Ausmaß des unternehmensindividuell erforderlichen, sinnvollen Weiterbildungskostenanteils gibt es betriebswirtschaftlich zwingend keine ableitbare Größenordnung. Sie wird in zentraler Weise von dem bisherigen Kenntnisstand der Mitarbeiter beeinflusst und der Veränderungsrate, mit der z. B. technisches oder wirtschaftliches Wissen – je nach Branche sehr unterschiedlich – veraltet.

Handlungsanregungen

!

In Kooperation zwischen den Verantwortlichen für die generelle Personalentwicklung im Unternehmen und den Führungskräften der jeweiligen Fachabteilungen, die beiderseits auch die strategische Ausrichtung des Unternehmens berücksichtigen müssen, sind sinnvolle (interne und/oder externe) Weiterbildungsprogramme zu konzipieren und durchzuführen, um die dauerhafte Konkurrenzfähigkeit des Unternehmens zu gewährleisten. Der „Weiterbildungskostenanteil" bildet dabei einen allgemeinen Indikator, der auf das finanzielle Ausmaß abstellt, aber keine Aussage zur inhaltlichen Effektivität machen kann.

Die unternehmerische Bereitschaft und Selbstverpflichtung, Ressourcen für die Weiterbildung der Mitarbeiter bereitzustellen, ist häufig mit der aktuellen und/oder zukünftig erwarteten Rentabilität, dem Wachstumspotenzial und der Konjunkturzyklusphase verbunden. So tendieren Unternehmen in Zeiten allgemeinen Wirtschaftswachstums eher dazu, stärker in die Weiterbildung zu investieren.

Verwandte Kennzahlen / Zusätzliche Anmerkungen

&

Als verwandte Kennzahl stellt die „Weiterbildungszeit pro Mitarbeiter" primär auf die zeitliche Komponente ab, ohne sie ökonomisch bereits zu bewerten.

5.3.5 Personal-Internationalitätsindex

Fragestellung

?

In welchem Ausmaß kann einzelnen Mitarbeitern oder bestimmten Mitarbeitergruppen (z. B. auf ausgewählten Führungsebenen) das Eigenschaftsmerkmal „Internationalität" zugeordnet werden?

Definition[1]

*

Die Kenngröße „Personal-Internationalitätsindex" setzt sich als Form eines Indexes aus der Verknüpfung mehrerer Einzelkomponenten zusammen, hier aus 4 Dimensionen:

---

1 in Anlehnung an das Konzept von Schmid/Dauth, zfbf, 2012, S. 772ff.

$$\frac{1}{n}\cdot\sum_{i=1}^{n}\left(\frac{1}{4}\cdot\left(F_i+\left(1-\frac{1}{E_i+1}\right)+\left(1-\frac{1}{W_i+1}\right)+\left(1-\frac{1}{A_i+1}\right)\right)\right)$$

Wobei gilt:

n = Gesamtzahl der einbezogenen Mitarbeiter

F_i = Nationalität bezieht sich auf das Land, in dem Person i die Kindheit/Schulzeit verbracht hat (Stammland: „0"; Ausland/**F**oreign: „1")

E_i = Anzahl der im Ausland verlebten Ausbildungsjahre (**E**ducation) von Person i

W_i = Anzahl der im Ausland verlebten Berufsjahre (**W**ork) von Person i

A_i = Anzahl der externen **A**ufsichts-Mandate bei Unternehmen im Ausland von Person i

Das rechnerische Ergebnis ist eine Dezimalzahl, die mit dem Faktor „100" multipliziert und dann „in %" angegeben wird. Bei einer Person, die z. B. im Stammland des Unternehmens aufgewachsen ist (F = 0), im Ausland 4 Jahre studiert hat (E = 4), im Verlauf des Berufslebens 7 Jahre im Ausland tätig war (W = 7) und 3 entsprechende Aufsichts-Mandate inne hat (A = 3), ergibt sich ein individueller „Personal-Internationalitätsindex" von 0,606, also von 60,6 %.

» Ermittlung / Herleitung

Die erforderlichen Daten können aus den computergestützten Personal-Informationssystemen (Personalstammdaten) des Unternehmens unter Beachtung der datenschutzrechtlichen Bedingungen gewonnen werden.

Betriebswirtschaftlicher Aussagewert und Größenordnung

Im Gegensatz zur güterwirtschaftlichen Ebene, auf der z. B. mit dem Anteil des Auslandsumsatzes am Gesamtumsatz ein spezieller Internationalitätsgrad einfach zu errechnen ist, kann eine hinreichend tragfähige Ermittlung der „Internationalität" auf personalwirtschaftlicher Ebene nur über möglichst geeignete Hilfsindikatoren erfolgen.

Beim Personal-Internationalitätsindex in der vorliegenden konzeptionellen Fassung geschieht dieser Versuch einer Operationalisierung nicht nur anhand eines personenbezogenen Merkmals (also eindimensional z. B. nur nach Nationalität), sondern mit Hilfe von vier Merkmalen, deren Ausprägungen nach oben genannter Rechenvorschrift gleichgewichtet addiert werden. Im Rahmen dieser umfassenderen Herangehensweise sollen sowohl die prägenden Eindrücke der Kindheitsjahre, einer Berufsausbildung und/oder eines Studiums als auch die Berufserfahrung sowie die Wahrnehmung externer Mandate im Ausland berücksichtigt werden. Die gewählten Indikatoren beziehen sich daher vor allem auf den konkreten Kenntniserwerb und das Erleben spezieller Normen und Werte sowie Verhaltensweisen und Einstellungen in anderen Ländern und Kulturen.

Wie bei jeder anderen Form einer indirekten Herleitung einer Aussage über einen komplexen Sachverhalt in Form einer Kenngröße kann auch hier die Wahl der Merkmale, ihre rechnerische Abbildung und ihre Verknüpfung hinterfragt werden. Das gleiche gilt für die impliziten Annahmen, dass Manager die Herausforderungen grenzüberschreitender Unternehmensaktivitäten potenziell besser bewältigen, wenn sie selbst ein hohes Maß an persönlicher Internationalität einbringen können – und die Güte, mit der sich empirisch diese Zusammenhänge nachweisen lassen.

Eine betriebswirtschaftlich generalisierende Vorgabe zur Höhe des jeweiligen Personal-Internationalitätsindexes einer bestimmten Mitarbeitergesamtheit (z. B. auf der 1., 2. oder 3. Führungsebene bzw. in bestimmten Fachabteilungen oder Projektteams) ist nicht bestimmbar. Die empirischen Messergebnisse für die Vorstands- und Aufsichtsratsgremien deutscher DAX-Unternehmen lagen zuletzt im Mittel bei ca. 30–35 % mit unternehmensindividuell zum Teil stark abweichenden Werten.

Als Orientierungen zur Größenordnung dieser Kennzahlenwerte können je nach Umfang der einbezogenen Mitarbeitergruppen konzerninterne Vergleichsmöglichkeiten (ggf. auch zwischen organisatorischen Teilbereichen) als Ist-Ist- und als Plan-Ist-Relation, vor allem aber unternehmensextern – soweit verfügbar – Angaben von einzelnen Wettbewerbern, Branchendurchschnittswerte oder „Best-Practice-Werte" herangezogen werden.

Handlungsanregungen

!

Vor der unternehmensindividuell geprägten Ableitung geeigneter Strategien und Maßnahmen für das internationale Personalmanagement sind zunächst zwei zentrale formale Problemfelder dieser Kennzahl zu beachten:

- „Inlands-Auslands-Abgrenzung"
  (z. B.: Gilt das Ursprungsland als Inland und was ist, wenn ein extern schnell gewachsener Konzern u. U. über zwei Zentralen verfügt oder im Laufe der Zeit seinen Stammsitz, also den des Mutterunternehmens, verlagert?)
- „Kleines Heimatland"
  (Es entstehen u. U. verzerrte Kennzahlenwerte, da Unternehmen aus kleinen Ursprungsländern – rechnerisch – unter sonst gleichen Bedingungen zu einem vergleichsweise hohen Personal-Internationalitätsindex in Relation zu Unternehmen aus großen Stammländern gelangen).

Unter der Prämisse, eine erhöhte internationale personelle Diversität sei für ein Unternehmen erstrebenswert, stellt sich für die Verantwortlichen der Personalentwicklung die Frage, wie sie diese Zielsetzung sinnvoll erreichen können. Ein ggf. sich damit auch erhöhender Wert der Kenngröße „Personal-Internationalitätsindex" wäre dabei ein begleitender Faktor zur Standortbestimmung, aber niemals als Selbstzweck anzusehen. Neben dem Recruiting neuer Mitarbeiter mit entsprechend internationalem Erfahrungsprofil ist im internationalen Personalmanagement auch das Instrument der Job Rotation auf die Formen seiner Anwendbarkeit und die ggf. stärkere Intensität

seines praktischen Einsatzes zu prüfen. Dieser systematische Wechsel würde aus Sicht der Staatsangehörigkeit drei Personengruppen betreffen:
- Host Country Nationals (HCNs): Unternehmensmitarbeiter, die die Nationalität des Gastlandes besitzen, in der die jeweilige Tochtergesellschaft ansässig ist
- Parent Country Nationals (PCNs): Unternehmensmitarbeiter, die über die Nationalität des Landes verfügen, in dem sich die Muttergesellschaft befindet
- Third Country Nationals (TCNs): Unternehmensmitarbeiter, die die Nationalität eines dritten Landes besitzen.

Als typische zentrale Zielsetzungen für eine international ausgerichtete Stellenbesetzungsstrategie gelten vielfach:
- Intensiverer, aufgabenbezogener, beidseitiger Know how-Transfer
- Konfliktärmere Koordination der Unternehmenseinheiten
- Bessere Führungskräfteentwicklung durch den Training-on-the-job-Ansatz.

& **Verwandte Kennzahlen / Zusätzliche Anmerkungen**

Zu verwandten Kenngrößen und Darstellungen zählen u. a. der „Internationalitätsgrad“ und das „Internationalitätsprofil“: Im ersten Fall handelt es sich um einzelne Merkmale, in denen das Ausmaß von Internationalität jeweils eigenständig mit Hilfe eines Indikators bestimmt wird (siehe Näheres dazu unter Kenngröße 3.5.1).

Im zweiten Fall können in graphischer Veranschaulichung aus mehreren Internationalitätsgraden – wie beim hier behandelten Personal-Internationalitätsindex – entsprechende „Unternehmensprofile“ (in Abbildungen dann als Linien visualisiert) erstellt und im Zeitablauf sowohl intern als auch extern im Vergleich zu anderen Unternehmen (insb. Wettbewerbern) ausgewertet werden.

5.4 Mitarbeiterverhaltens-Kenngrößen

5.4.1 Personalfluktuationsquote

? **Fragestellung**

Wie groß ist der Anteil der Mitarbeiter, die das Unternehmen in dem Betrachtungszeitraum verlassen haben?

***** **Definition**

$$\frac{\text{Zahl der ausgeschiedenen Mitarbeiter im Betrachtungszeitraum} \cdot 100}{\text{Durchschnittliche Zahl der Mitarbeiter im Betrachtungszeitraum}}$$

Die „Personalfluktuationsquote“ wird in der Dimension „%“ gemessen.

Ermittlung / Herleitung

»

Die erforderlichen Daten lassen sich aus den computergestützten Informationssystemen der Personalabteilung gewinnen. Die Angaben über die ausgeschiedenen Mitarbeiter können für weitergehende Auswertungen ggf. noch zusätzlich differenziert werden, z. B. nach

- Mitarbeitern, die das Unternehmen von sich aus – also ungekündigt – verlassen haben
- Mitarbeitern, denen gekündigt wurde und
- Mitarbeitern, die in den Ruhestand gegangen sind.

Diese feineren Unterscheidungen können von besonderer Bedeutung für Zwecke des unternehmerischen Personalmanagements sein.

Mitunter wird noch eine andere Form der Personalfluktuationsquote verwendet, wobei die Zahl der Ausgeschiedenen ins Verhältnis zur Zahl der Eingetretenen gesetzt wird. Obwohl auch diese Variante wertvolle Informationen liefern kann, sollte sie jedoch sehr sorgfältig interpretiert werden. Vor allem bei überbetrieblichen Vergleichen der Personalfluktuationsquote ist es wichtig, die Konsistenz der Definitionen sicherzustellen.

Betriebswirtschaftlicher Aussagewert und Größenordnung

#

Der Begriff der Personalfluktuation bezieht sich im Grundsatz sowohl auf die Zugänge als auch auf die Abgänge von Mitarbeitern eines Unternehmens. Die Kennzahl „Personalfluktuationsquote“ wird jedoch überwiegend nur auf die ausgeschiedenen Mitarbeiter bezogen. Insofern misst die Personalfluktuationsquote den Prozentwert an Mitarbeitern, die das Unternehmen – aus welchen Gründen auch immer – verlassen haben.

Eine gewisse Personalfluktuation gilt als unvermeidbar. Ebenso stellen Übergänge in den Ruhestand und nicht-berufsbezogene Gründe für das Ausscheiden im Allgemeinen keine wesentliche Problematik für Personalmanager dar. Verlassen jedoch mehrere wichtige (potenzielle) Leistungsträger wegen Unzufriedenheit das Unternehmen, so besteht erheblicher Handlungsbedarf.

Eine generelle Vorgabe für eine wünschenswerte Höhe der Personalfluktuationsquote ist nicht einfach bestimmbar. Eine niedrigere wie eine höhere Personalfluktuation kann situativ gut oder schlecht sein. Mitunter fördern Organisationen den Mitarbeiterabgang, insbesondere wenn eine Verkleinerung des Unternehmens angestrebt wird. Unter „normalen Umständen“ können interne Vergleiche der Personalfluktuationsquote (wie z. B. zwischen verschiedenen Organisationsbereichen als Ist-Ist- und Plan-Ist-Werte) im Zeitablauf interessante Entwicklungen aufzeigen. Unternehmensübergreifende Analysen sollten mit Bedacht vorgenommen werden, da Unternehmen hinsichtlich ihres Personalmanagements meist nicht ohne weiteres miteinander vergleichbar sind.

Handlungsanregungen

Die Personalfluktuationsquote repräsentiert eine wichtige Problematik für viele Arbeitgeber, weil sie vermeidbare Kosten verursacht, beispielsweise:

- Kosten der Personalgewinnung (z. B. Beschaffung und Einstellungsgespräche mit neuen Mitarbeitern)
- Kosten des Übergangs (einschl. Einarbeitungsprogrammen und Trainingskosten)
- indirekte Kosten (ggf. ein Verlust an Kundenservice, bis die neuen Mitarbeiter entsprechend eingearbeitet sind und wesentliche Erfahrungen in ihrer neuen Aufgabe erlangt haben).

Daher ist es für die Personalabteilung wichtig, die Gründe für eine hohe Personalfluktuationsquote zu analysieren. Ein hohes Niveau kann durch vielfältige Faktoren verursacht sein, z. B.:

- Unangemessene Entgelthöhen veranlassen Mitarbeiter zur Konkurrenz zu gehen
- Geringe Arbeitsmoral und niedrige Motivation der Belegschaft
- Gewinnung und Auswahl von Mitarbeitern, die von vornherein zu einem vergleichsweise schnellen Firmenwechsel neigen
- Ein nachfragerdominierter lokaler Arbeitsmarkt eröffnet Arbeitssuchenden mehr (und vielleicht auch attraktivere) Möglichkeiten.

Die höchste Personalfluktuationsquote ist vielfach unter denjenigen Mitarbeitern festzustellen, die im Unternehmen erst kürzlich eingetreten sind. Wenn langjährige Mitarbeiter sich entschließen zu gehen, ist das für das Unternehmen von erheblich höherem Schaden, da ihre Erfahrung und ihr Wissen für das Unternehmen verloren sind.

Durch das Erkennen und Verstehen der Gründe für die Personalfluktuation kann ein Unternehmen geeignete personalpolitische Maßnahmen entwickeln, die die Belange der Mitarbeiter aufgreifen und die Personalfluktuationsquote „unter Kontrolle" bringt.

Verwandte Kennzahlen / Zusätzliche Anmerkungen

Eine vorbeugende Methodik zur Vermeidung einer hohen Personalfluktuationsquote ist eine regelmäßige Untersuchung der Mitarbeiterzufriedenheit und -motivation. Eine entsprechende Kennzahl, der Mitarbeiterzufriedenheits-Index, liefert dem Unternehmen klare Hinweise, welche Aspekte des Arbeitsumfeldes für die Mitarbeiter wichtig sind und welche verbessert werden müssen, um die Mitarbeiter langfristig binden zu können.

5.4.2 Mitarbeiterzufriedenheits-Index

Fragestellung ?

In welchem Ausmaß sind die Beschäftigten eines Unternehmens mit ihrer Arbeitssituation (im engeren und weiteren Sinne) zufrieden?

Definition *

Mitarbeiterzufriedenheit ist – einer heute überwiegend verwendeten Umschreibung folgend – das Ergebnis eines Vergleichsprozesses zwischen den (ggf. explizit geweckten) Erwartungen vor dem Betrachtungszeitraum und den individuell gemachten Erfahrungen während dieses Zeitraums.

Als Indikatoren für die Zufriedenheit können die Einschätzung einzelner Parameter durch die Mitarbeiter herangezogen werden oder als Globalgröße der Durchschnittswert aus einer größeren Anzahl verschiedener Parameter (auch als Faktoren, Merkmale oder Attribute bezeichnet).

Der Mitarbeiterzufriedenheits-Index (hier als eine Globalgröße angenommen) kann beispielsweise in folgender Form ermittelt werden:

$$\frac{\left(\sum\left(\begin{array}{c}\text{Durchschnittliche Zufriedenheits-Bewertung} \cdot \text{Gewichtung}\\ \text{je Parameter}\end{array}\right)\right)\cdot 100}{\begin{array}{c}\text{Maximalwert auf der Zahlenskala für die Bewertung}\\ \text{(z. B. „10“ für „sehr zufrieden“)}\end{array}}$$

Die Kenngröße „Mitarbeiterzufriedenheits-Index“ wird in diesem Fall in der Dimension „%“ angegeben.

Ermittlung / Herleitung »

Die Mitarbeiterzufriedenheits-Bewertungen entstammen speziellen anonymen Befragungen möglichst aller Beschäftigten (meist in standardisierter schriftlicher Form), die üblicherweise durch die Personalabteilung (oder extern beauftragte Institute) in regelmäßigen Abständen als besondere Projekte durchgeführt werden.

Mehrheitlich handelt es sich um sog. merkmalsgebundene Fragenkataloge der folgenden Art:

- „Wie groß ist Ihre persönliche Zufriedenheit mit der Erfüllung der genannten Faktoren in Ihrem Unternehmen?“
- „Geben Sie bitte in einer getrennten Skala an, wie wichtig Ihnen diese Faktoren sind.“

Für beide Frage-Typen sind Bewertungsschemata z. B. als 5er-Skala denkbar im Sinne von

- „Sehr zufrieden“ – „zufrieden“ – „neutral“ – „unzufrieden“ – „sehr unzufrieden“
- „Sehr wichtig“ – „wichtig“ – „neutral“ – „unwichtig“ – „sehr unwichtig“.

Nach der Auswahl der zu verwendenden Parameter, die die Mitarbeiterzufriedenheit prägen, ist deren Relevanz aus der Perspektive der Beschäftigten zu gewichten (ggf. auch aufgeteilt auf eine Gesamtsumme von 100 %). Im folgenden Schritt ist jeweils die Ausprägungsgüte der Parameter aus Mitarbeitersicht zu bewerten, inwieweit sie also ihre eigenen Erwartungen hinsichtlich der einzelnen Parameter in ihrem Unternehmen als erfüllt ansehen. Die Skala kann (in Anlehnung an Schulnotensysteme) beispielsweise in „sehr gut" – „gut" – „befriedigend" – „ausreichend" – „mangelhaft" unterteilt sein oder ähnliche abgestufte Einschätzungen als Bewertungsmaße vorsehen.

Für die rechnerische Umsetzung wird diese „Noten-Skala" in eine „Punkte-Skala" transformiert, z. B. in „10 – 7,5 – 5 – 2,5 – 0". Erst durch diese Übersetzung der Urteile in eine Punkteskala ergeben sich die Möglichkeiten der Bildung von Durchschnittswerten und bei mehreren Merkmalen die Addierbarkeit. Aus der jeweiligen Mitarbeiterzufriedenheit je Parameter wird aus allen Befragungsergebnissen ein Durchschnittswert gebildet und mit der Gewichtung dieses Parameters multipliziert. Diese addierten Zufriedenheitswerte werden in Relation zum maximal erreichbaren Punktwert gesetzt und anschließend mit „100 Prozent" multipliziert. Das Ergebnis ist dann ein Mitarbeiterzufriedenheits-Index (MZI).

Den hier beispielhaft genannten, sog. merkmals- oder parameterorientierten (multiattributiven) Verfahren liegt die Annahme zugrunde, dass sich die Mitarbeiterzufriedenheit als Globalgröße aus der getrennten Bewertung einzelner Merkmale und den sich daraus ergebenden Teilzufriedenheiten herleiten lässt.

Als Faktoren werden typischerweise verwendet:

- Basis-Gehalt (Grund-Verdienst), Zusatzentgelte (Erfolgsabhängige Prämien), Sozialleistungen (tätigkeitsbegleitend und als Altersvorsorge)
- Zusammenarbeit mit den Vorgesetzten, Kooperation (oder Teamarbeit) mit den Kollegen, Mitsprachemöglichkeiten, Organisation der Arbeitsabläufe/Abteilung
- Interessante Tätigkeit, Arbeitsplatzsicherheit, Aufstiegschancen, Weiterbildungsmöglichkeiten
- Arbeitsplatzbedingungen, Arbeitszeitregelung, Arbeitsbelastung, Zweckmäßigkeit der Arbeitsmittel.

Der Katalog lässt sich je nach Erfordernis beliebig erweitern (oder ggf. kürzen), um generelle und unternehmensspezifische Belange angemessen abzubilden. Die in Wissenschaft und Praxis eingesetzten Verfahren weisen eine hohe Vielfalt auf, insb. hinsichtlich ihrer stark unterschiedlichen Komplexitätsgrade in inhaltlicher und formaler Art.

Betriebswirtschaftlicher Aussagewert und Größenordnung

Der Mitarbeiterzufriedenheits-Index ist eine Maßgröße für die Fähigkeit des Unternehmens, die expliziten und impliziten Mitarbeitererwartungen zu erfüllen. Obwohl die Berechnung auf der Summe einzelsubjektiver Untersuchungsergebnisse basiert, liefert das Ergebnis deutliche Anhaltspunkte für die aus Sicht der Beschäftigten wahrgenommenen spezifischen Unternehmensstärken und -schwächen.

Im Rahmen unternehmerischer Führungskonzepte – z. B. auf der Basis einer Balanced Scorecard – gilt die Mitarbeiterzufriedenheit im Sinne eines sog. Werttreibers in den Ursache-Wirkungs-Ketten als eine wesentliche Voraussetzung für ein hohes Leistungsvermögen des betrachteten Unternehmens und eine entsprechende Wertschätzung durch die Kunden (Markterfolg durch Kundenzufriedenheit, gefördert z. B. durch Qualitätsbewusstsein in der Fertigung und Freundlichkeit im Service).

Eine generalisierende Vorgabe zur Größenordnung ist nicht bestimmbar. Je höher der Kennzahlenwert, desto besser ist die Mitarbeiterzufriedenheit. Als Orientierungen – besonders auch im Zeitablauf – können neben den üblichen unternehmensinternen Vergleichsmöglichkeiten (zwischen organisatorischen Teilbereichen, Geschäftsfeldern, Cost oder Service bzw. Profit oder Investment Centern sowie als Ist-Ist- und Plan-Ist-Relation) auch unternehmensextern – soweit zugänglich und inhaltlich vergleichbar (d. h. standardisiert) – Angaben von einzelnen Wettbewerbern, Branchendurchschnittswerte oder „Best-Practice-Werte" als Benchmark herangezogen werden.

Die Ergebnisse regelmäßiger Erhebungen werden vielfach auch unter der Bezeichnung „Zufriedenheitsbarometer" kommuniziert.

Handlungsanregungen

!

Die Mitarbeiter eines Unternehmens bestimmen durch ihre fachliche Kompetenz, ihren persönlichen Leistungswillen und ihr Verhalten in entscheidender Weise die Schaffung und Umsetzung von Wettbewerbsvorteilen.

Unter der Annahme, dass Beschäftigte mit höherer Zufriedenheit in der Regel auch zu höheren Leistungen fähig sind, ist es für die Unternehmensführung von zentraler Relevanz, eine Mitarbeiterzufriedenheit auf hohem Niveau zu erreichen.

Generelle Ansatzpunkte bilden die genannten (und gefragten) Faktoren. Hier ist bei deutlichen Plan-Ist-Abweichungen oder sinkenden Zufriedenheitswerten im Zeitablauf im Rahmen der Unternehmens- und Personalmanagement-Strategie zu prüfen, in welchen Positionen (je nach Ausgangslage und Zielvorstellung der Unternehmensleitung wie auch der Mitarbeiter) z. B. unter Einbindung des Betriebsrates Handlungsbedarf besteht.

Ergibt sich beispielsweise, dass die Sozialleistungen als „wichtig" und zugleich „unzufrieden" bewertet werden, im Vergleich zu den Wettbewerbern jedoch ein überdurchschnittliches Versorgungsniveau gegeben ist, so besteht offensichtlich ein Kommunikationsproblem, das es durch eine aktive Informationspolitik zu überwinden gilt.

Methodisch bieten sich eine Reihe einfacher Möglichkeiten zur Veranschaulichung der Ergebnisse an: Sofern die Faktoren nach dem Rang der von den Mitarbeitern geäußerten Wichtigkeit absteigend geordnet werden, entsteht zunächst als erstes eine tabellarische „Hit-Liste" dieser Faktoren. Werden den einzelnen Bewertungsfaktoren neben diesem durchschnittlichen Wichtigkeitswert der jeweilige durchschnittliche Zufriedenheitswert ergänzend zugeordnet, so können Aussagen abgeleitet werden, ob die Mitarbeiter mit den „wichtigen“ auch „zufrieden“ waren oder eher sich Korrelationen ergaben in der Form von „weniger wichtig“, aber „sehr zufrieden“ und ähnliches.

Verwandte Kennzahlen / Zusätzliche Anmerkungen

Neben den Zufriedenheits-Indices, die auf den subjektiven Einschätzungen der Mitarbeiter im Rahmen der vorgenommenen Befragungen basieren, werden vielfach in der Praxis auch sog. „objektive“ Faktoren als Indikatoren für die Mitarbeiterzufriedenheit herangezogen. Hierzu zählen u. a. die Krankenstandsquote und die Personalfluktuationsquote.

5.4.3 Krankenstandsquote

Fragestellung

Wie groß ist der Anteil der krankheitsbedingten Fehltage an der Gesamtheit der Arbeitstage in der betrachteten Periode?

Definition

$$\frac{\text{Zahl der Krankheitstage im Betrachtungszeitraum} \cdot 100}{\text{Zahl der Soll-Arbeitstage im Betrachtungszeitraum}}$$

Die Kennzahl „Krankenstandsquote“ wird in der Dimension „%“ angegeben. Der Betrachtungszeitraum bezieht sich beispielsweise auf ein Jahr, ein Quartal oder einen Monat (z. B. wegen saisonaler Effekte).

Ermittlung / Herleitung

Die erforderlichen Daten können (ggf. nach Bereichen, Kostenstellen usw. gegliedert) aus den computergestützten Informations- und Berichtssystemen der Personalabteilung des Unternehmens gewonnen werden.

Betriebswirtschaftlicher Aussagewert und Größenordnung

Die Kennzahl „Krankenstandsquote“ verdeutlicht das Ausmaß krankheitsbedingter Abwesenheit der Mitarbeiter. Zur Gewinnung weiterer Erkenntnisse ist – soweit datenrechtlich erlaubt – eine vertiefende Analyse der Krankheitsursachen vorzunehmen. Im Falle betrieblich bedingter Unfälle ist unmittelbar eine Beseitigung eventueller Sicherheitsmängel notwendig.

Empirische Untersuchungen zeigen, dass die Krankenstandsquote nicht allein von der Art der individuellen beruflichen Tätigkeit abhängt, sondern auch branchen- und unternehmensgrößenbezogene Unterschiede feststellbar sind. Auch die konjunkturelle Lage wird mitunter als ein Einflussfaktor bezeichnet.

Handlungsanregungen

Um den Gesundheitszustand der Mitarbeiter zu erhalten und zu fördern, steht ein weites Spektrum von Maßnahmen zur Verfügung. Beispielhaft seien genannt:

- Vermeidung von physischen Schädigungen (Arbeitsschutz im Sinne eines Konzeptes zur Bewahrung der Beschäftigten vor gesundheitsgefährdenden körperlichen Beanspruchungen am Arbeitsplatz)
- Verhinderung von starken psychischen Belastungen (Arbeitsschutz im Sinne eines Konzeptes zur Bewahrung der Beschäftigten vor gesundheitsgefährdenden seelischen Beanspruchungen am Arbeitsplatz)
- Stärkung der individuellen Kompetenz zur Einsicht in eine gesundheitsbewusste Lebensweise (u. a.: Maßnahmen der Vorbeugung, z. B. Impfung; der Früherkennung, z. B. Vorsorgeuntersuchungen; der Aufklärung zu Risikofaktoren, z. B. Angebote zur Abkehr von Formen eines Suchtmittelgebrauchs; der gesundheitsfördernden Ernährung, z. B. ausgewogene Zusammenstellung der Bestandteile des Essens und Trinkens).

Verwandte Kennzahlen / Zusätzliche Anmerkungen

Als Synonym für die Kennzahl „Krankenstandsquote" ist u. a. gebräuchlich: Krankheitsausfallquote.

Verwandte Kennzahlen sind:

- „Fehlzeitenquote":
  Sie ist gekennzeichnet durch einen umfassenden Ansatz – der gesamten nicht geleisteten Arbeitszeit am betrieblichen Einsatzort (wegen Krankheit, Urlaub, Weiterbildung, unentschuldigtem Fernbleiben usw.) wird die Soll-Arbeitszeit gegenübergestellt. Die „Krankenstandsquote" ist somit eine Teilmenge von ihr. Ferner kann die Fehlzeitenquote in eine „bezahlte ..."- und eine „unbezahlte ..."-Variante differenziert werden.
- „Krankheits- bzw. Krankenquote":
  Sie wird mitunter auch in Form einer reinen „Kopf"-Relation als Quotient aus Zahl der kranken Mitarbeiter zu Zahl der gesamten Mitarbeiter verwendet. Sie kann stichtagsbezogen im Sinne einer Momentaufnahme den aktuellen prozentualen Krankenstand verdeutlichen.

5.4.4 Unfallhäufigkeitsrate

Fragestellung

Wie oft kommt es im Unternehmen (in Relation zum Arbeitsvolumen) zu Unfällen?

Definition

$$\frac{\text{Zahl der (meldepflichtigen) Betriebsunfälle im Betrachtungszeitraum} \cdot 1\text{ Mio.}}{\text{Zahl der geleisteten Arbeitsstunden im Betrachtungszeitraum}}$$

Die Kennzahl „Unfallhäufigkeitsrate“ wird als Dezimalzahl in der Dimension „Menge pro 1 Mio. Std.“ angegeben und im Allgemeinen für den Zeitraum eines Geschäfts- bzw. Kalenderjahres erhoben.

Ein meldepflichtiger Betriebs- bzw. Arbeitsunfall liegt in Deutschland vor, wenn der Verletzte durch das Geschehene entweder länger als drei Tage arbeitsunfähig ist oder bei diesem Arbeitsunfall direkt bzw. an dessen Folgen verstirbt.

Ermittlung / Herleitung

Die erforderlichen Daten können (ggf. nach Bereichen, Kostenstellen usw. gegliedert) aus den computergestützten Informations- und Berichtssystemen der Personalabteilung des Unternehmens gewonnen werden.

Betriebswirtschaftlicher Aussagewert und Größenordnung

Die Kennzahl „Unfallhäufigkeitsrate“ verdeutlicht das relative Ausmaß des Gefährdungspotentials für die Beschäftigten während ihrer Arbeit – stellvertretend gemessen am Merkmal „Unfall“. Sie ist ein Indikator für das Sicherheitsbewusstsein und die Verantwortung der Unternehmensleitung für die körperliche Unversehrtheit der Mitarbeiter.

Als Arbeitsunfälle gelten zeitlich begrenzte, während der Ausübung der beruflichen Tätigkeit von außen auf den Körper der Beschäftigten einwirkende Ereignisse, die zu einem Gesundheitsschaden oder zum Tod führen. Für entwickelte Volkswirtschaften auf dem Weg von einer Industrie- zu einer Dienstleistungsgesellschaft ist aufgrund der sich ändernden vorherrschenden Arbeitsplatztypen beobachtbar, dass diese Kennzahl kontinuierlich sinkt. Jedoch sind nach wie vor deutliche branchenbezogene Unterschiede feststellbar. Empirische Untersuchungen zeigen, dass beispielsweise die Unfallhäufigkeitsrate im Baugewerbe, in der Land- und Forstwirtschaft sowie im Transport- und verarbeitenden Gewerbe vergleichsweise höher ist, dagegen in den Wirtschaftssektoren Banken/Versicherungen, Öffentliche Verwaltung und private Dienstleistungen vergleichsweise niedrig ist.

Als generelle Orientierung zur Größenordnung können unter Beachtung dieser Branchenbesonderheiten – neben dem erstrebenswerten Idealziel „0“ – im Zeitvergleich Ist-Ist- und Plan-Ist-Werte des Unternehmens als Ganzes oder relevanter Teilbereiche herangezogenen werden, ebenso Angaben von einzelnen Wettbewerbern, Branchendurchschnittswerte oder „Best-Practice-Beispiele“.

Handlungsanregungen

!

Um den Gesundheitszustand der Mitarbeiter zu erhalten und nicht durch Unfälle zu gefährden, steht ein vielfältiges Spektrum an Maßnahmen zur Verfügung. Beispielhaft seien genannt:
- Vermeidung von direkten physischen Schädigungen (Arbeitsschutz und Unfallverhütung im Sinne eines Konzeptes zur Bewahrung der Beschäftigten vor gesundheitsgefährdenden körperlichen Beanspruchungen am Arbeitsplatz)
- Sinnvolle organisatorische Gestaltung der Arbeitsabläufe (z. B. Planung der Leistungserstellungsprozesse mit hinreichenden Pausenzeiten, um u. a. überforderungsbedingte Unfälle durch Konzentrationsmängel zu vermeiden; Entwicklung von Sicherheitsmerkblättern und -Prüflisten sowie Überwachung ihrer Einhaltung)
- Stärkung der individuellen Kompetenz aller Mitarbeiter zur Einsicht in eine sicherheitsbewusste Arbeitsweise (u. a. Tragen von Sicherheitskleidung, z. B. in Form von Helmen, Sicherheitsbrillen und -schuhen; organisatorische Installierung von betrieblichen Sicherheitsbeauftragten).

Einen nicht unerheblichen Einfluss besitzen die – national ggf. sehr unterschiedlich strengen – arbeitsschutzrechtlichen Bestimmungen. Sie sollen einen Schutz vor Gefahren und vor einer Überforderung am jeweiligen Arbeitsplatz gewährleisten. Neben den standortbezogenen gesetzgeberischen Rahmenbedingungen und der faktischen Überwachung durch Behörden bzw. staatlich beauftragte, unabhängige Sachverständige kommt der Eigenverantwortung der Unternehmen im Sinne eines „Compliance Management" eine besondere Bedeutung zu. Dazu zählt beispielsweise auch, freiwillig beim Unfall- und Gesundheitsschutz zum Vorteil der Mitarbeiter über zwingende Mindestbedingungen hinauszugehen.

Verwandte Kennzahlen / Zusätzliche Anmerkungen

&

Als Synonym für die Kennzahl „Unfallhäufigkeitsrate" ist u. a. gebräuchlich: Unfallhäufigkeitsquote; Unfallhäufigkeitsindex.

Im Rahmen des GRI-Standards (der Global Reporting Initiative) zur Nachhaltigkeitsberichterstattung zählt die Kennzahl „Unfallhäufigkeitsrate" z. B. als ein etablierter Indikator zur Kategorie „Mitarbeiter" unter der Kennung LA7.

Als verwandte Kennzahl im Sinne einer „Unfallschwererate" zeigt ferner der sog. Unfallbelastungsindex die (zeitliche) Auswirkung der Schwere der Unfälle, indem er die Summe der unfallbedingt ausgefallenen Arbeitstage in eine bestimmte rechnerische Relation zu den im Unternehmen innerhalb des Betrachtungszeitraums geleisteten Arbeitsstunden setzt:

$$\frac{\text{Zahl der (betriebsunfallbedingt) ausgefallenen Arbeitstage} \cdot 1\text{ Mio.}}{\text{Geleistete Arbeitsstunden} \cdot 10}$$

Regelmäßig veröffentlicht und meist auch breit publiziert wird in Deutschland die aus Sicht von Krankenkassen leicht modifiziert definierte „Unfallhäufigkeitsrate" (im

Sinne „Arbeitsunfälle je 1000 Mitglieder"), ebenso die „Unfallschwererate" („Arbeitsunfähigkeitstage je 1000 Mitglieder"). Durch die unterschiedlichen Tätigkeitsschwerpunkte der jeweils Versicherten können die Werte hier zwischen den Versicherungen auch deutlich differieren.

5.4.5 Teilnahmequote am betrieblichen Vorschlagswesen

? Fragestellung

Wie groß ist der Anteil an Mitarbeitern, die sich am System des betrieblichen Vorschlagswesens beteiligen?

*** Definition**

$$\frac{\text{Zahl der Vorschlags-Einreicher im Analysezeitraum} \cdot 100}{\text{Durchschnittliche Belegschaftsstärke im Analysezeitraum}}$$

Die Kennzahl wird in der Dimension „%" angegeben.

» Ermittlung / Herleitung

Die erforderlichen Daten lassen sich aus den Informationssystemen der Personalabteilung (verknüpft mit denen des betrieblichen Vorschlagswesens) gewinnen. Im Zähler sind bei mehreren Vorschlägen eines Mitarbeiters pro Betrachtungsperiode entsprechende Bereinigungen vorzunehmen. Für weitergehende Auswertungen, z. B. hinsichtlich der Struktur der Einreicher (nach Abteilungen, Qualifikation, Hierarchieebenen usw.) können noch zusätzliche Differenzierungen erfolgen.

 # Betriebswirtschaftlicher Aussagewert und Größenordnung

Das betriebliche Vorschlagswesen ist ein weit verbreitetes institutionalisiertes Managementinstrument, um die Mitarbeiter kontinuierlich zum Mitdenken, zur Äußerung von Verbesserungsideen und zum verantwortlichen Handeln anzuregen. Je umfassender die Beteiligung durch die Belegschaft ist, desto stärker profitiert im Grundsatz das Unternehmen von der Detailkenntnis der Beschäftigten. Eine hohe Teilnahmequote deutet darauf hin, dass in erheblicher Breite freiwillige Mitarbeiterleistungen in Form von Verbesserungsideen generiert werden, die dauerhaft zur Weiterentwicklung der bestehenden Unternehmenssituation beitragen können.

Die Vergleichbarkeit der ermittelten Werte – insb. bei unternehmensübergreifender Betrachtung – wird in nicht unwesentlichem Maße auch davon beeinflusst, in welchem Umfang die einzelnen Verbesserungsvorschläge von den „alltäglich" umgesetzten Ideen abgetrennt und über das Bewertungs-und Belohnungssystem des betrieblichen Vorschlagswesens weiter bearbeitet werden.

Handlungsanregungen

!

Programme des betrieblichen Vorschlagwesens können jeder Organisation einen deutlichen Wettbewerbsvorteil durch mehrere Aspekte liefern: Kostenersparnisse, Gewinnsteigerungen, Ausschussminderungen, Verbesserungen der Qualität, der Sicherheit und des Kundenservices, Stärkung der Unternehmenskultur, der Mitarbeitermotivation und -zufriedenheit.

Es ist dabei stets erstrebenswert, eine ausdrückliche Verknüpfung des betrieblichen Vorschlagswesens mit Belohnungs- oder Bonussystemen herzustellen. Der Bewertungsprozess der von Mitarbeitern eingereichten Vorschläge sollte von einem unabhängigen Gremium vorgenommen werden, das bereits über entsprechende Erfahrungen verfügt und eine unverzerrte Stellungnahme zur Wertschaffung der einzelnen Vorschläge liefern kann.

Verwandte Kennzahlen / Zusätzliche Anmerkungen

&

Als Synonyme für diese Kennzahl sind gebräuchlich: Partizipations- oder Beteiligungsquote am betrieblichen Vorschlagswesen.

Zur „Familie" der Kennzahlen im Zusammenhang mit der Planung, Umsetzung und Kontrolle des betrieblichen Vorschlagswesens gehören beispielsweise des Weiteren: Verbesserungsvorschlagsquote, die Annahme- bzw. Realisierungsrate der Verbesserungsvorschläge, die Durchschnittsprämie je Verbesserungsvorschlag und Kennzahlen zur detaillierteren Analyse der Einreicherstruktur (nach Abteilungen, nach Qualifikation, nach Hierarchieebenen usw.).

5.4.6 Compliance-Schulungsstunden pro Mitarbeiter

Fragestellung

?

Wie groß ist der zeitliche Umfang, in dem die Beschäftigten eines Unternehmens an Veranstaltungen zu den Compliance-Anforderungen teilnehmen?

Definition

*

$$\frac{\text{Zahl der Compliance-Schulungsstunden}}{\text{Durchschnittliche Zahl der Mitarbeiter}}$$

Die Dimension der Kennzahl ergibt sich als „Stunden pro Person".

Ermittlung / Herleitung

»

Die erforderlichen Daten lassen sich aus den Informationssystemen der Personalabteilung gewinnen. Sie können für weitergehende Auswertungen noch zusätzlich differenziert werden, z. B. nach Hierarchie-Ebenen und/oder betrieblichen Tätigkeitsbereichen der Mitarbeiter sowie im Vergleich zwischen inländischen und verschiedenen ausländischen Standorten innerhalb eines Konzerns.

Betriebswirtschaftlicher Aussagewert und Größenordnung

Mit den unter der Terminologie „Corporate Compliance" zusammen gefassten Aufgabenfeldern soll dauerhaft sichergestellt werden, dass das Handeln der Mitarbeiter auf allen Ebenen in Übereinstimmung mit externen und internen Vorgaben einer ordnungsgemäßen und verantwortlichen Unternehmensführung steht, vielfach schriftlich festgehalten in sog. Codes of Conduct. Diese Verpflichtung zu regelkonformem Verhalten ist inhaltlich klar in einem Top down-Prozess in einem Unternehmen zu dokumentieren und im Falle von Verstößen (sog. Non-Compliance) mit entsprechenden Konsequenzen zu belegen.

Vor diesem Hintergrund gilt die Kennzahl „Compliance-Schulungsstunden pro Mitarbeiter" zwar als grober, aber anschaulicher Indikator für die Intensität gezielter Weiterbildung der Belegschaft in einem besonderen Themenfeld. Angesichts einer steigenden externen Regeldichte, nicht zuletzt bedingt durch die Tätigkeit von Unternehmen in Ländern verschiedenster Rechtsordnungen und sozio-kultureller Gepflogenheiten, ist sowohl die Gewährleistung der vielfältigen externen Anforderungen wie auch der bestehenden internen Verhaltensstandards von erheblicher Bedeutung.

Wie bei vielen anderen Kennzahlen kann die Aussagefähigkeit konkreter Werte im Einzelnen leiden, wenn im Vergleich zu anderen Unternehmen z. B. spürbar umfangreichere Inhalte zu vermitteln sind. Dennoch kann in einem ersten Schritt mit der Erhebung und dem Reporting dieser Kennzahl verdeutlicht werden, in welchem Umfang u. U. im Zeitvergleich eine präventive Strategie der Sicherung von Corporate Compliance durch gezielte themenbezogene Weiterbildung verfolgt wird.

Für den zeitlichen Umfang der unternehmensindividuell erforderlichen, sinnvollen Weiterbildungszeit gibt es keine normierbare (z. B. Mindest-)Größe. Sie wird u. a. wesentlich vom bisherigen Kenntnisstand der Mitarbeiter geprägt und der Veränderungsrate, mit der z. B. juristisches oder administratives Wissen – je nach Geschäftsgebiet und Land sehr unterschiedlich – veraltet. Im Einzelfall können unternehmensinterne Vergleiche in Form von Ist-Ist- bzw. Plan-Ist-Relationen und unternehmensextern – soweit verfügbar – die Einbeziehung von entsprechenden Angaben einzelner Wettbewerber oder von Branchendurchschnittswerten als Orientierung hilfreich sein.

! Handlungsanregungen

Bislang hat sich in der Fachliteratur und der Unternehmenspraxis keine abschließende Begriffsfassung für „Corporate Compliance" oder kurz „Compliance" durchsetzen können. Im Allgemeinen sind zum einen den externen Normen insb. die jeweiligen (landes-)gesetzlichen Gebote und Verbote sowie sonstige regulatorische Standards zuzuordnen. Für die Abgrenzung der internen Vorgaben zum anderen bietet es sich an, nur die vom Unternehmen explizit benannten (selbst geschaffenen) Regelungen sowie die Übernahme weiterer freiwilliger Verhaltenskodices (z. B. ausgewählte Codes of Conduct) zu zählen.

Diese formal-inhaltliche Vorgehensweise besitzt den Vorteil, die ansonsten zu Unschärfe (und Beliebigkeit) führende Ausweitung der Begriffsinterpretation „Corporate

Compliance“ nicht verhindern zu können – beispielsweise, wenn je nach Einstellung auf ggf. von verschiedenen Stakeholdern als wünschenswert empfundene Normen Bezug genommen wird.

Daher ist für Außenstehende nur sehr bedingt das inhaltliche Ausmaß dieser Schulungen abschätzbar. In der Regel wird jedoch auf freiwillige Übernahmen von z. B. branchenweiten Verhaltenskodices in den unternehmerischen Compliance-Rahmen im Reporting explizit hingewiesen.

Verwandte Kennzahlen / Zusätzliche Anmerkungen &

In Zusammenarbeit zwischen den Verantwortlichen für die Personalentwicklung, den Führungskräften der Fachabteilungen und der Unternehmensleitung sind geeignete Weiterbildungsprogramme zu entwickeln und durchzuführen, um die Konkurrenzfähigkeit des Unternehmens nicht durch Verstöße gegen regelkonformes Verhalten zu gefährden. Die „Compliance-Schulungsstunden pro Mitarbeiter“ bilden dabei einen allgemeinen Indikator, der auf den zeitlichen Umfang abstellt, aber letztlich keine verlässliche Aussage zur inhaltlichen Dichte bietet.

5.5 Innovationspotenzial-Kenngrößen

5.5.1 Innovationsquote Ⓢ

Fragestellung ?

Wie hoch ist der Anteil des Umsatzes mit neuen Produkten und Dienstleistungen am Gesamtumsatz?

Definition *

$$\frac{\text{Perioden-Umsatz mit neuen Produkten und Dienstleistungen} \cdot 100}{\text{Gesamter Perioden-Umsatz}}$$

Die Kennzahl „Innovationsquote“ wird in der Dimension „%“ angegeben.

Ermittlung / Herleitung »

Die für diese Quotienten-Kennzahl erforderlichen Daten sind speziellen, dem externen Rechnungswesen vorgelagerten Informationssystemen („Statistiken“; „Kunden- und Auftragsdatenbanken“) der Marketing-, Vertriebs- oder Verkaufsabteilung zu entnehmen.

Betriebswirtschaftlicher Aussagewert und Größenordnung

Die Kennzahl „Innovationsquote“ gilt als ein typischer Indikator für die „Modernität“ des vom Unternehmen angebotenen Produkt- und Dienstleistungsprogramms. Der ermittelte Wert hängt jedoch wesentlich von dem definierten Zeitraum (wie „lange“ ist ein Absatzobjekt „neu“?) und vom Ausmaß des definierten Neuigkeitsgrades ab.

Eine generalisierende Vorgabe ist nicht bestimmbar, sie wird vor allem geprägt von der Länge der typischen Produktzyklen. Als Orientierungen zur Größenordnung dieser Kennzahlenwerte können neben den üblichen unternehmensinternen Vergleichsmöglichkeiten (zwischen organisatorischen Teilbereichen als Ist-Ist- und Plan-Ist-Relation) – soweit verfügbar – unternehmensextern Angaben von einzelnen Wettbewerbern, Branchendurchschnittswerte oder „Best-Practice-Werte“ herangezogen werden.

! Handlungsanregungen

In vielen Märkten, die spürbare Sättigungstendenzen zeigen, aber auch in wachsenden Märkten, die von starken technologischen Einflüssen geprägt sind, sehen zahlreiche Unternehmen in einem beschleunigten Produktwechsel ein markantes Instrument, um sich (z. B. ein besonderes Image als Technologieführer zu erarbeiten und) Wettbewerbsvorteile zu verschaffen. Hier ist die Kennzahl „Innovationsquote“ von besonderer Bedeutung. Sie repräsentiert das Potenzial des Anbieters, immer wieder neuartige Angebote auf den Markt zu bringen und damit möglichst neue Kundengruppen zu gewinnen oder Ersatzbedarf bei den bisherigen Abnehmern zu generieren. Die bewusste Verkürzung von Produkt- und Dienstleistungszyklen ist jedoch nicht ohne Risiko. Die Verringerung der Entwicklungszeiten sollte nicht zu Lasten der Qualität gehen – die erhebliche Zunahme an Rückrufaktionen auch weltweit tätiger Markenartikel-Unternehmen in den letzten Jahren zeigt, dass dies nicht selbstverständlich zu bewerkstelligen ist.

Zudem muss der sog. Leapfrogging-Effekt beachtet werden. Er steht für das Verhalten von Kunden, bei zunehmend kürzer werdenden Produktwechseln eine oder ggf. auch mehrere Produktgenerationen zu überspringen – also eher auf die übernächste Innovation zu warten, als jede einzelne zu nutzen. Insofern kann es auch zum Auftreten einer sog. „Beschleunigungsfalle“ kommen, in der sich das Unternehmen gezwungen sieht, schneller zu innovieren und dabei in den Teufelskreis fallender Preise gerät.

Eine pauschal gültige Strategie zur richtigen Dimensionierung der „Innovationsquote“ sowie zur geeigneten Umsetzung in wertgenerierende Absatzobjekte existiert nicht. Auch „2 Schritte“ vor den Wettbewerbern zu sein, wird meist weniger von den Kunden honoriert als das kontinuierliche Bestreben, stets einen klaren, für den Abnehmer relevanten Vorteil früher als die Konkurrenten anbieten zu können.

& Verwandte Kennzahlen / Zusätzliche Anmerkungen

Als Synonyme für die Kennzahl „Innovationsquote“ sind auch gebräuchlich: Innovationsrate, Neuproduktanteil oder -rate.

5.5.2 Forschungs- und Entwicklungs-Intensität (F&E-Intensität)

Fragestellung ?

Wie forschungs- und entwicklungsorientiert (gemessen am Anteil der F&E-Aufwendungen am Umsatz) ist das Unternehmen tätig?

Definition *

$$\frac{\text{Aufwendungen für Forschung und Entwicklung (pro Periode)} \cdot 100}{\text{Perioden-Umsatzerlöse}}$$

Die Kennzahl „Forschungs- und Entwicklungs-Intensität" wird in der Dimension „%" angegeben. Sowohl die Zähler- als auch die Nenner-Werte beziehen sich auf den gleichen Zeitraum (in der Regel ein Geschäftsjahr), wobei hier in der Regel keine Differenzierung zwischen den Begriffen „Aufwendungen" und „Kosten" erfolgt.

Ermittlung / Herleitung »

Auf Unternehmensebene gilt, dass auch für Externe der im Nenner einzusetzende Betrag unmittelbar aus der Gewinn- und Verlustrechnung übernommen werden kann. Der Betrag des Zählers wird nicht von allen Unternehmen veröffentlicht und lässt sich daher für außenstehende Betrachter nicht immer ohne zusätzliche Informationen gewinnen. Unternehmensintern hängt die Exaktheit der zu ermittelnden Größe „F&E-Aufwendungen" in starkem Maße von der in der Kosten- und Leistungsrechnung abgebildeten Detaillierung des betrieblichen Geschehens und den vorgenommenen internen Leistungsverrechnungen ab.

Betriebswirtschaftlicher Aussagewert und Größenordnung #

Die „F&E-Intensität" ist die am weitesten verbreitete Kennzahl, die den Stellenwert von „Forschung und Entwicklung" im Unternehmen aufzeigen soll und als ein Indikator für besondere Anstrengungen hinsichtlich des künftigen Erfolgs der Produkte und Dienstleistungen am Markt dient.

Dieser unterstellten Vorhersagefunktion liegt die Annahme zugrunde, dass tendenziell höhere F&E-Kosten auch zu tendenziell stärkeren F&E-Ergebnissen, entsprechenden Umsatzerlösen und Gewinnen führen. Diese Argumentationskette ist allerdings weder eindeutig qualitativ noch quantitativ sicher bestimmbar, sodass die Kennzahl „F&E-Intensität" primär als ein Anhaltspunkt für das Zukunftspotenzial angesehen werden sollte.

In der Praxis sind die veröffentlichten Werte für diese Kennzahl sehr unterschiedlich, sowohl zwischen den einzelnen Branchen wie auch mitunter sogar innerhalb eines Wirtschaftszweiges. Neben den differierenden Formen der unternehmensinternen Ermittlung (und je nach Rechnungslegung abweichender bilanzieller Aktivierung) können auch Unterschiede in den Schwerpunkten eigen- und fremderzeugter

F&E-Erkenntnisse den Kennzahlenwert beeinflussen, weil sie unterschiedlich im Rechnungswesen verbucht werden.

Ferner werden im Zähler und Nenner ökonomische Größen derselben Periode gegenübergestellt, sodass es je nach Entwicklung der beiden Größen zu Verzerrungen des konkreten Quotientenwertes kommen kann – zwei Beispiele zur Veranschaulichung:

- Bei derzeit großen Markterfolgen (erkennbar an wachsenden Umsätzen) mit früher entwickelten Produkten und konstanten F&E-Aufwendungen sinkt die F&E-Intensität rechnerisch, die Forschungsorientierung des Unternehmens scheint zurückzugehen.
- Im umgekehrten Fall derzeit geringer Markterfolge (erkennbar an sinkenden Umsätzen) mit früher entwickelten Produkten bei konstanten F&E-Aufwendungen steigt die F&E-Intensität rechnerisch, die Forschungsorientierung des Unternehmens scheint zuzunehmen.

Diese einfache Argumentation zeigt bereits wesentliche Probleme einer betriebswirtschaftlich sinnvollen Interpretation dieser Kennzahl auf.

Im Allgemeinen ist zudem davon auszugehen, dass es einen zeitlichen (allerdings meist nicht exakt bestimmbaren) Vorlauf zwischen F&E-Kosten und den mit den daraus normalerweise entstehenden Produkten und Dienstleistungen, erzielten Umsätzen und realisierten Gewinnen gibt. Auch diese Abhängigkeit kann in dieser „klassischen“ Kennzahl nicht abgebildet werden. Ein besserer Ansatz würde in einem Vergleich der aktuellen Umsatz- und Gewinnentwicklung mit den F&E-Kosten früherer Jahre (z. B. branchenabhängig bzw. unternehmensspezifisch: 1–5 Jahre) bestehen.

! Handlungsanregungen

Unternehmerische Forschungs- und Entwicklungsaktivitäten stellen ein herausragendes Beispiel dafür dar, dass das Rechnungswesen und aus ihm abgeleitete Kennzahlen nicht alle betrieblichen Sachverhalte und Entwicklungen in gleicher ökonomischer Aussagekraft wiedergeben können.

Unter der Prämisse, dass branchengleiche Unternehmen über ähnliche Ertrags- und Kostenstrukturen verfügen, liefern Kennzahlenwerte, die (spürbar) von den entsprechenden Durchschnittswerten abweichen, deutliche Impulse, diesen positiven bzw. negativen Entwicklungen stärkere Beachtung zu schenken und sie im Sinne der jeweiligen Unternehmenszielsetzung zu beeinflussen.

Wichtig bei dieser Kennzahl ist jedoch, dass sie nicht automatisch eine Aussage über den späteren Erfolg der Innovationen zulässt. Zu diesem Zweck lässt sich z. B. die Innovationsrate oder die F&E-Produktivität als zwischenbetrieblicher Vergleich heranziehen.

In der Praxis wird daher z. B. der alleinigen F&E-Kostenentwicklung Beachtung geschenkt, ebenso der Angabe, ob besondere Zuwächse der Aufnahme neuer F&E-Projekte in erfolgsträchtigen Gebieten geschuldet sind und mögliche Rückgänge aus einem Strategiewechsel resultieren, z. B. in bestimmten Teilbereichen als Lizenznehmer sich künftig auf andere Stufen der Branchen-Wertschöpfungskette zu konzentrieren.

Verwandte Kennzahlen / Zusätzliche Anmerkungen &

Als Synonym für die Kennzahl „Forschungs- und Entwicklungs-Intensität" ist gebräuchlich: Forschungsintensität.

Verwandte Kennzahlen mit zum Teil ähnlicher Problematik hinsichtlich ihrer Aussagekraft sind die sog.

- „F&E-Beschäftigten-Intensität" als Quotient aus F&E-Beschäftigten und der Summe aller Beschäftigten im Unternehmen.
- „F&E-Kostenanteil" als Verhältnis von F&E-Kosten und den Gesamtkosten eines Unternehmens in derselben Betrachtungsperiode.
- „F&E-Produktivität" (sprachlich besser wäre eigentlich „F&E-Wirtschaftlichkeit") als Quotient aus dem Perioden-Deckungsbeitrag mit neuen Produkten und den F&E-Kosten derselben Periode.

5.5.3 Forschungs- und Entwicklungs-Kostenanteil (F&E-Kostenanteil)

Fragestellung ?

Wie forschungs- und entwicklungsorientiert ist das Unternehmen tätig? – gemessen als Relation zu den Gesamtkosten der Betrachtungsperiode

Definition *

$$\frac{\text{Kosten für Forschung und Entwicklung (pro Periode)} \cdot 100}{\text{Gesamtkosten (pro Periode)}}$$

Die Kennzahl „Forschungs- und Entwicklungs-Kostenanteil" wird in der Dimension „%" angegeben. Sowohl die Zähler- als auch die Nenner-Werte beziehen sich auf denselben Zeitraum (meist ein Geschäftsjahr).

Ermittlung / Herleitung »

Für außenstehende Analysten ist der Betrag im Nenner für das Gesamtunternehmen direkt aus der Gewinn- und Verlustrechnung zu entnehmen. Der für den Zähler erforderliche Wert wird dagegen nicht von allen Unternehmen veröffentlicht und lässt sich somit für Externe nicht immer ohne zusätzliche Informationen gewinnen.

Unternehmensintern hängt die Exaktheit der zu ermittelnden Größe „F&E-Kosten" in starkem Maße von der in der Kosten- und Leistungsrechnung abgebildeten Detaillierung des betrieblichen Geschehens und den vorgenommenen internen Leistungsverrechnungen ab. Dazu zählt ebenso, ob und in welchem (nachvollziehbaren) Umfang neben den Kosten für Produktinnovationen auch die Kosten für Prozessinnovationen, die ähnlich erfolgsrelevant für ein Unternehmen sein können, analog abgegrenzt und zugerechnet werden.

Betriebswirtschaftlicher Aussagewert und Größenordnung

Der „F&E-Kostenanteil" zeigt in genereller und zugleich kompakter Form die Bedeutung von „Forschung und Entwicklung" im betrachteten Unternehmen. Er dient – vor allem bei technikgeprägten Industrieunternehmen – als ein Gradmesser für besondere Innovationsanstrengungen hinsichtlich des künftigen Erfolgs der Produkte und Dienstleistungen am Markt.

Bei der Interpretation der Kennzahlenwerte im Zeitvergleich, intern zwischen Unternehmensteilen oder extern in Relation zu Branchendurchschnittswerten oder „Best-Practice-Beispielen" (z. B. zum Marktführer), wird meist implizit die Annahme getroffen, dass höhere F&E-Kosten bzw. ein höherer F&E-Kostenanteil vorteilhaft ist, also eine proportional verlaufende wirtschaftliche Effizienz der eingesetzten Geldmittel vorliegt. Das muss aber keinesfalls gegeben sein, sondern hängt stark von der Erfolgsquote der F&E-Projekte, nicht zuletzt von einem gelungenen Projektmanagement und -controlling ab.

In der Praxis sind die veröffentlichten Werte für diese Kennzahl sehr unterschiedlich, sowohl zwischen den einzelnen Branchen, wie auch mitunter sogar innerhalb eines Wirtschaftszweiges. Neben den differierenden Formen der unternehmensinternen Ermittlung (und je nach Rechnungslegung abweichender bilanzieller Aktivierung) können auch Unterschiede in den Schwerpunkten eigen- und fremderzeugter F&E-Erkenntnisse den Kennzahlenwert beeinflussen, weil sie ggf. unterschiedlich im Rechnungswesen verbucht werden.

Ferner werden im Zähler und Nenner ökonomische Größen derselben Periode gegenübergestellt, sodass es je nach Entwicklung der beiden Größen zu Verzerrungen des konkreten Quotientenwertes kommen kann – zwei Beispiele zur Veranschaulichung:

- Bei einem derzeit steigenden Kostenvolumen (erkennbar an preis- und/oder mengenbedingt wachsenden Gesamtkosten) und gleichzeitig (wegen hoher Fixkosten) konstanten F&E-Kosten sinkt der F&E-Kostenanteil rechnerisch, die Forschungsanstrengungen des Unternehmens scheinen zurückzugehen.
- Im umgekehrten Fall derzeit geringerer Gesamtkosten (z. B. durch sinkende Einkaufspreise und/oder zurückgehende Produktionsmengen bedingt) steigt bei konstanten F&E-Kosten der F&E-Kostenanteil rechnerisch, die Forschungsorientierung des Unternehmens scheint zuzunehmen.

Diese einfache Argumentation zeigt bereits wesentliche Probleme einer betriebswirtschaftlich sinnvollen Interpretation dieser Kennzahl auf.

Handlungsanregungen !

Da in vielen Fällen kein unmittelbarer Marktbezug der unternehmerischen Forschungs- und Entwicklungsaktivitäten gegeben ist, erscheint eine allein an Wertgrößen des Rechnungswesens orientierte Wirkungsanalyse mit Hilfe von Kennzahlen nicht unproblematisch. Hier werden typische Grenzen der Erfolgsmessung auf der Grundlage des internen und externen Rechnungswesens deutlich.

Unter der Annahme, dass beispielsweise branchengleiche Unternehmen über ähnliche Kostenstrukturen verfügen, liefern Kennzahlenwerte, die (spürbar) von den entsprechenden Durchschnittswerten abweichen, deutliche Denkanstöße, diesen abweichenden Trends erhöhte Aufmerksamkeit zukommen zu lassen und sie ggf. gezielt durch ein wirkungsvolleres Projektmanagement und -controlling zu beeinflussen.

In der Praxis wird daher konkreter u. a. der alleinigen F&E-Kostenentwicklung Beachtung geschenkt, ebenso der Angabe, ob besondere Zuwächse der Aufnahme neuer F&E-Projekte in erfolgsträchtigen Gebieten geschuldet sind und mögliche Rückgänge aus einem Strategiewechsel resultieren, z. B. in bestimmten Teilbereichen als Lizenznehmer sich künftig auf andere Stufen der Branchen-Wertschöpfungskette zu konzentrieren.

Verwandte Kennzahlen / Zusätzliche Anmerkungen &

Die Terminologie in Wissenschaft und Praxis ist bislang noch recht uneinheitlich. Es sollte also – insbesondere beim unternehmensübergreifenden Vergleich – stets geprüft werden, welche Relation unter dem gewählten Kennzahlenbegriff abgebildet wird.

Als Synonyme für die Kennzahl „Forschungs- und Entwicklungs-Kostenanteil“ sind gebräuchlich: Forschungskostenquote, F&E-Ausgabenquote.

Verwandte Kennzahlen mit zum Teil ähnlicher Problematik hinsichtlich ihrer Aussagekraft sind die sog.

- „F&E-Intensität“ als Verhältnis von F&E-Aufwendungen und Umsatz derselben Periode.
- „F&E-Beschäftigten-Intensität“ als Quotient aus F&E-Beschäftigten und der Summe aller Beschäftigten im Unternehmen.
- „F&E-Produktivität“ (sprachlich besser wäre eigentlich „F&E-Wirtschaftlichkeit“) als Quotient aus dem Perioden-Deckungsbeitrag mit neuen Produkten und den F&E-Kosten derselben Periode.

5.5.4 Break-Even-Time

Fragestellung ?

In welchem Zeitraum werden die für ein Forschungs- und Entwicklungsprojekt (F&E) eingesetzten Finanzmittel aus den Rückflüssen voraussichtlich wiedergewonnen?

Definition
Im Grundsatz handelt es sich bei der Break-Even-Time um eine besondere Anwendungsform der dynamischen Amortisationsdauer für produkt- und dienstleistungsbezogene F&E-Prozesse.

$$C_0 = \sum_{t=0}^{w} (e_t - a_t) \cdot (1 + i)^{-t} = 0$$

Wobei gilt:
C_0 = Kapitalwert (zum Zeitpunkt t = 0)
t = laufender Periodenindex
w = Zahl der betrachteten zukünftigen Perioden (meist Jahre)
e_t = Einzahlung in Periode t
a_t = Auszahlung in Periode t
i = Kalkulationszinsfuß

Der konkrete Kennzahlenwert ergibt sich als das zu ermittelnde Ende einer Zeitspanne (in der Formel durch „w" abgebildet) – rechnerisch als der Zeitpunkt, zu dem die Summe der diskontierten Einzahlungen und die Summe der diskontierten Auszahlungen des F&E-Investitionsobjekts erstmals identisch ist.

Die Kennzahl „Break-Even-Time" wird in der Zeit-Dimension (typischerweise „in Jahren" oder „in Monaten") als Dezimalzahl angegeben.

Ermittlung / Herleitung
Die Daten sollten – möglichst projektbezogen – in der Form von Ein- und Auszahlungsgrößen zugrunde gelegt werden. Sie sind der unternehmerischen Investitions- und Finanzplanung sowie ggf. einer gesondert eingerichteten Projektrechnung für Forschungs- und Entwicklungsprozesse unter Einbindung der anschließenden Produktions- und Vermarktungsphase zu entnehmen.

Aus Vereinfachungsgründen wird in der Praxis noch vielfach auf die Variante der statischen Amortisationsdauer zurückgegriffen, die die entsprechenden Projekt-Umsätze und -Kosten bzw. Einnahmen- und Ausgabengrößen einander gegenüberstellt. Wird der Anfall von Ein- und Auszahlungen zu unterschiedlichen Zeitpunkten explizit durch Diskontierung berücksichtigt, erhält man mit dieser dynamischen Amortisationsdauer – insbesondere bei längeren Betrachtungszeiträumen, wie sie für F&E-Projekte typisch sind – fundiertere Erkenntnisse.

Betriebswirtschaftlicher Aussagewert und Größenordnung
Neben der Messung der ökonomischen Vorteilhaftigkeit von Innovationsobjekten in absoluten oder relativen Größen (z. B. als Gewinn- bzw. Kostenbetrag oder als Rentabilitäten) stellt die Break-Even-Time ein spezifisches (zeitbezogenes) Risiko-Kriterium dar, das ergänzend zu einem dieser Erfolgskriterien eingesetzt werden kann.

Der Ermittlung der Break-Even-Time liegt der gedankliche Ansatz zugrunde, die sog. Zeitfalle zu verhindern, d. h., dass bei steigender Wettbewerbsintensität mit schnelleren Modellwechseln der Marktzyklus kürzer als die Break-Even-Time für die F&E-Ausgaben ist. Durch eine genauere Analyse und sinnvoll integrierende Gestaltung der einzelnen Phasen der Produktentwicklung, -herstellung und -vermarktung soll das Risiko verdeutlicht werden, dass ggf. die Rückgewinnung des Kapitaleinsatzes und die angestrebte Verzinsung verfehlt werden. In dieser rein zeitabhängig betrachteten Risikoberücksichtigung stellt die Break-Even-Time jedoch nur einen sehr allgemein gehaltenen Bewertungsmaßstab dar und lässt strategische Faktoren unberücksichtigt, die auf den Projekterfolg verzögerte positive Auswirkungen haben könnten.

In Anbetracht der Komplexität und Vielfalt der unternehmensindividuell geprägten F&E-Prozesse ist ein genereller konkreter Vorgabewert nicht sinnvoll bestimmbar. Eine allgemeine Orientierungsgröße ist nur insofern zu geben, als die Zeitdauer einen ggf. zu erwartenden marktseitigen Produkt- und/oder Dienstleistungslebenszyklus nicht übersteigen darf.

Unter der Prämisse, dass branchengleiche Unternehmen über ähnliche entwicklungs- und leistungswirtschaftliche Strukturen verfügen, liefern Kennzahlenwerte, die (spürbar) von den entsprechenden Durchschnittswerten abweichen, deutliche Impulse, diesen positiven bzw. negativen Entwicklungen stärkere Beachtung zu schenken und sie im Sinne der jeweiligen Unternehmenszielsetzung zu beeinflussen.

Handlungsanregungen !

Im Mittelpunkt steht das weite Spektrum möglicher Maßnahmen, die meist in Projektform durchgeführten F&E-Vorhaben in ihrer Effektivität und Effizienz zu steigern. Neben einer mit der strategischen Ausrichtung des Unternehmens systematisch abgestimmten Auswahl und kontinuierlichen Begleitung der F&E-Projekte ist in operativer Hinsicht bei der Kennzahl „Break-Even-Time“ der erfolgskritische Faktor „Zeit“ von zentraler Bedeutung.

Alternative organisatorische und technische Möglichkeiten der Verkürzung der Entwicklungszeit („Time-to-Market“) durch partielle Beschleunigungen und Parallelisierungen sowie ggf. Integration einzelner Phasen (z. B. durch Simultaneous Engineering) stellen wichtige Ansatzpunkte dar, die Break-Even-Time auf ein wettbewerbsfähiges Niveau zu bringen oder zu einem Konkurrenzvorteil auszubauen.

Verwandte Kennzahlen / Zusätzliche Anmerkungen &

Als Synonyme sind gebräuchlich – jeweils in statischer oder dynamischer Form: Amortisationszeit; Kapitalrückflusszeit; Kapitalwiedergewinnungszeit.

5.6 Ökologische Nachhaltigkeits-Kenngrößen

5.6.1 Ressourcen-Verbrauchsniveau

? Fragestellung

Wie hoch ist zeitraumbezogen (meist für ein Jahr) oder stückbezogen (pro Ausbringungseinheit) der mengenmäßige Einsatz bestimmter (ökologisch besonders relevanter) Ressourcen im Unternehmen?

- als zeitraumbezogene Kennzahlen-Variante
  aufgliederbar nach verschiedenen Ressourcenarten (Input: z. B. Energie, Wasser, Material) mit jeweiligen Untergliederungen (z. B. für Energie mit Gas, Strom, Öl usw.)
- als stückbezogene Kennzahlen-Variante
  aufgliederbar nach verschiedenen Output-Einheiten (Stückzahl Endprodukte, Zahl der gefahrenen Transportkilometer, Zahl der produzierten Tonnen Stahl usw.)

*** Definition**

Zeitraumbezogene Variante:

$$\text{Menge des Ressourcenverbrauchs pro Periode}$$

Als Maßzahl für die Mengeneinheiten der jeweils betrachteten festen, flüssigen oder gasförmigen Ressourcen kommen grundsätzlich in Frage: (Stück-)Zahl, Längen-, Flächen- und Volumeneinheiten oder Gewichts-/Masse- sowie sonstige physikalische Leistungsangaben.

Stückbezogene Variante:

$$\frac{\text{Menge des Ressourcenverbrauchs pro Periode}}{\text{Menge der erstellten Outputeinheiten pro Periode}}$$

Als Maßzahl für die Mengeneinheiten der – im Zähler wie im Nenner – betrachteten festen, flüssigen oder gasförmigen Ressourcen bzw. Outputeinheiten kommen grundsätzlich in Frage: (Stück-)Zahl, Längen-, Flächen- und Volumeneinheiten oder Gewichts-/Masse- sowie sonstige physikalische Leistungsangaben.

Aus der jeweiligen Kombination ergibt sich die entsprechende Dimension z. B. als Energieeinsatz pro Tonne Stahl, Wasserverbrauch pro Fertigprodukt.

» Ermittlung / Herleitung

Voraussetzung, um die erforderlichen Daten für diese ressourcenorientierten Kennzahlentypen zu erhalten, ist die Existenz eines detaillierten, computergestützten Betrieblichen Umweltinformationssystems (BUIS). Zu den Aufgaben eines BUIS zählt im hier interessierenden Zusammenhang vor allem die Erfassung, Verarbeitung und Aufbereitung ökologisch relevanter Daten, insbesondere

- die mengen- und wertmäßige Erhebung (z. B. der Ressourcenverbräuche)
- die Dokumentation für externe Berichterstattungspflichten (bedingt durch Gesetze, Verordnungen usw.)
- die Bildung von aussagefähigen Kennzahlen, um komplexe Zusammenhänge komprimiert darzustellen und unternehmensintern wie -extern Sachverhalte und Entwicklungen im Zeitablauf vergleichbar machen zu können.

Betriebswirtschaftlicher Aussagewert und Größenordnung #

Im Mittelpunkt des Nachhaltigkeits-Ansatzes steht der Gedanke, eine Entwicklung zu ermöglichen, die die Bedürfnisse der Gegenwart befriedigt, ohne zu riskieren, dass zukünftige Generationen ihre eigenen Bedürfnisse nicht mehr befriedigen können. Die Umsetzung dieses Grundprinzips auf der Ebene einzelner Unternehmen bedeutet u. a., schützenswerte und/oder bereits knappe Ressourcen möglichst sparsam einzusetzen. In diesem Sinne zeigen die beiden Kennzahlentypen den mengenmäßigen Ressourcenverbrauch aus zwei unterschiedlichen Perspektiven auf. Die zeitraumbezogene Variante ist bei Ressourcenarten mit Gemeinkosten- oder auch Einzelkostencharakter im Unternehmen denkbar. Die stückbezogene Variante bietet sich für Ressourcenarten mit Einzelkostencharakter an.

Bei stark diversifizierten Produktprogrammen der Unternehmen sind sinnvoller Weise Vergleichsaussagen zur Größenordnung nur auf der Ebene jeweils ähnlicher Produktgruppen unternehmensintern wie -extern vorzunehmen. Die Vergleichbarkeit reiner zeitraumbezogener Summengrößen (wie absolute Zahl der verbrauchten Megawattstunden oder Kubikmeter Wasser pro Jahr) kann zudem erschwert sein, falls bislang z. B. noch nicht alle Standorte eines Unternehmens erfasst wurden und so die Grundgesamtheit sich verändert – ein beim derzeitigen Entwicklungsstand der Nachhaltigkeitsberichterstattung weitverbreiteter Sachverhalt.

Eine Relationsbildung mit Hilfe der stückbezogenen Kennzahlen-Variante kann jedoch Abhilfe schaffen, indem die absoluten Ressourcen-Mengengrößen zu den jeweiligen Produktmengen in Beziehung gesetzt werden (z. B. Energieeinsatz pro Tonne Stahl, Wasserverbrauch pro Fertigprodukt).

Als Orientierungen zur Größenordnung der verschiedenen Kennzahlenwerte und für Vergleichszwecke können neben den üblichen unternehmensinternen Möglichkeiten (zwischen organisatorischen Teilbereichen, z. B. Standorten/Werken als Ist-Ist- und Plan-Ist-Relation) – soweit zugänglich – auch unternehmensextern Angaben einzelner Wettbewerber, Branchendurchschnittswerte oder „Best-Practice-Werte" herangezogen werden.

Aufgrund der Weiterentwicklung und kontinuierlichen Präzisierung der Aufzeichnungs- und Erhebungsmethoden sowie des ggf. zwischenzeitlich erfolgten Kaufs bzw. Verkaufs von Unternehmensteilen sind mitunter die von den Konzernen in ihren Berichten präsentierten Zahlen nicht immer unmittelbar vergleichbar.

! Handlungsanregungen

Unter der Prämisse, dass z. B. branchengleiche Unternehmen über ähnliche Produktionsstrukturen verfügen, liefern Kennzahlenwerte, die (spürbar) von den entsprechenden Durchschnittswerten abweichen, deutliche Impulse, diesen positiven bzw. negativen Entwicklungen stärkere Beachtung zu schenken, sie in ihren Ursachen sowie Konsequenzen zu analysieren und sie dann im Sinne der jeweiligen Unternehmenszielsetzung zu beeinflussen.

Generell gilt: Ausgehend von der Grundidee eines unternehmerischen Leistungsprozesses, der die natürlichen Ressourcen auf der Input- wie auf der Output-Seite zunehmend schont, bietet sich ein weites Spektrum denkbarer Maßnahmenbündel an. Es gilt insbesondere, die Planung, Steuerung und Kontrolle der Abläufe material-, energie- und wasserwirtschaftlicher Art zu analysieren und ggf. gezielt zu verändern. Dazu zählen vor allem:

- das Erkennen von technischen sowie organisatorischen Schwachstellen
- die Initiierung von Verbesserungsmöglichkeiten zur Reduzierung der Energie- und Stoffströme (ggf. durch Herstellung von Systemen der Kreislaufwirtschaft)
- das Entwickeln von Ideen zur Verringerung der jeweiligen Umweltwirkungen der Produktionsprozesse
- die Sensibilisierung und Förderung des Umweltbewusstseins der Mitarbeiter, Erhöhung der Motivation sowie Belohnung entsprechenden Handelns im Rahmen des Vergütungssystems.

Da die überwiegende Zahl der Ressourcen einen (steigenden) Preis hat, bedeutet eine Minderung der mengenmäßigen Inanspruchnahme nach Berücksichtigung der Umweltschutzinvestitionen im Allgemeinen (zumindest mittelfristig) auch eine Kostensenkung.

Neben der Entwicklung und Durchführung konkreter umweltschutzbezogener Maßnahmen sind auch unternehmensindividuell geeignete Aufbau- und Ablaufstrukturen, zentrale und dezentrale Verantwortlichkeiten zu installieren, um eine dauerhafte Etablierung des Umweltmanagements zu gewährleisten. Dazu sei exemplarisch auf die Zertifizierung von Umweltmanagementsystemen nach ISO 14001 oder nach EMAS II (Eco-Management and Audit Scheme), einem über die ISO-Norm hinausgehenden europäischen Standard, verwiesen.

& Verwandte Kennzahlen / Zusätzliche Anmerkungen

Genereller Umfang, Erhebungsrhythmus und Detaillierungsgrad der intern verwendeten Indikatoren, die das Phänomen Nachhaltigkeit nachprüfbar repräsentieren, liegen weitgehend im Ermessen und Verantwortungsbewusstsein der Unternehmen, sofern nicht einzelne rechtliche Vorschriften ausdrückliche Informationen verlangen.

Während in der externen Berichterstattung Jahresangaben überwiegen, sind zur besseren internen Unternehmenssteuerung auch halbjährliche bzw. monatliche Betrachtungsräume ggf. sinnvoll und in der Praxis vielfach gebräuchlich. Die externe Berichterstattung zur Nachhaltigkeit ist ihrerseits deutlich weniger genormt als das „klassische" Reporting der Unternehmen nach nationalen oder internationalen Rechnungslegungsstandards. Als Orientierung wird jedoch zunehmend auf die Liste der Indikatoren in den Richtlinien der Global Reporting Initiative (GRI) Bezug genommen. Sie hat es sich als unabhängige Organisation zur Aufgabe gemacht, formale und inhaltliche Empfehlungen im Sinne eines umfassend kommentierten Leitfadens zu entwickeln, um die Nachhaltigkeitsberichterstattung der Unternehmen weltweit vergleichbarer gestalten zu können.

5.6.2 Ressourcen-Einsparungsgrad

Fragestellung

Wie hat sich im Vergleich zum vorherigen Betrachtungszeitraum (meist ein Jahr) der mengenmäßige Einsatz bestimmter (ökologisch besonders relevanter) Ressourcen verändert?

- als zeitraumbezogene Kennzahlen-Variante
  aufgliederbar nach verschiedenen Ressourcenarten (Input: z. B. Energie, Wasser, Material) mit jeweiligen Untergliederungen (z. B. für Energie mit Gas, Strom, Öl usw.)
- als stückbezogene Kennzahlen-Variante
  aufgliederbar nach verschiedenen Output-Einheiten (Stückzahl Endprodukte, Zahl der gefahrenen Transportkilometer, Zahl der produzierten Tonnen Stahl usw.)

Definition

Zeitraumbezogene Variante:

$$1 - \frac{\text{Ressourcen-Verbrauchsmenge pro Periode in t}}{\text{Ressourcen-Verbrauchsmenge pro Periode in t}-1}$$

Stückbezogene Variante:

$$1 - \frac{\text{Ressourcen-Verbrauchsmenge pro Outputeinheit in t}}{\text{Ressourcen-Verbrauchsmenge pro Outputeinheit in t}-1}$$

Beide Kennzahlen-Varianten werden dimensionslos als Dezimalzahl (z. B. 0,8) oder multipliziert mit dem Faktor „100" als Prozentwert (z. B. 80 %) angegeben.

Beispiel: Aus einem aktuellen Periodenverbrauch von 10 kg und einem in der Vorperiode von 50 kg ergibt sich ein zeitraumbezogener Einsparungsgrad (1 – 10/50) von 0,8,

d. h. von 80 %. Analog gilt: Aus einem aktuellen Periodenverbrauch von 80 kg und einem in der Vorperiode von 40 kg errechnet sich ein Wert (1 – 80/40) von –1,0, d. h. ein negativer Einsparungsgrad bedeutet einen entsprechenden Mehrverbrauch, hier in Höhe von 100 %. Die stückbezogene Variante ist jeweils identisch zu interpretieren.

Die Einsparungsziele müssen nicht zwingend einen einperiodischen Vergleich umfassen, mitunter werden auch größere Zeithorizonte herangezogen.

» Ermittlung / Herleitung

Voraussetzung, um die erforderlichen Daten für diese ressourcenorientierten Kennzahlentypen zu erhalten, ist die Existenz eines detaillierten, computergestützten Betrieblichen Umweltinformationssystems (BUIS). Zu den Aufgaben eines BUIS zählt im hier interessierenden Zusammenhang vor allem die Erfassung, Verarbeitung und Aufbereitung ökologisch relevanter Daten, insbesondere

- die mengen- und wertmäßige Erhebung (z. B. der Ressourcenverbräuche und Emissionsmengen)
- die Dokumentation für externe Berichterstattungspflichten (bedingt durch Gesetze, Verordnungen usw.)
- die Bildung von aussagefähigen Kennzahlen, um komplexe Zusammenhänge komprimiert darzustellen und unternehmensintern wie -extern Sachverhalte und Entwicklungen im Zeitablauf vergleichbar machen zu können.

Betriebswirtschaftlicher Aussagewert und Größenordnung

Im Mittelpunkt des Nachhaltigkeits-Ansatzes steht der Gedanke, eine Entwicklung zu ermöglichen, die die Bedürfnisse der Gegenwart befriedigt, ohne zu riskieren, dass zukünftige Generationen ihre eigenen Bedürfnisse nicht mehr befriedigen können.

Die Umsetzung dieses Grundprinzips auf der Ebene einzelner Unternehmen bedeutet u. a., schützenswerte und/oder bereits knappe Ressourcen möglichst sparsam einzusetzen. In diesem Sinne zeigt der Ressourcen-Einsparungsgrad auf, in welchem mengenmäßigen Umfang der Verbrauch reduziert werden konnte. Die zeitraumbezogene Variante wird vor allem bei Ressourcenarten mit Gemeinkostencharakter im Unternehmen verwandt, entsprechend die stückbezogene Variante, sofern die Ressourcenarten eher Einzelkostencharakter aufweisen.

Bei stark diversifizierten Produktprogrammen der Unternehmen sind sinnvoller Weise nur Vergleichsaussagen auf der Ebene jeweils ähnlicher Produktgruppen unternehmensintern wie -extern vorzunehmen. Die Vergleichbarkeit reiner zeitraumbezogener Summengrößen (wie absolute Zahl der verbrauchten Megawattstunden oder CO_2-Emissionen in Tonnen pro Jahr) kann zudem erschwert sein, falls bislang z. B. nicht alle Standorte eines Unternehmens erfasst wurden und so die Grundgesamtheit sich verändert – ein beim derzeitigen Entwicklungsstand der Nachhaltigkeitsberichterstattung noch weitverbreiteter Sachverhalt.

Eine Relationsbildung mit Hilfe der stückbezogenen Kennzahlen-Variante kann jedoch Abhilfe schaffen, indem die absoluten Ressourcen-Mengengrößen zu den jeweiligen Produktmengen in Beziehung gesetzt werden (z. B. Energieeinsatz pro Tonne Stahl, Wasserverbrauch pro Fertigprodukt).

Als Orientierungen zur Größenordnung der verschiedenen Kennzahlenwerte und für Vergleichszwecke können neben den üblichen unternehmensinternen Möglichkeiten (zwischen organisatorischen Teilbereichen, z. B. Standorten/Werken als Ist-Ist- und als Plan-Ist-Relation) – soweit zugänglich – auch unternehmensextern Angaben von einzelnen Wettbewerbern, Branchendurchschnittswerte oder „Best-Practice-Werte" herangezogen werden.

Aufgrund der Weiterentwicklung und kontinuierlichen Präzisierung der Aufzeichnungs- und Erhebungsmethoden sowie des ggf. zwischenzeitlich erfolgten Kaufs bzw. Verkaufs von Unternehmensteilen sind mitunter die von den Konzernen in ihren Berichten präsentierten Zahlen nicht immer unmittelbar vergleichbar.

Handlungsanregungen

!

Unter der Prämisse, dass z. B. branchengleiche Unternehmen über ähnliche Produktionsstrukturen verfügen, liefern Kennzahlenwerte, die (spürbar) von den entsprechenden Durchschnittswerten abweichen, deutliche Impulse, diesen positiven bzw. negativen Entwicklungen stärkere Beachtung zu schenken, sie in ihren Ursachen sowie Konsequenzen zu analysieren und sie dann im Sinne der jeweiligen Unternehmenszielsetzung zu beeinflussen.

Generell gilt: Ausgehend von der Grundidee eines unternehmerischen Leistungsprozesses, der die natürlichen Ressourcen auf der Input- wie auf der Output-Seite zunehmend schont, bietet sich ein weites Spektrum denkbarer Maßnahmenbündel an. Es gilt insbesondere, die Planung, Steuerung und Kontrolle der Abläufe material-, energie- und wasserwirtschaftlicher Art zu analysieren und ggf. gezielt zu verändern. Dazu zählen vor allem:

- das Erkennen von technischen sowie organisatorischen Schwachstellen
- die Initiierung von Verbesserungsmöglichkeiten zur Reduzierung der Energie- und Stoffströme (ggf. durch Herstellung von Systemen der Kreislaufwirtschaft)
- das Entwickeln von Ideen zur Verringerung der jeweiligen Umweltwirkungen der Produktionsprozesse
- die Sensibilisierung und Förderung des Umweltbewusstseins der Mitarbeiter, Erhöhung der Motivation sowie Belohnung entsprechenden Handelns im Rahmen des Vergütungssystems.

Da die überwiegende Zahl der Ressourcen einen (steigenden) Preis hat, bedeutet eine Minderung der mengenmäßigen Inanspruchnahme nach Berücksichtigung der Umweltschutzinvestitionen im Allgemeinen (zumindest mittelfristig) auch eine Kostensenkung.

Verwandte Kennzahlen / Zusätzliche Anmerkungen

Die hier für die Input-Seite gezeigte Ermittlung eines Einsparungsgrades kann auch auf die unternehmerische Output-Seite sowie die Verwendungsphase eines Produktes (z. B. hinsichtlich der Messung von Emissionen) in Form geeigneter Kennzahlen übertragen werden.

Genereller Umfang, Erhebungsrhythmus und Detaillierungsgrad der intern verwendeten Indikatoren, die das Phänomen Nachhaltigkeit nachprüfbar repräsentieren, liegen weitgehend im Ermessen und Verantwortungsbewusstsein der Unternehmen, sofern nicht einzelne rechtliche Vorschriften ausdrückliche Informationen verlangen.

Während in der externen Berichterstattung Jahresangaben überwiegen, sind zur besseren internen Unternehmenssteuerung auch halbjährliche bzw. monatliche Betrachtungsräume ggf. sinnvoll und in der Praxis vielfach gebräuchlich. Die externe Berichterstattung zur Nachhaltigkeit ist ihrerseits deutlich weniger genormt als das „klassische" Reporting der Unternehmen nach nationalen oder internationalen Rechnungslegungsstandards. Als Orientierung wird jedoch zunehmend auf die Liste der Indikatoren in den Richtlinien der Global Reporting Initiative (GRI) Bezug genommen. Sie hat es sich als unabhängige Organisation zur Aufgabe gemacht, formale und inhaltliche Empfehlungen im Sinne eines umfassend kommentierten Leitfadens zu entwickeln, um die Nachhaltigkeitsberichterstattung der Unternehmen weltweit vergleichbarer gestalten zu können.

5.6.3 Energiequellen-Anteil

Fragestellung

Welchen Wert weist die Quote auf, zu der das betrachtete Unternehmen bestimmte Energieträger im Gesamt-Mix einsetzt?

Definition

Fassung I:

$$\frac{\text{Verbrauchsmenge aus einer (bzw. mehreren) Energiequellen pro Periode} \cdot 100}{\text{Verbrauchsmenge aus mehreren (bzw. aus allen) Energiequellen pro Periode}}$$

- als zeitraumbezogene Kennzahlen-Variante – jeweils anwendbar für die Betrachtung des Gesamtunternehmens oder bestimmter Teilbereiche/Standorte;
- ggf. weiter aufgliederbar nach verschiedenen Energiequellen-Arten (z. B. Kohle, Windkraft) mit jeweiligen Untergliederungen (z. B. für Kohle mit Stein- und Braunkohle, für Windkraft mit Offshore- oder Onshore-Gewinnung usw.)

Fassung II:

$$\frac{\text{Anteilige Verbrauchsmenge aus einer (bzw. mehreren) Energiequellen}}{\text{Produkte, Prozesse oder Organisationseinheiten als Bezugsobjekte}}$$

- als Bezugsobjekt-fokussierte Kennzahlen-Variante – jeweils anwendbar für die Betrachtung verschiedener relevanter Werttreiber bzw. Berichtsgrößen;
- ggf. weiter aufgliederbar nach verschiedenen Output-Einheiten (z. B. Stückzahl der Endprodukte, Zahl der gefahrenen Transportkilometer).

Je nach angestrebter Analyse können im Zähler einzelne Energiequellen jeweils allein oder auch mehrere Energiequellen zusammengefasst in sinnvoller Gruppierung positioniert werden. Analog sind im Nenner sinnvolle (Teil-)Gesamtheiten aufzuführen (z. B. Strom oder Produktgruppen).

Als Maßzahl für die Mengeneinheiten der jeweils betrachteten Energie-Ressourcen kommen zunächst grundsätzlich in Frage: Volumeneinheiten, Gewichtsangaben, Joule und Watt. Aus ihrer Umrechnung in entsprechende Energieeinheiten ergibt sich, dass bei der Kennzahlen-Fassung I letztlich alle Varianten als Prozentwert angegeben werden. Bei der Kennzahlen-Fassung II steht bei der jeweiligen Dimension einem Prozentwert im Zähler (z. B. 24 % Strom aus erneuerbaren Quellen) im Nenner die Einheit des betrachteten Bezugsobjekts (z. B. eine Produktkategorie) gegenüber.

Ermittlung / Herleitung »

Voraussetzung, um die erforderlichen Daten für diese energiewirtschaftlichen Kennzahlentypen zu erhalten, ist die Existenz eines detaillierten, computergestützten Betrieblichen Umweltinformationssystems (BUIS). Zu den Aufgaben eines BUIS zählen im hier interessierenden Zusammenhang vor allem die Erfassung, Verarbeitung und Aufbereitung der mengen- (und ggf. auch wertmäßigen) Erhebung der Energieverbräuche, ihrer Quellen sowie die Zuordnung auf die relevanten Bezugsobjekte.

Betriebswirtschaftlicher Aussagewert und Größenordnung

Im Mittelpunkt des Nachhaltigkeits-Ansatzes steht der Gedanke, eine Entwicklung zu ermöglichen, die die Bedürfnisse der Gegenwart befriedigt, ohne zu riskieren, dass zukünftige Generationen ihre eigenen Bedürfnisse nicht mehr befriedigen können.

Aus dem generellen Anliegen von Unternehmen, die Produkte und Dienstleistungen ressourcenschonend zu erstellen, ergibt sich für das Energie-Management die Konsequenz, in einem ersten Schritt den Energie-Einsatz in seiner absoluten Höhe bewusst zu planen, zu steuern und zu kontrollieren. Angesichts unterschiedlicher Umweltbelastungen durch die Inanspruchnahme der jeweiligen Energiequellen (z. B. durch deutlich differierende Emissionen zunächst bei der Rohstoffgewinnung und Umwandlung in Nutzenergie wie auch bei deren Verbrauch) ist in einem zweiten

Schritt die Gestaltung der Struktur der unternehmerischen Energiequellen ein zunehmend an Relevanz gewinnendes Management-Thema geworden.

Die Umsetzung dieses Grundprinzips auf der Ebene einzelner Unternehmen bedeutet hinsichtlich ökologischer Aspekte u. a., klimabelastende und/oder bereits knappe Ressourcen möglichst sparsam einzusetzen. Für den jeweiligen unternehmerischen Einsatzzweck können sog. Nutz- bzw. Endenergie-Arten unterschieden werden, z. B. Strom, Kraft- und Brennstoff, Heizung, Kühlung, Dampf und Druckluft.

Angesichts der Vielzahl unternehmerisch gestaltbarer Zusammenhänge innerhalb einzelner Funktionsbereiche und zwischen unterschiedlichen Organisationsebenen ist eine generalisierende Vorgabe für die Höhe der jeweiligen Energiequellen-Anteile selbstverständlich nicht bestimmbar.

Als Orientierungen zur Größenordnung der Energiequellen-Anteile können neben den üblichen unternehmensinternen Vergleichsmöglichkeiten (zwischen organisatorischen Teilbereichen als Ist-Ist- und Plan-Ist-Relation) auch unternehmensextern – soweit verfügbar – entsprechende Angaben von einzelnen Wettbewerbern, Branchendurchschnittswerte oder „Best-Practice-Werte“ herangezogen werden.

! Handlungsanregungen

Ausgehend von der Grundidee der Gestaltung von Leistungsprozessen, die die natürlichen Ressourcen bereits auf der Input-Seite zunehmend schonen, bietet sich ein weites Spektrum denkbarer Maßnahmenbündel für ein Energie-Management in Unternehmen an. Zunächst gilt generell, die Planung, Steuerung und Kontrolle der Abläufe produktionswirtschaftlicher, aber auch administrativer Art zu analysieren und ggf. gezielt unter energetischen Gesichtspunkten zu verbessern und damit das Niveau des Energiebedarfs zu senken.

Da die Energiequellen je nach Unternehmensstandort vielfach unterschiedliche Preise besitzen, mitunter differierenden Preisentwicklungen unterliegen und ggf. auch in Folge staatlicher Förderung (Subventionierung) oder Belastung (Besteuerung) speziellen Schwankungen ausgesetzt sind, ist ein Management des Energiearten-Bezuges sowohl aus preislicher Sicht als auch aus Gründen der u. U. unterschiedlichen Versorgungssicherheit (Risiko-Begrenzung) von wachsender Bedeutung.

Unter Berücksichtigung der angestrebten mittel- und langfristigen Unternehmensentwicklung ist ein Mix der Energiequellen anzustreben, der den ökonomischen, sozialen und ökologischen Unternehmens-Zielsetzungen in geeigneter Weise entspricht.

& Verwandte Kennzahlen / Zusätzliche Anmerkungen

Um einen ersten Eindruck von der grundsätzlichen, energiepolitischen Ausrichtung des Unternehmens zu gewinnen, wird vielfach zunächst auf die Kennzahl „Energiequellen-Anteil“ und ihre Veränderung im Zeitablauf geachtet. In Verknüpfung mit dem absoluten Niveau des Energieverbrauchs und seiner Entwicklung wird auf die damit verbundenen Wirkungen hinsichtlich des Umfangs an CO_2-Emissionen geschlossen. Vertiefende Erkenntnisse ermöglichen dann z. B. die Analysen zur Berechnung der Kennzahlen „Eigenerstellungs-bedingte CO_2e-Emissionen (Scope 1)" und „Energiebezugs-bedingte CO_2e-Emissionen (Scope 2)".

Dabei gilt die Aufmerksamkeit vielfach dem Verhältnis der nicht-erneuerbaren zu den erneuerbaren Energien. Zu denen nicht-erneuerbaren Energien zählen: Steinkohle, Braunkohle, Erdgas und Erdöl sowie Kernkraft. Als erneuerbare (regenerative) Energien werden bezeichnet: Windkraft, Solar-Energie, Wasserkraft, Biomasse/Biokraftstoffe, Geothermie (Erdwärme).

Die Angaben im ökologischen Nachhaltigkeits-Reporting zum periodenbezogenen Energie-Verbrauch (und dessen Verteilung auf verschiedene Bezugsquellen) werden vielfach in der Einheit Joule oder deren dezimalen Vielfachen vorgenommen. Dabei steht der erste Buchstabe jeweils abkürzend für die Größenordnung (z. B. k für Kilowattstunde/kWh):

- „k" für Kilo: das Tausendfache
- „M" für Mega: das Millionenfache
- „G" für Giga: das Milliardenfache
- „T" für Tera: das Billionenfache
- „P" für Peta: das Billiardenfache.

Literaturhinweise – eine Auswahl

In Analogie zu vielen anderen betriebswirtschaftlichen Handbüchern, Nachschlagewerken und Lexika soll auch dieses Kompendium gebündelt und in thematisch geordneter Form weiterführende Literaturempfehlungen bieten. Die genannten Quellen unterscheiden sich zwar zum Teil deutlich in ihrem Detaillierungsgrad, repräsentieren aber ein breites Spektrum der thematischen Einbindung von Kennzahlen in die jeweils behandelten Fachgebiete.

Kapitel „Basis-Kenngrößen" und „Finanz-Perspektive"

Baumast, A. / Pape, J. (Hrsg.): Betriebliches Nachhaltigkeits-Management. Stuttgart 2013.
Bourier, G.: Beschreibende Statistik. 10. Aufl., Wiesbaden 2012.
Brösel, G.: Bilanzanalyse. 15. Aufl., Berlin 2014.
Coenenberg, A. G. / Haller, A. / Schultze, W.: Jahresabschluss und Jahresabschlussanalyse. 23. Aufl., Stuttgart 2014.
Fischer, T. M. / Möller, K. / Schultze, W.: Controlling. 2. Aufl., Stuttgart 2015.
Küting, K. / Weber, C.-P.: Die Bilanzanalyse. 11. Aufl., Stuttgart 2015.
Mayer, H.: Beschreibende Statistik. 4. Aufl., München-Wien 2006.
Perridon, L. / Steiner, M. / Rathgeber, A. W.: Finanzwirtschaft der Unternehmung. 16. Aufl., München 2012.
Weber, J. / Schäffer, U.: Einführung in das Controlling. 14. Aufl., Stuttgart 2014.
Wöhe, G. / Bilstein, J. / Ernst, D. / Häcker, J.: Grundzüge der Unternehmensfinanzierung. München 2013.

Kapitel „Kunden-Perspektive"

Becker, J. / Winkelmann, A.: Handelscontrolling. 3. Aufl., Berlin-Heidelberg 2014.
Bruhn, M.: Relationship Marketing. 4. Aufl., München 2015.
Gleich, R. / Bartels, P. / Breisig, V. (Hrsg.): Nachhaltigkeits-Controlling. Freiburg 2012.
Günther, E.: Ökologieorientiertes Management. Stuttgart 2008.
Kollmann, T.: E-Business. 5. Aufl., Wiesbaden 2013.
Kotler, P. / Keller, K. L. / Opresnik, M. O.: Marketing-Management. 14. Aufl., Hallbergmoos 2015.
Meffert, H. / Burmann, C. / Kirchgeorg, M.: Marketing. 12. Aufl., Wiesbaden 2015.
Schneider, W. / Hennig, A.: Lexikon Kennzahlen für Marketing und Vertrieb. 2. Aufl., Berlin-Heidelberg 2008.
Weis, H. C.: Marketing. Herne 2015.
Wirtz, B. W.: Medien- und Internetmanagement. 8. Aufl., Wiesbaden 2013.

Kapitel „Geschäftsprozess-Perspektive"

Ehrmann, H.: Logistik. 8. Aufl., Herne 2014.
Eßig, M. / Hofmann, E. / Stölzle, W.: Supply Chain Management. München 2013.
Gladen, W.: Performance Measurement. 6. Aufl., Wiesbaden 2014.
Gutmann, J. / Scheider, J. O.: Kennzahlen in der betrieblichen Praxis. Freiburg 2014.
Hahn, D. / Hungenberg, H.: PuK – Planung und Kontrolle. 6. Aufl., Wiesbaden 2001.
Klein, A. (Hrsg.): Kennzahlen- und Bilanzanalyse. Freiburg 2014.
Müller, A.: Nachhaltigkeits-Controlling. Berlin 2011.
Seidel, E. / Clausen, J. / Seifert, E. K.: Umweltkennzahlen. München 1998.
Wanner, R.: Earned Value Management. 2. Aufl., Norderstedt 2007.
Werner, H.: Supply Chain Management. 4. Aufl., Wiesbaden 2010.

Kapitel „Potenzial-Perspektive"

Heger, W.: 100 Nachhaltigkeits- & CR-Kennzahlen. Wiesbaden 2014.
Horváth, P.: Controlling. 12. Aufl., München 2011.
Jung, H.: Personalwirtschaft. 9. Aufl., München 2011.
Küpper, H.-U. / Friedl, G. / Hofmann, C. u. a.: Controlling. 6. Aufl. Stuttgart 2013.
Olfert, K.: Personalwirtschaft. 14. Aufl., Herne 2010.
Preißler, P. R.: Betriebswirtschaftliche Kennzahlen. München 2008.
Schmeisser, W. / Sobierajczyk, P. / Zinn, A.: Personalcontrolling. Konstanz 2014.
Scholz, C. (Hrsg.): Vahlens Großes Personallexikon. München 2010.
Schulte, C.: Personal-Controlling mit Kennzahlen. 3. Aufl., München 2011.
Vahs, D.: Innovationsmanagement. 5. Aufl., Stuttgart 2015.

Fußnotenbezogene Literatur-Übersicht

Diederichs, M.: Risikomanagement und Risikocontrolling. 3. Aufl., München 2012.
Figge, F. / Hahn, T. / Barkemeyer, R. / Liesen, A.: Nachhaltig erfolgreich Wirtschaften. 2007 – https://www.new-projekt.de/downloads/newstudielangversion.pdf, Abfrage: 9.9.2009.
Friedag, H. R.: Balanced scorecard. 3. Aufl., Planegg 2009.
GRI (Global Reporting Initiative): G4 – Sustainability Reporting Guidelines. Reporting Principles and Standard Disclosures. – https://www.globalreporting.org/resourcelibrary/GRIG4-Part1-Reporting-Principles-and-Standard-Disclosures, letzte Abfrage: 23.10.2015.
Günther, E.: Ökologieorientiertes Management. Stuttgart 2008.
Horváth & Partner: Balanced Scorecard umsetzen 4. Aufl., Stuttgart 2007.
Hügens, T.: Balanced Scorecard und Ursache-Wirkungsbeziehungen. Wiesbaden 2008
Kaplan, R. S. / Norton, D. N.: The Balanced Scorecard. Translating Strategy into Action. Harvard 1996.
Kaplan, R. S. / Norton, D. N.: Balanced Scorecard. Strategien erfolgreich umsetzen. Stuttgart 1997.
Kollmann, T.: Online-Marketing. 2. Aufl., Stuttgart 2013 (zitiert als 2013a).
Nußbaum, C. L.: Modell zur Bewertung des Wirkungsgrades von Produktkomplexität. Aachen 2011.
Pape, U.: Wertorientierte Unternehmensführung. 4. Aufl., Sternenfels 2010.
Porter, M.: Wettbewerbsvorteil. Frankfurt am Main 1986.

Probst, H.-J.: Balanced Scorecard leicht gemacht. 2. Aufl., Heidelberg 2007.
Reiss, M.: Complementor- und Competitor-Relationship Management in vernetzten Produktionssystemen, in: Kemper, H.-G. / Pedell, B. / Schäfer, H. (Hrsg.): Management vernetzter Produktionssysteme. München 2011, S. 25–37.
Romeike, F. / Hager, P.: Erfolgsfaktor Risiko-Management 3.0. 3. Aufl., Wiesbaden 2013.
Schmid, S. / Dauth, T.: Internationale Diversität im Top-Management – Eine empirische Analyse der DAX-30-Unternehmen, in: zfbf, 2012, S. 772–802.
Schuh, G. / Arnoscht, J. / Bohl, A.: Integriertes Controlling von Produkt- und Produktionskomplexität, in: Controlling, 2013, S. 450–457.
Schwemm, M.: Optimierung der Vertriebsergebnisse durch Suchmaschinen-Marketing und interne Suchfunktionen, in: Klein, A. (Hrsg.): Moderne Controlling-Instrumente für Marketing und Vertrieb. Freiburg / Berlin 2010, S. 203–218.
Vanini, U.: Risikomanagement. Stuttgart 2012.
Weber, J.: Wertorientierte Unternehmenssteuerung: Konzepte – Implementierung – Praxisstatements. Wiesbaden 2004.
Werner, H.: Supply Chain Management. 4. Aufl., Wiesbaden 2010.

Anhang I
Systematische Analyse der Veränderungsmöglichkeiten relativer Kennzahlen

Die Ermittlung von Controlling-Kennzahlen dient zum einen der Abbildung unternehmerischer Sachverhalte. Noch wichtiger ist jedoch zum anderen, geeignete Maßnahmen abzuleiten, um die Unternehmensziele ggf. noch besser erreichen zu können. Um diese denkbaren Handlungsalternativen zu finden und keine wichtigen zu übersehen, ist es hilfreich systematisch vorzugehen. Zu diesem Zweck sollen zunächst die bei relativen Kennzahlen grundsätzlich geltenden Veränderungskonstellationen aufgezeigt und anschließend am Beispiel der Umsatzrentabilität veranschaulicht werden.

Die elementaren Verhaltensalternativen von Zähler und Nenner können mit
- „Steigerung“ (↑),
- „Konstanz“ (↔) und
- „Minderung“ (↓)

bezeichnet werden.

Um überproportionale und unterproportionale Veränderungen im Verhältnis von Zähler und Nenner graphisch darzustellen, werden diese in der folgenden Abbildung durch Doppelpfeile symbolisiert (↑↑ bzw. ↓↓).

Aus den jeweils 5 Ausprägungen von Zähler und Nenner ergeben sich 25 denkbare Kombinationsmöglichkeiten, die – Doppelungen vermeidend – 3 Clustern (C1, C2 und C3) für die Relationsergebnisse zugeordnet werden können:

C1

Der Wert der Kennzahl (die Relation) bleibt unverändert, wenn
(a) beide, der Zähler und der Nenner, konstant bleiben
(b) beide, der Zähler und der Nenner, prozentual identisch ansteigen
(c) beide, der Zähler und der Nenner, prozentual identisch abnehmen

C2

Der Wert der Kennzahl (die Relation) wächst, wenn
(a) der Zähler ansteigt und der Nenner konstant bleibt
(b) der Nenner abnimmt und der Zähler konstant bleibt
(c) der Zähler stärker ansteigt als der Nenner
(d) der Nenner stärker abnimmt als der Zähler
(e) der Zähler ansteigt und gleichzeitig der Nenner abnimmt.

C3

Der Wert der Kennzahl (die Relation) vermindert sich, wenn
(a) der Zähler abnimmt und der Nenner konstant bleibt
(b) der Nenner ansteigt und der Zähler konstant bleibt
(c) der Zähler stärker abnimmt als der Nenner
(d) der Nenner stärker ansteigt als der Zähler
(e) der Zähler abnimmt und gleichzeitig der Nenner ansteigt.

Die nachfolgende tabellarische Übersicht soll diese Konstellationen noch einmal graphisch verdeutlichen:

	N⇈	**N↑**	**N↔**	**N↓**	**N⇊**
Z⇈	R↔	R↑	R↑	R↑	R↑
Z↑	R↓	R↔	R↑	R↑	R↑
Z↔	R↓	R↓	R↔	R↑	R↑
Z↓	R↓	R↓	R↓	R↔	R↑
Z⇊	R↓	R↓	R↓	R↓	R↔

Legende: Z = Zähler; N = Nenner; R = Relation (Relative Kennzahl)

Veränderungen von relativen Kennzahlen können also grundsätzlich durch über- bzw. unterproportionale Entwicklung der in Beziehung gesetzten Größe im Zähler und der Größe im Nenner erreicht werden.

Um diese Kennzahlenwerte im Hinblick auf die Unternehmensziele bewusst zu beeinflussen, kann es hilfreich sein, sich stets über alle prinzipiellen Handlungsmöglichkeiten im Klaren zu sein, die zu einer angestrebten Erhöhung oder Minderung des entsprechenden Kennzahlenwertes führen. In der Wirtschaftspraxis ist zudem meist von Bedeutung, welche der notwendigen Veränderungen – die des Zählers oder die des Nenners – ökonomisch leichter zu erreichen ist. Mitunter ist auch eine der beiden Größen vor allem extern determiniert, sodass die Handlungsalternativen weiter eingeschränkt sind.

Nachfolgend soll nun das Vorgehen an einer sehr weit verbreiteten Kennzahl – der Umsatzrentabilität – mit praktischen Beispielen verdeutlicht werden.

Schrittweise Herleitung der Umsatzrentabilität (in Form einer Basis-Version):

$$\frac{\text{Gewinn}}{\text{Umsatz}} = \frac{\text{Umsatz} - \text{Kosten}}{\text{Umsatz}}$$

$$= \frac{\text{Umsatz} - (\text{Variable Kosten} + \text{Fixe Kosten})}{\text{Umsatz}}$$

$$= \frac{\text{Umsatz} - (\text{Variable Stückkosten} \cdot \text{Absatzmenge} + \text{Fixe Kosten})}{\text{Absatz-Preis} \cdot \text{Absatz-Menge}}$$

Die 13 logisch abgeleiteten Konstellationen in den Clustern C1, C2 und C3 werden nun mit Praxis-Beispielen schrittweise einzeln für die relative Kennzahl „Umsatzrentabilität" dargestellt:

C1

Der Wert der Kennzahl (die Relation) bleibt unverändert, wenn

(a) beide, der Zähler und der Nenner, konstant bleiben
Beispiel: Bei einem städtischen Wasserversorgungsunternehmen bleiben bei einem sehr kurzen Betrachtungszeitraum und Konstanz der Rahmenbedingungen (z. B. durch längerfristige Verträge) Gewinn und Umsatz unverändert.

(b) beide, der Zähler und der Nenner, prozentual identisch ansteigen
Beispiel: Ein Zeitungsverlag kann bei konstanten Preisen seine verkaufte Auflage steigern, der Umsatz nimmt (z. B. um 3 %) zu. Steigen jedoch auch die Kosten um 3 % (durch den größeren Papierverbrauch usw.), so verändert sich die Umsatzrentabilität nicht.

(c) beide, der Zähler und der Nenner, prozentual identisch abnehmen
Beispiel: Ein Hersteller von Rasierapparaten muss seine Verkaufspreise um 7 % senken, um die Absatzmenge konstant halten zu können, der Umsatz sinkt also (um 7 %). Gelingt es dem Unternehmen, auch die Kosten um 7 % zu senken, so verändert sich die Umsatzrentabilität trotz der ungünstigen Absatzmarktlage nicht.

C2

Der Wert der Kennzahl (die Relation) wächst, wenn

(a) der Zähler ansteigt und der Nenner konstant bleibt
Beispiel: Ein Unternehmen des Maschinenbaus kann im Betrachtungszeitraum mit stabilen Verhältnissen auf dem Absatzmarkt rechnen. Durch intensive Vertragsverhandlungen mit seinen Lieferanten gelingt gleichzeitig eine Reduzierung der Materialkosten von insgesamt 5 %. Im Resultat verringern sich somit unter sonst gleichen Bedingungen die variablen Kosten und der Gewinn steigt.

(b) der Nenner abnimmt und der Zähler konstant bleibt
Beispiel: Ein Konsumgüterhersteller muss im Betrachtungszeitraum trotz leicht verringerter Absatzpreise eine Verminderung der abgesetzten Menge konstatieren, der Umsatz sinkt also. Durch Einsparungen bei variablen und fixen Kosten kann diese betragsmäßige Umsatzschmälerung gerade ausgeglichen werden, der Gewinn bleibt stabil.

(c) der Zähler stärker ansteigt als der Nenner
Beispiel: Ein Unternehmen des öffentlichen Personennahverkehrs mit bislang unterausgelasteten Bussen kann trotz Preiskonstanz neue Kunden im Umfang von 8 % für sich gewinnen, die Zahl der „Fahrgastkilometer“ (die Absatzmenge) nimmt somit zu, der Umsatz steigt. Bei weiterhin konstanten, sehr geringen „Stückkosten“ und kaum veränderten fixen Kosten bis zur vollständigen Kapazitätsauslastung erhöht sich der Gewinn überproportional.

(d) der Nenner stärker abnimmt als der Zähler
Beispiel: Durch eine Nachfrageschwäche geht der Umsatz bei einem Kosmetikanbieter mengenbedingt (z. B. um 6 %) zurück. Gleichzeitig vermindert das Unternehmen seine Kapazitäten, sodass insb. wesentliche Blöcke der Fixkosten (Abschreibungen, Personal) sinken und der Gewinn vergleichsweise geringer (z. B. nur um 4 %) zurückgeht.

(e) der Zähler ansteigt und gleichzeitig der Nenner abnimmt
Beispiel: Im Rahmen der Sortimentsoptimierung eines Handelsunternehmens werden verlustbringende Produkte aus dem Programm entfernt. Unter ansonsten gleichen Bedingungen hat diese Maßnahme einen Umsatzrückgang zur Folge. Jedoch erhöht sich gleichzeitig der Gewinn des Unternehmens, da die Ergebnis-Belastungen durch die gewinnmindernden Produkte entfallen.

C3

Der Wert der Kennzahl (die Relation) vermindert sich, wenn

(a) der Zähler abnimmt und der Nenner konstant bleibt
Beispiel: Die Erhöhung der Rohstoffpreise, die nicht unmittelbar an die Kunden preislich weitergegeben werden kann, führt für ein Energieversorgungsunternehmen zu einer Erhöhung der variablen Kosten und hat unter ansonsten konstanten Rahmenbedingungen einen Gewinnrückgang zur Folge.

(b) der Nenner ansteigt und der Zähler konstant bleibt
Beispiel: Die Nachfrage nach den Leistungen eines Handwerksbetriebs nimmt bei konstanten Preisen zu. Gleichzeitig steigen jedoch die variablen Kosten mengenbedingt an, sodass der Gewinn lediglich stabil gehalten werden kann.

(c) der Zähler stärker abnimmt als der Nenner
Beispiel: Durch das Angebot preisaggressiver Produkte seitens der Konkurrenz müssen auch die eigenen Preise bei einem Automobilhersteller herabgesetzt werden (z. B. um 5 %), um möglichst keine Marktanteile zu verlieren. Da die Kosten (wegen der weitgehenden Konstanz der verkauften Menge) jedoch unverändert bleiben, sinkt der Gewinn überdurchschnittlich (z. B. um 8 %).

(d) der Nenner stärker ansteigt als der Zähler
Beispiel: Ein neuer Vertragstyp für Privatkunden mit deutlich günstigeren Konditionen führt in einer Sparte eines Versicherungsunternehmens zu einem starken Umsatzanstieg. Die begleitende neue Werbekampagne über Zeitschriften-Anzeigen und TV-Spots führt jedoch zu einem erheblichen Anstieg der Fixkosten, sodass der Gewinn im Betrachtungszeitraum nur leicht zulegt.

(e) der Zähler abnimmt und gleichzeitig der Nenner ansteigt
Beispiel: Ein Pharmazie-Unternehmen kann durch die Einführung innovativer Medikamente seinen Umsatz erhöhen. Gleichzeitig fallen aber erheblich gestiegene Forschungs- und Entwicklungskosten an, sodass der Gewinn sinkt.

Aus Gründen der Didaktik wurden bei den oben genannten Beispielen zu den 13 Konstellationen meist nur maximal zwei Einflussfaktoren variiert, um die Wirkung schnell und unmittelbar nachvollziehbar zu machen. In der Praxis kann neben der Dominanz eines (verursachenden) Faktors auch das gleichzeitige bzw. zeitlich versetzte Auftreten mehrerer Faktoren vorliegen, die gleichläufig sind und sich in ihrer Wirkung ggf. verstärken oder gegenläufig sind und sich in ihrer Wirkung zum Teil neutralisieren.

Die gewählten Praxisfälle wurden bewusst auf Unternehmen aus verschiedenen Branchen bezogen, um die Universalität dieser systematischen Vorgehensweise zu unterstreichen. Selbstverständlich könnten sich die Konstellationen im Prinzip auch alle auf ein einzelnes Unternehmen erstrecken.

Nicht nur konkrete Management-Aktionen führen in der gezeigten Weise zu Veränderungen des einzelnen Wertes einer bestimmten relativen Kennzahl. Auch neue regulatorische Anforderungen können in derselben prinzipiellen Form einen Einfluss besitzen – und sollten daher in ihren Wirkungen frühzeitig bei der analytischen Interpretation der Kennzahlenwerte bedacht werden:

So haben die mit der Anwendung des sog. Bilanzrichtlinie-Umsetzungsgesetzes (kurz. BilRUG) verbundenen Änderungen in der Rechnungslegung für die Geschäftsjahre, die nach dem 31.12.2015 beginnen, zum Teil spürbare Konsequenzen für die jeweiligen Zahlenwerte der ökonomischen Größen, die im Zähler und/oder Nenner der Kennzahlen-Quotienten dargestellt werden.

Das betrifft u. a. die erweiterte Begriffsfassung der Umsatzerlöse sowie die veränderte Struktur der Gewinn- und Verlustrechnung, insb. den Wegfall des obligatorischen Ausweises der außerordentlichen Aufwendungen und Erträge. So können auch direkt durch externe regulatorische Einflüsse – wie vorhergehend beschrieben – die relativen Kennzahlen in ihrer Zahlenausprägung verändert werden.

In einigen Fällen soll daher lt. BilRUG im Anhang des jeweiligen Jahresabschlusses durch die Angabe „angepasster Vergleichsgrößen“ (z. B. nachrichtliche Darstellung der rückwirkenden Anwendung der neuen Vorschrift auf den Umsatz des Vorjahres) oder sonstige Informationen (z. B. zu „Erträgen und Aufwendungen von außerordentlicher Größenordnung oder außergewöhnlicher Bedeutung“) die Wirkung der neuen Rechnungslegungsvorschriften transparenter gemacht werden.

Bei mehrjährigen Vergleichen der Ergebnisse unternehmerischer Kennzahlenanalysen sind dementsprechend ggf. temporär auftretende Verzerrungen nicht auszuschließen, wenn die Konsistenz nicht gegeben ist oder für Externe im Einzelfall nicht unmittelbar nachvollziehbar ist.

Anhang II
ROI-Kennzahlensystem und Balanced Scorecard-Konzept als kennzahlenbasierte Führungsinstrumente – ein Exkurs

Das Management von Unternehmen erfordert u. a. in besonderer Abhängigkeit vom jeweiligen Produkt- und Dienstleistungsangebot, der Standortstruktur, den aufbau- und ablauforganisatorischen Gegebenheiten sowie der Führungskultur in hohem Maße den Einsatz eines betriebswirtschaftlichen Instrumentariums, das spürbar dazu beiträgt, die Zielerreichung zu gewährleisten sowie die Komplexität des „unternehmerischen Alltags“ zu beherrschen.

Kennzahlen als komprimierte Aussagen über komplexe Zusammenhänge bilden daher bereits seit vielen Jahrzehnten ein bewährtes Mittel, einzelwirtschaftliche Zustände und Entwicklungen zu beschreiben, zu erklären und bei der darauf aufbauenden Gestaltung des Unternehmens als einfach handhabbare Werkzeuge in vielfältiger Weise unterstützend zu wirken.

Allerdings ist nicht die Erhebung möglichst vieler Kennzahlen entscheidend, sondern ihre gezielte Auswahl zum Zweck der (messenden) Begleitung der zahlreich zu treffenden Entscheidungen und ihrer jeweils erfolgreichen Umsetzung. Daher bietet es sich an, die im Unternehmen als zweckmäßig eingeschätzten Kennzahlen in einem Strukturierungsraster mit Über- und Unterordnungs- sowie Gleichordnungsbeziehungen abzubilden. Diese Relationen sollen neben rein rechnerischen Zusammenhängen (z. B. durch Addition oder Division) vor allem Ursache-Wirkungs- und Zweck-Mittel-Beziehungen wiedergeben.

Für die überwiegende Mehrzahl der Unternehmen galt lange Zeit, dass sie ihr Handeln auf ein finanzielles Ziel ausrichteten – vielfach auf eine Kapitalrentabilität, z. B. den Return On Investment (ROI). Um die Erreichbarkeit zu gewährleisten und den Weg dorthin kontinuierlich verfolgen zu können, wurde dieses Ober-Ziel schrittweise in einzelne Teil-Ziele aufgespalten.

Vor diesem allgemeinen Bedarf an informatorischer Versorgung des Managements auf den verschiedenen Unternehmensebenen und in den jeweiligen Fachaufgaben hat sich das ROI-Schema mit seiner pyramidenförmigen Kennzahlensystemstruktur etabliert.

Wesentlich für die von vielen unternehmerisch Verantwortlichen wahrgenommene Attraktivität dieses Konzeptes ist die methodische Fähigkeit, durch die Bildung zunehmend differenzierter Kennzahlen betriebswirtschaftliche Argumentations- und Analysepfade zu entwickeln, die das Management bei der Realisierung der Unternehmensziele unterstützen. Für alle prägenden Elemente dieses ROI-Systems lassen sich im Hauptteil dieses Kompendiums die zugehörigen Kennzahlen finden. Die generelle Herkunft der Daten aus dem ohnehin benötigten externen und internen Rechnungswesen hat in der Praxis zusätzlich zur weiten Verbreitung dieses Kennzahlensystems beigetragen.

In diesem Anhang sollen – beispielhaft – anhand des Oberziels „Return On Investment" das schrittweise analytische Vorgehen, die rechentechnische Verknüpfung sowie einige Handlungsanregungen aufgezeigt werden. Den Ausgangspunkt bilden die folgenden Fragestellungen:

Wo liegen die Quellen der Unternehmensrentabilität? – Worin bestehen typische Wege, auf denen die Unternehmensführung die Rentabilität steigern kann? – Wo kann es aber auch zu Gefährdungen der bisherigen Rentabilität kommen?

Die Abbildung A.II.1 zum erweiterten ROI-System zeigt – in einer umfassenden graphischen Aufbereitung – im linken Teil die charakteristische pyramidale Aufbau-Struktur, die sich je nach Unternehmenserfordernissen innerhalb der jeweiligen Elemente (abgerundeten Kästen) noch weiter verfeinern lässt.

In den beiden unteren Graphik-Zeilen wird hier – bewusst ergänzend – auf die betriebswirtschaftlich universellen Fundamente verwiesen: Alle typischen Kenngrößen im ROI-System basieren absatz-, produktions- und beschaffungsseitig auf der multiplikativen Verknüpfung der beiden Komponenten „Preis" und „Menge" als sog. Kosten- und Werttreiber – sowie vielfältiger Interdependenzen, z. B. in Form von Mengenrabatten, aber auch Preiselastizitäten. Daraus ergeben sich in Verbindung mit dem gewählten leistungswirtschaftlichen Geschäftsmodell entsprechende Erlös- und Kostenstrukturen sowie in Bezug auf das eingesetzte Anlage- und Umlaufvermögen als Konsequenz die Vermögensstruktur.

In der rechten Abbildungshälfte – der Kapital-/Vermögensherkunft – werden im oberen Bereich die Zusammenhänge zwischen Gesamt- und Eigenkapitalrentabilität verdeutlicht. Auch deren Basis sind die sich aus Preis- und Mengenkomponente zusammensetzenden Eigen- und Fremdkapitalhöhen als Bestandsgrößen sowie Gewinne und Fremdkapitalzinsen als Bewegungsgrößen. Entsprechend ergeben sich Kapitalstruktur und Ergebnisstruktur – in dieser Darstellung zusätzlich mit dem Einschub des Cash Flows und dem dazugehörigen nicht-auszahlungswirksamen Aufwandsüberschuss.

Die explizite Hervorhebung von „Preis" und „Menge" soll die faktische Bedeutung unterstreichen, dass diese beiden Entscheidungsparameter – unter Beachtung der Interdependenzen – stets dafür maßgeblich sind, wie sich aus der schrittweisen Verdichtung der Mengen- und Wertangaben der Return On Investment an der Pyramidenspitze ergibt.

Mit dem ROI-System erfolgt eine erhebliche Komprimierung der betriebswirtschaftlichen Zusammenhänge auf wenige Kenngrößen. Als Ergebnistreiber bzw. -hebel kann jede einzelne Kennzahl einem unternehmensinternen und -externen Vergleichsprozess (ggf. einem speziellen Benchmarking) unterzogen werden – und zwar vergangenheitsorientiert mit Ist-Größen ebenso wie zukunftsorientiert mit entsprechenden Plan-Größen.

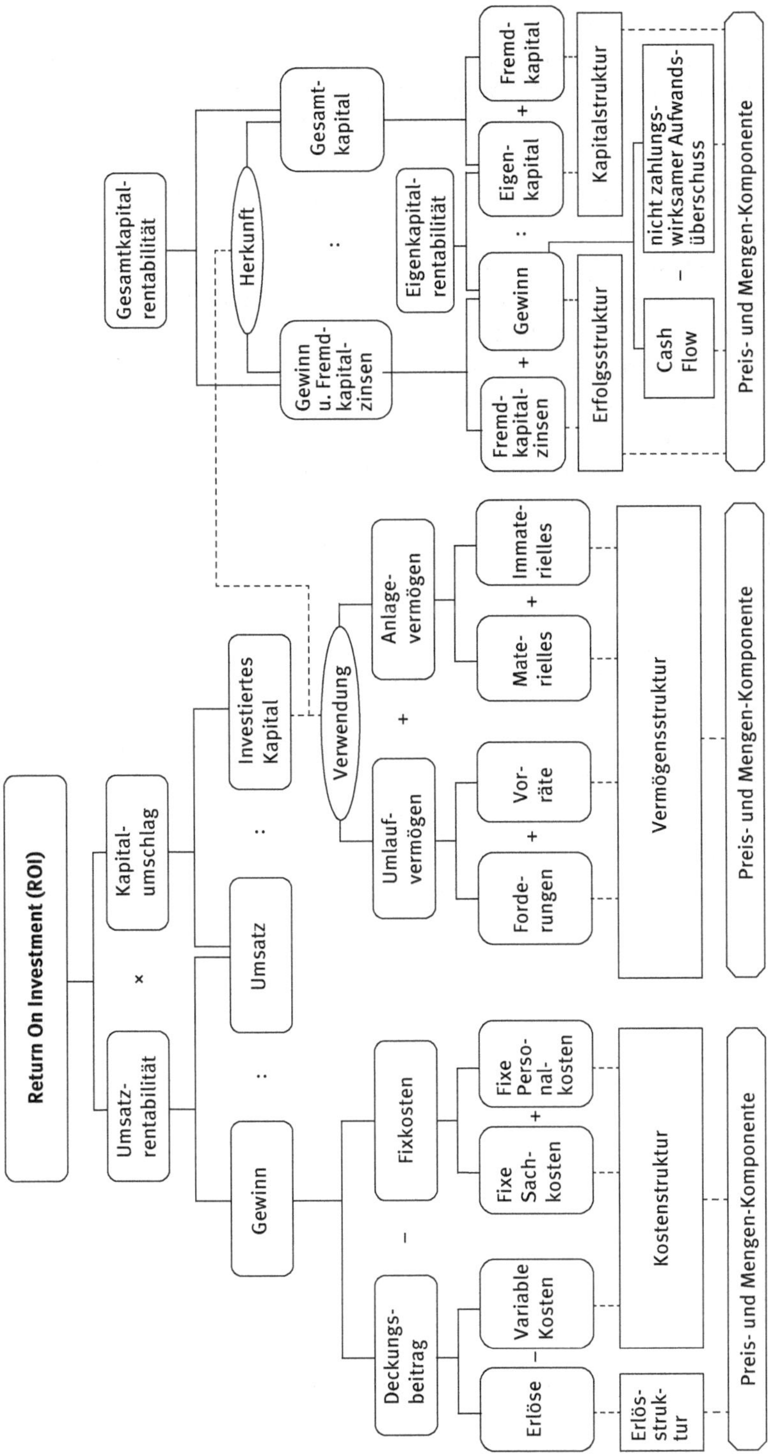

Abb. A.II.1: Return On Investment (ROI) – dargestellt in erweiterter Pyramidenstruktur

Während die Umsatzrentabilität die operative Ertragsstärke wiederspiegelt, steht der Kapitalumschlag für die Wirksamkeit des Vermögenseinsatzes. Die multiplikative Verknüpfung zwischen der Umsatzrentabilität und dem Kapitalumschlag verdeutlicht rechnerisch, dass z. B. eine Beibehaltung des ROI-Wertes trotz sinkender Umsatzrentabilität möglich ist, sofern der Kapitalumschlag entsprechend erhöht werden kann – und umgekehrt. Daher sollten sorgfältig die kurz-, mittel- und langfristigen Wirkungen unternehmerischer Aktionen zur Senkung des Vermögenseinsatzes durchdacht werden, ohne die Fähigkeit zur Umsatzgenerierung negativ zu beeinflussen. Analog kann im ROI-System[1] eine Zunahme oder Abnahme der Rentabilität des Unternehmens in Abhängigkeit zur Umsatzrentabilität und/oder Kapitalumschlag untersucht und Maßnahmen zur Verbesserung entwickelt werden.

Gleichwohl weisen diese klassischen Kennzahlensysteme auf der Basis des ROI-Gedankenguts und überwiegend geprägt von buchhalterischen Größen auch wesentliche Nachteile auf, zu denen heute vor allem gezählt werden:
- Dominanz von monetär-wirtschaftlichen Ziel-Größen
- Unzureichende Unterstützung von konkreten Strategie-Implementierungsprozessen
- Fehlende explizite Einbeziehung von sozialen und ökologischen Management-Zielen sowie Maßgrößen
- Mangelnde Eignung für nicht-erwerbswirtschaftlich geführte Organisationen.

Angesichts dieser Konstellation haben Kaplan und Norton bereits im Jahr 1996 mit ihrem Strukturvorschlag einer Balanced Scorecard eine intensive Diskussion in Theorie und Praxis initiiert, aus der vielfältige konkrete Einsätze in Organisationen unterschiedlichsten Typs entwickelt wurden.[2]

Ihr Grundmodell einer Balanced Scorecard setzt sich aus 4 Perspektiven zusammen:
- Finanzwirtschaftliche-Perspektive
- Kunden-Perspektive
- Interne Prozess-Perspektive
- Lern- und Entwicklungs-Perspektive.

---

1 Das ROI-Schema wird teilweise auch unter dem Begriff des DuPont-Systems beschrieben und eingesetzt – benannt nach dem amerikanischen Unternehmen, das als Pionieranwender für diese hierarchische Aufbaustruktur eines Kennzahlensystems gilt. Mitunter erfolgt zudem eine Orientierung am Oberziel „Eigenkapitalrentabilität“, wobei der Effekt der Kapitalstruktur im Sinne eines Financial Leverage als Werttreiber ergänzend hervorgehoben wird.

2 Vgl. Kaplan/Norton (1996); Kaplan/Norton (1997) sowie stellvertretend für eine inzwischen praktisch unüberschaubar gewordene Zahl von Veröffentlichungen: Weber (2004); Horváth & Partner (2007); Probst (2007); Hügens (2008); Friedag (2009); Pape (2010).

Es sollen gleichzeitig und miteinander verbunden sowohl monetäre und nichtmonetäre Kenngrößen sowie Spät- und Früh-Indikatoren – ausgewogen – im Hinblick auf kurz- und langfristige Ziele im unternehmerischen Planungs-, Steuerungs- und Kontrollsystem eingesetzt werden können.

Die Balanced Scorecard-Konzeption ist bewusst offen gestaltet, um unternehmensindividuell angemessene Modifikationen einfach vornehmen zu können, z. B. für Non-Profit-Unternehmen: Das betrifft im Einzelnen nicht nur die Art, Anzahl und Auswahl der Perspektiven, sondern auch ihre inhaltliche Ausgestaltung, Anordnung und Verknüpfung, ihre organisatorische Verankerung und ggf. Einbindung in das unternehmerische Entlohnungssystem.

Im Zusammenhang mit der hier im Mittelpunkt stehenden kennzahlenbasierten Operationalisierung eines nachhaltigen Managements ist vor allem das Instrumentarium der Strategie-Landkarten, der sog. strategy maps, von besonderer Bedeutung. Die Kenngrößen, die im konkreten Anwendungsfall in einem ersten Schritt den einzelnen Perspektiven im Balanced Scorecard-Ansatz zugeordnet werden, sind in einem zweiten Schritt im Sinne von Ursache-Wirkungs-Beziehungen miteinander zu verknüpfen. Das soll inhaltlich und in einem kommunikativen Austauschprozess mit allen Beteiligten im Unternehmen zu mehr Transparenz der Strategie und zu ihrer effizienteren Implementierung beitragen.

Die nachfolgende Abbildung A.II.2 zeigt in – vereinfachender Weise – eine derartige Strategie-Landkarte, wobei sich die gedankliche Zuordnung der einzelnen Kenngrößen in den vier Ebenen an der in diesem Kompendium verwendeten Terminologie und Reihenfolge von Finanz-, Kunden-, Geschäftsprozess- und Potenzial-Perspektive

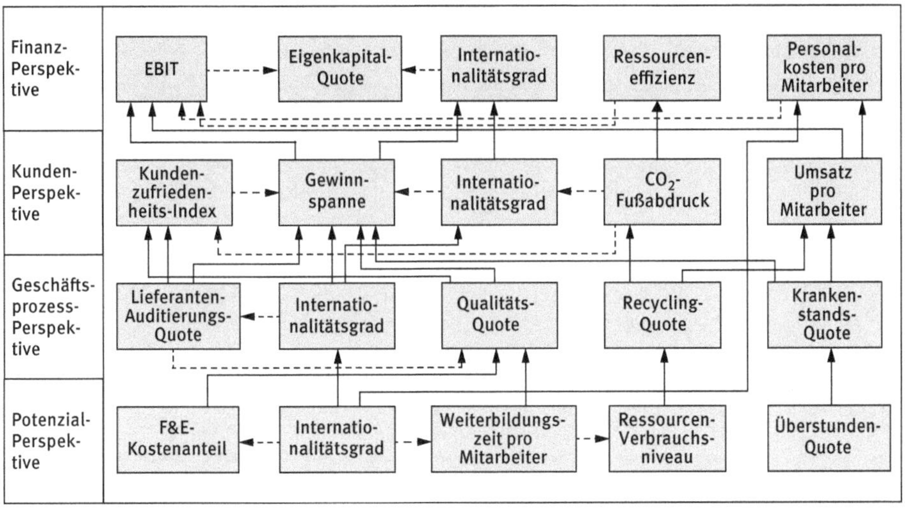

Abb. A.II.2: Strategy Map für eine Sustainability Balanced Scorecard – dargestellt mit beispielhaften Kennzahlen und Ursache-Wirkungs-Beziehungen

orientiert. Gleichzeitig sind im Sinne eines nachhaltigen Managements alle drei Dimensionen der wirtschaftlich, sozial und ökologisch ausgerichteten Kennzahlen gemeinsam berücksichtigt.

Sowohl die Auswahl der Kenngrößen wie auch die beispielhaft durch Pfeile visualisierten Wirkungszusammenhänge erheben nicht den Anspruch auf Vollständigkeit, sondern sollen vielmehr exemplarisch die Charakteristika einer Balanced Scorecard-Konzeption mit ausdrücklichem Nachhaltigkeits-Bezug anhand einer entsprechenden Strategie-Landkarte anschaulich und übersichtlich wiedergeben. Dabei symbolisieren durchgezogene Linien perspektivenübergreifende Effekte und gestrichelte Linien perspektiveninterne Beziehungen.

Maßgrößen zur ökonomischen Vorteilhaftigkeit, aber auch zur sozialen Akzeptanz und zur ökologischen Tragfähigkeit können so gleichermaßen mit Hilfe einer derart modifizierten Nachhaltigkeits-Version der Balanced Scorecard-Methodik – je nach unternehmerischer Betroffenheit und Wertesystem der Entscheidungsträger – in das Führungsinstrumentarium transparent und nachvollziehbar eingebunden werden.

Anhang III
Sustainability Value Chain: Kenngrößengestützte Operationalisierung von nachhaltigem Management in Unternehmensnetzwerken

Im Allgemeinen steht im Mittelpunkt von betriebswirtschaftlichen Betrachtungen zunächst ein einzelnes Unternehmen. Das wesentliche konstitutive Merkmal von Unternehmen, die Produkt- und Dienstleistungserstellung zur Fremdbedarfsdeckung, verdeutlicht jedoch bereits, dass entweder private Kunden (als Endverbraucher, sog. B2C-Konstellation im Sinne eines Business-to-Consumer-Geschäftsmodells) oder gewerbliche Kunden (als Wiederverwender, sog. B2B-Konstellation im Sinne eines Business-to-Business-Geschäftsmodells) absatzseitig zwingend einzubeziehen sind.

Ebenso sind auf der güterwirtschaftliche Ebene beschaffungsseitig die Lieferanten in das ökonomische Kalkül einzubinden. So kann betriebswirtschaftlich analog für die weiteren sog. Stakeholder argumentiert werden, womit die Einbettung des einzelnen Unternehmens in ein komplexes Wirtschaftssystem unmittelbar offensichtlich wird.

In Anbetracht einer in starkem Maße arbeitsteilig organisierten (Welt-)Wirtschaft mit einem umfangreichen Austausch von Sachgütern und Dienstleistungen gewinnt eine unternehmensübergreifende Betrachtung in Form sog. Supply Chain- und Netzwerk-Strukturen zunehmend an Bedeutung.

Gleichzeitig wird von Unternehmen in steigendem Maße ein verantwortliches Denken und Handeln über staatliche Grenzen hinweg und in den entsprechenden mehrstufigen Lieferketten erwartet, das thematisch u. a. unter den Begriffen der „Corporate Social Responsibility“ bzw. der „Nachhaltigkeit“ zusammengefasst wird. Jenseits vielfältiger terminologischer Ausprägungen im Einzelnen besteht in einem zentralen Dreiklang weitgehende Übereinstimmung:

- Wirtschaftliche Vorteilhaftigkeit
- Soziale Akzeptanz
- Ökologische Tragfähigkeit

sollen in dem Zielsystem von Unternehmen gemeinsam Berücksichtigung finden.

Für die Managementlehre und -praxis leitet sich aus diesen Ansprüchen von wesentlichen Stakeholdern die Herausforderung ab, mit Hilfe der einzelwirtschaftlichen Planungs-, Steuerungs- und Kontrollsysteme eine schrittweise Implementierung über die verschiedenen Unternehmensebenen hinweg zu gewährleisten und die Wettbewerbsfähigkeit dauerhaft zu fördern. Typischer Weise ist diese Operationalisierung mit Kenngrößen vom Controlling konzeptionell zu entwickeln, methodenbasiert transparent zu gestalten und mit den Fachverantwortlichen konkret umzusetzen.

In diesem Sinne liefert die Abbildung A.III.1 als gedanklichen Rahmen zunächst eine Visualisierung des Netzwerk-Phänomens in Form der Grundkonfiguration eines Unternehmens-Netzwerkes als „Five ‚C'-Arena". Das eigene Unternehmen („Company") steht mit den Kunden („Customers") und den Lieferanten („Contractors") in einer regelmäßigen Austauschbeziehung von Gütern und Dienstleistungen, ergänzt um die (überwiegend konkurrierende) Beziehung zu den Wettbewerbern („Competitors") sowie die Zusammenarbeit mit Komplementoren („Complementors"), also Unternehmen, die ergänzende Leistungsbündel anbieten – aus der Sicht eines Investitionsgüter-Produzenten z. B. Bankdienstleistungen oder Online-Services.[1]

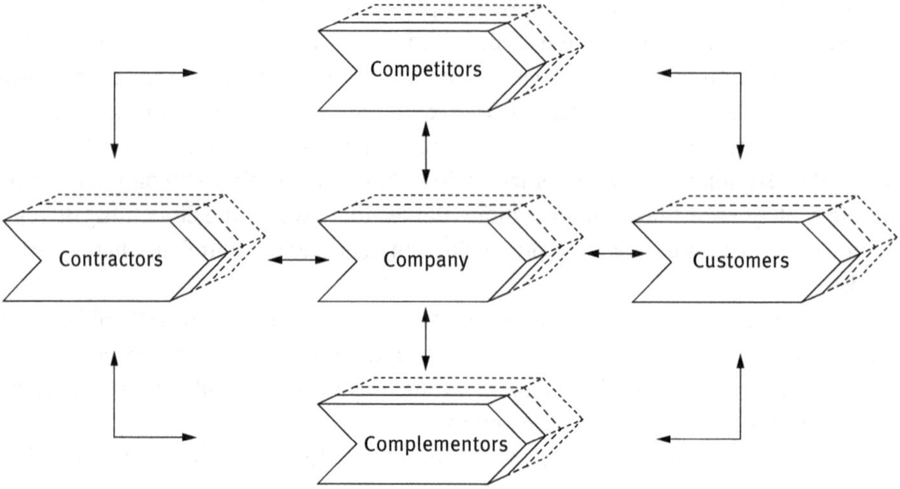

Abb. A.III.1: Nachhaltigkeit in Unternehmens-Netzwerken: „Five ‚C'-Arena-Modell"

Jenseits der Kennzahlen, die das eigene Unternehmen bei der erfolgreichen Leistungserstellung („klassisch") unterstützen, könnten die Beziehungen zu den Geschäftspartnern – stellvertretend und beispielhaft – mit folgenden Kenngrößen analysiert werden:

- zu den „Contractors":
  Fehlanlieferungsquote; Lieferanten-Auditierungsquote, Energiebezugs-bedingte CO_2e-Emissionen (Scope 2)
- zu den „Customers":
  Kundenzugangsquote; Produktnutzungsspezifische Kondukte; Käuferreichweite
- zu den „Competitors":
  Relativer Marktanteil; Marken-Bekanntheitsgrad; Mitarbeiter-Zufriedenheits-Index

1 Vgl. ähnlich u. a. Werner (2010), S. 44 ff., Reiss (2011), S. 28 und die jeweils dort angegebene weiterführende Literatur.

- zu den „Complementors“:
  Recyclingquote; Search Engine Average Rank; Tausenderkontaktpreis.

Die in dieser kompakten Form erstellte typisierende Visualisierung der Netzwerk-Beteiligten kann im konkreten Praxisfall entsprechend mehrstufig beliebig weiter aufgegliedert werden. Die Nutzung des Wertschöpfungsketten-Ansatzes und die Verwendung seiner Symbolik sollen zur Verdeutlichung beitragen, dass zwei signifikante Zwecke in diesen Value Chains und Netzwerken verfolgt werden:
- Ertragsseitig synergetische Wirkungen zu erzielen – im Sinne eines „2 + 2 = 5“-Effekts
- Kostenseitig substitutive Einsparungs-Wirkungen zu generieren – im Sinne eines „5 = (3 – 1) + (3 – 1)“-Effekts.

Neben der hier als „win-win“-Situation dargestellten Konstellation sind Unternehmens-Netzwerke vielfach, zumindest partiell, auch von konfliktären Beziehungen gekennzeichnet, insb. wenn die – z. B. an den oben genannten Kennzahlen festgemachten – Zielerwartungen nicht wie geplant realisiert werden können oder andere Divergenzen (ggf. kultureller Art) die Zusammenarbeit belasten.

Wird der Fokus nun in einem weiteren Schritt auf die einzelne Wertkette eines Unternehmens gelenkt, so kann das im Grunde bereits seit Jahren bewährte Instrumentarium der rein ökonomisch ausgerichteten Value Chain in einer innovativen Sustainability-Konfiguration auf die neue Herausforderung der dreiteilig verstandenen Nachhaltigkeit modifiziert übertragen werden.

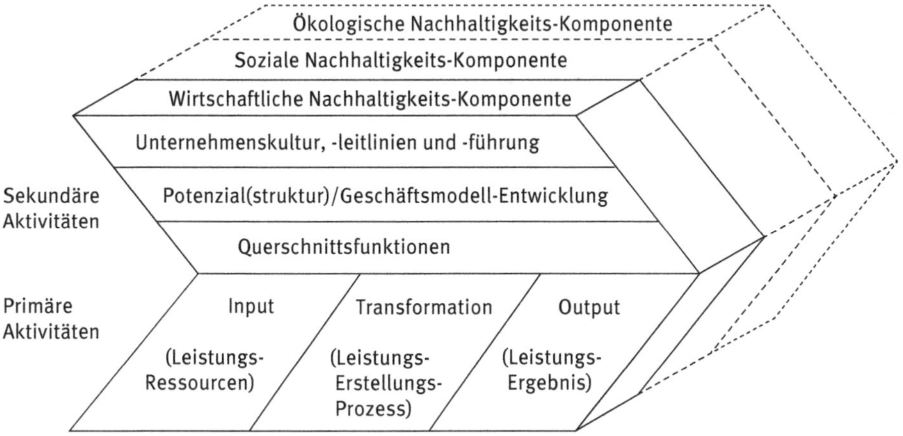

Abb. A.III.2: Sustainability Value Chain – dargestellt in ihrem Grundaufbau

Entsprechend werden in der hier vorgestellten „Sustainability Value Chain" (Abbildung A.III.2) in der unteren Hälfte der Pfeil-Graphik weiterhin[2] die sog. primären Aktivitäten aufgeführt, jedoch aus Gründen der transparenzfördernden Vereinfachung und der anschaulichen Anwendbarkeit nicht nur für Produkte, sondern hier bewusst gleichwertig auch für Dienstleistungen, auf drei Tätigkeitsbündel konzentriert:[3]
- „Input (Leistungs-Ressourcen)" –
- „Transformation (Leistungserstellungsprozess)" –
- „Output (Leistungsergebnis)".

Für die sog. sekundären Aktivitäten in der jeweils oberen Hälfte der Pfeil-Graphik wurde ebenso eine Dreier-Segmentierung vorgenommen,[4] bestehend aus den übergreifenden Management-Aufgabenfeldern der
- „Querschnittsfunktionen" (wie Personal, Rechnungswesen, Finanzierung usw.)
- „Potenzial(struktur)- und Geschäftsmodell-Entwicklung"
- „Unternehmenskultur, -leitlinien und -führung".

Damit wird sowohl den klassischen Formen der unterstützenden (Querschnitts-)Tätigkeiten hervorgehobene Beachtung geschenkt als auch den strategischen Aufgabenfeldern der personellen, maschinellen und informatorischen Potenziale in aufbau- und ablauforganisatorischer Hinsicht sowie der strategischen Ausrichtung des Leistungsprogramms in Form von geeignet zu entwickelnden und umzusetzenden Geschäftsmodellen Rechnung getragen. Das dritte Segment ist der generellen Unternehmensführung gewidmet mit ihrer Orientierung an den fundamentalen Wertevorstellungen der beteiligten Verantwortlichen sowie der Festlegung in Leitlinien, z. B. zur Compliance.

Die Einbindung der Wertevorstellungen in die Unternehmen wird in letzter Zeit zunehmend im Zusammenhang mit der Terminologie der Nachhaltigkeit aufgegriffen. Als Beitrag zur generellen Operationalisierung des Nachhaltigkeits-Phänomens und zur methodenbasierten Integration in das bereits grundsätzlich bekannte Repertoire an Konzepten der Betriebswirtschaftslehre, hier der Wertkette, soll die bislang allein auf wirtschaftliche Aspekte fokussierte Darstellung entsprechend erweitert werden.

Daher besteht diese neuartige Konzeption der Sustainability Value Chain aus drei Komponenten, der wirtschaftlichen, sozialen und ökologischen Ebene. Zur praktischen Veranschaulichung sind nachfolgend exemplarisch für jede Ebene entsprechende Kenngrößen benannt, die wiederum alle mit eigenständigen Profildarstellungen in diesem Kompendium enthalten sind:

2 Siehe die Ursprungsversion von Porter, vgl. Porter (1986), S. 62.

3 Als Abkürzungen für diese Bereiche bei den späteren Kenngrößen-Zuordnungen dienen die jeweiligen Anfangsbuchstaben der Bereiche: „I" – „T" – „O".

4 Als Abkürzungen für diese Segmente bei den späteren Kenngrößen-Zuordnungen dienen die jeweiligen Anfangsbuchstaben der Segmente: „Q" – „P" – „U".

- Beispielhafte Kenngrößen – zur Ebene der wirtschaftlichen Nachhaltigkeit: I – Anlagenverfügbarkeit; T – Durchlaufzeit; O – Lieferbereitschaftsgrad; Q – Dynamische Amortisationsdauer; P – Eigenkapitalquote; U – Internationalitätsgrad.
- Beispielhafte Kenngrößen – zur Ebene der sozialen Nachhaltigkeit: I – Frauenquote; T – Krankenstandsquote; O – Mitarbeiterzufriedenheit; Q – Weiterbildungszeit pro Mitarbeiter; P – Anteil intern besetzter Führungspositionen; U – Compliance-Schulungsstunden pro Mitarbeiter.
- Beispielhafte Kenngrößen – zur Ebene der ökologischen Nachhaltigkeit: I – Energiequellenanteil; T – Produktionsbegleitende Kondukte; O – Produktbezogener Recyclability-Anteil; Q – Eigenerstellungs-bedingte CO_2e-Emissionen (Scope 1); P – Ressourceneffizienz; U – Sustainable Value.

Diese Zuordnung (oder ggf. die Benennung anderer geeigneter Kenngrößen) auf die 3 Ebenen mit ihren jeweils 6 Graphik-Feldern (3 primäre Bereiche und 3 sekundäre Segmente) stellt allerdings nur einen ersten Schritt eines nachhaltigen Managements dar.

Im Netzwerk-Verbund ist zu analysieren und letztlich zu vereinbaren, welche Prinzipien der wirtschaftlichen, sozialen und ökologischen Nachhaltigkeit für die Netzwerk-Beteiligten so wichtig sind, dass sie gemeinsam verfolgt werden sollen. Die Implementierung ist in einem weiteren Schritt über geeignete Kennzahlen zu belegen.

Im Sinne eines „Open Accounting" im Netzwerk, ggf. durch neutrale Dritte mit einem Audit versehen, sind in gegenseitiger Abstimmung Mechanismen zu vereinbaren, die die Realisierung der angestrebten Nachhaltigkeitskomponenten überbetrieblich kontinuierlich unterstützen und die Verbesserung der Kennzahlenwerte – z. B. im Hinblick auf die Erfüllung neuer gesetzlicher oder freiwilliger Anforderungen – systematisch fördernd begleiten.

Es gilt weiterhin die Kern-Aufgaben der kennzahlenbasierten Führung zu bewältigen, insb. die gegenseitigen Abhängigkeiten der Kenngrößen offen zu legen, positive Wirkungen zu fördern und negativen Wirkungen angemessen zu begegnen – sowie ggf. methodische Aspekte der „Strategy Maps" aus dem Balanced Scorecard-Ansatz mit der 3-Ebenen-Struktur des Sustainability Value Chain-Ansatzes und seiner Operationalisierung durch Kennzahlen zu verknüpfen.

Hier sind konzeptionell wie anwendungsbezogen noch zahlreiche interessante Weiterentwicklungen in Theorie und Praxis denkbar sowie – im Sinne eine nachhaltigen Managements von Unternehmen – wünschenswert.

Stichwortverzeichnis

Die Verweise auf die Start-Seite der jeweiligen Kennzahlenprofile sind durch **Fettdruck** hervorgehoben.